ÉLÉMENTS DE GÉOMÉTRIE ALGÉBRIQUE
I. LE LANGAGE DES SCHÉMAS

代数几何学原理

I. 概形语言

[法]　Alexander　Grothendieck　著
（在 Jean　Dieudonné 的协助下）

周健　译

高等教育出版社·北京　　International Press

Éléments de géométrie algébrique (rédigés avec la collaboration de Jean Dieudonné):
I. Le langage des schémas
© **Alexander Grothendieck**
本中文翻译版经 Alexander Grothendieck 先生遗产的法定继承人授权
由高等教育出版社和波士顿国际出版社联合出版。

Copyright © 2018 by
Higher Education Press
4 Dewai Dajie, Beijing 100120, P. R. China, and
International Press
387 Somerville Ave, Somerville, MA, U. S. A.

图书在版编目（ＣＩＰ）数据

代数几何学原理. Ⅰ, 概形语言 /（法）格罗滕迪克著；周健译. -- 北京：高等教育出版社，2018.11（2021.3 重印）
ISBN 978-7-04-050654-9

Ⅰ. ①代… Ⅱ. ①格… ②周… Ⅲ. ①代数几何 Ⅳ. ① O187

中国版本图书馆 CIP 数据核字（2018）第 219811 号

策划编辑	李　鹏	责任编辑	李　鹏	封面设计　姜　磊	版式设计　马敬茹
责任校对	吕红颖	责任印制	韩　刚		

出版发行	高等教育出版社	网　　址	http://www.hep.edu.cn
社　　址	北京市西城区德外大街4号		http://www.hep.com.cn
邮政编码	100120	网上订购	http://www.hepmall.com.cn
印　　刷	涿州市星河印刷有限公司		http://www.hepmall.com
开　　本	787mm×1092mm　1/16		http://www.hepmall.cn
印　　张	16.5		
字　　数	330 千字	版　　次	2018 年 11 月第 1 版
购书热线	010-58581118	印　　次	2021 年 3 月第 2 次印刷
咨询电话	400-810-0598	定　　价	89.00 元

本书如有缺页、倒页、脱页等质量问题，请到所购图书销售部门联系调换
版权所有　侵权必究
物 料 号　50654-00

Alexander Grothendieck

(1928.3.28—2014.11.13)

谨以此译本纪念

已故伟大数学家

Alexander Grothendieck

译者前言

这部书的全名是 Éléments de Géométrie Algébrique, 通常缩写成 EGA, 是 A. Grothendieck 在 20 世纪 50—60 年代写成的 (在 J. Dieudonné 的协助下). 它对现代数学许多领域的发展产生了深远的影响, 至今仍然是对于概形基本概念与方法的最完整最详尽的理论阐述. 由于丘成桐教授的大力推动和支持, EGA 中译本终于得以出版.

为了方便初次接触这本书的读者, 译者将从以下三个方面做出简要的介绍, 以便读者能够获得一个概略的了解. 这三个方面就是: 一、EGA 的成书背景, 二、EGA 的重要影响, 三、EGA 的翻译经过.

在开始之前, 有必要先厘清一个概念, 即 EGA 有狭义和广义之分. 狭义的 EGA 是指已经完成的第一章到第四章, 发表在 Publications Mathématiques de l'I.H.E.S., Tome 4, 8, 11, 17, 20, 24, 28, 32 (1960—1967) 中[1], 广义的 EGA 是指 Grothendieck 关于这本书的写作计划, 在引言中可以看到一个简略的列表, 共包含 13 章, 涉及非常广泛的主题, 并归结到 Weil 猜想的证明上. 后面的各章内容虽然并没有正式写出来, 但大都以草稿的形式出现在了 SGA, FGA[2] 等多部作品之中, 应该被看成是前四章的自然延续.

本次中译本的范围只是 EGA 的前四章, 但对于下面要谈论的 EGA 来说, 我们不得不作广义的理解, 因为计划中的 13 章内容原本就是一个有机的整体, 各章相互照应, 具有前后贯通的理论构思, 而且说到 EGA 对后来的影响也必须整体地来谈.

---

[1]新版 EGA 第一章由 Springer-Verlag 于 1971 年出版.

[2]SGA 的全称是 *Séminaire de Géométrie Algébrique du Bois-Marie*, FGA 的全称是 *Fondements de la Géométrie Algébrique*.

(一) EGA 的成书背景

代数几何考察由代数方程所定义的几何图形的性质, 已经有漫长而繁复的历史. 特别是其中的代数曲线理论, 这已经被许多代的数学家使用直观几何语言、函数论语言、抽象代数语言等进行过详细的讨论, 并积累了丰富的知识和研究课题.

20 世纪初, 意大利学派的几位数学家 (Castelnuovo, Enriques 等) 进而完成了代数曲面的初步分类. 但在这一阶段, 传统方法开始受到质疑, 仅使用坐标和方程的语言在陈述精细结果时越来越难以满足数学严密性的要求. O. Zariski 意识到了问题的严重性, 开始着手建立代数几何所需的交换代数基础. 他所引入的 Zariski 拓扑、形式全纯函数等概念使代数几何逐步具有了独立于解析语言的另一种陈述和证明方式. J.-P. Serre 的著名文章 FAC 和 GAGA 等[①] 进而阐明, 借助层上同调的语言, 在 Zariski 拓扑上也可以建立起丰富而且有意义的整体理论. Grothendieck 在 EGA 中继续发展了 Serre 的理论, 把代数闭域上的结果推广为任意环上 (甚至任意概形上) 的相对理论, 使数论和代数几何重新统一在以交换代数和同调代数为基础的完整而严密的体系之下 (此前代数整数环和仿射代数曲线曾被统一在 Dedekind 整环的语言之下), 可以说完成了 Zariski 以来为代数几何建立公理化基础的目标.

Grothendieck 在扉页上把 EGA 题献给了 O. Zariski 和 A. Weil, 这确认了 Zariski 对于 EGA 成书的重大影响. 我们再来看 A. Weil 对于 EGA 的关键影响, 这就要说到 Weil 的著名猜想, 揭示了有限域 (比如 $\mathbb{F} = \mathbb{Z}/p\mathbb{Z}$) 上的代数方程组在基域的所有有限扩张中的有理解个数所具有的神秘规律. Weil 把这种规律用 Zeta 函数[②] 的语言做出了表达, 列举了 Zeta 函数所应具有的一些性质. 其中还特别指出, 这种 Zeta 函数的某些信息与另一个代数方程组 (前述方程组是这个方程组通过模 p 约化的方式而得到的) 在复数域上所定义出的复流形的几何或拓扑性质会有密切的关联. Weil 还预测到, 为了证明他的这一系列猜想, 有必要对于有限域上的代数几何对象发展出一套上同调理论, 并要求这种上同调具有与复几何中的上同调十分相似的性质. 在此基础上, 上述猜想便可以借助某种 Lefschetz 不动点定理而得以建立.

Weil 的这个思路深刻地影响了代数几何语言的发展. 上面提到的 FAC 就是朝向实现这一目标所迈出的重要一步[③]. 但是仅靠凝聚层上同调理论被证明是不够的. Grothendieck 在 Serre 工作的基础上完成了一次思想突破, 他意识到层上同调这个

[①] FAC 的全称是 *Faisceaux Algébriques Cohérents*, 发表在 The Annals of Mathematics, 2nd Ser., Vol. 61, No. 2 (1955), pp. 197–278, 中译名 "代数性凝聚层"; GAGA 的全称是 *Géométrie Algébrique et Géométrie Analytique*, 发表在 Annales de l'institut Fourier, Tome 6 (1956), pp. 1–42, 中译名 "代数几何与解析几何".

[②] 算术概形都可以定义出 Zeta 函数, 通常就称为 Hasse-Weil Zeta 函数, Riemann Zeta 函数也包含在其中.

[③] Weil 也以自己的方式为代数几何建立了一套基础理论, 并写出了 *Foundations of Algebraic Geometry* (1946) 及 *Variétés Abéliennes et Courbes Algébriques* (1948) 等书, 他在这个基础上证明了对于曲线的上述猜想.

理论格式可以扩展到更广泛的 "拓扑" 上, 这种 "拓扑" 已经不是传统意义下由开集公理所定义的拓扑, 而是要把非分歧的覆叠映射也当作 "开集" 来使用. 基于这个想法定义出的上同调 (即平展上同调) 后来被证明确实能够满足 Weil 的要求[1], 但为了要把该想法贯彻到有限域、代数数域、复数域等各种不同的环境里 (比如为了实现 Weil 猜想中有限域上的几何与复几何的联系), 就必须尽可能地把古典代数几何中的各种几何概念 (如平滑、非分歧等) 推广到更一般的语言背景下.

EGA 和很大部分的 SGA (如前所述, 它们原本就应该是 EGA 的组成部分) 都在致力于完成这种理论构建和语言准备的工作. 最终, Weil 猜想的证明是由 Deligne[2]完成的, 阅读他的文章就会发现, EGA-SGA 的体系在证明中起到了多么实质的作用.

(二) EGA 的重要影响

EGA-SGA 的出现对于后来的数学发展产生了多方面的深远影响.

首先, 概形已经成为数论和代数几何的基础语言, 它的作用完全类似于流形之于微分几何, 充分印证了这个理论体系的包容性、灵活性、方便性以及严密性.

其次, 在概形理论和方法的基础上, 不仅 Weil 猜想得以圆满解决, 而且很多困难的猜想都陆续获得解决, 比如说 Mordell 猜想、Taniyama-Shimura 猜想、Fermat 大定理等. 以 Mordell 猜想为例, Faltings 最早给出的证明中就使用了 Abel 概形的参模空间、p 可除群、半稳定约化定理等关键工具, 这些都是建立在 EGA-SGA 的体系之上的[3]. 再看 Fermat 大定理的证明, 它是建立在自守表示的某些结果、模曲线的算术理论、Galois 表示的形变理论等基础上的, 后面的两个理论都离不开 EGA-SGA 的体系.

EGA-SGA 的体系不仅为解决数论中的许多重大猜想奠定了基础, 而且也催生了很多新的观念和理论体系. 试举几个典型的例子如下:

(1) 恒机理论

这是 Grothendieck 为了解决 Weil 猜想中与 Riemann 假设[4] 相关的部分而提出的理论设想 (基于 Serre 的结果). 与 Deligne 证明中的独特技巧不同, 该理论试图建立一个良好的 "恒机" 范畴, 使 Riemann 假设成为一个代数演算的自然结果. 这个思路并没有取得成功, 因为其中涉及的 "标准猜想" 看起来是极为困难的问题. 但 "恒机" 的想法本身不仅没有就此消亡, 反而日益显示出强劲的生命力. 它首先在 Deligne 的 Theorie de Hodge I, II, III 中得到了侧面的印证, 后来又在关于 L 函数特殊值的一系列猜想中扮演了关键角色 (以恒机式上同调的形式), 并因此促成了

---

[1]参考: Grothendieck, *Formule de Lefschetz et rationalité des fonctions L*, Séminaire Bourbaki 1964/65, 279.

[2]参考: Deligne, *La conjecture de Weil, I*, Publications Mathématiques de l'I.H.E.S., Tome 43, n° 2 (1974), p. 273–307, 中译名 "Weil 猜想 I".

[3]对于 Mordell 猜想本身, 后来也有一些较为 "初等" 的证明.

[4]这并不是原始的 Riemann 假设, 只是与它具有类似的形状.

概形同伦理论的发展. 另外值得一提的是, Grothendieck 在构造恒机范畴时所引入的 Tannaka 范畴概念也被证明具有非常普遍的意义.

(2) 代数叠形理论

这起源于 Grothendieck 使用函子语言来重新解释参模理论的工作 (FGA). Hilbert 概形和 Picard 概形的构造是第一批重要的结果, 但后来发现许多在代数几何中很平常的参模函子并不能在概形范畴中得到表识. 代数叠形的概念就是对于概形的一种推广, 目的是把那些有重要意义但又不可表识的参模函子也纳入几何框架之中. 这一理论无论从技术上还是从结果上都是 EGA-SGA 体系的自然延伸, 它的应用范围已经超出数论和代数几何中的问题, 扩展到数学物理等领域.

(3) 导出范畴与转三角范畴

这个理论最初是 Grothendieck 为了恰当表述上同调对偶定理所构思的概念框架. 现在它的应用范围已经扩展到了多个数学分支 (如有限群的模表示、双有理几何、同调镜像对称等), 并被发掘出一些新的意义. Voevodsky 构造恒机范畴的 "导出" 范畴时就使用了这套语言.

(4) p 进刚式解析几何

这个理论最初是 Tate 把 Grothendieck 拓扑的考虑方法引入 p 进解析函数中而定义出来的几何理论, Raynaud 又使用形式概形的语言对它做出了重新的解释. 后来该理论被应用到稳定约化、曲线基本群、p 进合一化理论、p 进 Langlands 对应等诸多问题之中.

限于译者的理解程度, 只能先说到这里, 还有很多话题未能触及.

(三) EGA 的翻译经过

EGA 的中文翻译开始于 2000 年, 到了 2007 年中, 前四章的译稿已大致完成. 在随后的校订工作中, 译者逐渐意识到两个更大的问题.

第一, 我们知道 Grothendieck 写作 EGA 的一个主要动机是要给出 Weil 猜想的详细证明 (除了 Riemann 假设的部分). 但是前四章只是陈述了一些最基础的理论, 尚未深入探讨那些比较核心的话题. 如果不结合后面的内容 (比如 SGA) 来阅读的话, 就看不到这四章理论的许多实际用途, 也不能更充分地理解作者的思维脉络, 而且与后来的那些广泛应用相脱节.

第二, EGA-SGA 体系是建立在一系列预备知识和先行工作的基础上的. 首先, EGA 中大量使用了 Bourbaki 数学原理中的结果 (特别是 "代数学"、"交换代数"、"一般拓扑学" 等卷), 作者 Grothendieck 和协助者 Dieudonné 都是 Bourbaki 的成员. 另外, 正如作者在引言中所指出的, 阅读 EGA 还需要准备两本参考书:

R. Godement, *Topologie algébrique et théorie des faisceaux.*[①]

---

①中译名 "代数拓扑与层理论".

A. Grothendieck, *Sur quelques points d'algèbre homologique.*[①]

最后, 作者还告诉我们, EGA 的前三章完全是脱胎于 Serre 的 FAC. 所以仅从译稿的校订工作来说, 译者也必须对上面提到的这些书籍论文做出系统的梳理和把握.

这两个问题迫使译者持续对相关的著作加深了解, 并翻译其中的某些部分, 借此来检验 EGA 译稿的准确性和适用性, 提高译文的质量. 这些工作仍在进行中.

由于理解上的不足, 译文中一定还有译者未曾注意到的错漏之处, 敬请读者指正. 译者将另外准备 "勘误与补充" 一文, 报告可能的错误, 并介绍某些背景信息, 以及与其他文献的联系等, 此文将放置在下面的网址中:

http://www.math.pku.edu.cn/teachers/zhjn/ega/index.html

EGA 中译本的出版工作几经波折. 最终能够达成, 与丘成桐教授的运筹和指导是分不开的, 感谢丘成桐教授的关心和鼓励.

在翻译工作的最初几年里, 译者得到了赵春来教授的莫大支持和帮助. 赵老师曾专门组织讨论班, 以早期译稿为素材进行讨论, 初稿得以完成, 完全是得益于赵老师的无私关怀, 译者衷心感谢赵老师长期以来所给予的工作和生活上的多方支持.

巴黎南大学的 Luc Illusie 教授和 J.-M. Fontaine 教授十分关心此译本的出版工作, 并为此做了许多工作. Illusie 教授热心于中法数学交流, 培养了许多中国学生, 也给予译者很多指导, 他还专门与法文版权所有者 Johanna Grothendieck 女士及法国高等科学研究所 (IHES) 进行联络, 为中文版获得授权创造了良好的条件, 并为此版写了序言. 诚挚感谢 Illusie 教授为此付出的热情和心力. 东京大学的加藤和也教授和巴黎南大学的 Michel Raynaud 教授也给予译者很大鼓励, 在此一并致谢.

译者还要感谢首都师范大学李克正教授、华东师范大学陈志杰教授、台湾大学康明昌教授、中科院晨兴中心田野教授、信息工程研究所刘石柱老师以及众多师友对于此项工作给予的热情鼓励. 同时感谢译者所在单位的历任领导对此项工作的理解和包容.

最后, 感谢高等教育出版社理科学术著作分社王丽萍分社长和编辑李鹏先生在出版工作上的坚持不懈和精心筹备, 感谢波士顿国际出版社 (International Press of Boston) 秦立新先生的大力协助.

[①]中译名 "同调代数中的几个关键问题".

译本序①

A. Grothendieck 的 Éléments de Géométrie Algébrique (在 J. Dieudonné 的协助下完成) 第一本于 1960 年问世, 最后一本于 1967 年问世, 由法国高等科学研究所 (IHES) 出版. 在这部后来以 EGA 的略称而名世的经典著作中, 作者引入并以极为详尽的形式发展了一套新的语言, 即概形语言. 由于这种语言具有清晰准确、表达力强、操作灵活等诸多特性, 它很快就成为在代数几何中被普遍采用的语言.

EGA 并无任何老旧. 时至今日, 它所阐发的那些语言和方法仍然被全世界的数论和代数几何专家们所广泛使用. 尽管从那以后, 某些比概形更一般的几何对象 (比如说代数空间、代数叠形等) 也被定义出来, 并在最近 20 年间被越来越多地应用在诸如参模问题、自守形式理论等课题中, 但对于它们的考察仍然要基于概形的语言.

虽然陆续出现了一些十分优秀的介绍和解释 EGA 的教科书, 但说到对于 EGA 的最佳介绍和解释, 仍然非 EGA 本身莫属. 某些人曾说 EGA 很难懂. 情况恰恰相反, EGA 所具有的清晰性和确切性、始终致力于把问题纳入恰当视野的坚持以及寻求对主要结果做出最佳陈述的努力、再加上尽量引出众多推论的编排方式等, 都使得阅读 EGA 成为愉快的体验. 而且只要你需要用到一个关于概形的技术性引理, 查遍群书后通常都会在 EGA 中找到它, 甚至可能比你所需要的形式更好, 还饶上一个完整的证明. 即使是初学者也会很快发现, 参考 EGA 远比参考其他教科书获益更多.

然而, EGA 是用法文书写的, 这就带来一些问题. 在 20 世纪 60 年代时, 法文曾经是很通用的数学语言, 但在今天, 掌握法文的数学工作者已逐年减少, 尤其是在

---

①原文为英文.

亚洲. 我曾在中国多次讲授代数几何课程, 深切体会到中国的青年学生们对于阅读
EGA 的渴望, 以及面对语言障碍时的无奈. 由此可以理解, EGA 的中译本肯定会是
非常有用的. 很高兴周健先生成功地完成了这个翻译, 他一定是克服了不少的困难,
其中就包括给众多的法文技术词汇寻找和遴选出恰当的中文表达. 书后附有法中英
三语的索引, 从中读者可以查到同一个数学概念在三种语言下的表达方式.

目前出版的这一卷是 EGA 的第一章 (基于最初的版本), 后续各卷都已经翻译
出来, 将会陆续推出.

Luc Illusie

引言

献给 Oscar Zariski *和* André Weil

这部书的目的是探讨代数几何学的基础. 原则上我们不假设读者对这个领域有多少了解, 甚至可以说, 尽管具有一些这方面的知识也不无好处, 但有时 (比如习惯于从双有理的视角来考虑问题的话) 对于领会这里将要探讨的理论和方法来说或许是有害的. 不过反过来, 我们要假设读者对于下面一些主题有足够的了解:

a) 交换代数, 比如 N. Bourbaki 所著《数学原理》丛书的某些卷本 (以及 Samuel-Zariski [13] 和 Samuel [11], [12] 中的一些内容).

b) 同调代数, 这方面的内容可参考 Cartan-Eilenberg [2](标记为 (M)) 和 Godement [4](标记为 (G)), 以及 A. Grothendieck [6](标记为 (T)).

c) 层的理论, 主要参考书是 (G) 和 (T). 正是借助这个理论, 我们才得以用 "几何化" 的语言来表达交换代数中的一些重要概念, 并把它们 "整体化".

d) 最后, 读者需要对函子式语言相当熟悉, 我们的讨论将严重依赖这种语言, 读者可以参考 (M), (G) 特别是 (T). 本书作者将在另外一篇文章中详细探讨函子理论的基本原理和主要结果.

***

在一篇简短的引言中, 我们没有办法对代数几何学中的 "概形论" 视角做出一个完整的概括, 也没有办法详细论证采取这种视角的必要性, 特别是在结构层中系统地引入幂零元的必要性 (正是因为这个缘故, 有理映射的概念才不得不退居次要的位置, 更为恰当的概念则是 "态射"). 第一章的主要任务是系统地介绍 "概形" 的语言,并希望也能同时说明它的必要性. 对于第一章中所出现的若干概念, 我们不打算在这里给出 "直观" 的解释. 读者如果需要了解其背景的话, 可以参考 A. Grothendieck 于 1958 年在 Edinburgh 国际数学家大会上的报告 [7] 及其文章 [8]. 另外 J.-P. Serre 的工作 [14] (标记为 (FAC)) 可以看作是代数几何学从经典视角转向概形论视角的一个中间环节, 阅读他的文章可以为阅读我们的《代数几何学原理》打下良好的基础.

***

下面是一个非正式的目录, 列出了本书将要讨论的各个主题, 后面的章节以后会有变化:

第一章 — 概形语言.

第二章 — 几类态射的一些基本的整体性质.

第三章 — 代数凝聚层的上同调及其应用.

第四章 — 态射的局部性质.

第五章 — 构造概形的一些基本手段.

第六章 — 下降理论. 构造概形的一般方法.

第七章 — 群概形、主纤维化空间.

第八章 — 纤维化空间的微分性质.

第九章 — 基本群.

第十章 — 留数与对偶.

第十一章 — 相交理论、Chern 示性类、Riemann-Roch 定理.

第十二章 — Abel 概形和 Picard 概形.

第十三章 — Weil 上同调.

原则上所有的章节都是开放的, 以后随时会追加新的内容. 为了减少出版上的麻烦, 追加的内容将出现在其他分册里. 如果有些小节在文章交印时还没有写好, 那么虽然在概述中仍然会提到它们, 但完整的内容将会出现在后面的分册里. 为了方便读者, 我们在 "第零章" 里包含了关于交换代数、同调代数和层理论的许多预备知识, 它们都是正文所需要的. 这些结果基本上都是熟知的, 但是有时可能没办法找到适当的参考文献. 建议读者在正文需要它们而自己又不十分熟悉的时候再去查阅. 我们觉得对于初学者来说, 这是熟悉交换代数和同调代数的一个好方法, 因为如果不了解其应用的话, 单纯学习这些理论将是非常枯燥乏味和令人疲倦的.

***

我们没办法给这本书所提到的诸多概念和结果提供一个历史回顾或综述. 参考文献也只包含了一些对于理解正文来说特别有用的资料, 我们也只对那些最重要的结果给出了来源. 至少从形式上来说, 这本书所要处理的很多主题都是非常新的, 这也解释了为什么这本书很少引用 19 世纪和 20 世纪初那些代数几何学之父们的工作 (我们只是听人说过, 却未曾拜读) 的原因. 然而有必要列举一下对作者有最直接的影响并且对概形理论的形成有重要贡献的一些著作. 首先是 J.-P. Serre 的奠基性工作 (FAC), 与 A. Weil 艰深的古典教科书 *Foundations of algebraic geometry* [18] 相比, 这篇文章更适合于引领初学者 (包括本书的作者之一) 进入代数几何的领域. 该文第一次表明, 在研究 "抽象" 代数多样体时, 我们完全可以使用 "Zariski 拓扑" 来建立它们的代数拓扑理论, 特别是上同调的理论. 进而, 这篇文章里所给出的代数多样体的定义可以非常自然地扩展为概形的定义[1]. Serre 自己就曾指出, 仿射多样体的上同调理论可以毫不困难地推广到任何交换环 (不仅仅是域上的仿射代数) 上. 本书的第一、二章和第三章前两节本质上就是要把 (FAC) 和 Serre 另一篇文章 [15] 的主要结果搬到这种一般框架之下. 我们也从 C. Chevalley 的 "代数几何讨论班" [1] 上获益良多, 特别是他的 "可构集" 概念在概形理论中是非常有用的 (参考第四章). 我们也借用了他从维数的角度来考察态射的方法 (第四章), 这个方法几乎可以不加改变地应用到概形上. 另外值得一提的是, Chevalley 引入的 "局部环的概形" 这个概念提供了古典代数几何的一个自然的拓展 (尽管不如我们这里的概形概念更具普遍性和灵活性), 第一章 §8 讨论了这个概念与我们的概形概念之间的关系. M. Nagata 在他的系列文章 [9] 中也提出过类似的理论, 他还给出了很多与 Dedekind 环上的代数几何有关的结果[2].

＊＊＊

最后, 不用说一本关于代数几何的书 (尤其是一本讨论基础的书) 必然要受到像 O. Zariski 和 A. Weil 这样一些数学大家的影响. 特别地, Zariski [20] 中的形式全纯函数理论可以借助上同调方法来进行改写, 再加上第三章 §4 和 §5 中的存在性定理 (并结合第六章的下降技术), 就构成了这部书的主要工具之一, 而且在我们看来, 它也是代数几何中最有力的工具之一.

这个技术的使用方法可以简单描述如下 (典型的例子是第九章将要研究的基本群). 对于代数多样体 (更一般地, 概形) 之间的一个紧合态射 (见第二章) $f: X \to Y$ 来说, 我们想要了解它在某一点 $y \in Y$ 邻近的性质, 以期解决一个与 y 的邻近处有关的问题 P, 则可以采取以下几个步骤:

1° 可以假设 Y 是仿射的, 如此一来 X 是定义在 Y 的仿射环 A 上的一个概形,

---

[1] Serre 告诉我们, 利用环层来定义多样体结构的想法来源于 H. Cartan, 他在这个想法的基础上发展了他的解析空间理论. 很明显, 在 "解析几何" (与 "代数几何" 一样) 中也可以允许幂零元出现在解析空间的局部环中. H. Grauert [5] 已经开始了这方面的工作(推广了 H. Cartan 和 J.-P. Serre 的定义), 也许不久以后就会建立起更为系统的解析几何理论. 本书的概念和方法显然对解析几何仍有一定的意义, 不过需要克服一些技术上的困难. 可以预见, 由于方法上的简单, 代数几何将成为今后发展解析空间理论时的一个范本.

[2] 和我们的视角比较接近的工作还有 E. Kähler 的工作 [22] 和 Chow-Igusa 的文章 [3], 他们使用 Nagata-Chevalley 的体系证明了 (FAC) 中的某些结果, 还给出了一个 Künneth 公式.

甚至可以把 A 换成 y 处的局部环. 这个步骤通常是很容易的 (见第五章), 于是问题归结到了 A 是局部环的情形.

2° 考察 A 是 Artin 局部环的情形. 为了使问题在 A 不是整环时仍有意义, 有时需要把问题 P 稍微改写一下, 这个阶段可以使我们对问题的 "无穷小" 性质有更多的了解.

3° 借助形式概形的理论 (见第三章, §3, 4 和 5) 我们可以从 Artin 环过渡到完备局部环上.

4° 最后, 若 A 是任意的局部环, 则可以使用 X 上的某些适当概形的 "多相截面" 来逼近给定的 "形式" 截面 (见第四章), 然后由 X 在 A 的完备化环上的基变换概形上的已知结果出发, 就可以推出 X 在 A 的较为简单的 (比如非分歧的) 有限扩张上的基变换概形上的相应结果.

这个简单的描述表明, 系统地考察 Artin 环 A 上的概形是很重要的. Serre 在建立局部类域论时所采用的视角以及 Greenberg 最近的工作都显示, 从这样一个概形 X 出发应该可以函子性地构造出一个定义在 A 的剩余类域 k (假设它是完满域) 上的概形 X', 其维数 (在恰当的条件下) 等于 $n \dim X$, 其中 n 是 A 的长度.

至于 A. Weil 的影响, 我们只需指出, 正是为了发展出一套系统的工具来给出 "Weil 上同调" 的定义, 并且最终证明他在 Diophantus 几何上的著名猜想的需要, 推动作者们写出了这部书, 另外的一个写作动机则是为了给代数几何中的常用概念和方法找到一个自然的理论框架, 使作者们获得一个理解它们的途径.

$$***$$

最后, 我们觉得有必要预先告诉读者, 在熟悉概形的语言并且了解到那些直观的几何构造都能够 (以本质上唯一的方式) 翻译成这种语言之前, 无疑会有许多困难需要克服 (对作者来说也是如此). 和数学中的许多理论一样, 最初的几何直观与表述这种理论所需要的普遍且精确的语言之间的距离变得越来越遥远. 在这种情况下, 我们需要克服的心理上的困难主要在于, 必须把集合范畴中的那些熟知的概念 (比如 Descartes 积、群法则、环法则、模法则、纤维丛、齐性主丛等) 移植到各种各样的范畴和对象上 (比如概形范畴, 或一个给定概形上的概形范畴). 对于以数学为职业的人来说, 今后想要避开这种抽象化的努力将是很困难的, 不过, 和我们的前辈接受 "集合论" 的过程相比, 这可能也不算什么.

$$***$$

引用时的标号采用自然排序法, 比如在 **III**, 4.9.3 中, **III** 表示章, 4 表示节, 9 表示小节. 对于同一章内部的引用, 我们省略章号.

目录

第零章　预备知识 1

§1. 分式环 1

  1.0 环和代数 1

  1.1 理想的根、环的诣零根和根 2

  1.2 分式环和分式模 3

  1.3 函子性质 4

  1.4 改变乘性子集 6

  1.5 改变环 7

  1.6 把 M_f 等同于一个归纳极限 10

  1.7 模的支集 10

§2. 不可约空间, Noether 空间 11

  2.1 不可约空间 11

  2.2 Noether 空间 13

§3. 关于层的补充 14

  3.1 取值在范畴中的层 14

  3.2 定义在拓扑基上的预层 16

  3.3 层的黏合 18

  3.4 预层的顺像 20

3.5 预层的逆像 21

3.6 常值层和局部常值层 24

3.7 群预层和环预层的逆像 24

3.8 伪离散空间层 25

§4. 环积空间 26

4.1 环积空间、$\mathscr{A}$ 模层、$\mathscr{A}$ 代数层 26

4.2 $\mathscr{A}$ 模层的顺像 29

4.3 $\mathscr{B}$ 模层的逆像 31

4.4 顺像和逆像的关系 32

§5. 拟凝聚层和凝聚层 35

5.1 拟凝聚层 35

5.2 有限型层 36

5.3 凝聚层 37

5.4 局部自由层 39

5.5 局部环积空间上的层 44

§6. 平坦性条件 45

6.1 平坦模 45

6.2 改变环 46

6.3 平坦性条件的局部化 47

6.4 忠实平坦模 48

6.5 纯量限制 49

6.6 忠实平坦环 50

6.7 环积空间的平坦态射 50

§7. 进制环 52

7.1 可容环 52

7.2 进制环和投影极限 54

7.3 Noether 进制环 57

7.4 局部环上的拟有限模 60

7.5 设限形式幂级数环 61

7.6 完备分式环 64

7.7 完备张量积 67

7.8 同态模上的拓扑 69

第一章　概形语言 **71**

§1. 仿射概形 72

　1.1　环的素谱 72

　1.2　素谱的函子性质 75

　1.3　模的伴生层 77

　1.4　素谱上的拟凝聚层 83

　1.5　素谱上的凝聚层 85

　1.6　素谱上的拟凝聚层的函子性质 86

　1.7　仿射概形之间的态射的特征性质 89

　1.8　* 追加 — 局部环积空间到仿射概形的态射 90

§2. 概形及概形态射 94

　2.1　概形的定义 94

　2.2　概形态射 95

　2.3　概形的黏合 97

　2.4　局部概形 98

　2.5　概形上的概形 100

§3. 概形的纤维积 101

　3.1　概形的和 101

　3.2　概形的纤维积 101

　3.3　纤维积的基本性质; 改变基概形 105

　3.4　概形的取值在概形中的点; 几何点 109

　3.5　映满和含容 112

　3.6　纤维 115

　3.7　应用: 概形的模 $\mathfrak{J}$ 约化 116

§4. 子概形和浸入态射 117

　4.1　子概形 117

　4.2　浸入态射 120

　4.3　浸入的纤维积 122

　4.4　子概形的逆像 123

　4.5　局部浸入和局部同构 125

§5. 既约概形; 分离条件 126

　5.1　既约概形 126

5.2　指定底空间的子概形的存在性 $\dots\dots\dots$ 129

5.3　对角线; 态射的图像 $\dots\dots\dots$ 130

5.4　分离态射和分离概形 $\dots\dots\dots$ 134

5.5　分离性的判别法 $\dots\dots\dots$ 135

§6.　有限性条件 $\dots\dots\dots$ 140

6.1　Noether 概形和局部 Noether 概形 $\dots\dots\dots$ 140

6.2　Artin 概形 $\dots\dots\dots$ 143

6.3　有限型态射 $\dots\dots\dots$ 143

6.4　代数概形 $\dots\dots\dots$ 147

6.5　态射的局部可确定性 $\dots\dots\dots$ 150

6.6　拟紧态射和局部有限型态射 $\dots\dots\dots$ 152

§7.　有理映射 $\dots\dots\dots$ 155

7.1　有理映射和有理函数 $\dots\dots\dots$ 155

7.2　有理映射的定义域 $\dots\dots\dots$ 159

7.3　有理函数层 $\dots\dots\dots$ 162

7.4　挠层和无挠层 $\dots\dots\dots$ 164

§8.　Chevalley 概形 $\dots\dots\dots$ 165

8.1　同源的局部环 $\dots\dots\dots$ 165

8.2　整概形的局部环 $\dots\dots\dots$ 167

8.3　Chevalley 概形 $\dots\dots\dots$ 169

§9.　拟凝聚层的补充 $\dots\dots\dots$ 170

9.1　拟凝聚层的张量积 $\dots\dots\dots$ 170

9.2　拟凝聚层的顺像 $\dots\dots\dots$ 173

9.3　对拟凝聚层的截面进行延拓 $\dots\dots\dots$ 174

9.4　拟凝聚层的延拓 $\dots\dots\dots$ 176

9.5　概形的概像; 子概形的概闭包 $\dots\dots\dots$ 178

9.6　拟凝聚代数层; 改变结构层 $\dots\dots\dots$ 181

§10.　形式概形 $\dots\dots\dots$ 183

10.1　仿射形式概形 $\dots\dots\dots$ 183

10.2　仿射形式概形的态射 $\dots\dots\dots$ 184

10.3　仿射形式概形的定义理想层 $\dots\dots\dots$ 186

10.4　形式概形和态射 $\dots\dots\dots$ 187

10.5　形式概形的定义理想层 189

10.6　形式概形作为通常概形的归纳极限 191

10.7　形式概形的纤维积 195

10.8　概形沿着一个闭子集的形式完备化 196

10.9　把态射延拓到完备化上 201

10.10　应用到仿射形式概形上的凝聚层上 203

10.11　形式概形上的凝聚层 206

10.12　形式概形间的进制态射 208

10.13　有限型态射 210

10.14　形式概形的闭子概形 212

10.15　分离的形式概形 215

参考文献 **217**

索引 **219**

第零章　预备知识

§1. 分式环

1.0 环和代数

(1.0.1) 在本书中, 所有的环都带有单位元, 所有的模都与单位元相容, 即单位元的作用是恒同映射, 所有的环同态都把单位元映到单位元, 没有特别说明的话, 环 A 的子环总是指包含了 A 的单位元的子环. 我们将主要考虑交换环, 不加说明的环都是交换环. 最后, 如果环 A 未必交换, 则 A 模总是指左 A 模, 除非另有说明.

(1.0.2) 设 A, B 是两个未必交换的环, $\varphi : A \to B$ 是一个环同态. 则任何左 B 模 (切转: 右 B 模) M 上都带有自然的左 A 模结构 (切转: 右 A 模结构), 即令 $a.m = \varphi(a).m$ (切转: $m.a = m.\varphi(a)$). 如果需要区别 M 上的 A 模结构和 B 模结构, 则我们用 $M_{[\varphi]}$ 来记上面所定义的左 A 模结构 (切转: 右 A 模结构). 从而若 L 是一个 A 模, 则一个 A 同态 $u : L \to M_{[\varphi]}$ 就是这样一个交换群同态, 它满足条件: 对任意 $a \in A$, $x \in L$, 均有 $u(a.x) = \varphi(a).u(x)$. 我们把这样的 u 称为一个 φ 同态, 并且把二元组 (φ, u) (或者简略地把 u) 称为一个从 (A, L) 到 (B, M) 的双重同态. 全体二元组 (A, L) (其中 A 是环, L 是 A 模) 构成一个范畴, 其中的态射就是双重同态.

(1.0.3) 在 (1.0.2) 的前提条件下, 若 $\mathfrak{I}$ 是 A 的一个左理想 (切转: 右理想), 则我们用 $B\mathfrak{I}$ (切转: $\mathfrak{I}B$) 来记由 $\varphi(\mathfrak{I})$ 在环 B 中所生成的左理想 $B\varphi(\mathfrak{I})$(切转: 右理想 $\varphi(\mathfrak{I})B$), 它也是左 B 模 (切转: 右 B 模) 的典范同态 $B \otimes_A \mathfrak{I} \to B$ (切转: $\mathfrak{I} \otimes_A B \to B$) 的像.

(1.0.4) 若 A 是一个 (交换) 环, 而 B 是一个未必交换的环, 则在 B 上给出一个 A 代数的结构就相当于给出一个环同态 $\varphi: A \to B$, 且要求它把 A 映到 B 的中心里. 于是对于 A 的任意理想 $\mathfrak{I}$, $B\mathfrak{I} = \mathfrak{I}B$ 都是 B 的一个双边理想, 对于任意 B 模 M, $\mathfrak{I}M$ 都是一个 B 模, 并且等于 $(B\mathfrak{I})M$.

(1.0.5) 我们不再复习有限型模和有限型(交换) 代数的概念. A 模 M 是有限型的就相当于说我们有一个正合序列 $A^p \to M \to 0$. 所谓一个 A 模 M 是有限呈示的, 是指 M 同构于某个同态 $A^p \to A^q$ 的余核, 换句话说, 我们有一个正合序列 $A^p \to A^q \to M \to 0$. 注意到在一个 Noether 环 A 上, 任何有限型 A 模都是有限呈示的.

还记得所谓一个 A 代数 B 在 A 上是整型的, 是指 B 的每个元素都是某个 A 系数首一多项式的根. 这也相当于说, 对于 B 的任何元素, 都有一个包含该元素的子代数, 它作为 A 模是有限型的. 假设 B 在 A 上是整型的, 并且交换, 则由 B 中的任何一个有限子集所生成的 A 子代数都是有限型 A 模. 从而为了使一个交换 A 代数 B 在 A 上是整型且有限型的, 必须且只需 B 是有限型 A 模. 此时也称 B 是有限整型 A 代数 (或简称有限 A 代数, 只要不会造成误解). 注意到在这些定义里, 我们并没有要求那个定义 A 代数结构的环同态 $\varphi: A \to B$ 是单的.

(1.0.6) 整环是指这样的环, 在其中有限个非零元的乘积也非零. 这也相当于说 $0 \neq 1$, 并且两个非零元的乘积也非零. 环 A 的素理想是指这样的理想 $\mathfrak{p}$, 它使 $A/\mathfrak{p}$ 成为整环. 从而我们总有 $\mathfrak{p} \neq A$. 环 A 至少有一个素理想的充分必要条件是 $A \neq \{0\}$.

(1.0.7) 局部环是指这样的环 A, 它只有一个极大理想. 于是这个极大理想就是 A 的可逆元集的补集, 并且它包含了 A 的所有真理想. 设 A, B 是两个局部环, $\mathfrak{m}, \mathfrak{n}$ 是它们的极大理想, 所谓一个环同态 $\varphi: A \to B$ 是局部的, 是指它满足 $\varphi(\mathfrak{m}) \subseteq \mathfrak{n}$ (或等价地, $\varphi^{-1}(\mathfrak{n}) = \mathfrak{m}$). 于是通过取商, 这样一个同态可以定义出剩余类域 $A/\mathfrak{m}$ 到剩余类域 $B/\mathfrak{n}$ 的一个嵌入. 两个局部同态的合成还是一个局部同态.

1.1　理想的根、环的诣零根和根

(1.1.1) 设 $\mathfrak{a}$ 是环 A 的一个理想, 所谓 $\mathfrak{a}$ 的根, 记为 $\mathfrak{r}(\mathfrak{a})$, 是指由这样一些 $x \in A$ 所组成的集合, 即至少有一个整数 $n > 0$ 能使得 $x^n \in \mathfrak{a}$, 这是一个包含 $\mathfrak{a}$ 的理想. 我们有 $\mathfrak{r}(\mathfrak{r}(\mathfrak{a})) = \mathfrak{r}(\mathfrak{a})$; $\mathfrak{a} \subseteq \mathfrak{b}$ 蕴涵 $\mathfrak{r}(\mathfrak{a}) \subseteq \mathfrak{r}(\mathfrak{b})$; 对有限个理想的交集取根等于对这些理想的根取交集. 若 φ 是环 A' 到环 A 的一个同态, 则对任意理想 $\mathfrak{a} \subseteq A$, 均有 $\mathfrak{r}(\varphi^{-1}(\mathfrak{a})) = \varphi^{-1}(\mathfrak{r}(\mathfrak{a}))$. 为了使一个理想是某个理想的根, 必须且只需它是一些素理想的交集[①]. 理想 $\mathfrak{a}$ 的根就是包含 $\mathfrak{a}$ 的素理想集合中的那些极小元的交集. 若 A 是 Noether 的, 则这些极小元的个数是有限的.

[①]译注: 以下将把这样的理想称为根式理想.

理想 (0) 的根也被称为 A 的诣零根, 它是由 A 的全体幂零元所组成的集合 $\mathfrak{N}$. 所谓环 A 是既约的, 是指 $\mathfrak{N} = (0)$. 对于任何环 A 来说, 它除以其诣零根后的商环 $A/\mathfrak{N}$ 都是既约的.

(1.1.2) 还记得一个 (未必交换的) 环 A 的根 $\mathfrak{R}(A)$ 就是指它的所有极大左理想的交集 (也是所有极大右理想的交集). $A/\mathfrak{R}(A)$ 的根是 (0).

1.2 分式环和分式模

(1.2.1) 设 S 是环 A 的一个子集, 所谓 S 是乘性的, 是指 $1 \in S$, 并且 S 中任意两个元素的乘积仍属于 S. 下面是两个最重要的例子:

1° 由某个元素 $f \in A$ 的所有方幂 f^n $(n \geqslant 0)$ 组成的集合 S_f;

2° A 的某个素理想 $\mathfrak{p}$ 的补集 $A \smallsetminus \mathfrak{p}$.

(1.2.2) 设 S 是环 A 的一个乘性子集, M 是一个 A 模, 则在集合 $M \times S$ 上可以定义一个等价关系如下:

$$(m_1, s_1) \sim (m_2, s_2) \iff \text{可以找到 } s \in S, \text{ 使得 } s(s_1 m_2 - s_2 m_1) = 0.$$

我们用 $S^{-1}M$ 来记 $M \times S$ 在这个等价关系下的商集合, 并把 (m, s) 在 $S^{-1}M$ 中的典范像记作 m/s. 我们把 M 到 $S^{-1}M$ 的映射 $i_M^S : m \mapsto m/1$ 称为典范映射 (简记为 i^S). 一般来说, 该映射既不一定是单的, 也不一定是满的, 它的核是由这样的 $m \in M$ 所组成的集合, 即可以找到一个 $s \in S$ 使得 $sm = 0$.

在 $S^{-1}M$ 上可以定义加法群的运算法则如下:

$$(m_1/s_1) + (m_2/s_2) = (s_2 m_1 + s_1 m_2)/(s_1 s_2)$$

(可以验证, 这个定义不依赖于 $S^{-1}M$ 中元素的表示方法). 进而可以在 $S^{-1}A$ 上定义一个乘法 $(a_1/s_1)(a_2/s_2) = (a_1 a_2)/(s_1 s_2)$, 最后, 可以用 $(a/s)(m/s') = (am)/(ss')$ 来定义 $S^{-1}A$ 在 $S^{-1}M$ 上的作用. 于是 $S^{-1}A$ 具有一个环结构 (称为 A 的以 S 为分母的分式环), $S^{-1}M$ 具有一个 $S^{-1}A$ 模结构 (称为 M 的以 S 为分母的分式模). 对任意 $s \in S$, $s/1$ 在 $S^{-1}A$ 中都是可逆的, 其逆元素为 $1/s$. 典范映射 i_A^S (切转: i_M^S) 是一个环同态 (切转: A 模同态, 其中 $S^{-1}M$ 上的 A 模结构是通过环同态 $i_A^S : A \to S^{-1}A$ 而获得的).

(1.2.3) 若 $S = S_f = \{f^n\}_{n \geqslant 0}$, 则我们把 $S^{-1}A$ 和 $S^{-1}M$ 简记为 A_f 和 M_f. 若把 A_f 看作是 A 上的代数, 则有 $A_f = A[1/f]$. A_f 可以同构于商代数 $A[T]/(fT-1)A[T]$. 如果 $f = 1$, 则 A_f 和 M_f 可以典范等同于 A 和 M. 若 f 是幂零的, 则 A_f 和 M_f 都等于零.

另一方面, 如果 $S = A \setminus \mathfrak{p}$, 其中 $\mathfrak{p}$ 是 A 的一个素理想, 则我们把 $S^{-1}A$ 和 $S^{-1}M$ 简记为 $A_{\mathfrak{p}}$ 和 $M_{\mathfrak{p}}$. $A_{\mathfrak{p}}$ 是一个局部环, 它的极大理想 $\mathfrak{q}$ 是由 $i_A^S(\mathfrak{p})$ 所生成的, 而且我们有 $(i_A^S)^{-1}(\mathfrak{q}) = \mathfrak{p}$. 通过取商, i_A^S 可以给出整环 $A/\mathfrak{p}$ 到域 $A_{\mathfrak{p}}/\mathfrak{q}$ 的一个嵌入, 且 $A_{\mathfrak{p}}/\mathfrak{q}$ 可以等同于 $A/\mathfrak{p}$ 的分式域.

(1.2.4) 分式环 $S^{-1}A$ 和典范映射 i_A^S 构成了下面这个普适映射问题的解, 即对任意环 B 和任意同态 $u : A \to B$, 只要 $u(S)$ 中元素都是 B 的可逆元, u 就可以唯一地分解为下面的形状

$$u : \quad A \xrightarrow{\; i_A^S \;} S^{-1}A \xrightarrow{\; u^* \;} B,$$

其中 u^* 是一个环同态. 在同样的前提条件下, 设 M 是一个 A 模, N 是一个 B 模, $v : M \to N$ 是一个 A 同态 (其中 N 上的 A 模结构是由环同态 $u : A \to B$ 所定义的), 则 v 可以唯一地分解为下面的形状

$$v : \quad M \xrightarrow{\; i_M^S \;} S^{-1}M \xrightarrow{\; v^* \;} N,$$

其中 v^* 是一个 $S^{-1}A$ 同态 (N 上的 $S^{-1}A$ 模结构是由 $u^* : S^{-1}A \to B$ 所定义的).

(1.2.5) 可以定义一个 $S^{-1}A$ 模的典范同构 $S^{-1}A \otimes_A M \xrightarrow{\sim} S^{-1}M$, 它把元素 $(a/s) \otimes m$ 映到元素 $(am)/s$, 反方向的同构把 m/s 映到 $(1/s) \otimes m$.

(1.2.6) 对于 $S^{-1}A$ 的任意理想 $\mathfrak{a}'$, $\mathfrak{a} = (i_A^S)^{-1}(\mathfrak{a}')$ 都是 A 的理想, 且 $\mathfrak{a}'$ 就是由 $i_A^S(\mathfrak{a})$ 在 $S^{-1}A$ 中所生成的理想, 并可等同于 $S^{-1}\mathfrak{a}$ (1.3.2). 映射 $\mathfrak{p}' \mapsto (i_A^S)^{-1}(\mathfrak{p}')$ 是一个从 $S^{-1}A$ 的全体素理想的集合到 A 的具有性质 " $\mathfrak{p} \cap S = \varnothing$ " 的素理想 $\mathfrak{p}$ 的集合的同构 (这是针对序结构来说的). 进而, 局部环 $A_{\mathfrak{p}}$ 和 $(S^{-1}A)_{S^{-1}\mathfrak{p}}$ 是典范同构的 (1.5.1).

(1.2.7) 如果 A 是一个整环, 且我们用 K 来记 A 的分式域, 则对于 A 的任何不含 0 的乘性子集 S, 典范映射 $i_A^S : A \to S^{-1}A$ 都是单的, 并且可以把 $S^{-1}A$ 典范地等同于 K 的一个包含 A 的子环. 特别地, 对于 A 的任意素理想 $\mathfrak{p}$, $A_{\mathfrak{p}}$ 都是一个包含 A 的局部环, 极大理想为 $\mathfrak{p}A_{\mathfrak{p}}$, 并且 $\mathfrak{p}A_{\mathfrak{p}} \cap A = \mathfrak{p}$.

(1.2.8) 若 A 是一个既约环 (1.1.1), 则 $S^{-1}A$ 也是如此. 事实上, 设 $x \in A$ 和 $s \in S$ 满足 $(x/s)^n = 0$, 则可以找到 $s' \in S$ 使得 $s'x^n = 0$, 故有 $(s'x)^n = 0$, 根据前提条件, 这就意味着 $s'x = 0$, 从而 $x/s = 0$.

1.3 函子性质

(1.3.1) 设 M, N 是两个 A 模, $u : M \to N$ 是一个 A 同态. 若 S 是 A 的一个乘性子集, 则可以定义一个 $S^{-1}A$ 同态 $S^{-1}u : S^{-1}M \to S^{-1}N$, 即令 $(S^{-1}u)(m/s) = u(m)/s$. 若把 $S^{-1}M$ 和 $S^{-1}N$ 典范等同于 $S^{-1}A \otimes_A M$ 和 $S^{-1}A \otimes_A N$ (1.2.5), 则

$S^{-1}u$ 可以等同于 $1 \otimes u$. 若 P 是第三个 A 模, $v : N \to P$ 是一个 A 同态, 则有 $S^{-1}(v \circ u) = (S^{-1}v) \circ (S^{-1}u)$. 换句话说, $M \mapsto S^{-1}M$ 是 A 模范畴到 $S^{-1}A$ 模范畴 的一个协变函子 (固定 A 和 S).

(1.3.2) 函子 $S^{-1}M$ 是正合的. 换句话说, 若序列

$$M \xrightarrow{u} N \xrightarrow{v} P$$

是正合的, 则序列

$$S^{-1}M \xrightarrow{S^{-1}u} S^{-1}N \xrightarrow{S^{-1}v} S^{-1}P$$

也是如此.

特别地, 若 $u : M \to N$ 是单的 (切转: 满的), 则 $S^{-1}v : S^{-1}M \to S^{-1}N$ 也是如 此. 若 N 和 P 是 M 的两个子模, 则 $S^{-1}N$ 和 $S^{-1}P$ 可以典范等同于 $S^{-1}M$ 的两 个子模, 并且我们有

$$S^{-1}(N + P) = S^{-1}N + S^{-1}P \qquad \text{和} \qquad S^{-1}(N \cap P) = (S^{-1}N) \cap (S^{-1}P).$$

(1.3.3) 设 $(M_\alpha, \varphi_{\beta,\alpha})$ 是 A 模的一个归纳系, 则 $(S^{-1}M_\alpha, S^{-1}\varphi_{\beta,\alpha})$ 是 $S^{-1}A$ 模 的一个归纳系. 把 $S^{-1}M_\alpha$ 和 $S^{-1}\varphi_{\beta,\alpha}$ 都表达成张量积的形式 (1.2.5 和 1.3.1), 则由 张量积与归纳极限的交换性可知, 我们有一个典范同构

$$S^{-1} \varinjlim M_\alpha \xrightarrow{\sim} \varinjlim S^{-1}M_\alpha,$$

因此我们说函子 $S^{-1}M$ (关于 M) 与归纳极限是可交换的.

(1.3.4) 设 M, N 是两个 A 模, 则我们有一个函子性 (关于 M 和 N) 典范同构

$$(S^{-1}M) \otimes_{S^{-1}A} (S^{-1}N) \xrightarrow{\sim} S^{-1}(M \otimes_A N),$$

它把 $(m/s) \otimes (n/t)$ 映到 $(m \otimes n)/(st)$.

(1.3.5) 同样地, 我们有一个函子性 (关于 M 和 N) 同态

$$S^{-1}\mathrm{Hom}_A(M, N) \longrightarrow \mathrm{Hom}_{S^{-1}A}(S^{-1}M, S^{-1}N),$$

它把同态 u/s 映到同态 $m/t \mapsto u(m)/(st)$. 如果 M 是有限呈示的, 则上述同态是一 个同构. 事实上, 当 $M = A^r$ 时这是显然的, 而一般情形可以归结到 $M = A^r$ 的情 形, 这只要取一个正合序列 $A^p \to A^q \to M \to 0$, 并利用函子 $S^{-1}M$ 的正合性和函 子 $\mathrm{Hom}_A(M, N)$ 对于 M 的左正合性即可. 注意到当 A 是 *Noether* 环并且 M 是有 限型 A 模时, 有限呈示的条件总是满足的.

1.4　改变乘性子集

(1.4.1) 设 S, T 是 A 的两个乘性子集, 且满足 $S \subseteq T$, 则我们有一个从 $S^{-1}A$ 到 $T^{-1}A$ 的典范同态 $\rho_A^{T,S}$ (简记为 $\rho^{T,S}$), 它把 $S^{-1}A$ 中的元素 a/s 映到 $T^{-1}A$ 中的元素 a/s, 于是 $i_A^T = \rho_A^{T,S} \circ i_A^S$. 同样地, 对任意 A 模 M, 我们都会有一个从 $S^{-1}M$ 到 $T^{-1}M$ 的 $S^{-1}A$ 线性映射 $\rho_M^{T,S}$ (其中 $T^{-1}M$ 是借助同态 $\rho_A^{T,S}$ 而成为 $S^{-1}A$ 模的), 简记为 $\rho^{T,S}$, 它把 $S^{-1}M$ 中的元素 m/s 映到 $T^{-1}M$ 中的元素 m/s, 此时我们也有 $i_M^T = \rho_M^{T,S} \circ i_M^S$. 在 (1.2.5) 的典范等同下, $\rho_M^{T,S}$ 可以等同于 $\rho_A^{T,S} \otimes 1$. 同态 $\rho_M^{T,S}$ 是由函子 $S^{-1}M$ 到函子 $T^{-1}M$ 的一个函子态射 (或称自然变换), 换句话说, 对任意同态 $u : M \to N$, 图表

$$\begin{array}{ccc} S^{-1}M & \xrightarrow{\ S^{-1}u\ } & S^{-1}N \\ \rho_M^{T,S} \downarrow & & \downarrow \rho_N^{T,S} \\ T^{-1}M & \xrightarrow[\ T^{-1}u\ ]{} & T^{-1}N \end{array}$$

都是交换的. 进而注意到 $T^{-1}u$ 可被 $S^{-1}u$ 完全确定, 因为对于 $m \in M$ 和 $t \in T$, 总有

$$(T^{-1}u)(m/t) = (t/1)^{-1} \rho^{T,S}((S^{-1}u)(m/1)).$$

(1.4.2) 在同样的记号下, 对于两个 A 模 M, N, 图表 (参考 (1.3.4) 和 (1.3.5))

$$\begin{array}{ccc} (S^{-1}M) \otimes_{S^{-1}A} (S^{-1}N) & \xrightarrow{\ \sim\ } & S^{-1}(M \otimes_A N) \\ \downarrow & & \downarrow \\ (T^{-1}M) \otimes_{T^{-1}A} (T^{-1}N) & \xrightarrow{\ \sim\ } & T^{-1}(M \otimes_A N) \end{array}$$

和

$$\begin{array}{ccc} S^{-1}\mathrm{Hom}_A(M, N) & \longrightarrow & \mathrm{Hom}_{S^{-1}A}(S^{-1}M, S^{-1}N) \\ \downarrow & & \downarrow \\ T^{-1}\mathrm{Hom}_A(M, N) & \longrightarrow & \mathrm{Hom}_{T^{-1}A}(T^{-1}M, T^{-1}N) \end{array}$$

都是交换的.

(1.4.3) 在一个重要的情况下, 同态 $\rho^{T,S}$ 是一一的, 即如果 T 的每个元素都是 S 的某个元素的因子. 此时我们把 $S^{-1}M$ 通过 $\rho^{T,S}$ 等同于 $T^{-1}M$. 所谓一个乘性子集 S 是饱和的, 是指 S 中任何元素的任何因子都仍然属于 S. 我们可以局限于考虑以饱和乘性子集 S 为分母的分式模 $S^{-1}M$, 因为必要时总可以把 S 换成一个新的集合 T, 它是由 S 中所有元素的所有因子组成的 (这是一个饱和乘性子集).

(1.4.4) 设 S, T, U 是 A 的三个乘性子集, 满足 $S \subseteq T \subseteq U$, 则有

$$\rho^{U,S} = \rho^{U,T} \circ \rho^{T,S}.$$

(1.4.5) 考虑 A 的乘性子集的一个递增滤相族 (S_α) (我们规定 $\alpha \leqslant \beta$ 的意思就是 $S_\alpha \subseteq S_\beta$), 并设 S 是乘性子集 $\bigcup\limits_\alpha S_\alpha$. 对于 $\alpha \leqslant \beta$, 我们令 $\rho_{\beta\alpha} = \rho_A^{S_\beta, S_\alpha}$, 则依照 (1.4.4), $(S_\alpha^{-1}A, \rho_{\beta\alpha})$ 构成环的归纳系, 从而可以定义出一个归纳极限环 A'. 设 ρ_α 是典范同态 $S_\alpha^{-1}A \to A'$, 并且令 $\varphi_\alpha = \rho_A^{S, S_\alpha}$, 则根据 (1.4.4), 对于 $\alpha \leqslant \beta$, 总有 $\varphi_\alpha = \varphi_\beta \circ \rho_{\beta\alpha}$, 于是可以唯一地定义出一个同态 $\varphi: A' \to S^{-1}A$, 使得图表

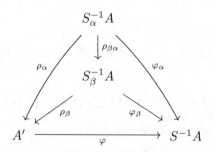

(其中 $\alpha \leqslant \beta$) 都是交换的. 这个 φ 是一个同构. 事实上, 由 φ 的构造方法立知它是满的. 另一方面, 若 $\rho_\alpha(a/s_\alpha) \in A'$ 满足 $\varphi(\rho_\alpha(a/s_\alpha)) = 0$, 则在 $S^{-1}A$ 中有 $a/s_\alpha = 0$, 也就是说, 可以找到 $s \in S$ 使得 $sa = 0$. 然而又可以找到 $\beta \geqslant \alpha$ 使得 $s \in S_\beta$, 于是由 $\rho_\alpha(a/s_\alpha) = \rho_\beta(sa/ss_\alpha) = 0$ 就可以看出 φ 是单的. 同样的方法也适用于 A 模 M, 这就定义出了下面的典范同构

$$\varinjlim S_\alpha^{-1}A \overset{\sim}{\longrightarrow} (\varinjlim S_\alpha)^{-1}A, \quad \varinjlim S_\alpha^{-1}M \overset{\sim}{\longrightarrow} (\varinjlim S_\alpha)^{-1}M,$$

第二个同构对于 M 还是函子性的.

(1.4.6) 设 S_1, S_2 是 A 的两个乘性子集, 则 $S_1 S_2$ 也是 A 的乘性子集. 我们把 S_2 在环 $S_1^{-1}A$ 中的典范像记作 S_2', 则它是 $S_1^{-1}A$ 的一个乘性子集. 此时对任意 A 模 M, 我们都有一个函子性同构

$$S_2'^{-1}(S_1^{-1}M) \overset{\sim}{\longrightarrow} (S_1 S_2)^{-1}M,$$

它把 $(m/s_1)/(s_2/1)$ 映到 $m/(s_1 s_2)$.

1.5 改变环

(1.5.1) 设 A, A' 是两个环, $\varphi: A' \to A$ 是一个同态, S (切转: S') 是 A (切转: A') 的一个乘性子集, 并满足 $\varphi(S') \subseteq S$, 则依照 (1.2.4), 合成同态 $A' \overset{\varphi}{\longrightarrow} A \to S^{-1}A$ 可

以分解为 $A' \to S'^{-1}A' \xrightarrow{\varphi^{S'}} S^{-1}A$, 且我们有 $\varphi^{S'}(a'/s') = \varphi(a')/\varphi(s')$. 若 $A' = \varphi(A)$ 并且 $S = \varphi(S')$, 则 $\varphi^{S'}$ 是满的. 若 $A' = A$ 并且 φ 是恒同, 则 $\varphi^{S'}$ 刚好就是 (1.4.1) 中所定义的同态 $\rho_A^{S,S'}$.

(1.5.2) 在 (1.5.1) 的前提条件下, 设 M 是一个 A 模, 则我们有一个 $S'^{-1}A'$ 模的函子性典范同态

$$\sigma : \quad S'^{-1}(M_{[\varphi]}) \longrightarrow (S^{-1}M)_{[\varphi^{S'}]},$$

它把 $S'^{-1}(M_{[\varphi]})$ 中的元素 m/s' 映到 $(S^{-1}M)_{[\varphi^{S'}]}$ 中的元素 $m/\varphi(s')$. 容易验证, 这个定义并不依赖于元素 m/s' 的表示方法. 如果 $S = \varphi(S')$, 则同态 σ 是一一的. 如果 $A' = A$ 并且 φ 是恒同, 则 σ 刚好就是 (1.4.1) 中所定义的同态 $\rho_M^{S,S'}$.

特别地, 如果取 $M = A$, 则同态 φ 在 A 上定义了一个 A' 代数的结构, 从而使 $S'^{-1}(A_{[\varphi]})$ 获得了一个环结构, 在这个环结构下, 它可以等同于 $(\varphi(S'))^{-1}A$, 并且同态 $\sigma : S'^{-1}(A_{[\varphi]}) \to S^{-1}A$ 是 $S'^{-1}A'$ 代数的同态.

(1.5.3) 设 M, N 是两个 A 模, 则通过把 (1.3.4) 和 (1.5.2) 中的同态合成, 就得到了一个同态

$$(S^{-1}M \otimes_{S^{-1}A} S^{-1}N)_{[\varphi^{S'}]} \longleftarrow S'^{-1}((M \otimes_A N)_{[\varphi]}).$$

如果 $\varphi(S') = S$, 则该同态是一个同构. 同样地, 把 (1.3.5) 和 (1.5.2) 中的同态合成, 就得到了一个同态

$$S'^{-1}((\operatorname{Hom}_A(M, N))_{[\varphi]}) \longrightarrow (\operatorname{Hom}_{S^{-1}A}(S^{-1}M, S^{-1}N))_{[\varphi^{S'}]}.$$

如果 $\varphi(S') = S$ 并且 M 是有限呈示的, 则此同态是一个同构.

(1.5.4) 现在考虑一个 A' 模 N', 并取张量积 $N' \otimes_{A'} A_{[\varphi]}$, 则可以把它看作是一个 A 模, 只要令 $a.(n' \otimes b) = n' \otimes ab$. 我们有一个 $S^{-1}A$ 模的函子性同构

$$\tau : \quad (S'^{-1}N') \otimes_{S'^{-1}A'} (S^{-1}A)_{[\varphi^{S'}]} \xrightarrow{\sim} S^{-1}(N' \otimes_{A'} A_{[\varphi]}),$$

它把元素 $(n'/s') \otimes (a/s)$ 映到元素 $(n' \otimes a)/(\varphi(s')s)$. 事实上, 首先可以分别验证, 如果把 n'/s' (切转: a/s) 换成该元素的另一种表示方法, 则 $(n' \otimes a)/(\varphi(s')s)$ 不会改变. 另一方面, 可以定义出 τ 的一个逆映射, 即把 $(n' \otimes a)/s$ 映到元素 $(n'/1) \otimes (a/s)$: 这是因为 $S^{-1}(N' \otimes_{A'} A_{[\varphi]})$ 可以典范同构于 $(N' \otimes_{A'} A_{[\varphi]}) \otimes_A S^{-1}A$ (1.2.5), 从而也典范同构于 $N' \otimes_{A'} (S^{-1}A)_{[\psi]}$, 其中 ψ 是指 A' 到 $S^{-1}A$ 的合成同态 $a' \mapsto \varphi(a')/1$.

(1.5.5) 设 M', N' 是两个 A' 模, 则通过把 (1.3.4) 和 (1.5.4) 中的同构合成, 就得到了一个同构

$$S'^{-1}M' \otimes_{S'^{-1}A'} S'^{-1}N' \otimes_{S'^{-1}A'} S^{-1}A \xrightarrow{\sim} S^{-1}(M' \otimes_{A'} N' \otimes_{A'} A).$$

同样地, 若 M' 是有限呈示的, 则依照 (1.3.5) 和 (1.5.4), 我们有一个同构

$$\mathrm{Hom}_{S'^{-1}A'}(S'^{-1}M', S'^{-1}N') \otimes_{S'^{-1}A'} S^{-1}A \xrightarrow{\sim} S^{-1}(\mathrm{Hom}_{A'}(M', N') \otimes_{A'} A).$$

(1.5.6) 在 (1.5.1) 的前提条件下, 设 T (切转: T') 是 A (切转: A') 的另一个乘性子集, 并满足 $S \subseteq T$ (切转: $S' \subseteq T'$) 和 $\varphi(T') \subseteq T$, 则图表

$$
\begin{array}{ccc}
S'^{-1}A' & \xrightarrow{\varphi^{S'}} & S^{-1}A \\
{\scriptstyle \rho^{T',S'}}\downarrow & & \downarrow{\scriptstyle \rho^{T,S}} \\
T'^{-1}A' & \xrightarrow[\varphi^{T'}]{} & T^{-1}A
\end{array}
$$

是交换的. 若 M 是一个 A 模, 则图表

$$
\begin{array}{ccc}
S'^{-1}(M_{[\varphi]}) & \xrightarrow{\ \sigma\ } & (S^{-1}M)_{[\varphi^{S'}]} \\
{\scriptstyle \rho^{T',S'}}\downarrow & & \downarrow{\scriptstyle \rho^{T,S}} \\
T'^{-1}(M_{[\varphi]}) & \xrightarrow[\ \sigma\ ]{} & (T^{-1}M)_{[\varphi^{T'}]}
\end{array}
$$

是交换的. 最后, 若 N' 是一个 A' 模, 则图表

$$
\begin{array}{ccc}
(S'^{-1}N') \otimes_{S'^{-1}A'} (S^{-1}A)_{[\varphi^{S'}]} & \xrightarrow[\tau]{\sim} & S^{-1}(N' \otimes_{A'} A_{[\varphi]}) \\
\downarrow & & \downarrow{\scriptstyle \rho^{T,S}} \\
(T'^{-1}N') \otimes_{T'^{-1}A'} (T^{-1}A)_{[\varphi^{T'}]} & \xrightarrow[\tau]{\sim} & T^{-1}(N' \otimes_{A'} A_{[\varphi]})
\end{array}
$$

是交换的, 其中左边的竖直箭头是在 $S'^{-1}N'$ 上应用 $\rho_{N'}^{T',S'}$ 而在 $S^{-1}A$ 上应用 $\rho_A^{T,S}$.

(1.5.7) 设 A'' 是第三个环, $\varphi' : A'' \to A'$ 是一个环同态, S'' 是 A'' 的一个乘性子集, 并满足 $\varphi'(S'') \subseteq S'$. 令 $\varphi'' = \varphi \circ \varphi'$, 则有

$$\varphi''^{S''} = \varphi^{S'} \circ \varphi'^{S''}.$$

设 M 是一个 A 模, 则易见 $M_{[\varphi'']} = (M_{[\varphi]})_{[\varphi']}$. 若我们按照由 φ 定义出 σ 的方法 (1.5.2) 分别由 φ' 和 φ'' 定义出同态 σ' 和 σ'', 则有下面的传递公式

$$\sigma'' = \sigma \circ \sigma'.$$

最后, 设 N'' 是一个 A'' 模, 则 A 模 $N'' \otimes_{A''} A_{[\varphi'']}$ 可以典范等同于 $(N'' \otimes_{A''} A'_{[\varphi']}) \otimes_{A'} A_{[\varphi]}$, 同样地, $S^{-1}A$ 模 $(S''^{-1}N'') \otimes_{S''^{-1}A''} (S^{-1}A)_{[\varphi''^{S''}]}$ 可以典范等同于

$$((S''^{-1}N'') \otimes_{S''^{-1}A''} (S'^{-1}A')_{[\varphi'^{S''}]}) \otimes_{S'^{-1}A'} (S^{-1}A)_{[\varphi^{S'}]}.$$

在这些等同下, 若我们按照由 φ 定义出 τ 的方法 (1.5.4) 分别由 φ' 和 φ'' 定义出同态 τ' 和 τ'', 则有下面的传递公式

$$\tau'' = \tau \circ (\tau' \otimes 1).$$

(1.5.8) 设 A 是环 B 的一个子环, 则对于 A 的任意极小素理想 $\mathfrak{p}$, 均可找到 B 的一个极小素理想 $\mathfrak{q}$, 使得 $\mathfrak{p} = A \cap \mathfrak{q}$. 事实上, $A_{\mathfrak{p}}$ 是 $B_{\mathfrak{p}}$ 的一个子环 (1.3.2), 并且只有一个素理想 $\mathfrak{p}'$ (1.2.6). 由于 $B_{\mathfrak{p}}$ 不等于零, 故它至少有一个素理想 $\mathfrak{q}'$, 此时必有 $\mathfrak{q}' \cap A_{\mathfrak{p}} = \mathfrak{p}'$, 从而 $\mathfrak{q}'$ 在 B 中的逆像素理想 $\mathfrak{q}_1$ 就满足 $\mathfrak{q}_1 \cap A = \mathfrak{p}$, 自然对于 B 的每个包含在 $\mathfrak{q}_1$ 中的极小素理想 $\mathfrak{q}$, 也就都有 $\mathfrak{q} \cap A = \mathfrak{p}$.

1.6 把 M_f 等同于一个归纳极限

(1.6.1) 设 M 是一个 A 模, f 是 A 的一个元素. 考虑 A 模的这样一个序列 (M_n), 其中每一个 M_n 都等于 M, 且对任意两个整数 $m \leqslant n$, 设 φ_{nm} 是 M_m 到 M_n 的同态 $z \mapsto f^{n-m}z$, 则易见 $((M_n), (\varphi_{nm}))$ 是 A 模的一个归纳系. 设 $N = \varinjlim M_n$ 是它的归纳极限. 我们现在要定义一个从 N 到 M_f 的函子性典范 A 同构. 首先注意到, 对任意 n, 映射 $\theta_n : z \mapsto z/f^n$ 都是一个从 $M_n = M$ 到 M_f 的 A 同态, 并且由定义知, 对任意 $m \leqslant n$, 均有 $\theta_n \circ \varphi_{nm} = \theta_m$. 从而可以得到一个 A 同态 $\theta : N \to M_f$, 使得对任意 n, 均有 $\theta_n = \theta \circ \varphi_n$, 其中 φ_n 是指 M_n 到 N 的典范同态. 而根据定义, M_f 中的任何元素都具有 z/f^n 的形状 (取适当的 n), 故易见 θ 是满的. 另一方面, 若 $\theta(\varphi_n(z)) = 0$, 换句话说 $z/f^n = 0$, 则可以找到一个整数 $k > 0$, 使得 $f^k z = 0$, 从而 $\varphi_{n+k,n}(z) = 0$, 这就表明 $\varphi_n(z) = 0$. 从而可以通过 θ 把 M_f 等同于 $\varinjlim M_n$.

(1.6.2) 现在我们把上面的 M_n, φ_{nm} 和 φ_n 分别写成 $M_{f,n}, \varphi_{nm}^f$ 和 φ_n^f. 设 g 是 A 的另一个元素. 则由于 f^n 可以整除 $f^n g^n$, 故有一个函子性同态

$$\rho_{fg,f} \; : \quad M_f \longrightarrow M_{fg} \qquad (1.4.1 \text{ 和 } 1.4.3).$$

若把 M_f 和 M_{fg} 分别等同于 $\varinjlim M_{f,n}$ 和 $\varinjlim M_{fg,n}$, 则 $\rho_{fg,f}$ 可以等同于诸映射 $\rho_{fg,f}^n : M_{f,n} \to M_{fg,n}$ 的归纳极限, 其中 $\rho_{fg,f}^n(z) = g^n z$. 事实上, 这可由下述图表的交换性立得

$$
\begin{array}{ccc}
M_{f,n} & \xrightarrow{\ \rho_{fg,f}^n\ } & M_{fg,n} \\
{\scriptstyle \varphi_n^f} \downarrow & & \downarrow {\scriptstyle \varphi_n^{fg}} \\
M_f & \xrightarrow[\ \rho_{fg,f}\ ]{} & M_{fg}
\end{array}
\quad .
$$

1.7 模的支集

(1.7.1) 给了一个 A 模 M, 所谓 M 的支集, 记作 $\mathrm{Supp}\, M$, 是指由使得 $M_{\mathfrak{p}} \neq 0$

的那些素理想 $\mathfrak{p}$ 所组成的集合. $M = 0$ 的充分必要条件是 Supp $M = \varnothing$, 因为若对任意 $\mathfrak{p}$, 均有 $M_\mathfrak{p} = 0$, 则一个元素 $x \in M$ 的零化子不可能包含在 A 的任何一个素理想之中, 从而只能是 A 本身.

(1.7.2) 设 $0 \to N \to M \to P \to 0$ 是 A 模的一个正合序列, 则有

$$\text{Supp } M = \text{Supp } N \cup \text{Supp } P,$$

因为对于 A 的任意素理想 $\mathfrak{p}$, 序列 $0 \to N_\mathfrak{p} \to M_\mathfrak{p} \to P_\mathfrak{p} \to 0$ 都是正合的 (1.3.2), 从而为了使 $M_\mathfrak{p} = 0$, 必须且只需 $N_\mathfrak{p} = P_\mathfrak{p} = 0$.

(1.7.3) 若 M 是它的子模族 (M_λ) 的和, 则对于 A 的任意素理想 $\mathfrak{p}$, $M_\mathfrak{p}$ 都是这些 $(M_\lambda)_\mathfrak{p}$ 的和 (1.3.3 和 1.3.2), 从而 Supp $M = \bigcup_\lambda \text{Supp } M_\lambda$.

(1.7.4) 设 M 是一个有限型 A 模, 则 Supp M 就是由包含 M 的零化子的那些素理想所组成的集合. 事实上, 若 M 是单苇的, 并可由 x 所生成, 则 $M_\mathfrak{p} = 0$ 就意味着可以找到一个 $s \notin \mathfrak{p}$ 使得 $s.x = 0$, 从而 $\mathfrak{p}$ 不能包含 x 的零化子. 现在设 M 有一个有限的生成元组 $(x_i)_{1 \leqslant i \leqslant n}$, 并设 $\mathfrak{a}_i$ 是 x_i 的零化子, 则由 (1.7.3) 知, Supp M 是由至少包含一个 $\mathfrak{a}_i$ 的那些素理想 $\mathfrak{p}$ 所组成的集合, 这也相当于说, 它是由包含 $\mathfrak{a} = \bigcap_i \mathfrak{a}_i$ 的那些素理想 $\mathfrak{p}$ 所组成的集合, 而这个 $\mathfrak{a}$ 就是 M 的零化子.

(1.7.5) 若 M, N 是两个有限型 A 模, 则有

$$\text{Supp}(M \otimes_A N) = \text{Supp } M \cap \text{Supp } N.$$

问题是要说明, 若 $\mathfrak{p}$ 是 A 的一个素理想, 则条件 $M_\mathfrak{p} \otimes_{A_\mathfrak{p}} N_\mathfrak{p} \neq 0$ 等价于 " $M_\mathfrak{p} \neq 0$ 且 $N_\mathfrak{p} \neq 0$" (有见于 (1.3.4)). 换句话说, 要说明若 P, Q 是局部环 B 上的两个不等于零的有限型模, 则也有 $P \otimes_B Q \neq 0$. 设 $\mathfrak{m}$ 是 B 的极大理想, 则依照 Nakayama 引理, 向量空间 $P/\mathfrak{m}P$ 和 $Q/\mathfrak{m}Q$ 都不等于零, 从而它们的张量积 $(P \otimes_B Q) \otimes_B (B/\mathfrak{m}) = (P/\mathfrak{m}P) \otimes_{B/\mathfrak{m}} (Q/\mathfrak{m}Q)$ 也是如此, 故得结论.

特别地, 若 M 是一个有限型 A 模, $\mathfrak{a}$ 是 A 的一个理想, 则 Supp$(M/\mathfrak{a}M)$ 就是由同时包含 $\mathfrak{a}$ 以及 M 的零化子 $\mathfrak{n}$ 的那些素理想所组成的集合 (1.7.4), 换句话说, 它是由包含 $\mathfrak{a} + \mathfrak{n}$ 的那些素理想所组成的集合.

§2. 不可约空间, Noether 空间

2.1 不可约空间

(2.1.1) 所谓一个拓扑空间 X 是不可约的, 是指它不是空的, 并且不能写成两个真闭子空间的并集. 这也相当于说, $X \neq \varnothing$, 并且任意两个 (从而任意有限个) 非空

开集的交集也不是空的, 或者任何非空开集都是处处稠密的, 或者任何真闭子集都是稀疏的, 或者任何开集都是连通的.

(2.1.2) 为了使拓扑空间 X 的一个子空间 Y 是不可约的, 必须且只需 Y 的闭包 $\overline{Y}$ 是不可约的. 特别地, 单点的闭包 $\overline{\{x\}}$ 总是不可约的. 我们把关系式 $y \in \overline{\{x\}}$ (或等价的 $\overline{\{y\}} \subseteq \overline{\{x\}}$) 也称为 y 是 x 的特殊化, 或者 x 是 y 的一般化. 如果在一个不可约空间 X 中能找到一个点 x, 使得 $\overline{\{x\}} = X$, 则我们把 x 称为 X 的一般点. 此时 X 的任何非空开集均包含 x, 并且 X 的任何包含 x 的子空间都以 x 为它的一般点.

(2.1.3) 还记得 *Kolmogoroff* 空间是指满足下述分离公理的拓扑空间 X:

($\mathbb{T}_0$) 对于 X 的任意两个点 $x \neq y$, 均可找到一个开集, 它只包含了 x, y 中的一个点.

若一个 Kolmogoroff 空间是不可约的, 且有一个一般点, 则它只有一个一般点, 因为任何非空开集都包含了所有的一般点.

还记得所谓一个拓扑空间 X 是拟紧的, 是指从 X 的任意开覆盖中都可以选出一个有限子覆盖 (这也相当于说, X 的任何由非空闭集所组成的递减滤相族都有非空的交集). 若 X 是一个拟紧空间, 则 X 的任何非空闭子集 A 都包含一个极小的非空闭集 M, 因为 A 的非空闭子集族在包含关系 $\supseteq$ 下是归纳性的. 进而若 X 还是 Kolmogoroff 空间, 则 M 必然只含一个点 (我们称这样的点为闭点).

(2.1.4) 在一个不可约空间 X 中, 任何非空开子空间 U 都是不可约的, 并且若 X 有一个一般点 x, 则 x 也是 U 的一般点.

设 (U_α) 是拓扑空间 X 的一个由非空开集所组成的覆盖 (指标集也不是空的), 则为了使 X 是不可约的, 必须且只需对任意 α, U_α 都是不可约的, 并且对任意 α, β, 均有 $U_\alpha \cap U_\beta \neq \varnothing$. 这个条件显然是必要的, 为了看出它也是充分的, 只需证明, 若 V 是 X 的一个非空开集, 则对任意 α, $V \cap U_\alpha$ 都不是空的, 因为这样一来对任意 α, $V \cap U_\alpha$ 在 U_α 中就都是稠密的, 因而 V 在 X 中是稠密的. 现在我们至少有一个 γ 能使得 $V \cap U_\gamma \neq \varnothing$, 从而 $V \cap U_\gamma$ 在 U_γ 中是稠密的, 又因为对任意 α, 均有 $U_\alpha \cap U_\gamma \neq \varnothing$, 故也有 $V \cap U_\gamma \cap U_\alpha \neq \varnothing$.

(2.1.5) 设 X 是一个不可约空间, f 是 X 到另一拓扑空间 Y 的一个连续映射, 则 $f(X)$ 是不可约的, 并且若 x 是 X 的一般点, 则 $f(x)$ 是 $f(X)$ 的一般点, 故也是 $\overline{f(X)}$ 的一般点. 特别地, 若 Y 也是不可约的, 并且有唯一的一般点 y, 则为了使 $f(X)$ 是处处稠密的, 必须且只需 $f(x) = y$.

(2.1.6) 拓扑空间 X 的任何一个不可约子空间都包含在某个极大不可约子空间之中, 并且后者必然是闭的. 我们把 X 的极大不可约子空间称为 X 的不可约分支.

若 Z_1, Z_2 是空间 X 的两个不同的不可约分支, 则 $Z_1 \cap Z_2$ 是闭集, 且在每个子空间 Z_1, Z_2 中都是稀疏的. 特别地, 若 X 的某个不可约分支具有一个一般点 (2.1.2), 则这个点不属于其他任何一个不可约分支. 若 X 只有有限个不可约分支 Z_i $(1 \leqslant i \leqslant n)$, 并且对每个 i, 令 $U_i = Z_i \smallsetminus (\bigcup_{j \neq i} Z_j)$, 则这些 U_i 都是不可约的开集, 两两没有交点, 并且它们的并集在 X 中是稠密的.

设 U 是拓扑空间 X 的一个开子空间. 若 Z 是 X 的一个不可约子空间, 且与 U 有交点, 则 $Z \cap U$ 是 Z 的稠密开集, 从而是不可约的. 反过来, 对于 U 的任意不可约闭子空间 Y, 它在 X 中的闭包 $\overline{Y}$ 也是不可约的, 并且 $\overline{Y} \cap U = Y$. 由此得知, 在 U 的不可约分支和 X 的与 U 有交点的不可约分支之间有一个一一对应.

(2.1.7) 若一个拓扑空间 X 是有限个不可约闭子空间 Y_i 的并集, 则 X 的不可约分支就是这些 Y_i 中的极大元, 因为若 Z 是 X 的一个不可约闭子空间, 则 Z 是这些 $Z \cap Y_i$ 的并集, 从而 Z 一定包含在某个 Y_i 之中. 设 Y 是某个拓扑空间 X 的子空间, 并假设 Y 只有有限个不可约分支 Y_i $(1 \leqslant i \leqslant n)$, 则这些 Y_i 在 X 中的闭包 $\overline{Y_i}$ 就构成 $\overline{Y}$ 的各个不可约分支.

(2.1.8) 设 Y 是一个不可约空间, 且只有唯一的一般点 y. 又设 X 是另一个拓扑空间, $f : X \to Y$ 是一个连续映射. 则对于 X 的任何与 $f^{-1}(y)$ 有交点的不可约分支 Z, $f(Z)$ 在 Y 中都是稠密的. 逆命题未必成立, 然而, 若 Z 有一个一般点 z, 并且 $f(Z)$ 在 Y 中是稠密的, 则必有 $f(z) = y$ (2.1.5). 进而, $Z \cap f^{-1}(y)$ 就是 $\{z\}$ 在 $f^{-1}(y)$ 中的闭包, 从而是不可约的, 且由于 $f^{-1}(y)$ 的任何包含 z 的不可约分支必然包含在 Z 之中 (2.1.6), 故知 z 是 $Z \cap f^{-1}(y)$ 的一般点. 由于 $f^{-1}(y)$ 的任何不可约分支均包含在 X 的某个不可约分支之中, 故知若 X 的任何与 $f^{-1}(y)$ 有交点的不可约分支 Z 都具有一般点, 则在这些不可约分支 Z 和 $f^{-1}(y)$ 的不可约分支 $Z \cap f^{-1}(y)$ 之间有一个一一对应, 而且 Z 的一般点与 $Z \cap f^{-1}(y)$ 的一般点是重合的.

2.2 Noether 空间

(2.2.1) 所谓一个拓扑空间 X 是 *Noether* 的, 是指它的开集的集合满足极大条件[①], 这也相当于说, 闭集的集合满足极小条件[②]. 所谓 X 是局部 *Noether* 的, 是指 X 的每一点 x 都有一个邻域是 Noether 子空间.

(2.2.2) 设 E 是一个满足极小条件的有序集, P 是关于 E 中元素的某个性质, 假设性质 P 满足条件: 对于 $a \in E$, 若在 $x < a$ 时 $P(x)$ 都是成立的, 则 $P(a)$ 也是成立的. 那么 $P(x)$ 就必然对所有 $x \in E$ 都是成立的 (这称为 "Noether 归纳法"). 事实上, 设 F 是由使得 $P(x)$ 不成立的那些 $x \in E$ 所组成的集合, 于是若 F 不是空

---

① 译注: 即开集的任何非空族都有极大元.
② 译注: 即闭集的任何非空族都有极小元.

的, 则它一定有一个极小元 a, 从而当 $x < a$ 时, $P(x)$ 都是成立的, 这导致 $P(a)$ 也是成立的, 矛盾.

特别地, 我们将把这个方法应用到 E 是由 Noether 空间的全体闭集所组成的有序集这个情形中.

(2.2.3) Noether 空间的子空间也都是 Noether 的. 反过来, 若一个拓扑空间是有限个 Noether 子空间的并集, 则它本身也是 Noether 的.

(2.2.4) Noether 空间都是拟紧的, 反过来, 若一个空间的所有开集都是拟紧的, 则它是 Noether 的.

(2.2.5) 一个 Noether 空间只有有限个不可约分支, 这是 Noether 归纳法的一个推论.

§3. 关于层的补充

3.1 取值在范畴中的层

(3.1.1) 设 K 是一个范畴, $(A_\alpha)_{\alpha \in I}, (A_{\alpha\beta})_{(\alpha,\beta) \in I \times I}$ 是 K 的两族对象, 满足 $A_{\alpha\beta} = A_{\beta\alpha}$, 又设 $(\rho_{\alpha\beta})_{(\alpha,\beta) \in I \times I}$ 是一族态射 $\rho_{\alpha\beta} : A_\alpha \to A_{\alpha\beta}$. 所谓 K 中的一个对象 A 和一族态射 $\rho_\alpha : A \to A_\alpha$ 是普适映射问题 $(A_\alpha, A_{\alpha\beta}, \rho_{\alpha\beta})$ 的解, 是指对于 K 中的任意对象 B, 把 $f \in \mathrm{Hom}(B, A)$ 映到 $(\rho_\alpha \circ f)_{\alpha \in I} \in \prod_\alpha \mathrm{Hom}(B, A_\alpha)$ 的映射都是从 $\mathrm{Hom}(B, A)$ 到集合

$$\{(f_\alpha) \mid \text{对任意一组指标 } (\alpha, \beta), \text{ 等式 } \rho_{\alpha\beta} \circ f_\alpha = \rho_{\beta\alpha} \circ f_\beta \text{ 均成立}\}$$

的一一映射. 由此立刻得知, 若这样的解是存在的, 则它在只差一个唯一同构的意义下是唯一的.

(3.1.2) 我们不再复习一个拓扑空间 X 上的取值在范畴 K 中的预层 $U \mapsto \varphi(U)$[①] 是怎么定义的 (G, I, 1.9). 所谓一个这样的预层是取值在 K 中的层[②], 是指它满足下面的条件:

(F) 对于 X 的任意开集 U 和 U 的任意开覆盖 (U_α) (其中 U_α 都包含在 U 中), 若以 ρ_α (切转: $\rho_{\alpha\beta}$) 来记限制态射

$$\mathscr{F}(U) \longrightarrow \mathscr{F}(U_\alpha) \quad (\text{切转: } \mathscr{F}(U_\alpha) \longrightarrow \mathscr{F}(U_\alpha \cap U_\beta)),$$

[①]译注: 以下简称 K 值预层.
[②]译注: 以下简称 K 值层.

则 $\mathscr{F}(U)$ 和 (ρ_α) 总是构成了普适映射问题 $(\mathscr{F}(U_\alpha), \mathscr{F}(U_\alpha \cap U_\beta), \rho_{\alpha\beta})$ 的解 (3.1.1)①.

这也相当于说, 对于 K 的任意对象 T, $U \mapsto \mathrm{Hom}(T, \mathscr{F}(U))$ 都是一个集合层.

(3.1.3) 假设 K 是由某个 "带有态射的结构型 Σ" 所定义的范畴, 从而 K 中的对象就是具有 Σ 结构的集合, 而态射就是保持 Σ 结构的映射. 进而假设范畴 K 满足下面的条件:

(E) 若 $(A, (\rho_\alpha))$ 是范畴 K 中的普适映射问题 $(A_\alpha, A_{\alpha\beta}, \rho_{\alpha\beta})$ 的解, 则它也是集合范畴中的同一个普适映射问题的解 (也就是说, 把 $A, A_\alpha, A_{\alpha\beta}$ 都看作是普通集合, 并把 $\rho_\alpha, \rho_{\alpha\beta}$ 都看作是普通映射时的解) ②.

在这些条件下, 条件 (F) 表示 $U \mapsto \mathscr{F}(U)$ 作为集合预层也是一个层. 进而, 为了使一个映射 $u : T \to \mathscr{F}(U)$ 是 K 中的态射, 必须且只需 (依照 (F)) 每个映射 $\rho_\alpha \circ u$ 都是 K 中的一个态射 $T \to \mathscr{F}(U_\alpha)$, 这就意味着 $\mathscr{F}(U)$ 上的 Σ 结构是相对于这些态射 ρ_α 的初始结构. 反之, 设 $U \mapsto \mathscr{F}(U)$ 是 X 上的一个 K 值预层, 若它作为集合预层是一个层, 且满足上述条件, 则易见它满足条件 (F), 从而是一个 K 值层.

(3.1.4) 如果 Σ 是群结构或环结构, 则只要一个 K 值预层 $\mathscr{F}$ 作为集合预层是一个层, 它就一定是 K 值层 (换句话说, 就是 (G) 中所说的群层和环层)③. 然而比如当 K 是拓扑环的范畴 (态射是连续同态) 时, 上面的说法就不再成立. 因为此时一个 K 值层是指这样的一个环层 $U \mapsto \mathscr{F}(U)$, 在其中每个 $\mathscr{F}(U)$ 都是拓扑环, 并且对任意开集 U 和 U 的任意开覆盖 $(U_\alpha \subseteq U)$, 环 $\mathscr{F}(U)$ 上的拓扑都等于使得所有同态 $\mathscr{F}(U) \to \mathscr{F}(U_\alpha)$ 都连续的最弱拓扑. 我们把忽略拓扑的环层 $U \mapsto \mathscr{F}(U)$ 称为该拓扑环层的底环层. 从而, 一个拓扑环层的态射 $(u_V : \mathscr{F}(V) \to \mathscr{G}(V))$ (其中 V 是 X 的任意开集) 就是底环层之间的这样一个同态, 它使得所有 u_V 都是连续的. 为了区别于底环层之间的同态, 我们称这样的同态为连续同态. 对于拓扑空间层和拓扑群层, 可以定义类似的概念.

(3.1.5) 易见对任意范畴 K, 若 $\mathscr{F}$ 是 X 上的一个 K 值预层 (切转: K 值层), 并且 U 是 X 的一个开集, 则当 V 跑遍 U 的开子集时, 这些 $\mathscr{F}(V)$ 就构成了 U 上的一个 K 值预层 (切转: K 值层), 称为 $\mathscr{F}$ 在 U 上的稼入预层 (切转: 稼入层), 并记作 $\mathscr{F}|_U$.

对于 X 上的 K 值预层之间的任意态射 $u : \mathscr{F} \to \mathscr{G}$, 我们用 $u|_U$ 来记由这些 u_V $(V \subseteq U)$ 所构成的态射 $\mathscr{F}|_U \to \mathscr{G}|_U$.

---

①注: 这是一般的 (未必滤相的) 投影极限概念的一个特殊情形 (参考 (T, I, 1.8) 和引言中所预告的文章).

②注: 可以证明, 这也意味着典范函子 $K \to \boldsymbol{Ens}$ 与(未必滤相的) 投影极限是可交换的.

③注: 因为在这样的范畴 K 中, 如果一个态射在底集合上的映射是一一的, 它就一定是 K 中的同构. 这一性质并不总是成立的, 比如说 K 是拓扑空间范畴的情况.

(3.1.6) 现在我们假设范畴 K 容纳归纳极限 (T, 1.8), 则对于 X 上的任意 K 值预层 (特别地, K 值层) $\mathscr{F}$ 和任意点 $x \in X$, 可以定义 $\mathscr{F}$ 在该点处的茎条 $\mathscr{F}_x$, 它就是这族 $(\mathscr{F}(U), \rho_U^V)$ 的归纳极限, 其中 U 跑遍 x 在 X 中的开邻域的集合 (该集合在 $\supseteq$ 下成为滤相有序集), 且对于 $V \supseteq U$, $\rho_U^V : \mathscr{F}(V) \to \mathscr{F}(U)$ 就是限制态射. 若 $u : \mathscr{F} \to \mathscr{G}$ 是 K 值预层之间的一个态射, 则对任意 $x \in X$, 我们都可以定义态射 $u_x : \mathscr{F}_x \to \mathscr{G}_x$, 它就是这些 $u_U : \mathscr{F}(U) \to \mathscr{G}(U)$ 的归纳极限, 其中 U 跑遍 x 的开邻域的集合. 这样一来, 对任意 $x \in X$, $\mathscr{F}_x$ 都成为 $\mathscr{F}$ 的协变函子, 取值在 K 中.

进而, 如果 K 是由某个带有态射的结构型 Σ 所定义的范畴, 则对于一个 K 值层 $\mathscr{F}$, 我们也把 $\mathscr{F}(U)$ 中的元素称为 $\mathscr{F}$ 在 U 上的截面, 并且把 $\mathscr{F}(U)$ 记作 $\Gamma(U, \mathscr{F})$. 对于 $s \in \Gamma(U, \mathscr{F})$ 和一个包含在 U 中的开集 V, 我们把 $\rho_V^U(s)$ 也记作 $s|_V$. 对任意 $x \in U$, 我们都把 s 在 $\mathscr{F}_x$ 中的典范像称为 s 在点 x 处的芽, 记作 s_x (我们将不再使用记号 $s(x)$, 在这本书里, 该记号将被用来表示层上的另一个概念 (5.5.1)).

现在若 $u : \mathscr{F} \to \mathscr{G}$ 是 K 值层之间的一个态射, 则对于 $s \in \Gamma(U, \mathscr{F})$, 我们也把 $u_U(s)$ 简记为 $u(s)$.

若 $\mathscr{F}$ 是一个交换群层, 或者环层、模层, 则我们把全体使 $\mathscr{F}_x \neq \{0\}$ 的点 $x \in X$ 组成的集合称为 $\mathscr{F}$ 的支集, 记作 Supp $\mathscr{F}$, 这个集合在 X 中未必是闭的.

假设 K 是由某个带有态射的结构型所定义的范畴, 与 (G) 不同, 我们将完全不采用 "平展化空间" 的考虑方法, 换句话说, 我们并不把一个 K 值层看成是拓扑空间 (即所有茎条的并集), 也不把一个层态射 $u : \mathscr{F} \to \mathscr{G}$ 看成是拓扑空间之间的连续映射.

3.2 定义在拓扑基上的预层

(3.2.1) 在下文中, 我们总假设 K 是容纳投影极限的范畴 (这里的投影极限是指一般的投影极限, 也就是说, 相对于任意未必滤相的近有序集的投影极限 (T, 1.8)). 设 X 是一个拓扑空间, $\mathfrak{B}$ 是 X 的一个拓扑基. 所谓 $\mathfrak{B}$ 上的一个 K 值预层, 是指对每个 $U \in \mathfrak{B}$ 都指定了一个对象 $\mathscr{F}(U) \in K$, 并且对于 $\mathfrak{B}$ 中的任意两个满足 $U \subseteq V$ 的元素 U, V, 都指定了一个态射 $\rho_U^V : \mathscr{F}(V) \to \mathscr{F}(U)$, 再要求它们满足条件: 1° $\rho_U^U = $ 恒同, 2° $\rho_U^W = \rho_U^V \circ \rho_V^W$, 其中 $U, V, W \in \mathfrak{B}$ 并且 $U \subseteq V \subseteq W$. 由这样的一个预层出发我们可以定义出一个通常的 K 值预层 $U \mapsto \mathscr{F}'(U)$, 即对任意开集 U, 取 $\mathscr{F}'(U) = \varprojlim \mathscr{F}(V)$, 其中 V 跑遍所有满足 $V \subseteq U$ 的集合 $V \in \mathfrak{B}$ (这些 V 在 $\supseteq$ 下组成一个有序集, 但一般不是滤相的), 且这些 $\mathscr{F}(V)$ 在 ρ_V^W ($V \in \mathfrak{B}$, $W \in \mathfrak{B}$, $V \subseteq W \subseteq U$) 下构成投影系. 事实上, 若 U, U' 是 X 的两个开集, 满足 $U \subseteq U'$, 则可以定义 $\rho_U^{U'}$ 就是这些典范态射 $\mathscr{F}'(U') \to \mathscr{F}(V)$ ($V \subseteq U$) 的投影极限, 换句话说, $\rho_U^{U'} : \mathscr{F}'(U) \to \mathscr{F}'(U)$ 是这样一个态射, 它与每个典范态射 $\mathscr{F}'(U) \to \mathscr{F}(V)$ 的合成都给出了典范态射 $\mathscr{F}'(U') \to \mathscr{F}(V)$,

这种态射是唯一的, 很容易验证 $\rho_U^{U'}$ 是传递的. 进而, 若 $U \in \mathfrak{B}$, 则典范态射 $\mathscr{F}'(U) \to \mathscr{F}(U)$ 是一个同构, 从而可以把两者等同[1].

(3.2.2) 为了使这样定义出来的预层 $\mathscr{F}'$ 是一个层, 必须且只需 $\mathfrak{B}$ 上的预层 $\mathscr{F}$ 满足下面的条件:

(F_0) 对任意 $U \in \mathfrak{B}$ 和 U 的任意由 $\mathfrak{B}$ 中的元素所组成的开覆盖 (U_α) (满足 $U_\alpha \subseteq U$), 以及任意对象 $T \in \mathbf{K}$, 把 $f \in \mathrm{Hom}(T, \mathscr{F}(U))$ 映到态射族 $(\rho_{U_\alpha}^U \circ f) \in \prod_\alpha \mathrm{Hom}(T, \mathscr{F}(U_\alpha))$ 的映射都是一个从 $\mathrm{Hom}(T, \mathscr{F}(U))$ 到集合

$$\left\{ (f_\alpha) \;\middle|\; \begin{array}{l} \text{对任意一组指标 } (\alpha, \beta) \text{ 和任意 } V \in \mathfrak{B}, \\ \text{只要 } V \subseteq U_\alpha \cap U_\beta, \text{ 就有 } \rho_V^{U_\alpha} \circ f_\alpha = \rho_V^{U_\beta} \circ f_\beta \end{array} \right\}$$

的一一映射[2].

这个条件显然是必要的. 为了证明它也是充分的, 我们先任取 X 的另一个包含在 $\mathfrak{B}$ 中的拓扑基 $\mathfrak{B}'$, 并且来证明, 若以 $\mathscr{F}''$ 来记由子族 $(\mathscr{F}(V))_{V \in \mathfrak{B}'}$ 所生成的预层, 则 $\mathscr{F}''$ 典范同构于 $\mathscr{F}'$. 事实上, 首先对任意开集 U, 诸典范态射 $\mathscr{F}'(U) \to \mathscr{F}(V)$ (其中 $V \in \mathfrak{B}$ 且 $V \subseteq U$) 的投影极限给出了一个态射 $\mathscr{F}'(U) \to \mathscr{F}''(U)$. 若 $U \in \mathfrak{B}$, 则这个态射是一个同构, 因为根据前提条件, 对于 $V \in \mathfrak{B}'$, $V \subseteq U$, 典范态射 $\mathscr{F}''(U) \to \mathscr{F}(V)$ 都可以分解为 $\mathscr{F}''(U) \to \mathscr{F}(U) \to \mathscr{F}(V)$, 且易见态射 $\mathscr{F}(U) \to \mathscr{F}''(U)$ 和 $\mathscr{F}''(U) \to \mathscr{F}(U)$ 的合成总是恒同. 在此基础上, 对任何开集 U, 这些态射 $\mathscr{F}''(U) \to \mathscr{F}''(W) = \mathscr{F}(W)$ ($W \in \mathfrak{B}$, $W \subseteq U$) 就满足投影极限的特征条件, 有见于投影极限的唯一性, 这就证明了上述阐言.

在这个基础上, 设 U 是 X 的任意开集, (U_α) 是 U 的一个开覆盖 (每个 U_α 都包含在 U 中), 并设 $\mathfrak{B}'$ 是 $\mathfrak{B}$ 的这样一个子族, 它是由那些至少包含在某一个 U_α 中的开集所组成的, 则易见 $\mathfrak{B}'$ 是 U 的一个拓扑基, 从而 $\mathscr{F}'(U)$ (切转: $\mathscr{F}'(U_\alpha)$) 就是这样一些 $\mathscr{F}(V)$ 的投影极限, 其中 $V \in \mathfrak{B}'$ 且 $V \subseteq U$ (切转: $V \subseteq U_\alpha$). 于是依照投影极限的定义, 公理 (F) 是成立的.

如果 (F_0) 得到满足, 则我们也 (将词义略加引申) 称 $\mathfrak{B}$ 上的预层 $\mathscr{F}$ 是一个层.

---

[1]注: 若 X 是 Noether 空间, 则只需要假设 $\mathbf{K}$ 容纳有限投影极限就可以定义 $\mathscr{F}'(U)$, 并且可以证明, 它是一个 (通常意义下的) 预层. 事实上, 对于 X 的任意开集 U, 总可以取 U 的一个由 $\mathfrak{B}$ 中的元素所组成的有限覆盖 (V_i), 对任意一组指标 (i, j), 也可以取 $V_i \cap V_j$ 的一个由 $\mathfrak{B}$ 中的元素所组成的有限覆盖 (V_{ijk}), 现在设 I 是由全体 i 和 (i, j, k) 所组成的集合, 定义序关系为 $i > (i, j, k)$, $j > (i, j, k)$, 再取 $\mathscr{F}'(U)$ 是这些 $(\mathscr{F}(V_i), \mathscr{F}(V_{ijk}))$ 的投影极限, 则容易验证, 这个定义并不依赖于覆盖 (V_i) 和 (V_{ijk}) 的选择, 并且 $U \mapsto \mathscr{F}'(U)$ 就是一个预层.

[2]注: 这也意味着 $\mathscr{F}(U)$ 和 $(\rho_\alpha = \rho_{U_\alpha}^U)$ 就是下述普适映射问题的解 (3.1.1): $(A_\alpha = \mathscr{F}(U_\alpha)$, $A_{\alpha\beta} = \prod \mathscr{F}(V)$, $\rho_{\alpha\beta} = (\rho_V'') : \mathscr{F}(U_\alpha) \to \prod \mathscr{F}(V))$, 这里 $V \in \mathfrak{B}$ 满足 $V \subseteq U_\alpha \cap U_\beta$, 而 $\rho_{\alpha\beta}$ 则是由下述条件所定义的态射族: 对任意 $V \in \mathfrak{B}$, $V' \in \mathfrak{B}$, $W \in \mathfrak{B}$, 只要 $V \cup V' \subseteq U_\alpha \cap U_\beta$ 且 $W \subseteq V \cap V'$, 就有 $\rho_W^V \circ \rho_V'' = \rho_W^{V'} \circ \rho_{V'}''$.

(3.2.3) 设 $\mathscr{F}, \mathscr{G}$ 是拓扑基 $\mathfrak{B}$ 上的两个 K 值预层, 我们定义一个态射 $u : \mathscr{F} \to \mathscr{G}$ 就是一族与限制态射 ρ_V^W 相容的态射 $(u_V : \mathscr{F}(V) \to \mathscr{G}(V))_{V \in \mathfrak{B}}$. 在 (3.2.1) 的记号下, 可以由此导出一个通常的预层态射 $u' : \mathscr{F}' \to \mathscr{G}'$, 即取 u'_U 是这些 u_V $(V \in \mathfrak{B}, V \subseteq U)$ 的投影极限, 它与诸 $\rho'^{U'}_U$ 的相容性可由投影极限的函子性导出.

(3.2.4) 若范畴 K 容纳归纳极限, 并且 $\mathscr{F}$ 是拓扑基 $\mathfrak{B}$ 上的一个 K 值层, 则对任意 $x \in X$, 由 $\mathfrak{B}$ 中的那些 x 的邻域所组成的集合与 x 的全体邻域所组成的集合是共尾的 (关于 $\supseteq$), 从而若 $\mathscr{F}'$ 是 $\mathscr{F}$ 所对应的 (通常) 预层, 则它在 x 处的茎条 $\mathscr{F}'_x$ 也等于 $\varinjlim \mathscr{F}(V)$, 其中 $V \in \mathfrak{B}$ 都是 x 的邻域. 同样地, 若 $u : \mathscr{F} \to \mathscr{G}$ 是 $\mathfrak{B}$ 上的 K 值预层之间的一个态射, $u' : \mathscr{F}' \to \mathscr{G}'$ 是对应的通常态射, 则 u'_x 也等于这些 $u_V : \mathscr{F}(V) \to \mathscr{G}(V)$ $(V \in \mathfrak{B}, x \in V)$ 的归纳极限.

(3.2.5) 回到 (3.2.1) 中的一般条件. 设 $\mathscr{F}$ 是一个通常的 K 值层, $\mathscr{F}_1$ 是把 $\mathscr{F}$ 限制到 $\mathfrak{B}$ 上而得到的 $\mathfrak{B}$ 上的层, 则按照 (3.2.1) 的步骤, 又可以从 $\mathscr{F}_1$ 构造出一个通常的层 $\mathscr{F}'_1$, 依照条件 (F) 以及投影极限的唯一性, $\mathscr{F}'_1$ 可以典范同构于 $\mathscr{F}$. 我们把 $\mathscr{F}$ 与 $\mathscr{F}'_1$ 相等同.

设 $\mathscr{G}$ 是另一个通常的 K 值层, $u : \mathscr{F} \to \mathscr{G}$ 是一个态射, 则上述解说表明, 只对 $V \in \mathfrak{B}$ 给出 $u_V : \mathscr{F}(V) \to \mathscr{G}(V)$ 就可以完全确定 u. 反过来, 若首先对 $V \in \mathfrak{B}$ 给出了 u_V, 则只需验证它们与诸限制态射 ρ_V^W $(V \in \mathfrak{B}, W \in \mathfrak{B}, V \subseteq W)$ 构成的图表都是交换的, 就可以唯一地确定出一个态射 $u' : \mathscr{F} \to \mathscr{G}$, 使得对任意 $V \in \mathfrak{B}$, 均有 $u'_V = u_V$ (3.2.3).

(3.2.6) 仍假设 K 容纳投影极限. 则由 X 上的 K 值层所组成的范畴也容纳投影极限. 事实上, 若 $(\mathscr{F}_\lambda)$ 是 K 值层的一个投影系, 则这些 $\mathscr{F}(U) = \varprojlim_\lambda \mathscr{F}_\lambda(U)$ 定义了 X 上的一个 K 值预层, 并且利用投影极限的传递性就可以验证条件 (F) 是成立的. 由此立知, $\mathscr{F}$ 就是这些 $\mathscr{F}_\lambda$ 的投影极限.

如果 K 是集合范畴, 则对于这样一个投影系 $(\mathscr{H}_\lambda)$, 其中每个 $\mathscr{H}_\lambda$ 都是 $\mathscr{F}_\lambda$ 的子层, 我们总可以把 $\varprojlim \mathscr{H}_\lambda$ 典范等同于 $\varprojlim \mathscr{F}_\lambda$ 的一个子层. 若 K 是交换群范畴, 则协变函子 $\varprojlim \mathscr{F}_\lambda$ 是加性的, 而且是左正合的.

3.3 层的黏合

(3.3.1) 仍假设范畴 K 容纳 (一般的) 投影极限. 设 X 是一个拓扑空间, $\mathfrak{U} = (U_\lambda)_{\lambda \in L}$ 是 X 的一个开覆盖, 对每个 $\lambda \in L$, 设 $\mathscr{F}_\lambda$ 是 U_λ 上的一个 K 值层. 假设对任意一组指标 (λ, μ), 均给出了一个同构 $\theta_{\lambda\mu} : \mathscr{F}_\mu|_{U_\lambda \cap U_\mu} \xrightarrow{\sim} \mathscr{F}_\lambda|_{U_\lambda \cap U_\mu}$, 再假设对任意一组指标 (λ, μ, ν), 均有 $\theta'_{\lambda\nu} = \theta'_{\lambda\mu} \circ \theta'_{\mu\nu}$, 其中 $\theta'_{\lambda\mu}, \theta'_{\mu\nu}, \theta'_{\lambda\nu}$ 分别是 $\theta_{\lambda\mu}, \theta_{\mu\nu}, \theta_{\lambda\nu}$ 在 $U_\lambda \cap U_\mu \cap U_\nu$ 上的限制 (这就是关于 $\theta_{\lambda\mu}$ 的黏合条件). 则在 X 上我们有一个 K

值层 $\mathscr{F}$ 和一族同构 $\eta_\lambda : \mathscr{F}|_{U_\lambda} \xrightarrow{\sim} \mathscr{F}_\lambda$, 使得对任意一组 (λ, μ), 若以 η_λ' 和 η_μ' 来记 η_λ 和 η_μ 在 $U_\lambda \cap U_\mu$ 上的限制, 则总有 $\theta_{\lambda\mu} = \eta_\lambda' \circ \eta_\mu'^{-1}$. 进而, $\mathscr{F}$ 和这些 η_λ 可被上述条件确定到只差一个唯一的同构. 事实上, 唯一性可由 (3.2.5) 立得. 为了证明 $\mathscr{F}$ 的存在性, 首先取 $\mathfrak{B}$ 是由至少包含在某一个 U_λ 中的那些开集所构成的拓扑基, 再对每个 $U \in \mathfrak{B}$, 选择一个满足 $U \subseteq U_\lambda$ 的 λ (通过 Hilbert 函数 τ[①]). 若以 $\mathscr{F}(U)$ 来记这个对象 $\mathscr{F}_\lambda(U)$, 则对于 $U \subseteq V$ $(U \in \mathfrak{B}, V \in \mathfrak{B})$, 可以用明显的方式来定义 ρ_U^V (通过 $\theta_{\lambda\mu}$), 并且传递条件是黏合条件的自然推论. 进而, 易见条件 (F_0) 是成立的, 从而这样定义出来的 $\mathfrak{B}$ 上的预层确实是一个层, 使用 (3.2.1) 中的一般程序又可以得到一个 (通常的) 层, 仍记作 $\mathscr{F}$, 它就给出了问题的答案. 我们把 $\mathscr{F}$ 称为由这些 $\mathscr{F}_\lambda$ 用 $\theta_{\lambda\mu}$ 黏合而成的, 并且通过 η_λ 把 $\mathscr{F}_\lambda$ 和 $\mathscr{F}|_{U_\lambda}$ 相等同.

易见 X 上的任何 K 值层 $\mathscr{F}$ 都可以看成是由这些 $\mathscr{F}_\lambda = \mathscr{F}|_{U_\lambda}$ (其中 (U_λ) 是 X 的任意一个开覆盖) 黏合而成的, 这里的 $\theta_{\lambda\mu}$ 都是恒同.

(3.3.2) 在同样的记号下, 对每个 $\lambda \in L$, 设 $\mathscr{G}_\lambda$ 是 U_λ 上的另一个 K 值层, 并设对每一组 (λ, μ) 都给了一个同构 $\omega_{\lambda\mu} : \mathscr{G}_\mu|_{U_\lambda \cap U_\mu} \xrightarrow{\sim} \mathscr{G}_\lambda|_{U_\lambda \cap U_\mu}$, 且要求这些同构满足黏合条件. 最后, 假设对每个 λ 都给了一个态射 $u_\lambda : \mathscr{F}_\lambda \to \mathscr{G}_\lambda$, 使得图表

(3.3.2.1)

$$
\begin{array}{ccc}
\mathscr{F}_\mu|_{U_\lambda \cap U_\mu} & \xrightarrow{\ u_\mu\ } & \mathscr{G}_\mu|_{U_\lambda \cap U_\mu} \\
\downarrow & & \downarrow \\
\mathscr{F}_\lambda|_{U_\lambda \cap U_\mu} & \xrightarrow[\ u_\lambda\ ]{} & \mathscr{G}_\lambda|_{U_\lambda \cap U_\mu}
\end{array}
$$

都是交换的. 于是若 $\mathscr{G}$ 是由这些 $\mathscr{G}_\lambda$ 用 $\omega_{\lambda\mu}$ 黏合而成的层, 则我们有唯一一个态射 $u : \mathscr{F} \to \mathscr{G}$, 使得图表

$$
\begin{array}{ccc}
\mathscr{F}|_{U_\lambda} & \xrightarrow{\ u|_{U_\lambda}\ } & \mathscr{G}|_{U_\lambda} \\
\downarrow & & \downarrow \\
\mathscr{F}_\lambda & \xrightarrow[\ u_\lambda\ ]{} & \mathscr{G}_\lambda
\end{array}
$$

都是交换的, 这可由 (3.2.3) 立得. (u_λ) 与 u 之间的对应建立了一个从 $\prod_\lambda \mathrm{Hom}(\mathscr{F}_\lambda, \mathscr{G}_\lambda)$ 中满足条件 (3.3.2.1) 的元素所构成的子集映到 $\mathrm{Hom}(\mathscr{F}, \mathscr{G})$ 的函子性一一映射.

(3.3.3) 在 (3.3.1) 的记号下, 设 V 是 X 的一个开集, 则易见这些 $\theta_{\lambda\mu}$ 在 $V \cap U_\lambda \cap U_\mu$ 上的限制能够满足针对这些稼入层 $\mathscr{F}_\lambda|_{V \cap U_\lambda}$ 的黏合条件, 于是这些稼入层可以黏合成 V 上的一个层, 且它可以典范等同于 $\mathscr{F}|_V$.

[①]译注: 这是 Hilbert 用来表达选择公理的一种特殊语言.

3.4 预层的顺像

(3.4.1) 设 X, Y 是两个拓扑空间, $\psi: X \to Y$ 是一个连续映射. 设 $\boldsymbol{K}$ 是一个范畴, $\mathscr{F}$ 是 X 上的一个 $\boldsymbol{K}$ 值预层, 对任意开集 $U \subseteq Y$, 设 $\mathscr{G}(U) = \mathscr{F}(\psi^{-1}(U))$, 而若 U, V 是 Y 的两个开集, 且满足 $U \subseteq V$, 我们再设 ρ_U^V 就是态射 $\mathscr{F}(\psi^{-1}(V)) \to \mathscr{F}(\psi^{-1}(U))$, 则易见这些 $\mathscr{G}(U)$ 和 ρ_U^V 定义出了 Y 上的一个 $\boldsymbol{K}$ 值预层, 称为 $\mathscr{F}$ 在 ψ 下的顺像, 记作 $\psi_* \mathscr{F}$. 若 $\mathscr{F}$ 是层, 则易见预层 $\mathscr{G}(U)$ 满足公理 (F), 从而 $\psi_* \mathscr{F}$ 也是层.

(3.4.2) 设 $\mathscr{F}_1, \mathscr{F}_2$ 是 X 上的两个 $\boldsymbol{K}$ 值预层, $u: \mathscr{F}_1 \to \mathscr{F}_2$ 是一个态射. 则当 U 跑遍 Y 的开集的集合时, 态射族 $u_{\psi^{-1}(U)}: \mathscr{F}_1(\psi^{-1}(U)) \to \mathscr{F}_2(\psi^{-1}(U))$ 满足与诸限制态射之间的相容条件, 从而定义了一个态射 $\psi_*(u): \psi_* \mathscr{F}_1 \to \psi_* \mathscr{F}_2$. 若 $v: \mathscr{F}_2 \to \mathscr{F}_3$ 是 $\boldsymbol{K}$ 值预层的另一个态射, 则有 $\psi_*(v \circ u) = \psi_*(v) \circ \psi_*(u)$. 换句话说, $\psi_* \mathscr{F}$ 是从 X 上的 $\boldsymbol{K}$ 值预层 (切转: $\boldsymbol{K}$ 值层) 范畴到 Y 上的 $\boldsymbol{K}$ 值预层 (切转: $\boldsymbol{K}$ 值层) 范畴的一个协变函子.

(3.4.3) 设 Z 是第三个拓扑空间, $\psi': Y \to Z$ 是一个连续映射, 再设 $\psi'' = \psi' \circ \psi$. 则易见对于 X 上的任意 $\boldsymbol{K}$ 值预层 $\mathscr{F}$, 我们都有 $\psi''_* \mathscr{F} = \psi'_* \psi_* \mathscr{F}$. 进而, 对于任意的预层态射 $u: \mathscr{F} \to \mathscr{G}$, 均有 $\psi''_*(u) = \psi'_*(\psi_*(u))$. 换个说法就是, ψ''_* 是函子 ψ'_* 和 ψ_* 的合成, 这件事可以写成

$$(\psi' \circ \psi)_* = \psi'_* \circ \psi_*.$$

进而, 对于 Y 的任意开集 U, 稼入预层 $\mathscr{F}|_{\psi^{-1}(U)}$ 在限制映射 $\psi|_{\psi^{-1}(U)}$ 下的顺像刚好就是稼入预层 $(\psi_* \mathscr{F})|_U$.

(3.4.4) 假设范畴 $\boldsymbol{K}$ 容纳归纳极限, 并设 $\mathscr{F}$ 是 X 上的一个 $\boldsymbol{K}$ 值预层, 则对于 $x \in X$, 诸态射 $\Gamma(\psi^{-1}(U), \mathscr{F}) \to \mathscr{F}_x$ (U 是 $\psi(x)$ 在 Y 中的开邻域) 构成一个归纳系, 并且通过取极限可以给出茎条之间的一个态射 $\psi_x: (\psi_* \mathscr{F})_{\psi(x)} \to \mathscr{F}_x$. 一般来说, 这个态射既不一定是单的, 也不一定是满的, 但它是函子性的. 事实上, 若 $u: \mathscr{F}_1 \to \mathscr{F}_2$ 是 X 上的 $\boldsymbol{K}$ 值预层之间的一个态射, 则图表

$$
\begin{CD}
(\psi_* \mathscr{F}_1)_{\psi(x)} @>{\psi_x}>> (\mathscr{F}_1)_x \\
@V{(\psi_*(u))_{\psi(x)}}VV @VV{u_x}V \\
(\psi_* \mathscr{F}_2)_{\psi(x)} @>>{\psi_x}> (\mathscr{F}_2)_x
\end{CD}
$$

是交换的. 若 Z 是第三个拓扑空间, $\psi': Y \to Z$ 是一个连续映射, 并且 $\psi'' = \psi' \circ \psi$, 则对任意 $x \in X$, 均有 $\psi''_x = \psi_x \circ \psi'_{\psi(x)}$.

(3.4.5) 在 (3.4.4) 的前提条件下, 进而假设 ψ 是 X 到 Y 的子空间 $\psi(X)$ 上的同胚. 则对任意 $x \in X$, ψ_x 都是同构. 特别地, 这适用于 Y 的一个子空间 X 到 Y 的典范含入 j 的情形.

(3.4.6) 假设 K 是群范畴, 或者环范畴, 等等. 若 $\mathscr{F}$ 是 X 上的一个 K 值层, 支集为 S, 并且 $y \notin \overline{\psi(S)}$, 则由 $\psi_*\mathscr{F}$ 的定义知 $(\psi_*\mathscr{F})_y = \{0\}$, 换句话说, $\psi_*\mathscr{F}$ 的支集包含在 $\overline{\psi(S)}$ 中, 但它未必包含在 $\psi(S)$ 中. 在同样的前提条件下, 若 j 是 Y 的子空间 X 到 Y 的典范含入, 则 $j_*\mathscr{F}$ 在 X 上的稼入层就等于 $\mathscr{F}$, 进而若 X 在 Y 中是闭的, 则 $j_*\mathscr{F}$ 就是 Y 上的这样一个层, 它在 X 上的稼入层是 $\mathscr{F}$, 而在 $Y \smallsetminus X$ 上的稼入层是 0 (G, II, 2.9.2). 然而一般来说, 如果只假设 X 在 Y 中是局部闭的, 但不是闭的, 则 $j_*\mathscr{F}$ 与后面那个层是不同的.

3.5 预层的逆像

(3.5.1) 在 (3.4.1) 的前提条件下, 若 $\mathscr{F}$ (切转: $\mathscr{G}$) 是 X (切转: Y) 上的一个 K 值预层, 则我们把 Y 上的一个预层态射 $u : \mathscr{G} \to \psi_*\mathscr{F}$ 也称为 $\mathscr{G}$ 到 $\mathscr{F}$ 的一个 ψ 态射, 简记为 $\mathscr{G} \to \mathscr{F}$. 我们也用记号 $\mathrm{Hom}_\psi(\mathscr{G}, \mathscr{F})$ 来表示从 $\mathscr{G}$ 到 $\mathscr{F}$ 的全体 ψ 态射的集合 $\mathrm{Hom}_Y(\mathscr{G}, \psi_*\mathscr{F})$. 给了一个 ψ 态射 u, 对任意一组 (U, V), 其中 U 是 X 的一个开集, V 是 Y 的一个开集, 且满足 $\psi(U) \subseteq V$, 我们都有一个态射 $u_{U,V} : \mathscr{G}(V) \to \mathscr{F}(U)$, 也就是把限制态射 $\mathscr{F}(\psi^{-1}(V)) \to \mathscr{F}(U)$ 与态射 $u_V : \mathscr{G}(V) \to (\psi_*\mathscr{F})(V) = \mathscr{F}(\psi^{-1}(V))$ 取合成. 易见这些态射 $u_{U,V}$ 使下述图表

(3.5.1.1)

$$
\begin{array}{ccc}
\mathscr{G}(V) & \xrightarrow{\ u_{U,V}\ } & \mathscr{F}(U) \\
\downarrow & & \downarrow \\
\mathscr{G}(V') & \xrightarrow[\ u_{U',V'}\ ]{} & \mathscr{F}(U')
\end{array}
$$

成为交换的, 这里 $U' \subseteq U$, $V' \subseteq V$, $\psi(U') \subseteq V'$. 反过来, 给了一族使图表 (3.5.1.1) 交换的态射 $(u_{U,V})$, 就可以定义出一个 ψ 态射 u, 这只要取 $u_V = u_{\psi^{-1}(V),V}$ 即可.

若范畴 K 容纳 (一般的) 投影极限, 并且 $\mathfrak{B}, \mathfrak{B}'$ 分别是 X, Y 的拓扑基, 则为了定义出层之间的一个 ψ 态射 u, 只需对 $U \in \mathfrak{B}$, $V \in \mathfrak{B}'$, $\psi(U) \subseteq V$ 都给出态射 $u_{U,V}$, 且要求它们满足针对 $U, U' \in \mathfrak{B}$ 和 $V, V' \in \mathfrak{B}'$ 的相容条件 (3.5.1.1) 即可. 事实上, 对每个开集 $W \subseteq Y$, 可以把 u_W 定义为这样一些 $u_{U,V}$ 的投影极限, 其中 $V \in \mathfrak{B}'$, $V \subseteq W$, $U \in \mathfrak{B}$ 且 $\psi(U) \subseteq V$.

如果范畴 K 容纳归纳极限, 则对任意 $x \in X$ 以及 $\psi(x)$ 在 Y 中的任意开邻域 V, 我们都有一个态射 $\mathscr{G}(V) \to \mathscr{F}(\psi^{-1}(V)) \to \mathscr{F}_x$, 并且这些态射构成一个归纳系, 从而通过取极限就可以给出一个态射 $\mathscr{G}_{\psi(x)} \to \mathscr{F}_x$.

(3.5.2) 在 (3.4.3) 的前提条件下, 设 $\mathscr{F}, \mathscr{G}, \mathscr{H}$ 分别是 X, Y, Z 上的 K 值预层, 并设 $u: \mathscr{G} \to \psi_* \mathscr{F}$ 和 $v: \mathscr{H} \to \psi'_* \mathscr{G}$ 分别是一个 ψ 态射和一个 ψ' 态射. 则可以由此导出一个 ψ'' 态射 $w: \mathscr{H} \xrightarrow{v} \psi'_* \mathscr{G} \xrightarrow{\psi'_*(u)} \psi'_* \psi_* \mathscr{F} = \psi''_* \mathscr{F}$, 称为 u 和 v 的合成. 于是若考虑由一个拓扑空间 X 和 X 上一个 K 值预层 $\mathscr{F}$ 所组成的二元组 $(X, \mathscr{F})$, 则这些二元组构成一个范畴, 其中的态射就是这样的二元组 $(\psi, \theta): (X, \mathscr{F}) \to (Y, \mathscr{G})$, 它是由一个连续映射 $\psi: X \to Y$ 和一个 ψ 态射 $\theta: \mathscr{G} \to \mathscr{F}$ 所组成的.

(3.5.3) 设 $\psi: X \to Y$ 是一个连续映射, $\mathscr{G}$ 是 Y 上的一个 K 值预层. 所谓 $\mathscr{G}$ 在 ψ 下的逆像, 是指这样一个二元组 $(\mathscr{G}', \rho)$, 其中 $\mathscr{G}'$ 是 X 上的 K 值层, $\rho: \mathscr{G} \to \mathscr{G}'$ 是一个 ψ 态射 (换句话说, 是一个态射 $\mathscr{G} \to \psi_* \mathscr{G}'$), 且使得对于 X 上的任意 K 值层 $\mathscr{F}$, 把 v 映到 $\psi_*(v) \circ \rho$ 的映射

(3.5.3.1) $$\mathrm{Hom}_X(\mathscr{G}', \mathscr{F}) \longrightarrow \mathrm{Hom}_\psi(\mathscr{G}, \mathscr{F}) = \mathrm{Hom}_Y(\mathscr{G}, \psi_* \mathscr{F})$$

都是一一映射. 上述映射对于 $\mathscr{F}$ 是函子性的, 从而定义了一个关于 $\mathscr{F}$ 的函子同构. 这样的二元组 $(\mathscr{G}', \rho)$ 是普适映射问题的解, 因而只要它存在, 就可以确定到只差一个唯一的同构. 此时我们也把它们写成 $\mathscr{G}' = \psi^* \mathscr{G}$ 和 $\rho = \rho_{\mathscr{G}}$, 并且简略地称 $\psi^* \mathscr{G}$ 就是 $\mathscr{G}$ 在 ψ 下的逆像层, 但随时记得 $\psi^* \mathscr{G}$ 上面带着一个典范 ψ 态射 $\rho_{\mathscr{G}}: \mathscr{G} \to \psi^* \mathscr{G}$, 也就是说, 它带着一个 Y 上的典范预层态射

(3.5.3.2) $$\rho_{\mathscr{G}}: \mathscr{G} \longrightarrow \psi_* \psi^* \mathscr{G}.$$

对任意态射 $v: \psi^* \mathscr{G} \to \mathscr{F}$ (其中 $\mathscr{F}$ 是 X 上的一个 K 值层), 我们令 $v^\flat = \psi_*(v) \circ \rho_{\mathscr{G}}: \mathscr{G} \to \psi_* \mathscr{F}$. 则根据定义, 任何预层态射 $u: \mathscr{G} \to \psi_* \mathscr{F}$ 都具有 $v^\flat$ 的形状, 并且这个 v 是唯一的, 我们把它记为 $u^\sharp$. 换个说法就是, 任何预层态射 $u: \mathscr{G} \to \psi_* \mathscr{F}$ 都可以唯一地分解为

(3.5.3.3) $$u: \mathscr{G} \xrightarrow{\rho_{\mathscr{G}}} \psi_* \psi^* \mathscr{G} \xrightarrow{\psi_*(u^\sharp)} \psi_* \mathscr{F}.$$

(3.5.4) 现在我们假设范畴 K 满足条件: Y 上的任何 K 值预层 $\mathscr{G}$ 在 ψ 下都有逆像, 记为 $\psi^* \mathscr{G}$[①].

我们现在要说明, 可以进而把 $\psi^* \mathscr{G}$ 定义成一个从 Y 上的 K 值预层范畴到 X 上的 K 值层范畴的协变函子, 使得同构 $v \mapsto v^\flat$ 成为一个关于 $\mathscr{G}$ 和 $\mathscr{F}$ 的二元函子同构

(3.5.4.1) $$\mathrm{Hom}_X(\psi^* \mathscr{G}, \mathscr{F}) \xrightarrow{\sim} \mathrm{Hom}_Y(\mathscr{G}, \psi_* \mathscr{F}).$$

[①]在引言中所预告的文章里, 我们将给出范畴 K 须满足的一些一般条件, 以使得 K 值预层的逆像总是存在的.

事实上, 对于 Y 上的任何 $\boldsymbol{K}$ 值预层态射 $w : \mathscr{G}_1 \to \mathscr{G}_2$, 考虑合成态射 $\mathscr{G}_1 \xrightarrow{w} \mathscr{G}_2 \xrightarrow{\rho_{\mathscr{G}_2}} \psi_*\psi^*\mathscr{G}_2$, 则它对应着一个态射 $(\rho_{\mathscr{G}_2} \circ w)^\sharp : \psi^*\mathscr{G}_1 \to \psi^*\mathscr{G}_2$, 我们记之为 $\psi^*(w)$. 从而依照 (3.5.3.3), 我们有

(3.5.4.2) $$\psi_*(\psi^*(w)) \circ \rho_{\mathscr{G}_1} = \rho_{\mathscr{G}_2} \circ w.$$

设 $\mathscr{F}$ 是 X 上的一个 $\boldsymbol{K}$ 值层, 根据 (3.5.3.3), (3.5.4.2) 以及 $u^\flat$ 的定义, 对任意态射 $u : \mathscr{G}_2 \to \psi_*\mathscr{F}$, 我们都有

$$(u^\sharp \circ \psi^*(w))^\flat = \psi_*(u^\sharp) \circ \psi_*(\psi^*(w)) \circ \rho_{\mathscr{G}_1} = \psi_*(u^\sharp) \circ \rho_{\mathscr{G}_2} \circ w = u \circ w,$$

或者说

(3.5.4.3) $$(u \circ w)^\sharp = u^\sharp \circ \psi^*(w).$$

特别地, 若取 u 是态射 $\mathscr{G}_2 \xrightarrow{w'} \mathscr{G}_3 \xrightarrow{\rho_{\mathscr{G}_3}} \psi_*\psi^*\mathscr{G}_3$, 则有 $\psi^*(w' \circ w) = (\rho_{\mathscr{G}_3} \circ w' \circ w)^\sharp = (\rho_{\mathscr{G}_3} \circ w')^\sharp \circ \psi^*(w) = \psi^*(w') \circ \psi^*(w)$, 故得上述阐言.

最后, 对于 X 上的任何 $\boldsymbol{K}$ 值层 $\mathscr{F}$, 设 $i_{\mathscr{F}}$ 是 $\psi_*\mathscr{F}$ 到它自身的恒同态射, 并且用

$$\sigma_{\mathscr{F}} : \quad \psi^*\psi_*\mathscr{F} \longrightarrow \mathscr{F}$$

来记态射 $(i_{\mathscr{F}})^\sharp$, 则对任意态射 $u : \mathscr{G} \to \psi_*\mathscr{F}$, 公式 (3.5.4.3) 都给出了一个分解

(3.5.4.4) $$u^\sharp : \quad \psi^*\mathscr{G} \xrightarrow{\psi^*(u)} \psi^*\psi_*\mathscr{F} \xrightarrow{\sigma_{\mathscr{F}}} \mathscr{F}.$$

我们把态射 $\sigma_{\mathscr{F}}$ 称为典范态射.

(3.5.5) 设 $\psi' : Y \to Z$ 是一个连续映射, 并假设 Z 上的任何 $\boldsymbol{K}$ 值预层 $\mathscr{H}$ 在 ψ' 下都有逆像 $\psi'^*\mathscr{H}$. 则 (在 (3.5.4) 的前提条件下) Z 上的任何 $\boldsymbol{K}$ 值预层 $\mathscr{H}$ 在 $\psi'' = \psi' \circ \psi$ 下也有逆像, 并且有一个函子性的典范同构

(3.5.5.1) $$\psi''^*\mathscr{H} \xrightarrow{\sim} \psi^*\psi'^*\mathscr{H}.$$

事实上, 这可由定义立得, 只需使用 $\psi''_* = \psi'_* \circ \psi_*$. 进而若 $u : \mathscr{G} \to \psi_*\mathscr{F}$ 是一个 ψ 态射, $v : \mathscr{H} \to \psi'_*\mathscr{G}$ 是一个 ψ' 态射, 并且 $w = \psi'_*(u) \circ v$ 是它们的合成 (3.5.2), 则易见 $w^\sharp$ 就是合成态射

$$w^\sharp : \quad \psi^*\psi'^*\mathscr{H} \xrightarrow{\psi^*(v^\sharp)} \psi^*\mathscr{G} \xrightarrow{u^\sharp} \mathscr{F}.$$

(3.5.6) 特别地, 可以取 ψ 是恒同映射 $1_X : X \to X$. 于是若 X 上的一个 $\boldsymbol{K}$ 值预层 $\mathscr{F}$ 在 1_X 下有逆像, 则我们把这个逆像称为预层 $\mathscr{F}$ 的拼续层. 此时 $\mathscr{F}$ 到任何 $\boldsymbol{K}$ 值层 $\mathscr{F}'$ 的态射 $u : \mathscr{F} \to \mathscr{F}'$ 都可以唯一地分解为 $\mathscr{F} \xrightarrow{\rho_{\mathscr{F}}} 1_X^*\mathscr{F} \xrightarrow{u^\sharp} \mathscr{F}'$.

3.6 常值层和局部常值层

(3.6.1) 所谓 X 上的一个 K 值预层 $\mathscr{F}$ 是常值的, 是指对任意非空开集 $U \subseteq X$, 典范态射 $\mathscr{F}(X) \to \mathscr{F}(U)$ 都是同构. 注意这里并不要求 $\mathscr{F}$ 是一个层. 所谓一个层是常值的, 是指它是某个常值预层的拼续层 (3.5.6). 所谓一个层 $\mathscr{F}$ 是局部常值的, 是指在每一点 $x \in X$ 处都可以找到它的一个开邻域 U, 使得 $\mathscr{F}|_U$ 是常值层.

(3.6.2) 假设 X 是不可约的 (2.1.1), 则以下诸条件是等价的:

a) $\mathscr{F}$ 是 X 上的一个常值预层;

b) $\mathscr{F}$ 是 X 上的一个常值层;

c) $\mathscr{F}$ 是 X 上的一个局部常值层.

事实上, 设 $\mathscr{F}$ 是 X 上的一个常值预层. 若 U, V 是 X 的两个非空开集, 则 $U \cap V$ 也不是空的, 从而由于 $\mathscr{F}(X) \to \mathscr{F}(U) \to \mathscr{F}(U \cap V)$ 和 $\mathscr{F}(X) \to \mathscr{F}(U)$ 都是同构, 故知 $\mathscr{F}(U) \to \mathscr{F}(U \cap V)$ 也是如此, 同样地, $\mathscr{F}(V) \to \mathscr{F}(U \cap V)$ 也是同构. 由此易见 (3.1.2) 中的公理 (F) 得到满足, 故 $\mathscr{F}$ 与它的拼续层是同构的, 因而 a) 蕴涵 b).

现在设 (U_α) 是 X 的一个由非空开集所组成的开覆盖, $\mathscr{F}$ 是 X 上的一个层, 且对任意 α, $\mathscr{F}|_{U_\alpha}$ 都是常值层, 则由于这些 U_α 都是不可约的, 故依据上面所述, $\mathscr{F}|_{U_\alpha}$ 都是常值预层. 由于 $U_\alpha \cap U_\beta$ 不是空的, 故知 $\mathscr{F}(U_\alpha) \to \mathscr{F}(U_\alpha \cap U_\beta)$ 和 $\mathscr{F}(U_\beta) \to \mathscr{F}(U_\alpha \cap U_\beta)$ 都是同构, 从而对任意一组指标 (α, β), 我们都得到一个典范同构 $\theta_{\alpha\beta} : \mathscr{F}(U_\alpha) \to \mathscr{F}(U_\beta)$. 现在若把条件 (F) 应用到 $U = X$ 上, 则可以看到对任意指标 α_0, $\mathscr{F}(U_{\alpha_0})$ 和 $\theta_{\alpha_0\alpha}$ 都是普适映射问题的解, (依据唯一性) 这就表明 $\mathscr{F}(X) \to \mathscr{F}(U_{\alpha_0})$ 是一个同构, 从而证明了 c) 蕴涵 a).

3.7 群预层和环预层的逆像

(3.7.1) 我们现在要证明, 如果 K 是集合范畴, 则任何 K 值预层在 ψ 下的逆像都存在(X, Y, ψ 上的前提条件与 (3.5.3) 相同). 事实上, 对任意开集 $U \subseteq X$, 可以定义 $\mathscr{G}'(U)$ 如下: $\mathscr{G}'(U)$ 中的一个元素 s' 就是这样一个族 $(s'_x)_{x \in U}$, 其中 $s'_x \in \mathscr{G}_{\psi(x)}$, 并且下面的条件得到满足: 对任意 $x \in U$, 均可找到 $\psi(x)$ 在 Y 中的一个开邻域 V 和 x 的一个开邻域 $W \subseteq \psi^{-1}(V) \cap U$, 以及一个元素 $s \in \mathscr{G}(V)$, 使得对任意 $z \in W$, 均有 $s'_z = s_{\psi(z)}$. 易见这样定义的 $U \mapsto \mathscr{G}'(U)$ 确实满足层的公理.

现在设 $\mathscr{F}$ 是 X 上的一个集合层, 并设 $u : \mathscr{G} \to \psi_* \mathscr{F}$, $v : \mathscr{G}' \to \mathscr{F}$ 是两个态射. 我们定义 $u^\sharp$ 和 $v^\flat$ 如下: 若 s' 是 $\mathscr{G}'$ 在 $x \in X$ 的开邻域 U 上的一个截面, 并取 $\psi(x)$ 的一个开邻域 V 和 $s \in \mathscr{G}(V)$, 使得 $s'_z = s_{\psi(z)}$, 其中 z 跑遍 x 的某个包含在 $\psi^{-1}(V) \cap U$ 中的开邻域, 则我们令 $u^\sharp_x(s'_x) = u_{\psi(x)}(s_{\psi(x)})$. 另一方面, 若 $s \in \mathscr{G}(V)$ (V 在 Y 中是开的), 则我们令 $v^\flat(s)$ 是 $\mathscr{F}$ 在 $\psi^{-1}(V)$ 上的这样一个截面, 它就是 $\mathscr{G}'$ 的

下述截面 s' 在 v 下的像, 这个 s' 的定义是: 对任意 $x \in \psi^{-1}(V)$, 均有 $s'_x = s_{\psi(x)}$. 进而, 典范态射 (3.5.3) $\rho : \mathscr{G} \to \psi_* \psi^* \mathscr{G}$ 可以用下面的方法来定义: 对任意开集 $V \subseteq Y$ 和任意截面 $s \in \Gamma(V, \mathscr{G})$, $\rho(s)$ 就是 $\psi^* \mathscr{G}$ 在 $\psi^{-1}(V)$ 上的截面 $(s_{\psi(x)})_{x \in \psi^{-1}(V)}$. 很容易验证, 关系式 $(u^\sharp)^\flat = u$, $(v^\flat)^\sharp = v$ 和 $v^\flat = \psi_*(v) \circ \rho$ 都成立, 这就证明了上述阐言.

可以验证, 若 $w : \mathscr{G}_1 \to \mathscr{G}_2$ 是 Y 上的集合预层之间的一个态射, 则 $\psi^*(w)$ 可以写成下面的形状: 若 $s' = (s'_x)_{x \in V}$ 是 $\psi^* \mathscr{G}_1$ 在 X 的开集 U 上的一个截面, 则 $(\psi^*(w))(s')$ 就是族 $(w_{\psi(x)}(s'_x))_{x \in U}$. 最后, 易见对于 Y 的任何开集 V, $\mathscr{G}|_V$ 在 $\psi|_{\psi^{-1}(V)}$ 下的逆像都可以等同于稼入层 $(\psi^* \mathscr{G})|_{\psi^{-1}(V)}$.

如果 ψ 是恒同映射 1_X, 则上述定义与 (G, II, 1.2) 中所给出的拼续层定义是相同的. 此方法也适用于 $\mathbf{K}$ 是 (未必交换的) 群范畴或环范畴的情形.

设 X 是拓扑空间 Y 的一个子空间, j 是典范含入 $X \to Y$, 则对于 Y 上的一个 $\mathbf{K}$ 值层 $\mathscr{G}$ ($\mathbf{K}$ 是一个范畴), 我们把逆像 $j^* \mathscr{G}$ (只要存在) 称为 $\mathscr{G}$ 在 X 上的稼入层, 并记作 $\mathscr{G}|_X$. 对于集合层 (或者群层, 环层) 来说, 这个定义就等价于通常的定义 (G, II, 1.5).

(3.7.2) 仍沿用 (3.5.3) 的记号和前提条件, 假设 $\mathscr{G}$ 是 Y 上的一个群层(切转: 环层). 则 (3.7.1) 中所给出的 $\psi^* \mathscr{G}$ 的定义表明 (有见于 (3.4.4)), 茎条间的同态 $\psi_x \circ \rho_{\psi(x)} : \mathscr{G}_{\psi(x)} \to (\psi^* \mathscr{G})_x$ 是一个关于 $\mathscr{G}$ 的函子性同构, 从而我们可以把这两根茎条相等同. 在这个等同下, $u^\sharp_x$ 与 (3.5.1) 中所定义的同态是一样的, 特别地, 我们有 $\mathrm{Supp}\, \psi^* \mathscr{G} = \psi^{-1}(\mathrm{Supp}\, \mathscr{G})$.

以上结果的一个显然的推论是, 在由交换群层所组成的 Abel 范畴中, 函子 $\psi^* \mathscr{G}$ 对于 $\mathscr{G}$ 来说是正合的.

3.8 伪离散空间层

(3.8.1) 设 X 是一个拓扑空间, 且具有一个由拟紧开集所组成的拓扑基 $\mathfrak{B}$. 设 $\mathscr{F}$ 是 X 上的一个集合层, 若我们给每个 $\mathscr{F}(U)$ 都赋予离散拓扑, 则 $U \mapsto \mathscr{F}(U)$ 是一个拓扑空间预层. 下面来说明, 我们有一个由 $\mathscr{F}$ 拼续而成的拓扑空间层 $\mathscr{F}'$ (3.5.6), 它使得对任意拟紧开集 U, $\Gamma(U, \mathscr{F}')$ 都等于离散空间 $\mathscr{F}(U)$. 为此只需证明, 定义在 $\mathfrak{B}$ 上的拓扑空间预层 $U \mapsto \mathscr{F}(U)$ 已经满足了 (3.2.2) 中的条件 (F_0), 或者更一般地, 若 U 是一个拟紧开集, 且 (U_α) 是 U 的一个由 $\mathfrak{B}$ 中元素所组成的覆盖, 则在 $\Gamma(U, \mathscr{F})$ 上使得所有映射 $\Gamma(U, \mathscr{F}) \to \Gamma(U_\alpha, \mathscr{F})$ 都连续的最弱拓扑 $\mathscr{T}$ 恰好就是离散拓扑. 现在首先找到有限个指标 α_i, 使得 $U = \bigcup_i U_{\alpha_i}$. 设 $s \in \Gamma(U, \mathscr{F})$, 并设 s_i 是 s 在 $\Gamma(U_{\alpha_i}, \mathscr{F})$ 中的像, 则根据定义, 这些集合 $\{s_i\}$ 在 $\Gamma(U, \mathscr{F})$ 中的逆像的交集就构成了 s 在 $\mathscr{T}$ 下的一个邻域. 而因为 $\mathscr{F}$ 是集合层, 并且这些 U_{α_i} 覆盖了 U, 故上述

交集只包含一个元素 s, 这就证明了上述阐言.

注意到如果 U 是 X 的一个不拟紧的开集, 则拓扑空间 $\Gamma(U, \mathscr{F}')$ 的底集合仍然是 $\Gamma(U, \mathscr{F})$, 但它的拓扑一般不是离散的, 因为它是使得所有映射 $\Gamma(U, \mathscr{F}) \to \Gamma(V, \mathscr{F})$ $(V \in \mathfrak{B}, V \subseteq U)$ 都连续的最弱拓扑 (这些 $\Gamma(V, \mathscr{F})$ 都是离散的).

上述考虑方法也适用于 (未必交换的) 群层或环层, 相应的拼续层分别就是拓扑群层或拓扑环层. 为简单起见, 我们把层 $\mathscr{F}'$ 称为集合层 (切转: 群层, 环层) $\mathscr{F}$ 的拼续伪离散空间层 (切转: 伪离散群层, 伪离散环层).

(3.8.2) 设 $\mathscr{F}, \mathscr{G}$ 是 X 上的两个集合层 (切转: 群层, 环层), $u: \mathscr{F} \to \mathscr{G}$ 是一个同态. 则 u 也是一个连续同态 $\mathscr{F}' \to \mathscr{G}'$, 其中 $\mathscr{F}'$ 和 $\mathscr{G}'$ 是指 $\mathscr{F}$ 和 $\mathscr{G}$ 的拼续伪离散层. 事实上, 这是缘自 (3.2.5).

(3.8.3) 设 $\mathscr{F}$ 是一个集合层, $\mathscr{H}$ 是 $\mathscr{F}$ 的一个子层, $\mathscr{F}'$ 和 $\mathscr{H}'$ 分别是 $\mathscr{F}$ 和 $\mathscr{H}$ 的拼续伪离散层. 则对任意开集 $U \subseteq X$, $\Gamma(U, \mathscr{H}')$ 在 $\Gamma(U, \mathscr{F}')$ 中都是闭的. 事实上, 它是那些 $\Gamma(V, \mathscr{H})$ $(V \in \mathfrak{B}, V \subseteq U)$ 在连续映射 $\Gamma(U, \mathscr{F}) \to \Gamma(V, \mathscr{F})$ 下的逆像的交集, 而 $\Gamma(V, \mathscr{H})$ 在离散空间 $\Gamma(V, \mathscr{F})$ 中是闭的.

§4. 环积空间

4.1 环积空间、$\mathscr{A}$ 模层、$\mathscr{A}$ 代数层

(4.1.1) 环积空间(切转:拓扑环积空间)是指一个二元组 $(X, \mathscr{A})$, 由一个拓扑空间 X 和一个 X 上的 (未必交换的) 环层 (切转: 拓扑环层) $\mathscr{A}$ 所构成. 我们把 X 称为环积空间 $(X, \mathscr{A})$ 的底空间, 并把 $\mathscr{A}$ 称为它的结构层. 后者也被记作 $\mathscr{O}_X$, 它在一点 $x \in X$ 处的茎条则被记为 $\mathscr{O}_{X,x}$, 或简记为 $\mathscr{O}_x$, 只要不会导致误解.

我们把 $\mathscr{O}_X$ 在 X 上的单位元截面 ($\Gamma(X, \mathscr{O}_X)$ 的单位元) 记作 1 或 e.

本书主要考虑交换环积空间, 只要没有特别说明, 一个环积空间 $(X, \mathscr{A})$ 中的 $\mathscr{A}$ 总是交换环层.

所有具有未必交换的结构层的环积空间 (切转: 拓扑环积空间) 构成一个范畴, 其中的态射 $(X, \mathscr{A}) \to (Y, \mathscr{B})$ 是指这样一个二元组 $(\psi, \theta) = \Psi$, 它是由一个连续映射 $\psi: X \to Y$ 和一个环层 (切转: 拓扑环层) ψ 态射 $\theta: \mathscr{B} \to \mathscr{A}$ (3.5.1) 所组成的. 若 $\Psi' = (\psi', \theta'): (Y, \mathscr{B}) \to (Z, \mathscr{C})$ 是另一个态射, 则 Ψ' 与 Ψ 的合成 $\Psi'' = \Psi' \circ \Psi$ 就是这样一个态射 (ψ'', θ''), 其中 $\psi'' = \psi' \circ \psi$, 而 θ'' 是 θ 与 θ' 的合成 (等于 $\psi'_*(\theta) \circ \theta'$, 参考 (3.5.2)). 对于环积空间来说, 我们总有 $\theta''^\sharp = \theta^\sharp \circ \psi^*(\theta'^\sharp)$ (3.5.5), 从而若 $\theta'^\sharp$ 和 $\theta^\sharp$ 都是单同态 (切转: 满同态), 则 $\theta''^\sharp$ 也是如此, 这是因为对任意 $x \in X$, $\psi_x \circ \rho_{\psi(x)}$

都是同构 (3.7.2). 易见若 ψ 是连续单映射, 且 $\theta^\sharp$ 是环层的满同态, 则态射 (ψ, θ) 是环积空间范畴中的一个单态射 (T, 1.1).

将符号含义略加引申, 我们常常把 ψ 换成 Ψ. 比如对于 Y 的一个子集 U, 我们会把 $\psi^{-1}(U)$ 记为 $\Psi^{-1}(U)$, 只要不会导致误解.

(4.1.2) 对于 X 的任意子空间 M, 二元组 $(M, \mathscr{A}|_M)$ 显然也是一个环积空间, 称为 $(X, \mathscr{A})$ 在 M 上所诱导的环积空间(也称为 $(X, \mathscr{A})$ 在 M 上的限制). 若 j 是典范含入 $M \to X$, 且 ω 是 $\mathscr{A}|_M$ 到自身的恒同映射, 则 $(j, \omega^\flat)$ 是环积空间的一个单态射 $(M, \mathscr{A}|_M) \to (X, \mathscr{A})$, 称为典范含入. 这个含入与另外一个态射 $\Psi : (X, \mathscr{A}) \to (Y, \mathscr{B})$ 的合成也被称为该态射 Ψ 在 M 上的限制.

(4.1.3) 我们不再复习环积空间 $(X, \mathscr{A})$ 上的 $\mathscr{A}$ 模层(或称代数性层)的定义 (G, II, 2.2). 若 $\mathscr{A}$ 是未必交换的环层, 则 $\mathscr{A}$ 模层总是指 "左 $\mathscr{A}$ 模层", 除非另有说明. $\mathscr{A}$ 自身的 $\mathscr{A}$ 子模层就可以称为 $\mathscr{A}$ 的 (左、右或双边) 理想层, 或称 $\mathscr{A}$ 理想层.

如果 $\mathscr{A}$ 是一个交换环层, 则在 $\mathscr{A}$ 模层的定义中把模都换成代数, 就可以得到 X 上的 $\mathscr{A}$ 代数层的定义. 这也相当于说, 一个 $\mathscr{A}$ 代数层 (未必交换) 就是这样一个 $\mathscr{A}$ 模层 $\mathscr{C}$, 它带着一个 $\mathscr{A}$ 模层同态 $\varphi : \mathscr{C} \otimes_{\mathscr{A}} \mathscr{C} \to \mathscr{C}$ 和一个整体截面 e, 并且满足:
1° 图表

$$
\begin{array}{ccc}
\mathscr{C} \otimes_{\mathscr{A}} \mathscr{C} \otimes_{\mathscr{A}} \mathscr{C} & \xrightarrow{\varphi \otimes 1} & \mathscr{C} \otimes_{\mathscr{A}} \mathscr{C} \\
{\scriptstyle 1 \otimes \varphi} \downarrow & & \downarrow {\scriptstyle \varphi} \\
\mathscr{C} \otimes_{\mathscr{A}} \mathscr{C} & \xrightarrow{\varphi} & \mathscr{C}
\end{array}
$$

是交换的; 2° 对任意开集 $U \subseteq X$ 和任意截面 $s \in \Gamma(U, \mathscr{C})$, 均有 $\varphi((e|_U) \otimes x) = \varphi(s \otimes (e|_U)) = s$. 进而, 要想表达 $\mathscr{C}$ 作为 $\mathscr{A}$ 代数层是交换的这件事, 我们也可以说, 图表

$$
\begin{array}{ccc}
\mathscr{C} \otimes_{\mathscr{A}} \mathscr{C} & \xrightarrow{\sigma} & \mathscr{C} \otimes_{\mathscr{A}} \mathscr{C} \\
& {\scriptstyle \varphi} \searrow \quad \swarrow {\scriptstyle \varphi} & \\
& \mathscr{C} &
\end{array}
$$

是交换的, 这里 σ 是指张量积 $\mathscr{C} \otimes_{\mathscr{A}} \mathscr{C}$ 上的典范对称.

$\mathscr{A}$ 代数层的同态也可以像 $\mathscr{A}$ 模层的同态那样来定义 (参考 G, II, 2.2), 只是它们自然就不再构成 Abel 群.

若 $\mathscr{M}$ 是 $\mathscr{A}$ 代数层 $\mathscr{C}$ 的一个 $\mathscr{A}$ 子模层, 则这些同态 $\overset{n}{\bigotimes} \mathscr{M} \to \mathscr{C}$ $(n \geqslant 0)$ 的像之和可以构成 $\mathscr{C}$ 的一个 $\mathscr{A}$ 子代数层, 称为 $\mathscr{C}$ 的由 $\mathscr{M}$ 所生成的 $\mathscr{A}$ 子代数层. 它也是代数预层 $U \mapsto \mathscr{B}(U)$ 的拼续层, 其中 $\mathscr{B}(U)$ 是指 $\Gamma(U, \mathscr{C})$ 的由子模 $\Gamma(U, \mathscr{M})$ 所生成的子代数.

(4.1.4) 设 $\mathscr{A}$ 是拓扑空间 X 上的一个环层, 所谓 $\mathscr{A}$ 在点 $x \in X$ 处是既约的, 是指点 $x \in X$ 处的茎条 $\mathscr{A}_x$ 是一个既约环 (1.1.1); 所谓 $\mathscr{A}$ 是既约的, 是指 $\mathscr{A}$ 在 X 的任意点处都是既约的. 还记得所谓一个环 A 是正则的, 是指 A 的每个局部环 $A_{\mathfrak{p}}$ (其中 $\mathfrak{p}$ 跑遍 A 的素理想的集合) 都是正则局部环. 若 $\mathscr{A}_x$ 是一个正则环, 则我们称 $\mathscr{A}$ 在点 x 处是正则的, 若 $\mathscr{A}$ 在任意点处都是正则的, 则我们称 $\mathscr{A}$ 是正则的. 最后, 若 $\mathscr{A}_x$ 是一个整闭整环, 则我们称 $\mathscr{A}$ 在点 x 处是正规的, 若 $\mathscr{A}$ 在任意点处都是正规的, 则我们称 $\mathscr{A}$ 是正规的. 如果环层 $\mathscr{A}$ 具有上面的任何一个性质, 则我们也说环积空间 $(X, \mathscr{A})$ 具有该性质.

根据定义, 分次环层是指这样的一个环层 $\mathscr{A}$, 它是一族 Abel 群层 $(\mathscr{A}_n)_{n \in \mathbb{Z}}$ 的直和 (G, II, 2.7), 并满足条件 $\mathscr{A}_m \mathscr{A}_n \subseteq \mathscr{A}_{m+n}$; 分次 $\mathscr{A}$ 模层是指这样的一个 $\mathscr{A}$ 模层 $\mathscr{F}$, 它是一族 Abel 群层 $(\mathscr{F}_n)_{n \in \mathbb{Z}}$ 的直和, 并满足条件 $\mathscr{A}_m \mathscr{F}_n \subseteq \mathscr{F}_{m+n}$. 这些条件也相当于说, 在任意点 x 处, 都有 $(\mathscr{A}_m)_x (\mathscr{A}_n)_x \subseteq (\mathscr{A}_{m+n})_x$ (切转: $(\mathscr{A}_m)_x (\mathscr{F}_n)_x \subseteq (\mathscr{F}_{m+n})_x$).

(4.1.5) 给了一个环积空间 $(X, \mathscr{A})$ (未必交换), 我们不再复习左 $\mathscr{A}$ 模层 (或右 $\mathscr{A}$ 模层) 范畴中的二元函子 $\mathscr{F} \otimes_{\mathscr{A}} \mathscr{G}$, $\mathscr{H}om_{\mathscr{A}}(\mathscr{F}, \mathscr{G})$ 和 $\mathrm{Hom}_{\mathscr{A}}(\mathscr{F}, \mathscr{G})$ 的定义 (G, II, 2.8 和 2.2), 它们分别取值在 Abel 群层范畴 (或更一般地, $\mathscr{C}$ 模层范畴, 其中 $\mathscr{C}$ 是 $\mathscr{A}$ 的中心) 和 Abel 群范畴中. 在任意点 $x \in X$ 处, 茎条 $(\mathscr{F} \otimes_{\mathscr{A}} \mathscr{G})_x$ 都可以典范等同于 $\mathscr{F}_x \otimes_{\mathscr{A}_x} \mathscr{G}_x$, 并且可以定义一个函子性的典范同态 $\mathscr{H}om_{\mathscr{A}}(\mathscr{F}, \mathscr{G})_x \to \mathrm{Hom}_{\mathscr{A}_x}(\mathscr{F}_x, \mathscr{G}_x)$, 后面这个同态一般来说既不一定是单的, 也不一定是满的. 上面所说的三个二元函子都是加性的, 特别地, 它们都与有限直和可交换. $\mathscr{F} \otimes_{\mathscr{A}} \mathscr{G}$ 对于 $\mathscr{F}$ 和 $\mathscr{G}$ 都是右正合的, 并且与归纳极限可交换, 进而 $\mathscr{A} \otimes_{\mathscr{A}} \mathscr{G}$ (切转: $\mathscr{F} \otimes_{\mathscr{A}} \mathscr{A}$) 可以典范等同于 $\mathscr{G}$ (切转: $\mathscr{F}$). 函子 $\mathscr{H}om_{\mathscr{A}}(\mathscr{F}, \mathscr{G})$ 和 $\mathrm{Hom}_{\mathscr{A}}(\mathscr{F}, \mathscr{G})$ 对于 $\mathscr{F}$ 和 $\mathscr{G}$ 都是左正合的, 具体来说, 若有一个形如 $0 \to \mathscr{G}' \to \mathscr{G} \to \mathscr{G}''$ 的正合序列, 则序列

$$0 \longrightarrow \mathscr{H}om_{\mathscr{A}}(\mathscr{F}, \mathscr{G}') \longrightarrow \mathscr{H}om_{\mathscr{A}}(\mathscr{F}, \mathscr{G}) \longrightarrow \mathscr{H}om_{\mathscr{A}}(\mathscr{F}, \mathscr{G}'')$$

也是正合的. 同样地, 若有一个形如 $\mathscr{F}' \to \mathscr{F} \to \mathscr{F}'' \to 0$ 的正合序列, 则序列

$$0 \longrightarrow \mathscr{H}om_{\mathscr{A}}(\mathscr{F}'', \mathscr{G}) \longrightarrow \mathscr{H}om_{\mathscr{A}}(\mathscr{F}, \mathscr{G}) \longrightarrow \mathscr{H}om_{\mathscr{A}}(\mathscr{F}', \mathscr{G})$$

也是正合的, 类似性质对于函子 Hom 也成立. 进而, $\mathscr{H}om_{\mathscr{A}}(\mathscr{A}, \mathscr{G})$ 可以典范等同于 $\mathscr{G}$. 最后, 对任意开集 $U \subseteq X$, 均有

$$\Gamma(U, \mathscr{H}om_{\mathscr{A}}(\mathscr{F}, \mathscr{G})) = \mathrm{Hom}_{\mathscr{A}|_U}(\mathscr{F}|_U, \mathscr{G}|_U).$$

对于一个左 $\mathscr{A}$ 模层 (切转: 右 $\mathscr{A}$ 模层) $\mathscr{F}$, 我们把右 $\mathscr{A}$ 模层 (切转: 左 $\mathscr{A}$ 模层) $\mathscr{H}om_{\mathscr{A}}(\mathscr{F}, \mathscr{A})$ 称为 $\mathscr{F}$ 的对偶, 并记作 $\mathscr{F}^{\vee}$.

最后, 若 $\mathscr{A}$ 是一个交换环层, $\mathscr{F}$ 是一个 $\mathscr{A}$ 模层, 则 $U \mapsto \bigwedge^p \Gamma(U, \mathscr{F})$ 是一个预层, 且它的拼续层是一个 $\mathscr{A}$ 模层, 记作 $\bigwedge^p \mathscr{F}$, 称为 $\mathscr{F}$ 的 p 次外幂. 易见预层

$U \mapsto \bigwedge^p \Gamma(U, \mathscr{F})$ 到它的拼续层 $\bigwedge^p \mathscr{F}$ 的典范映射总是单的, 并且对任意 $x \in X$, 我们都有 $(\bigwedge^p \mathscr{F})_x = \bigwedge^p(\mathscr{F}_x)$. 易见 $\bigwedge^p \mathscr{F}$ 是 $\mathscr{F}$ 的一个协变函子.

(4.1.6) 假设 $\mathscr{A}$ 是一个未必交换的环层, $\mathscr{J}$ 是 $\mathscr{A}$ 的一个左理想层, $\mathscr{F}$ 是一个左 $\mathscr{A}$ 模层. 我们用 $\mathscr{J}\mathscr{F}$ 来表示 $\mathscr{J} \otimes_{\mathbb{Z}} \mathscr{F}$ 在典范映射 $\mathscr{J} \otimes_{\mathbb{Z}} \mathscr{F} \to \mathscr{F}$ (其中 $\mathbb{Z}$ 是常值预层 $U \mapsto \mathbb{Z}$ 的拼续层) 下的像, 则它是 $\mathscr{F}$ 的一个 $\mathscr{A}$ 子模层. 易见对任意 $x \in X$, 均有 $(\mathscr{J}\mathscr{F})_x = \mathscr{J}_x\mathscr{F}_x$. 如果 $\mathscr{A}$ 是交换的, 则 $\mathscr{J}\mathscr{F}$ 也是典范同态 $\mathscr{J} \otimes_{\mathscr{A}} \mathscr{F} \to \mathscr{F}$ 的像. 易见 $\mathscr{J}\mathscr{F}$ 也是预层 $U \mapsto \Gamma(U, \mathscr{J}) \Gamma(U, \mathscr{F})$ 的拼续 $\mathscr{A}$ 模层. 若 $\mathscr{J}_1, \mathscr{J}_2$ 是 $\mathscr{A}$ 的两个左理想层, 则有 $\mathscr{J}_1(\mathscr{J}_2\mathscr{F}) = (\mathscr{J}_1\mathscr{J}_2)\mathscr{F}$.

(4.1.7) 设 $(X_\lambda, \mathscr{A}_\lambda)_{\lambda \in L}$ 是一族环积空间, 假设对任意一组 (λ, μ), 均指定了 X_λ 的一个开集 $V_{\lambda\mu}$ 和一个环积空间的同构 $\varphi_{\lambda\mu} : (V_{\mu\lambda}, \mathscr{A}_\mu|_{V_{\mu\lambda}}) \xrightarrow{\sim} (V_{\lambda\mu}, \mathscr{A}_\lambda|_{V_{\lambda\mu}})$, 特别地, $V_{\lambda\lambda} = X_\lambda$ 并且 $\varphi_{\lambda\lambda}$ 是恒同. 进而假设对任意一组 (λ, μ, ν), 若以 $\varphi'_{\mu\lambda}$ 来记 $\varphi_{\mu\lambda}$ 在 $V_{\lambda\mu} \cap V_{\lambda\nu}$ 上的限制, 则 $\varphi'_{\mu\lambda}$ 总是 $(V_{\lambda\mu} \cap V_{\lambda\nu}, \mathscr{A}_\lambda|_{V_{\lambda\mu} \cap V_{\lambda\nu}})$ 到 $(V_{\mu\nu} \cap V_{\mu\lambda}, \mathscr{A}_\mu|_{V_{\mu\nu} \cap V_{\mu\lambda}})$ 的同构, 并且 $\varphi'_{\lambda\nu} = \varphi'_{\lambda\mu} \circ \varphi'_{\mu\nu}$ (这就是关于 $\varphi_{\lambda\mu}$ 的黏合条件). 则我们可以首先把这些 X_λ 沿着 $V_{\lambda\mu}$ (使用 $\varphi_{\lambda\mu}$) 黏合成一个拓扑空间 X, 于是 X_λ 可以等同于 X 的一个开子集 X'_λ, 从而上述条件表明, 三个集合 $V_{\lambda\mu} \cap V_{\lambda\nu}$, $V_{\mu\nu} \cap V_{\mu\lambda}$, $V_{\nu\lambda} \cap V_{\nu\mu}$ 都可以等同于 $X'_\lambda \cap X'_\mu \cap X'_\nu$. 现在把 X_λ 上的环积空间结构搬运到 X'_λ 上, 因而得到 X'_λ 上的一个环层 $\mathscr{A}'_\lambda$, 这些 $\mathscr{A}'_\lambda$ 满足黏合条件 (3.3.1), 从而定义了 X 上的一个环层 $\mathscr{A}$. 我们把这个 $(X, \mathscr{A})$ 称为这些 $(X_\lambda, \mathscr{A}_\lambda)$ 用 $\varphi_{\lambda\mu}$ 沿着 $V_{\lambda\mu}$ 黏合而成的环积空间.

4.2 $\mathscr{A}$ 模层的顺像

(4.2.1) 设 $(X, \mathscr{A}), (Y, \mathscr{B})$ 是两个环积空间, $\Psi = (\psi, \theta) : (X, \mathscr{A}) \to (Y, \mathscr{B})$ 是一个态射, 则 $\psi_* \mathscr{A}$ 是 Y 上的一个环层, 并且 $\theta : \mathscr{B} \to \psi_* \mathscr{A}$ 是一个环层同态. 现在我们设 $\mathscr{F}$ 是一个 $\mathscr{A}$ 模层, 则它的顺像 $\psi_* \mathscr{F}$ 是 Y 上的一个 Abel 群层. 进而, 对任意开集 $U \subseteq Y$, 都可以给

$$\Gamma(U, \psi_* \mathscr{F}) = \Gamma(\psi^{-1}(U), \mathscr{F})$$

赋予一个在环 $\Gamma(U, \psi_* \mathscr{A}) = \Gamma(\psi^{-1}(U), \mathscr{A})$ 上的模结构, 并且定义模结构的那些双线性映射与限制运算是相容的, 从而它们在 $\psi_* \mathscr{F}$ 上定义了一个 $\psi_* \mathscr{A}$ 模层的结构. 此时借助同态 $\theta : \mathscr{B} \to \psi_* \mathscr{A}$ 又可以在 $\psi_* \mathscr{F}$ 上定义出一个 $\mathscr{B}$ 模层的结构, 我们把这个 $\mathscr{B}$ 模层称为 $\mathscr{F}$ 在态射 Ψ 下的顺像, 且记作 $\Psi_* \mathscr{F}$. 若 $\mathscr{F}_1, \mathscr{F}_2$ 是 X 上的两个 $\mathscr{A}$ 模层, $u : \mathscr{F}_1 \to \mathscr{F}_2$ 是一个 $\mathscr{A}$ 同态, 则 (通过考虑定义在 Y 的各个开集上的截面) 易见 $\psi_*(u)$ 是一个 $\psi_* \mathscr{A}$ 同态 $\psi_* \mathscr{F}_1 \to \psi_* \mathscr{F}_2$, 自然也就是一个 $\mathscr{B}$ 同态 $\Psi_* \mathscr{F}_1 \to \Psi_* \mathscr{F}_2$, 我们把这个 $\mathscr{B}$ 同态记作 $\Psi_*(u)$. 从而 Ψ_* 是一个从 $\mathscr{A}$ 模层范畴到 $\mathscr{B}$ 模层范畴的协变函子. 易见它还是左正合的 (G, II, 2.12).

把 $\psi_* \mathscr{A}$ 上的 $\mathscr{B}$ 模层结构和环层结构结合起来就定义出一个 $\mathscr{B}$ 代数层的结构,

我们把这个 $\mathscr{B}$ 代数层记作 $\Psi_*\mathscr{A}$.

(4.2.2) 设 $\mathscr{M}, \mathscr{N}$ 是两个 $\mathscr{A}$ 模层. 则对任意开集 $U \subseteq Y$, 我们都有一个典范映射

$$\Gamma(\psi^{-1}(U), \mathscr{M}) \times \Gamma(\psi^{-1}(U), \mathscr{N}) \longrightarrow \Gamma(\psi^{-1}(U), \mathscr{M} \otimes_{\mathscr{A}} \mathscr{N}).$$

该映射在环 $\Gamma(\psi^{-1}(U), \mathscr{A}) = \Gamma(U, \psi_*\mathscr{A})$ 上是双线性的, 自然在环 $\Gamma(U, \mathscr{B})$ 上也是双线性的, 从而它定义了一个同态

$$\Gamma(U, \Psi_*\mathscr{M}) \otimes_{\Gamma(U,\mathscr{B})} \Gamma(U, \Psi_*\mathscr{N}) \longrightarrow \Gamma(U, \Psi_*(\mathscr{M} \otimes_{\mathscr{A}} \mathscr{N})).$$

易见这些同态与限制运算是相容的, 从而给出了一个函子性的典范 $\mathscr{B}$ 模层同态

(4.2.2.1) $\qquad\qquad (\Psi_*\mathscr{M}) \otimes_{\mathscr{B}} (\Psi_*\mathscr{N}) \longrightarrow \Psi_*(\mathscr{M} \otimes_{\mathscr{A}} \mathscr{N}).$

一般来说, 这个同态既未必是单的, 也未必是满的. 若 $\mathscr{P}$ 是第三个 $\mathscr{A}$ 模层, 则易见图表

$$(\Psi_*\mathscr{M}) \otimes_{\mathscr{B}} (\Psi_*\mathscr{N}) \otimes_{\mathscr{B}} (\Psi_*\mathscr{P}) \longrightarrow \Psi_*(\mathscr{M} \otimes_{\mathscr{A}} \mathscr{N}) \otimes_{\mathscr{B}} (\Psi_*\mathscr{P})$$

(4.2.2.2) $\qquad\qquad\qquad \downarrow \qquad\qquad\qquad\qquad\qquad\qquad\qquad\qquad \downarrow$

$$(\Psi_*\mathscr{M}) \otimes_{\mathscr{B}} \Psi_*(\mathscr{N} \otimes_{\mathscr{A}} \mathscr{P}) \longrightarrow \Psi_*(\mathscr{M} \otimes_{\mathscr{A}} \mathscr{N} \otimes_{\mathscr{A}} \mathscr{P})$$

是交换的.

(4.2.3) 设 $\mathscr{M}, \mathscr{N}$ 是两个 $\mathscr{A}$ 模层. 则根据定义, 对任意开集 $U \subseteq Y$, 我们都有 $\Gamma(\psi^{-1}(U), \mathscr{H}om_{\mathscr{A}}(\mathscr{M}, \mathscr{N})) = \mathrm{Hom}_{\mathscr{A}|_V}(\mathscr{M}|_V, \mathscr{N}|_V)$, 其中 $V = \psi^{-1}(U)$. 映射 $u \mapsto \Psi_*(u)$ 是一个 $\Gamma(U, \mathscr{B})$ 模同态

$$\mathrm{Hom}_{\mathscr{A}|_V}(\mathscr{M}|_V, \mathscr{N}|_V) \longrightarrow \mathrm{Hom}_{\mathscr{B}|_U}((\Psi_*\mathscr{M})|_U, (\Psi_*\mathscr{N})|_U).$$

这些同态与限制运算是相容的, 从而定义了一个函子性的典范 $\mathscr{B}$ 模层同态

(4.2.3.1) $\qquad\qquad \Psi_*\mathscr{H}om_{\mathscr{A}}(\mathscr{M}, \mathscr{N}) \longrightarrow \mathscr{H}om_{\mathscr{B}}(\Psi_*\mathscr{M}, \Psi_*\mathscr{N}).$

(4.2.4) 若 $\mathscr{C}$ 是一个 $\mathscr{A}$ 代数层, 则合成同态

$$(\Psi_*\mathscr{C}) \otimes_{\mathscr{B}} (\Psi_*\mathscr{C}) \longrightarrow \Psi_*(\mathscr{C} \otimes_{\mathscr{A}} \mathscr{C}) \longrightarrow \Psi_*\mathscr{C}$$

在 $\Psi_*\mathscr{C}$ 上定义了一个 $\mathscr{B}$ 代数层的结构, 这是缘自 (4.2.2.2). 同样地, 若 $\mathscr{M}$ 是一个 $\mathscr{C}$ 模层, 则在 $\Psi_*\mathscr{M}$ 上典范地带有一个 $\Psi_*\mathscr{C}$ 模层的结构.

(4.2.5) 特别地, 考虑 X 是 Y 的闭子空间并且 ψ 是典范含入 $j: X \to Y$ 的情形. 若 $\mathscr{B}' = \mathscr{B}|_X = j^*\mathscr{B}$ 是环层 $\mathscr{B}$ 在 X 上的限制, 则一个 $\mathscr{A}$ 模层 $\mathscr{M}$ 可以通过同态

$\theta^\sharp : \mathscr{B}' \to \mathscr{A}$ 而看成是一个 $\mathscr{B}'$ 模层. 此时 $\mathscr{B}$ 模层 $\Psi_*\mathscr{M}$ 在 X 上的稼入层是 $\mathscr{M}$, 而在其他地方的稼入层是 0. 从而若 $\mathscr{N}$ 是另一个 $\mathscr{A}$ 模层, 则 $(\Psi_*\mathscr{M}) \otimes_\mathscr{B} (\Psi_*\mathscr{N})$ 可以等同于 $\Psi_*(\mathscr{M} \otimes_{\mathscr{B}'} \mathscr{N})$, 并且 $\mathscr{H}om_\mathscr{B}(\Psi_*\mathscr{M}, \Psi_*\mathscr{N})$ 可以等同于 $\Psi_*\mathscr{H}om_{\mathscr{B}'}(\mathscr{M}, \mathscr{N})$.

(4.2.6) 设 $(Z, \mathscr{C})$ 是第三个环积空间, $\Psi' = (\psi', \theta')$ 是一个态射 $(Y, \mathscr{B}) \to (Z, \mathscr{C})$, 于是若 Ψ'' 是合成态射 $\Psi' \circ \Psi$, 则易见 $\Psi''_* = \Psi'_* \circ \Psi_*$.

4.3　$\mathscr{B}$ 模层的逆像

(4.3.1) 前提条件和记号与 (4.2.1) 相同, 设 $\mathscr{G}$ 是一个 $\mathscr{B}$ 模层, $\psi^*\mathscr{G}$ 是它的逆像 (3.7.1), 则 $\psi^*\mathscr{G}$ 是 X 上的一个 Abel 群层. $\psi^*\mathscr{G}$ 和 $\psi^*\mathscr{B}$ 的截面的定义 (3.7.1) 表明, 在 $\psi^*\mathscr{G}$ 上典范地带着一个 $\psi^*\mathscr{B}$ 模层的结构. 另一方面, 同态 $\theta^\sharp : \psi^*\mathscr{B} \to \mathscr{A}$ 给出了 $\mathscr{A}$ 上的一个 $\psi^*\mathscr{B}$ 模层的结构, 我们将把它记作 $\mathscr{A}_{[\theta]}$, 只要不会造成误解, 于是张量积 $(\psi^*\mathscr{G}) \otimes_{\psi^*\mathscr{B}} \mathscr{A}_{[\theta]}$ 上具有一个 $\mathscr{A}$ 模层的结构. 我们把这个 $\mathscr{A}$ 模层称为 $\mathscr{G}$ 在态射 Ψ 下的逆像, 并记作 $\Psi^*\mathscr{G}$. 若 $\mathscr{G}_1, \mathscr{G}_2$ 是 Y 上的两个 $\mathscr{B}$ 模层, v 是一个 $\mathscr{B}$ 同态 $\mathscr{G}_1 \to \mathscr{G}_2$, 则易见 $\psi^*(v)$ 是一个从 $\psi^*\mathscr{G}_1$ 到 $\psi^*\mathscr{G}_2$ 的 $\psi^*\mathscr{B}$ 同态, 从而 $\psi^*(v) \otimes 1$ 是一个 $\mathscr{A}$ 同态 $\Psi^*\mathscr{G}_1 \to \Psi^*\mathscr{G}_2$, 我们记之为 $\Psi^*(v)$. 这样就把 Ψ^* 定义成了一个从 $\mathscr{B}$ 模层范畴到 $\mathscr{A}$ 模层范畴的协变函子. 一般来说, (与 ψ^* 不同) 这个函子不再是正合的, 而只是右正合的, 因为与 $\mathscr{A}$ 取张量积的函子在 $\psi^*\mathscr{B}$ 模层范畴上是右正合的.

对任意 $x \in X$, 我们都有 $(\Psi^*\mathscr{G})_x = \mathscr{G}_{\psi(x)} \otimes_{\mathscr{B}_{\psi(x)}} \mathscr{A}_x$, 这是依据 (3.7.2). 从而 $\Psi^*\mathscr{G}$ 的支集包含在 $\psi^{-1}(\mathrm{Supp}\, \mathscr{G})$ 之中.

(4.3.2) 设 $(\mathscr{G}_\lambda)$ 是 $\mathscr{B}$ 模层的一个归纳系, $\mathscr{G} = \varinjlim \mathscr{G}_\lambda$ 是它的归纳极限. 则典范同态 $\mathscr{G}_\lambda \to \mathscr{G}$ 定义了 $\psi^*\mathscr{B}$ 同态 $\psi^*\mathscr{G}_\lambda \to \psi^*\mathscr{G}$, 这些同态进而给出一个典范同态 $\varinjlim \psi^*\mathscr{G}_\lambda \to \psi^*\mathscr{G}$. 由于层的归纳极限在一点处的茎条就是该点处的那些茎条的归纳极限 (G, II, 1.11), 故知上述典范同态是一一的 (3.7.2). 进而, 张量积与层的归纳极限是可交换的, 从而我们有一个 $\mathscr{A}$ 模层的函子性典范同构 $\varinjlim \Psi^*\mathscr{G}_\lambda \xrightarrow{\sim} \Psi^*(\varinjlim \mathscr{G}_\lambda)$.

另一方面, 对于 $\mathscr{B}$ 模层的一个有限直和 $\bigoplus_i \mathscr{G}_i$ 来说, 易见 $\psi^*(\bigoplus_i \mathscr{G}_i) = \bigoplus_i \psi^*\mathscr{G}_i$, 从而, 与 $\mathscr{A}_{[\theta]}$ 取张量积就可以得到

(4.3.2.1) $$\Psi^*\left(\bigoplus_i \mathscr{G}_i\right) = \bigoplus_i \Psi^*\mathscr{G}_i.$$

取归纳极限又可以由此导出, 上述等式对任意直和都是成立的.

(4.3.3) 设 $\mathscr{G}_1, \mathscr{G}_2$ 是两个 $\mathscr{B}$ 模层, 则利用 Abel 群层的逆像的定义 (3.7.1), 可以立即导出一个典范 $\psi^*\mathscr{B}$ 模层同态 $(\psi^*\mathscr{G}_1) \otimes_{\psi^*\mathscr{B}} (\psi^*\mathscr{G}_2) \to \psi^*(\mathscr{G}_1 \otimes_\mathscr{B} \mathscr{G}_2)$. 由于层的张量积在一点处的茎条就是该点处的茎条的张量积 (G, II, 2.8), 故由 (3.7.2) 可知,

上述同态实际上是一个同构. 与 $\mathscr{A}_{[\theta]}$ 取张量积, 又可以导出一个函子性的典范同构

$$(4.3.3.1) \qquad (\Psi^*\mathscr{G}_1) \otimes_{\mathscr{A}} (\Psi^*\mathscr{G}_2) \xrightarrow{\sim} \Psi^*(\mathscr{G}_1 \otimes_{\mathscr{B}} \mathscr{G}_2).$$

(4.3.4) 设 $\mathscr{C}$ 是一个 $\mathscr{B}$ 代数层, 则给出 $\mathscr{C}$ 上的代数层结构相当于给出一个 $\mathscr{B}$ 同态 $\mathscr{C} \otimes_{\mathscr{B}} \mathscr{C} \to \mathscr{C}$, 并要求它满足结合性条件和交换性条件 (且这些条件只需要在每根茎条上验证即可). 上面的同构使我们能把这个同态变换成一个 $\mathscr{A}$ 模层的同态 $(\Psi^*\mathscr{C}) \otimes_{\mathscr{A}} (\Psi^*\mathscr{C}) \to \Psi^*\mathscr{C}$, 且满足相同的条件, 从而这就给出了 $\Psi^*\mathscr{C}$ 上的一个 $\mathscr{A}$ 代数层的结构. 特别地, 由这个定义易见, $\mathscr{A}$ 代数层 $\Psi^*\mathscr{B}$ 就等于 $\mathscr{A}$ (只差一个典范同构).

同样地, 若 $\mathscr{M}$ 是一个 $\mathscr{C}$ 模层, 则给出 $\mathscr{M}$ 上的模层结构相当于给出一个 $\mathscr{B}$ 同态 $\mathscr{C} \otimes_{\mathscr{B}} \mathscr{M} \to \mathscr{M}$, 且要求它满足结合性条件. 通过上述变换法, 这就给出了 $\Psi^*\mathscr{M}$ 上的一个 $\Psi^*\mathscr{C}$ 模层的结构.

(4.3.5) 设 $\mathscr{I}$ 是 $\mathscr{B}$ 的一个理想层, 则由于函子 ψ^* 是正合的, 故知 $\psi^*\mathscr{B}$ 模层 $\psi^*\mathscr{I}$ 可以典范等同于 $\psi^*\mathscr{B}$ 的一个理想层. 于是典范含入 $\psi^*\mathscr{I} \to \psi^*\mathscr{B}$ 就给出了一个 $\mathscr{A}$ 模层的同态 $\Psi^*\mathscr{I} = (\psi^*\mathscr{I}) \otimes_{\psi^*\mathscr{B}} \mathscr{A}_{[\theta]} \to \mathscr{A}$, 我们把 $\Psi^*\mathscr{I}$ 的像记作 $(\Psi^*\mathscr{I})\mathscr{A}$, 或者 $\mathscr{I}\mathscr{A}$, 只要不会造成误解. 从而根据定义, 我们有 $\mathscr{I}\mathscr{A} = \theta^{\sharp}(\psi^*\mathscr{I})\mathscr{A}$, 特别地, 对任意 $x \in X$, 我们都有 $(\mathscr{I}\mathscr{A})_x = \theta^{\sharp}_x(\mathscr{I}_{\psi(x)})\mathscr{A}_x$, 这是基于 $\psi^*\mathscr{I}$ 和 $\mathscr{I}$ 在对应点处的茎条之间的典范等同 (3.7.2). 若 $\mathscr{I}_1, \mathscr{I}_2$ 是 $\mathscr{B}$ 的两个理想层, 则我们有 $(\mathscr{I}_1\mathscr{I}_2)\mathscr{A} = \mathscr{I}_1(\mathscr{I}_2\mathscr{A}) = (\mathscr{I}_1\mathscr{A})(\mathscr{I}_2\mathscr{A})$.

若 $\mathscr{F}$ 是一个 $\mathscr{A}$ 模层, 则我们令 $\mathscr{I}\mathscr{F} = (\mathscr{I}\mathscr{A})\mathscr{F}$.

(4.3.6) 设 $(Z, \mathscr{C})$ 是第三个环积空间, $\Psi' = (\psi', \theta')$ 是一个态射 $(Y, \mathscr{B}) \to (Z, \mathscr{C})$, 于是若 Ψ'' 是合成态射 $\Psi' \circ \Psi$, 则由定义 (4.3.1) 和 (4.3.3.1) 知 $\Psi''^* = \Psi'^* \circ \Psi^*$.

4.4 顺像和逆像的关系

(4.4.1) 前提条件和记号与 (4.2.1) 相同, 设 $\mathscr{G}$ 是一个 $\mathscr{B}$ 模层. 根据定义, 一个 $\mathscr{B}$ 模层同态 $u: \mathscr{G} \to \Psi_*\mathscr{F}$ 也被称为 $\mathscr{G}$ 到 $\mathscr{F}$ 的一个 Ψ 态射, 或简称 $\mathscr{G}$ 到 $\mathscr{F}$ 的同态, 并记作 $u: \mathscr{G} \to \mathscr{F}$, 只要不会造成误解. 于是给出这样一个同态相当于对任意二元组 (U, V) (其中 U 是 X 的开集、V 是 Y 的开集, 并且 $\psi(U) \subseteq V$) 都给出一个 $\Gamma(V, \mathscr{B})$ 模的同态 $u_{U,V}: \Gamma(V, \mathscr{G}) \to \Gamma(U, \mathscr{F})$, 这里 $\Gamma(U, \mathscr{F})$ 是通过环同态 $\theta_{U,V}: \Gamma(V, \mathscr{B}) \to \Gamma(U, \mathscr{A})$ 而成为 $\Gamma(V, \mathscr{B})$ 模的, 且要求这些 $u_{U,V}$ 能构成交换图表 (3.5.1.1). 此外, 为了定义 u, 只需对 X (切转: Y) 的某个拓扑基 $\mathfrak{B}$ (切转: $\mathfrak{B}'$) 中的开集 U (切转: V) 给出 $u_{U,V}$, 并验证该情形下的交换图表 (3.5.1.1) 即可.

(4.4.2) 在 (4.2.1) 和 (4.2.6) 的前提条件下, 设 $\mathscr{H}$ 是一个 $\mathscr{C}$ 模层, $v: \mathscr{H} \to \Psi'_*\mathscr{G}$ 是一个 Ψ' 态射, 则 $w: \mathscr{H} \xrightarrow{v} \Psi'_*\mathscr{G} \xrightarrow{\Psi'_*(u)} \Psi'_*\Psi_*\mathscr{F}$ 是一个 Ψ'' 态射, 称为 u 和 v 的

合成.

(4.4.3) 现在我们来说明, 可以定义一个典范的二元函子同构(关于 $\mathscr{F}$ 和 $\mathscr{G}$)

$$(4.4.3.1) \qquad \operatorname{Hom}_{\mathscr{A}}(\Psi^*\mathscr{G}, \mathscr{F}) \;\xrightarrow{\sim}\; \operatorname{Hom}_{\mathscr{B}}(\mathscr{G}, \Psi_*\mathscr{F}).$$

我们将把它记作 $v \mapsto v_\theta^\flat$ (或简记为 $v \mapsto v^\flat$, 只要不会造成误解), 并把它的逆映射记为 $u \mapsto u_\theta^\sharp$ 或 $u \mapsto u^\sharp$. 这个二元函子同构的定义方法如下: 首先把 $v : \Psi^*\mathscr{G} \to \mathscr{F}$ 与典范映射 $\psi^*\mathscr{G} \to \Psi^*\mathscr{G}$ 合成, 可以得到一个群层同态 $v' : \psi^*\mathscr{G} \to \mathscr{F}$, 它也是 $\psi^*\mathscr{B}$ 模层的同态. 由此 (3.7.1) 就可以导出一个同态 $v'^\flat : \mathscr{G} \to \psi_*\mathscr{F} = \Psi_*\mathscr{F}$, 容易验证, 它也是 $\mathscr{B}$ 模层的同态, 现在只要取 $v_\theta^\flat = v'^\flat$ 即可. 同样地, 对于一个 $\mathscr{B}$ 模层同态 $u : \mathscr{G} \to \Psi_*\mathscr{F}$, 可以由此 (3.7.1) 导出一个 $\psi^*\mathscr{B}$ 模层的同态 $u^\sharp : \psi^*\mathscr{G} \to \mathscr{F}$, 再与 $\mathscr{A}_{[\theta]}$ 取张量积就得到了一个 $\mathscr{A}$ 模层的同态 $\Psi^*\mathscr{G} \to \mathscr{F}$, 我们记之为 $u_\theta^\sharp$. 容易验证, $(u_\theta^\sharp)_\theta^\flat = u$ 且 $(v_\theta^\flat)_\theta^\sharp = v$, 进而同构 $v \mapsto v_\theta^\flat$ 对于 $\mathscr{F}$ 是函子性的. 于是 $u \mapsto u_\theta^\sharp$ 对于 $\mathscr{G}$ 的函子性就可以参照 (3.5.4) 的方法来推出 (用这个方法也可以证明 Ψ^* 的函子性, 这在 (4.3.1) 中是直接证明的).

若取 v 为 $\Psi^*\mathscr{G}$ 上的恒同同态, 则 $v_\theta^\flat$ 是一个同态

$$(4.4.3.2) \qquad \rho_{\mathscr{G}} : \mathscr{G} \longrightarrow \Psi_*\Psi^*\mathscr{G}.$$

若取 u 为 $\Psi_*\mathscr{F}$ 上的恒同同态, 则 $u_\theta^\sharp$ 是一个同态

$$(4.4.3.3) \qquad \sigma_{\mathscr{F}} : \Psi^*\Psi_*\mathscr{F} \longrightarrow \mathscr{F}.$$

这两个同态都被称为典范的. 一般来说, 它们既不一定是单的, 也不一定是满的. 我们有类似于 (3.5.3.3) 和 (3.5.4.4) 的典范分解.

注意到若 s 是 $\mathscr{G}$ 在 Y 的开集 V 上的一个截面, 则 $\rho_{\mathscr{G}}(s)$ 就是 $\Psi^*\mathscr{G}$ 在开集 $\psi^{-1}(V)$ 上的截面 $s' \otimes 1$, 其中 s' 是这样一个截面: 对任意 $x \in \psi^{-1}(V)$, 均有 $s'_x = s_{\psi(x)}$. 还可以注意到, 若 $u : \mathscr{G} \to \psi_*\mathscr{F}$ 是一个同态, 则它在任意点 $x \in X$ 处都定义了茎条之间的一个同态 $u_x : \mathscr{G}_{\psi(x)} \to \mathscr{F}_x$, 即取 $(u^\sharp)_x : (\Psi^*\mathscr{G})_x \to \mathscr{F}_x$ 与 $\mathscr{G}_{\psi(x)}$ 到 $(\Psi^*\mathscr{G})_x = \mathscr{G}_{\psi(x)} \otimes_{\mathscr{B}_{\psi(x)}} \mathscr{A}_x$ 的典范同态 $s_x \mapsto s_x \otimes 1$ 的合成. 同态 u_x 也可以通过取同态 $\Gamma(V, \mathscr{G}) \xrightarrow{u} \Gamma(\psi^{-1}(V), \mathscr{F}) \to \mathscr{F}_x$ 的归纳极限而得到, 这里 V 跑遍 $\psi(x)$ 的所有开邻域.

(4.4.4) 设 $\mathscr{F}_1, \mathscr{F}_2$ 是两个 $\mathscr{A}$ 模层, $\mathscr{G}_1, \mathscr{G}_2$ 是两个 $\mathscr{B}$ 模层, u_i 是 $\mathscr{G}_i$ 到 $\mathscr{F}_i$ 的一个同态 $(i = 1, 2)$. 则我们有一个同态 $u : \mathscr{G}_1 \otimes_{\mathscr{B}} \mathscr{G}_2 \to \mathscr{F}_1 \otimes_{\mathscr{A}} \mathscr{F}_2$, 它满足 $u^\sharp = (u_1)^\sharp \otimes (u_2)^\sharp$ (有见于 (4.3.3.1)), 这个同态将被记为 $u_1 \otimes u_2$. 可以验证, u 也是合成同态 $\mathscr{G}_1 \otimes_{\mathscr{B}} \mathscr{G}_2 \to (\Psi_*\mathscr{F}_1) \otimes_{\mathscr{B}} (\Psi_*\mathscr{F}_2) \to \Psi_*(\mathscr{F}_1 \otimes_{\mathscr{A}} \mathscr{F}_2)$, 其中第一个箭头是通常的张量积 $u_1 \otimes_{\mathscr{B}} u_2$, 第二个则是典范同态 (4.2.2.1).

(4.4.5) 设 $(\mathscr{G}_\lambda)_{\lambda \in L}$ 是 $\mathscr{B}$ 模层的一个归纳系, 对每个 $\lambda \in L$, 设 u_λ 是一个同态 $\mathscr{G}_\lambda \to \Psi_* \mathscr{F}$, 并假设它们构成归纳系. 令 $\mathscr{G} = \varinjlim \mathscr{G}_\lambda$ 和 $u = \varinjlim u_\lambda$, 则这些 $(u_\lambda)^\sharp : \Psi^* \mathscr{G}_\lambda \to \mathscr{F}$ 也构成归纳系, 它的归纳极限刚好就是 $u^\sharp$.

(4.4.6) 设 $\mathscr{M}, \mathscr{N}$ 是两个 $\mathscr{B}$ 模层, V 是 Y 的一个开集, $U = \psi^{-1}(V)$, 则映射 $v \mapsto \Psi^*(v)$ 是一个 $\Gamma(V, \mathscr{B})$ 模的同态

$$\mathrm{Hom}_{\mathscr{B}|_V}(\mathscr{M}|_V, \mathscr{N}|_V) \longrightarrow \mathrm{Hom}_{\mathscr{A}|_U}((\Psi^*\mathscr{M})|_U, (\Psi^*\mathscr{N})|_U)$$

$(\mathrm{Hom}_{\mathscr{A}|_U}((\Psi^*\mathscr{M})|_U, (\Psi^*\mathscr{N})|_U)$ 上带有一个自然的 $\Gamma(U, \psi^*\mathscr{B})$ 模结构, 而借助典范同态 $\Gamma(V, \mathscr{B}) \to \Gamma(U, \psi^*\mathscr{B})$ (3.7.2), 它又成为一个 $\Gamma(V, \mathscr{B})$ 模). 易见这些同态与限制运算是相容的, 从而定义了一个函子性的典范同态

$$\gamma : \mathscr{H}om_{\mathscr{B}}(\mathscr{M}, \mathscr{N}) \longrightarrow \Psi_* \mathscr{H}om_{\mathscr{A}}(\Psi^*\mathscr{M}, \Psi^*\mathscr{N}),$$

进而这个同态又对应着一个同态

$$\gamma^\sharp : \Psi^* \mathscr{H}om_{\mathscr{B}}(\mathscr{M}, \mathscr{N}) \longrightarrow \mathscr{H}om_{\mathscr{A}}(\Psi^*\mathscr{M}, \Psi^*\mathscr{N}),$$

这些典范同态对于 $\mathscr{M}$ 和 $\mathscr{N}$ 都是函子性的.

(4.4.7) 假设 $\mathscr{F}$ (切转: $\mathscr{G}$) 是一个 $\mathscr{A}$ 代数层 (切转: $\mathscr{B}$ 代数层). 若 $u : \mathscr{G} \to \Psi_* \mathscr{F}$ 是一个 $\mathscr{B}$ 代数层同态, 则 $u^\sharp : \Psi^* \mathscr{G} \to \mathscr{F}$ 是一个 $\mathscr{A}$ 代数层同态, 这是缘自下述图表的交换性

$$
\begin{array}{ccc}
\mathscr{G} \otimes_{\mathscr{B}} \mathscr{G} & \longrightarrow & \mathscr{G} \\
\downarrow & & \downarrow{\scriptstyle u} \\
\Psi_*(\mathscr{F} \otimes_{\mathscr{A}} \mathscr{F}) & \longrightarrow & \Psi_* \mathscr{F}
\end{array}
$$

以及 (4.4.4). 同样地, 若 $v : \Psi^* \mathscr{G} \to \mathscr{F}$ 是一个 $\mathscr{A}$ 代数层同态, 则 $v^\flat : \mathscr{G} \to \Psi_* \mathscr{F}$ 是一个 $\mathscr{B}$ 代数层同态.

(4.4.8) 设 $(Z, \mathscr{C})$ 是第三个环积空间, $\Psi' = (\psi', \theta')$ 是一个态射 $(Y, \mathscr{B}) \to (Z, \mathscr{C})$, $\Psi'' : (X, \mathscr{A}) \to (Z, \mathscr{C})$ 是合成态射 $\Psi' \circ \Psi$. 现在设 $\mathscr{H}$ 是一个 $\mathscr{C}$ 模层, v' 是 $\mathscr{H}$ 到 $\mathscr{G}$ 的一个同态, 则根据定义, 合成同态 $v'' = v \circ v' : \mathscr{H} \to \mathscr{F}$ 就是 $\mathscr{H}$ 到 $\mathscr{F}$ 的同态 $\mathscr{H} \xrightarrow{v'} \Psi'_* \mathscr{G} \xrightarrow{\Psi'_*(v)} \Psi'_* \Psi_* \mathscr{F}$. 可以验证, $v''^\sharp$ 就是下面的同态

$$\Psi^* \Psi'^* \mathscr{H} \xrightarrow{\Psi^*(v'^\sharp)} \Psi^* \mathscr{G} \xrightarrow{v^\sharp} \mathscr{F}.$$

§5. 拟凝聚层和凝聚层

5.1 拟凝聚层

(5.1.1) 设 $(X, \mathscr{O}_X)$ 是一个环积空间, $\mathscr{F}$ 是一个 $\mathscr{O}_X$ 模层. 则给出一个 $\mathscr{O}_X$ 模层的同态 $u : \mathscr{O}_X \to \mathscr{F}$ 等价于给出一个整体截面[①] $s = u(1) \in \Gamma(X, \mathscr{F})$. 事实上, 如果 s 已给定, 则对任意截面 $t \in \Gamma(U, \mathscr{O}_X)$, 必有 $u(t) = t.(s|_U)$, 我们把 u 称为由截面 s 所定义的同态. 现在设 I 是任意指标集, 考虑直和层 $\mathscr{O}_X^{(I)}$, 对每个 $i \in I$, 设 $h_i : \mathscr{O}_X \to \mathscr{O}_X^{(I)}$ 是从 $\mathscr{O}_X$ 到直和层的第 i 个分量的典范含入, 则我们知道 $u \mapsto (u \circ h_i)$ 是从 $\mathrm{Hom}_{\mathscr{O}_X}(\mathscr{O}_X^{(I)}, \mathscr{F})$ 到乘积 $(\mathrm{Hom}_{\mathscr{O}_X}(\mathscr{O}_X, \mathscr{F}))^I$ 的一个同构. 从而在同态 $u : \mathscr{O}_X^{(I)} \to \mathscr{F}$ 与 $\mathscr{F}$ 的整体截面族 $(s_i)_{i \in I}$ 之间有一个典范的一一对应. 与 (s_i) 相对应的那个同态 u 就把元素 $(a_i) \in (\Gamma(U, \mathscr{O}_X))^{(I)}$ 映到 $\sum\limits_{i \in I} a_i.(s_i|_U)$.

所谓 $\mathscr{F}$ 是由整体截面族 (s_i) 所生成的, 是指由 (s_i) 所定义的同态 $\mathscr{O}_X^{(I)} \to \mathscr{F}$ 是满的 (换句话说, 在任意点 $x \in X$ 处, $\mathscr{O}_x$ 模 $\mathscr{F}_x$ 都是由 $(s_i)_x$ 所生成的). 所谓 $\mathscr{F}$ 是由整体截面所生成的, 是指 $\mathscr{F}$ 可由族 $\Gamma(X, \mathscr{F})$ (或它的一个子族) 所生成, 换句话说, 可以找到一个满同态 $\mathscr{O}_X^{(I)} \to \mathscr{F}$, 其中 I 是某个适当的指标集.

注意到可以有这样的 $\mathscr{O}_X$ 模层 $\mathscr{F}$, 它使得在某一点 $x_0 \in X$ 的所有开邻域 U 上, $\mathscr{F}|_U$ 都不能由整体截面所生成. 比如说取 $X = \mathbb{R}$, $x_0 = 0$, 并取 $\mathscr{O}_X$ 是常值层 $\mathbb{Z}$, 再取 $\mathscr{F}$ 是 $\mathscr{O}_X$ 的这样一个子层, 它在 0 处的茎条 $\mathscr{F}_0 = \{0\}$, 而在 $x \ne 0$ 处的茎条 $\mathscr{F}_x = \mathbb{Z}$, 此时对于 0 的任意开邻域 U, $\mathscr{F}|_U$ 在 U 上都只有一个截面, 就是 0.

(5.1.2) 设 $f : X \to Y$ 是一个环积空间态射. 若 $\mathscr{F}$ 是一个可由整体截面生成的 $\mathscr{O}_X$ 模层, 则典范同态 $f^* f_* \mathscr{F} \to \mathscr{F}$ (4.4.3.3) 是满的. 事实上, 在 (5.1.1) 的记号下, $s_i \otimes 1$ 是 $f^* f_* \mathscr{F}$ 的一个整体截面, 而它在 $\mathscr{F}$ 中的像就是 s_i. (5.1.1) 中的例子表明, 一般来说此命题的逆命题是不对的 (取 f 为恒同).

* **追加** — 若 $\mathscr{G}$ 是一个可由整体截面生成的 $\mathscr{O}_Y$ 模层, 则 $f^* \mathscr{G}$ 也可由它的整体截面生成, 因为 f^* 是一个右正合函子.*

(5.1.3) 所谓一个 $\mathscr{O}_X$ 模层 $\mathscr{F}$ 是拟凝聚的, 是指对任意 $x \in X$, 均可找到 x 的一个开邻域 V, 使得 $\mathscr{F}|_V$ 同构于某个形如 $\mathscr{O}_X^{(I)}|_V \to \mathscr{O}_X^{(J)}|_V$ 的同态的余核, 这里 I, J 是适当的指标集. 易见 $\mathscr{O}_X$ 自身就是一个拟凝聚 $\mathscr{O}_X$ 模层, 并且拟凝聚 $\mathscr{O}_X$ 模层的有限直和也是拟凝聚 $\mathscr{O}_X$ 模层. 所谓一个 $\mathscr{O}_X$ 代数层 $\mathscr{A}$ 是拟凝聚的, 是指它作为 $\mathscr{O}_X$ 模层是拟凝聚的.

(5.1.4) 设 $f : X \to Y$ 是一个环积空间态射. 若 $\mathscr{G}$ 是一个拟凝聚 $\mathscr{O}_Y$ 模层, 则

[①]译注: 即 $\mathscr{F}$ 在整个空间 X 上的截面.

$f^*\mathscr{G}$ 是拟凝聚 $\mathscr{O}_X$ 模层. 事实上, 对任意 $x \in X$, 均可找到 $f(x)$ 在 Y 中的一个开邻域 V, 使得 $\mathscr{G}|_V$ 是某个同态 $\mathscr{O}_Y^{(I)}|_V \to \mathscr{O}_Y^{(J)}|_V$ 的余核. 设 $U = f^{-1}(V)$, 并设 f_U 是 f 在 U 上的限制, 则有 $(f^*\mathscr{G})|_U = f_U^*(\mathscr{G}|_V)$. 由于 f_U^* 是右正合的, 并且与直和可交换, 故知 $f_U^*(\mathscr{G}|_V)$ 就是同态 $\mathscr{O}_X^{(I)}|_U \to \mathscr{O}_X^{(J)}|_U$ 的余核.

5.2 有限型层

(5.2.1) 所谓一个 $\mathscr{O}_X$ 模层 $\mathscr{F}$ 是有限型的, 是指对任意 $x \in X$, 均可找到 x 的一个开邻域 U, 使得 $\mathscr{F}|_U$ 可由它在 U 上的有限个截面生成, 或者说, $\mathscr{F}|_U$ 同构于某个形如 $(\mathscr{O}_X|_U)^p$ 的层的商层, 其中 p 是有限数. 有限型层的商层也是有限型的, 有限个有限型层的直和与张量积也是有限型的. 有限型的 $\mathscr{O}_X$ 模层未必是拟凝聚的, 比如 $\mathscr{O}_X$ 模层 $\mathscr{O}_X/\mathscr{F}$, 其中 $\mathscr{F}$ 是 (5.1.1) 的例子中的层. 最后, 若 $\mathscr{F}$ 是有限型的, 则在每一点 $x \in X$ 处, $\mathscr{F}_x$ 都是一个有限型 $\mathscr{O}_x$ 模, 然而 (5.1.1) 中的例子表明, 一般来说, 这个必要条件并不是充分的.

(5.2.2) 设 $\mathscr{F}$ 是一个有限型 $\mathscr{O}_X$ 模层. 若 U 是点 $x \in X$ 的一个开邻域, s_i ($1 \leqslant i \leqslant n$) 是 $\mathscr{F}$ 在 U 上的一组截面, 并且这些 $(s_i)_x$ 可以生成 $\mathscr{F}_x$, 则可以找到 x 的一个开邻域 $V \subseteq U$, 使得在任意点 $y \in V$ 处, 这些 $(s_i)_y$ 都可以生成 $\mathscr{F}_y$ (FAC, I, 2, 12, 命题 1). 特别地, 由此可以推出 $\mathscr{F}$ 的支集是闭的.

同样地, 若一个同态 $u : \mathscr{F} \to \mathscr{G}$ 满足 $u_x = 0$, 则可以找到 x 的一个邻域 U, 使得对任意点 $y \in U$, 均有 $u_y = 0$.

(5.2.3) 假设 X 是拟紧的, 并设 $\mathscr{F}, \mathscr{G}$ 是两个 $\mathscr{O}_X$ 模层, 其中 $\mathscr{G}$ 是有限型的, $u : \mathscr{F} \to \mathscr{G}$ 是一个满同态. 进而假设 $\mathscr{F}$ 是某个 $\mathscr{O}_X$ 模层归纳系 $(\mathscr{F}_\lambda)$ 的归纳极限. 则可以找到一个指标 μ, 使得同态 $\mathscr{F}_\mu \to \mathscr{G}$ 是满的. 事实上, 对任意 $x \in X$, 我们都可以找到 x 的一个开邻域 $U(x)$ 和 $\mathscr{G}$ 在 $U(x)$ 上的有限个截面 s_i, 使得对任意 $y \in U(x)$, 这些 $(s_i)_y$ 都可以生成 $\mathscr{G}_y$. 从而又可以找到 x 的一个开邻域 $V(x) \subseteq U(x)$ 和 $\mathscr{F}$ 在 $V(x)$ 上的有限个截面 t_i, 使得对任意 i, 均有 $s_i|_{V(x)} = u(t_i)$, 进而可以假设这些 t_i 都是同一个层 $\mathscr{F}_{\lambda(x)}$ 在 $V(x)$ 上的截面的典范像. 现在把 X 用有限个 $V(x_k)$ 覆盖起来, 并设 μ 是比所有的 $\lambda(x_k)$ 都大的一个指标, 则易见这个 μ 就满足我们的要求.

仍假设 X 是拟紧的, 再设 $\mathscr{F}$ 是一个有限型 $\mathscr{O}_X$ 模层, 并可由整体截面生成 (5.1.1), 则 $\mathscr{F}$ 可由有限个整体截面生成. 事实上, 可以选出 X 的这样一个有限开覆盖 (U_k), 其中对每个 k, 都可以找到 $\mathscr{F}$ 的有限个整体截面 s_{ik}, 使得它们在 U_k 上的限制可以生成 $\mathscr{F}|_{U_k}$, 则易见这些 s_{ik} 就能够生成 $\mathscr{F}$.

(5.2.4) 设 $f : X \to Y$ 是一个环积空间态射. 若 $\mathscr{G}$ 是一个有限型 $\mathscr{O}_Y$ 模层, 则 $f^*\mathscr{G}$ 是有限型 $\mathscr{O}_X$ 模层. 事实上, 对任意 $x \in X$, 均可找到 $f(x)$ 在 Y 中的一个开邻

域 V 和一个满同态 $v : \mathscr{O}_Y^p|_V \to \mathscr{G}|_V$. 设 $U = f^{-1}(V)$, 并设 f_U 是 f 在 U 上的限制, 则有 $(f^*\mathscr{G})|_U = f_U^*(\mathscr{G}|_V)$. 由于 f_U^* 是右正合的 (4.3.1), 并且与直和可交换 (4.3.2), 故知 $f_U^*(v) : \mathscr{O}_X^p|_U \to (f^*\mathscr{G})|_U$ 是满同态.

(5.2.5) 所谓一个 $\mathscr{O}_X$ 模层 $\mathscr{F}$ 是有限呈示的, 是指对任意 $x \in X$, 均可找到 x 的一个开邻域 U, 使得 $\mathscr{F}|_U$ 同构于某个 $\mathscr{O}_X|_U$ 同态 $\mathscr{O}_X^p|_U \to \mathscr{O}_X^q|_U$ 的余核, 其中 p, q 是两个正整数. 这样的 $\mathscr{O}_X$ 模层显然是有限型且拟凝聚的. 若 $f : X \to Y$ 是一个环积空间态射, $\mathscr{G}$ 是一个有限呈示 $\mathscr{O}_Y$ 模层, 则 $f^*\mathscr{G}$ 也是有限呈示的, 证明方法与 (5.1.4) 相同.

(5.2.6) 设 $\mathscr{F}$ 是一个有限呈示 $\mathscr{O}_X$ 模层 (5.2.5), 则对任意 $\mathscr{O}_X$ 模层 $\mathscr{H}$, 函子性的典范同态

$$(\mathscr{H}om_{\mathscr{O}_X}(\mathscr{F}, \mathscr{H}))_x \longrightarrow \mathrm{Hom}_{\mathscr{O}_x}(\mathscr{F}_x, \mathscr{H}_x)$$

都是一一的 (T, 4.1.1).

(5.2.7) 设 $\mathscr{F}, \mathscr{G}$ 是两个有限呈示 $\mathscr{O}_X$ 模层. 若在某一点 $x \in X$ 处, $\mathscr{F}_x$ 和 $\mathscr{G}_x$ 是同构的 $\mathscr{O}_x$ 模, 则可以找到 x 的一个开邻域 U, 使得 $\mathscr{F}|_U$ 与 $\mathscr{G}|_U$ 是同构的. 事实上, 若 $\varphi : \mathscr{F}_x \to \mathscr{G}_x$ 与 $\psi : \mathscr{G}_x \to \mathscr{F}_x$ 是互逆的同构, 则根据 (5.2.6), 可以找到 x 的一个开邻域 V 和 $\mathscr{H}om_{\mathscr{O}_X}(\mathscr{F}, \mathscr{G})$ (切转: $\mathscr{H}om_{\mathscr{O}_X}(\mathscr{G}, \mathscr{F})$) 在 V 上的一个截面 u (切转: v), 使得 $u_x = \varphi$ (切转: $v_x = \psi$). 由于 $(u \circ v)_x$ 与 $(v \circ u)_x$ 都是恒同自同构, 故可找到 x 的一个开邻域 $U \subseteq V$, 使得 $(u \circ v)|_U$ 与 $(v \circ u)|_U$ 都是恒同自同构, 由此就得出了结论.

5.3 凝聚层

(5.3.1) 所谓一个 $\mathscr{O}_X$ 模层 $\mathscr{F}$ 是凝聚的, 是指它满足下面两个条件:

a) $\mathscr{F}$ 是有限型的.

b) 对任意开集 $U \subseteq X$ 和任意整数 $n > 0$, 任何同态 $u : \mathscr{O}_X^n|_U \to \mathscr{F}|_U$ 的核都是有限型的.

注意到这两个条件都是局部性的.

凝聚层具有下面一些性质, 证明可参考 (FAC), I, 2.

(5.3.2) 凝聚 $\mathscr{O}_X$ 模层都是有限呈示的 (5.2.5). 逆命题未必成立, 因为 $\mathscr{O}_X$ 自身也未必是一个凝聚 $\mathscr{O}_X$ 模层.

凝聚 $\mathscr{O}_X$ 模层的有限型 $\mathscr{O}_X$ 子模层总是凝聚的; 有限个凝聚 $\mathscr{O}_X$ 模层的直和也是凝聚 $\mathscr{O}_X$ 模层.

(5.3.3) 若 $0 \to \mathscr{F} \to \mathscr{G} \to \mathscr{H} \to 0$ 是 $\mathscr{O}_X$ 模层的一个正合序列, 并且其中有两

个 $\mathcal{O}_X$ 模层是凝聚的, 则第三个也是如此.

(5.3.4) 若 $\mathscr{F}, \mathscr{G}$ 是两个凝聚 $\mathcal{O}_X$ 模层, $u : \mathscr{F} \to \mathscr{G}$ 是一个同态, 则 $\mathrm{Im}(u), \mathrm{Ker}(u)$ 和 $\mathrm{Coker}(u)$ 都是凝聚 $\mathcal{O}_X$ 模层. 特别地, 若 $\mathscr{F}, \mathscr{G}$ 是某个凝聚 $\mathcal{O}_X$ 模层的两个凝聚 $\mathcal{O}_X$ 子模层, 则 $\mathscr{F} + \mathscr{G}$ 和 $\mathscr{F} \cap \mathscr{G}$ 都是凝聚的.

* 追加 — 若 $\mathscr{A} \to \mathscr{B} \to \mathscr{C} \to \mathscr{D} \to \mathscr{E}$ 是 $\mathcal{O}_X$ 模层的一个正合序列, 并且 $\mathscr{A}, \mathscr{B}, \mathscr{D}, \mathscr{E}$ 都是凝聚的, 则 $\mathscr{C}$ 也是凝聚的.*

(5.3.5) 若 $\mathscr{F}, \mathscr{G}$ 是两个凝聚 $\mathcal{O}_X$ 模层, 则 $\mathscr{F} \otimes_{\mathcal{O}_X} \mathscr{G}$ 和 $\mathscr{H}om_{\mathcal{O}_X}(\mathscr{F}, \mathscr{G})$ 都是凝聚 $\mathcal{O}_X$ 模层.

(5.3.6) 设 $\mathscr{F}$ 是一个凝聚 $\mathcal{O}_X$ 模层, $\mathscr{J}$ 是 $\mathcal{O}_X$ 的一个凝聚理想层. 则 $\mathcal{O}_X$ 模层 $\mathscr{J}\mathscr{F}$ 是凝聚的, 因为它就是 $\mathscr{J} \otimes_{\mathcal{O}_X} \mathscr{F}$ 在典范同态 $\mathscr{J} \otimes_{\mathcal{O}_X} \mathscr{F} \to \mathscr{F}$ 下的像 (5.3.4 和 5.3.5).

(5.3.7) 所谓一个 $\mathcal{O}_X$ 代数层 $\mathscr{A}$ 是凝聚的, 是指 $\mathscr{A}$ 作为 $\mathcal{O}_X$ 模层是凝聚的. 特别地, 为了使 $\mathcal{O}_X$ 是凝聚环层, 必须且只需对任意开集 $U \subseteq X$ 和任意形如 $u : \mathcal{O}_X^p|_U \to \mathcal{O}_X|_U$ 的同态, u 的核都是有限型 $\mathcal{O}_X|_U$ 模层.

若 $\mathcal{O}_X$ 是凝聚环层, 则任何有限呈示 (5.2.5) $\mathcal{O}_X$ 模层 $\mathscr{F}$ 都是凝聚的 (5.3.4).

$\mathcal{O}_X$ 模层 $\mathscr{F}$ 的零化子是指典范同态 $\mathcal{O}_X \to \mathscr{H}om_{\mathcal{O}_X}(\mathscr{F}, \mathscr{F})$ 的核 $\mathscr{J}$, 这个同态把截面 $s \in \Gamma(U, \mathcal{O}_X)$ 映到了 $\mathrm{Hom}(\mathscr{F}|_U, \mathscr{F}|_U)$ 中的乘 s 同态. 若 $\mathcal{O}_X$ 是凝聚的, 并且 $\mathscr{F}$ 是凝聚 $\mathcal{O}_X$ 模层, 则 $\mathscr{J}$ 是凝聚的 (5.3.4 和 5.3.5), 并且对任意 $x \in X$, $\mathscr{J}_x$ 都是 $\mathscr{F}_x$ 的零化子 (5.2.6).

(5.3.8) 假设 $\mathcal{O}_X$ 是凝聚的. 设 $\mathscr{F}$ 是一个凝聚 $\mathcal{O}_X$ 模层, x 是 X 的一点, M 是 $\mathscr{F}_x$ 的一个有限型子模, 则可以找到 x 的一个开邻域 U 和 $\mathscr{F}|_U$ 的一个凝聚 $\mathcal{O}_X|_U$ 子模层 $\mathscr{G}$, 使得 $\mathscr{G}_x = M$ (T, 4.1, 引理 1).

把这个结果和关于凝聚 $\mathcal{O}_X$ 模层的子模层的那些性质结合起来, 就给出了环 $\mathcal{O}_x$ 上的一些使 $\mathcal{O}_X$ 成为凝聚层的必要条件. 比如说 (5.3.4), $\mathcal{O}_x$ 的两个有限型理想的交集也必须是一个有限型理想.

(5.3.9) 假设 $\mathcal{O}_X$ 是凝聚的, 并设 M 是一个有限呈示 $\mathcal{O}_x$ 模, 从而 M 同构于某个同态 $\varphi : \mathcal{O}_x^p \to \mathcal{O}_x^q$ 的余核, 则可以找到 x 的一个开邻域 U 和一个凝聚 $\mathcal{O}_X|_U$ 模层 $\mathscr{F}$, 使得 $\mathscr{F}_x$ 同构于 M. 事实上, 依照 (5.2.6), 可以找到 $\mathscr{H}om_{\mathcal{O}_X}(\mathcal{O}_X^p, \mathcal{O}_X^q)$ 在 x 的某个开邻域 U 上的一个截面 u, 使得 $u_x = \varphi$, 从而同态 $u : \mathcal{O}_X^p|_U \to \mathcal{O}_X^q|_U$ 的余核 $\mathscr{F}$ 就满足要求 (5.3.4).

(5.3.10) 假设 $\mathcal{O}_X$ 是凝聚的, 并设 $\mathscr{I}$ 是 $\mathcal{O}_X$ 的一个凝聚理想层. 则为了使一个 $\mathcal{O}_X/\mathscr{I}$ 模层 $\mathscr{F}$ 是凝聚的, 必须且只需它作为 $\mathcal{O}_X$ 模层是凝聚的. 特别地, $\mathcal{O}_X/\mathscr{I}$ 是

一个凝聚环层.

(5.3.11) 设 $f : X \to Y$ 是一个环积空间态射, 并假设 $\mathscr{O}_X$ 是凝聚的, 则对任意凝聚 $\mathscr{O}_Y$ 模层 $\mathscr{G}$, $f^*\mathscr{G}$ 都是凝聚 $\mathscr{O}_X$ 模层. 事实上, 在 (5.2.4) 的记号下, 可以假设 $\mathscr{G}|_V$ 是某个同态 $v : \mathscr{O}_Y^q|_V \to \mathscr{O}_Y^p|_V$ 的余核. 由于 f_U^* 是右正合的, 故知 $(f^*\mathscr{G})|_U = f_U^*(\mathscr{G}|_V)$ 是同态 $f_U^*(v) : \mathscr{O}_X^q|_U \to \mathscr{O}_X^p|_U$ 的余核, 这就证明了上述阐言.

(5.3.12) 设 Y 是 X 的一个闭子空间, $j : Y \to X$ 是典范含入, $\mathscr{O}_Y$ 是 Y 上的一个环层, 令 $\mathscr{O}_X = j_*\mathscr{O}_Y$. 则为了使一个 $\mathscr{O}_Y$ 模层 $\mathscr{G}$ 是有限型的 (切转: 拟凝聚的, 凝聚的), 必须且只需 $j_*\mathscr{G}$ 是有限型的 (切转: 拟凝聚的, 凝聚的) $\mathscr{O}_X$ 模层.

5.4 局部自由层

(5.4.1) 设 X 是一个环积空间. 所谓一个 $\mathscr{O}_X$ 模层是局部自由的, 是指对任意 $x \in X$, 均可找到 x 的一个开邻域 U, 使得 $\mathscr{F}|_U$ 同构于一个形如 $\mathscr{O}_X^{(I)}|_U$ 的 $\mathscr{O}_X|_U$ 模层, 这里的 I 可以随着 U 而改变. 若对每个 U, I 都是有限的, 则称 $\mathscr{F}$ 是有限秩的; 若对每个 U, I 的元素个数都是同一个有限数 n, 则称 $\mathscr{F}$ 是 n 秩的. 1 秩的局部自由 $\mathscr{O}_X$ 模层也被称为可逆层 (参考 (5.4.3)). 若 $\mathscr{F}$ 是一个有限秩的局部自由 $\mathscr{O}_X$ 模层, 则对任意 $x \in X$, $\mathscr{F}_x$ 都是一个 $n(x)$ 秩的自由 $\mathscr{O}_x$ 模, 并可找到 x 的一个开邻域 U, 使得 $\mathscr{F}|_U$ 是 $n(x)$ 秩的. 从而若 X 是连通的, 则 $n(x)$ 是常值的.

易见局部自由层都是拟凝聚的, 并且若 $\mathscr{O}_X$ 是凝聚环层, 则有限秩的局部自由层都是凝聚的.

若 $\mathscr{L}$ 是局部自由的, 则作为 $\mathscr{F}$ 的函子, $\mathscr{L} \otimes_{\mathscr{O}_X} \mathscr{F}$ 在 $\mathscr{O}_X$ 模层范畴上是正合的.

我们主要考虑有限秩的局部自由 $\mathscr{O}_X$ 模层, 所以当我们说到局部自由层的时候, 如果没有特别说明的话, 总是指有限秩的.

* 追加 —— 假设 $\mathscr{O}_X$ 是凝聚的, 并设 $\mathscr{F}$ 是一个凝聚 $\mathscr{O}_X$ 模层. 于是若在一点 $x \in X$ 处, $\mathscr{F}_x$ 是一个 n 秩自由 $\mathscr{O}_x$ 模, 则可以找到 x 的一个开邻域 U, 使得 $\mathscr{F}|_U$ 是 n 秩局部自由的. 事实上, 此时 $\mathscr{F}_x$ 同构于 $\mathscr{O}_x^n$, 从而命题缘自 (5.2.7).*

(5.4.2) 若 $\mathscr{L}, \mathscr{F}$ 是两个 $\mathscr{O}_X$ 模层, 则我们有一个函子性的典范同态

(5.4.2.1) $$\mathscr{L}^{\check{}} \otimes_{\mathscr{O}_X} \mathscr{F} = \mathscr{H}om_{\mathscr{O}_X}(\mathscr{L}, \mathscr{O}_X) \otimes_{\mathscr{O}_X} \mathscr{F} \longrightarrow \mathscr{H}om_{\mathscr{O}_X}(\mathscr{L}, \mathscr{F}),$$

定义方法如下: 对任意开集 U 和任意一组 (u, t), 其中 $u \in \Gamma(U, \mathscr{H}om_{\mathscr{O}_X}(\mathscr{L}, \mathscr{O}_X)) = \mathrm{Hom}(\mathscr{L}|_U, \mathscr{O}_X|_U)$ 且 $t \in \Gamma(U, \mathscr{F})$, 我们把它映到 $\mathrm{Hom}(\mathscr{L}|_U, \mathscr{F}|_U)$ 中的这样一个元素, 即在每一点 $x \in U$ 处, 该元素都把 $s_x \in \mathscr{L}_x$ 映到 $u_x(s_x)t_x \in \mathscr{F}_x$. 现在若 $\mathscr{L}$ 是有限秩局部自由的, 则这个同态是一一的. 事实上, 问题是局部性的, 故可限于考虑

$\mathscr{L} = \mathscr{O}_X^n$ 的情形. 由于对任意 $\mathscr{O}_X$ 模层 $\mathscr{G}$, $\mathscr{H}om_{\mathscr{O}_X}(\mathscr{O}_X^n, \mathscr{G})$ 都典范同构于 $\mathscr{G}^n$, 从而问题归结到了 $\mathscr{L} = \mathscr{O}_X$ 的情形, 此时命题是显然的.

(5.4.3) 若 $\mathscr{L}$ 是可逆的, 则它的对偶 $\mathscr{L}^\vee = \mathscr{H}om_{\mathscr{O}_X}(\mathscr{L}, \mathscr{O}_X)$ 也是如此, 因为总可以归结到 $\mathscr{L} = \mathscr{O}_X$ 的情形 (问题是局部性的). 进而, 我们有一个典范同构

(5.4.3.1) $$\mathscr{H}om_{\mathscr{O}_X}(\mathscr{L}, \mathscr{O}_X) \otimes_{\mathscr{O}_X} \mathscr{L} \xrightarrow{\sim} \mathscr{O}_X.$$

事实上, 根据 (5.4.2), 只需定义一个典范同构 $\mathscr{H}om_{\mathscr{O}_X}(\mathscr{L}, \mathscr{L}) \xrightarrow{\sim} \mathscr{O}_X$ 即可. 现在对任意 $\mathscr{O}_X$ 模层 $\mathscr{F}$, 我们都有一个典范同态 $\mathscr{O}_X \to \mathscr{H}om_{\mathscr{O}_X}(\mathscr{F}, \mathscr{F})$ (5.3.7), 于是只需再证明当 $\mathscr{F} = \mathscr{L}$ 是可逆层时这个同态是一一的. 由于问题是局部性的, 故可限于考虑 $\mathscr{L} = \mathscr{O}_X$ 的情形, 此时命题是显然的.

由于上述原因, 我们引进记号 $\mathscr{L}^{-1} = \mathscr{H}om_{\mathscr{O}_X}(\mathscr{L}, \mathscr{O}_X)$, 并且称 $\mathscr{L}^{-1}$ 为 $\mathscr{L}$ 的逆. "可逆层" 的名称可以从下面的事实得到说明: 设 X 只有一个点, 并且 $\mathscr{O}_X$ 是一个局部环 A, 极大理想为 $\mathfrak{m}$. 若 M 和 M' 是两个 A 模 (其中 M 是有限型的), 并且 $M \otimes_A M'$ 同构于 A, 则由于 $(A/\mathfrak{m}) \otimes_A (M \otimes_A M')$ 可以等同于 $(M/\mathfrak{m}M) \otimes_{A/\mathfrak{m}} (M'/\mathfrak{m}M')$, 且后者是域 $A/\mathfrak{m}$ 上的两个向量空间的张量积, 又同构于 $A/\mathfrak{m}$, 这就迫使 $M/\mathfrak{m}M$ 和 $M'/\mathfrak{m}M'$ 都是 1 维的. 从而对任意不属于 $\mathfrak{m}M$ 的元素 $z \in M$, 均有 $M = Az + \mathfrak{m}M$, 这就意味着 $M = Az$, 这是根据 Nakayama 引理, 因为 M 是有限型的. 另外, 由于 z 的零化子也零化 $M \otimes_A M'$, 而后者同构于 A, 故知这个零化子是 $\{0\}$, 从而 M 同构于 A. 在一般情形下, 假设 X 是一个环积空间, 并且对任意 $x \in X$, $\mathscr{O}_x$ 都是局部环, 于是若 $\mathscr{L}$ 是一个有限型 $\mathscr{O}_X$ 模层, 并可找到一个 $\mathscr{O}_X$ 模层 $\mathscr{F}$ 使得 $\mathscr{L} \otimes_{\mathscr{O}_X} \mathscr{F}$ 同构于 $\mathscr{O}_X$, 则上述推理表明, 对任意 $x \in X$, $\mathscr{L}_x$ 都同构于 $\mathscr{O}_x$. 由此就可以推出 $\mathscr{L}$ 是可逆的. 事实上, 对任意 $x \in X$, 设 U 是 x 的一个开邻域, 并使得 $\mathscr{L}|_U$ 可由 U 上的 n 个截面 s_i $(1 \leqslant i \leqslant n)$ 所生成 (5.2.1). 可以假设 (比如说) $s = s_1$ 满足 $s_x \neq 0$, 且由于 $\mathscr{L}_x$ 同构于 $\mathscr{O}_x$, 故对每个 i, 均可找到 $\mathscr{O}_X$ 在 x 的某个开邻域 $V_i \subseteq U$ 上的一个截面 t_i, 使得 $(t_i)_x s_x = (s_i)_x$. 从而可以找到 x 的一个开邻域 $V \subseteq \bigcap_{i=1}^{n} V_i$, 使得在 V 上 $t_i s = s_i$, 换句话说, $\mathscr{L}|_V$ 是由一个截面 $s|_V$ 所生成的. 进而, 若 z 是 s 所定义的同态 $\mathscr{O}_X|_V \to \mathscr{L}|_V$ (5.1.1) 的核在某个开集 $W \subseteq V$ 上的一个截面, 则对任意 $y \in W$, z_y 都可以零化 $\mathscr{L}_y$, 从而由前提条件知 $z_y = 0$, 因而 $z = 0$, 这就证明了上述阐言. 进而, 考虑张量积 $\mathscr{L}^{-1} \otimes \mathscr{L} \otimes \mathscr{F}$ 则可以立即证明, $\mathscr{F}$ 同构于 $\mathscr{L}^{-1}$.

(5.4.4) 若 $\mathscr{L}$ 和 $\mathscr{L}'$ 是两个可逆 $\mathscr{O}_X$ 模层, 则 $\mathscr{L} \otimes_{\mathscr{O}_X} \mathscr{L}'$ 也是如此. 事实上, 由于问题是局部性的, 故可假设 $\mathscr{L} = \mathscr{O}_X$, 此时结论是显然的. 现在对任意整数 $n \geqslant 1$, 我们把 $\mathscr{L}$ 与自己的 n 次张量积记作 $\mathscr{L}^{\otimes n}$, 再约定 $\mathscr{L}^{\otimes 0} = \mathscr{O}_X$ 并且 $\mathscr{L}^{\otimes(-n)} = (\mathscr{L}^{-1})^{\otimes n}$, 其中 $n \geqslant 1$. 则在这样的记号下, 我们有一个函子性的典范同构

(5.4.4.1) $$\mathscr{L}^{\otimes m} \otimes_{\mathscr{O}_X} \mathscr{L}^{\otimes n} \xrightarrow{\sim} \mathscr{L}^{\otimes(n+m)},$$

其中 m, n 是任意的有理整数. 事实上, 依照定义, 问题可以归结到 $m = -1$, $n = 1$ 的情形, 此时所需的同构在 (5.4.3) 中已经定义过了.

(5.4.5) 设 $f : Y \to X$ 是一个环积空间态射. 若 $\mathscr{L}$ 是一个局部自由 $\mathscr{O}_X$ 模层 (切转: 可逆 $\mathscr{O}_X$ 模层), 则 $f^* \mathscr{L}$ 是一个局部自由 $\mathscr{O}_Y$ 模层 (切转: 可逆 $\mathscr{O}_Y$ 模层). 这是缘自下面几个事实: 两个局部同构的 $\mathscr{O}_X$ 模层的逆像也是局部同构的, f^* 与直和是可交换的, 并且 $f^* \mathscr{O}_X = \mathscr{O}_Y$ (4.3.4). 进而, 我们有一个函子性的典范同态 $f^*(\mathscr{L}^{\check{}}) \to (f^* \mathscr{L})^{\check{}}$ (4.4.6), 并且如果 $\mathscr{L}$ 是局部自由的, 则这个同态是一一的. 事实上, 问题仍然可以归结到 $\mathscr{L} = \mathscr{O}_X$ 的情形, 此时命题是显然的. 由此可知, 若 $\mathscr{L}$ 是可逆的, 则对任意有理整数 n, $f^*(\mathscr{L}^{\otimes n})$ 都可以典范等同于 $(f^* \mathscr{L})^{\otimes n}$.

(5.4.6) 设 $\mathscr{L}$ 是一个可逆 $\mathscr{O}_X$ 模层, 则我们把 Abel 群的直和 $\bigoplus_{n \in \mathbb{Z}} \Gamma(X, \mathscr{L}^{\otimes n})$ 记作 $\Gamma_*(X, \mathscr{L})$, 或简记为 $\Gamma_*(\mathscr{L})$. 可以给它赋予一个分次环的结构, 即对任意一组 (s_n, s_m), 其中 $s_n \in \Gamma(X, \mathscr{L}^{\otimes n})$, $s_m \in \Gamma(X, \mathscr{L}^{\otimes m})$, 定义它们的乘积就是 $\mathscr{L}^{\otimes(n+m)}$ 在 X 上的这样一个截面 s, 即 $\mathscr{L}^{\otimes n} \otimes_{\mathscr{O}_X} \mathscr{L}^{\otimes m}$ 的截面 $s_n \otimes s_m$ 在典范同构 (5.4.4.1) 下的像. 这个乘法的结合性很容易得到验证. 易见 $\Gamma_*(X, \mathscr{L})$ 是 $\mathscr{L}$ 的协变函子, 取值在分次环的范畴中.

现在设 $\mathscr{F}$ 是一个 $\mathscr{O}_X$ 模层, 并且令

$$\Gamma_*(\mathscr{L}, \mathscr{F}) = \bigoplus_{n \in \mathbb{Z}} \Gamma_*(X, \mathscr{F} \otimes_{\mathscr{O}_X} \mathscr{L}^{\otimes n}),$$

则可以给这个 Abel 群赋予一个在分次环 $\Gamma_*(\mathscr{L})$ 上的分次模结构, 即对任意一组 (s_n, u_m), 其中 $s_n \in \Gamma(X, \mathscr{L}^{\otimes n})$ 且 $u_m \in \Gamma(X, \mathscr{F} \otimes \mathscr{L}^{\otimes m})$, 定义它们的乘积就是 $\mathscr{F} \otimes \mathscr{L}^{\otimes(m+n)}$ 的这样一个截面 u, 即 $s_n \otimes u_m$ 在典范同构 (5.4.4.1) 下的像. 容易验证, 这是一个分次模结构. 对于固定的 X 和 $\mathscr{L}$, $\Gamma_*(\mathscr{L}, \mathscr{F})$ 是 $\mathscr{F}$ 的协变函子, 取值在分次 $\Gamma_*(\mathscr{L})$ 模的范畴中. 对于固定的 X 和 $\mathscr{F}$, 它是 $\mathscr{L}$ 的协变函子, 取值在 Abel 群的范畴中.

若 $f : X \to Y$ 是一个环积空间态射, 则典范同态 (4.4.3.2) $\rho : \mathscr{L}^{\otimes n} \to f_* f^*(\mathscr{L}^{\otimes n})$ 定义了一个 Abel 群同态 $\Gamma_*(X, \mathscr{L}^{\otimes n}) \to \Gamma_*(Y, f^*(\mathscr{L}^{\otimes n}))$, 且由于我们有 $f^*(\mathscr{L}^{\otimes n}) = (f^* \mathscr{L})^{\otimes n}$, 故由典范同态 (4.4.3.2) 和 (5.4.4.1) 的定义知, 上述同态定义了一个函子性的分次环同态 $\Gamma_*(\mathscr{L}) \to \Gamma(f^* \mathscr{L})$. 同样地, 典范同态 (4.4.3.2) 也定义了一个 Abel 群同态 $\Gamma(X, \mathscr{F} \otimes \mathscr{L}^{\otimes n}) \to \Gamma(Y, f^*(\mathscr{F} \otimes \mathscr{L}^{\otimes n}))$, 且由于我们有

$$f^*(\mathscr{F} \otimes \mathscr{L}^{\otimes n}) = (f^* \mathscr{F}) \otimes (f^* \mathscr{L})^{\otimes n} \quad (4.3.3.1),$$

故知上述同态 (n 取所有整数) 定义了一个分次模的双重同态 $\Gamma_*(\mathscr{L}, \mathscr{F}) \to \Gamma_*(f^* \mathscr{L}, f^* \mathscr{F})$.

(5.4.7) 可以证明, 我们有一个集合 $\mathfrak{M}$ (也记作 $\mathfrak{M}(X)$), 它是由某些可逆 $\mathscr{O}_X$ 模

层所组成的, 且使得任何可逆 $\mathscr{O}_X$ 模层都与 $\mathfrak{M}$ 中的唯一一个元素同构[1]. 可以在 $\mathfrak{M}$ 中定义一个合成法则, 即把 $\mathfrak{M}$ 中的两个元素 $\mathscr{L}, \mathscr{L}'$ 对应到 $\mathfrak{M}$ 中的那个与 $\mathscr{L} \otimes \mathscr{L}'$ 同构的唯一元素上. 在这个运算下, $\mathfrak{M}$ 是一个群, 且与上同调群 $\mathrm{H}^1(X, \mathscr{O}_X^*)$ 是同构的, 其中 $\mathscr{O}_X^*$ 是 $\mathscr{O}_X$ 的这样一个子层, 它在开集 $U \subseteq X$ 上的截面集 $\Gamma(U, \mathscr{O}_X^*)$ 就是环 $\Gamma(U, \mathscr{O}_X)$ 的可逆元群 (从而 $\mathscr{O}_X^*$ 是一个乘法 Abel 群层).

为了证明这个事实, 首先注意到对任意开集 $U \subseteq X$, 截面群 $\Gamma(U, \mathscr{O}_X^*)$ 都可以典范等同于 $\mathscr{O}_X|_U$ 模层 $\mathscr{O}_X|_U$ 的自同构群, 方法是把 $\mathscr{O}_X^*$ 在 U 上的一个截面 ε 对应到 $\mathscr{O}_X|_U$ 的这样一个自同构 u, 即对任意 $x \in U$ 和任意 $s_x \in \mathscr{O}_x$, 均有 $u_x(s_x) = \varepsilon_x s_x$. 现在设 $\mathfrak{U} = (U_\lambda)$ 是 X 的一个开覆盖, 则对每一组指标 (λ, μ) 都给出 $\mathscr{O}_X|_{U_\lambda \cap U_\mu}$ 的一个自同构 $\theta_{\lambda\mu}$ 也就意味着给出了覆盖 $\mathfrak{U}$ 的一个取值在 $\mathscr{O}_X^*$ 中的 1 阶上链, 并且, 要求 $\theta_{\lambda\mu}$ 满足黏合条件 (3.3.1) 也就意味着要求它所对应的上链是一个上圈. 同样地, 对每个 λ 都给出 $\mathscr{O}_X|_{U_\lambda}$ 的一个自同构 ω_λ 也就意味着给出了覆盖 $\mathfrak{U}$ 的一个取值在 $\mathscr{O}_X^*$ 中的 0 阶上链, 并且它的上边缘就对应着自同构的族 $(\omega_\lambda|_{U_\lambda \cap U_\mu}) \circ (\omega_\mu|_{U_\lambda \cap U_\mu})^{-1}$. 我们可以把 $\mathfrak{U}$ 的一个取值在 $\mathscr{O}_X^*$ 中的 1 阶上圈对应到 $\mathfrak{M}$ 中的这样一个元素, 它同构于使用这个上圈所给出的自同构族 $(\theta_{\lambda\mu})$ 把这些 $\mathscr{O}_X|_{U_\lambda}$ 黏合而成的那个可逆 $\mathscr{O}_X$ 模层, 此时两个上同调等价的上圈将对应到 $\mathfrak{M}$ 中的同一个元素 (3.3.2). 换句话说, 这就定义出了一个映射 $\varphi_{\mathfrak{U}} : \mathrm{H}^1(\mathfrak{U}, \mathscr{O}_X^*) \to \mathfrak{M}$. 进而, 若 $\mathfrak{V}$ 是 X 的另一个开覆盖, 且比 $\mathfrak{U}$ 精细, 则图表

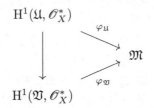

是交换的, 其中的竖直箭头是典范同态 (G, II, 5.7), 这是缘自 (3.3.3). 通过取归纳极限, 我们就得到一个映射 $\mathrm{H}^1(X, \mathscr{O}_X^*) \to \mathfrak{M}$, 因为 Čech 上同调群 $\check{\mathrm{H}}^1(X, \mathscr{O}_X^*)$ 可以等同于 1 阶上同调群 $\mathrm{H}^1(X, \mathscr{O}_X^*)$ (G, II, 5.9, 定理 5.9.1 的推论). 这个映射是满的. 事实上, 根据定义, 对任意可逆 $\mathscr{O}_X$ 模层 $\mathscr{L}$, 都可以找到 X 的一个开覆盖 (U_λ), 使得 $\mathscr{L}$ 可由这些 $\mathscr{O}_X|_{U_\lambda}$ 黏合而成 (3.3.1). 这个映射也是单的, 因为只需证明映射 $\mathrm{H}^1(\mathfrak{U}, \mathscr{O}_X^*) \to \mathfrak{M}$ 都是单的, 而这是缘自 (3.3.2). 现在只需要再来证明, 这样得到的一一映射是一个群同态. 然而, 给了两个可逆 $\mathscr{O}_X$ 模层 $\mathscr{L}, \mathscr{L}'$, 总可以找到一个开覆盖 (U_λ), 使得对任意 λ, $\mathscr{L}|_{U_\lambda}$ 和 $\mathscr{L}'|_{U_\lambda}$ 都同构于 $\mathscr{O}_X|_{U_\lambda}$, 从而对每个指标 λ, 均可找到 $\Gamma(U_\lambda, \mathscr{L})$ (切转: $\Gamma(U_\lambda, \mathscr{L}')$) 的一个元素 a_λ (切转: a_λ'), 使得 $\Gamma(U_\lambda, \mathscr{L})$ (切转: $\Gamma(U_\lambda, \mathscr{L}')$) 的元素都具有 $s_\lambda . a_\lambda$ (切转: $s_\lambda . a_\lambda'$) 的形状, 其中 s_λ 跑遍 $\Gamma(U_\lambda, \mathscr{O}_X)$. 与之对应的上圈 $(\varepsilon_{\lambda\mu})$ (切转: $(\varepsilon_{\lambda\mu}')$) 就是那个使得在 $U_\lambda \cap U_\mu$ 上 " $s_\lambda . a_\lambda = s_\mu . a_\mu$ (切

---

[1] 参考引言中所预告的文章.

转: $s_\lambda.a'_\lambda = s_\mu.a'_\mu$) 等价于 $s_\lambda = \varepsilon_{\lambda\mu}s_\mu$ (切转: $s_\lambda = \varepsilon'_{\lambda\mu}s_\mu$)" 的上圈. 由于 $\mathscr{L} \otimes_{\mathscr{O}_X} \mathscr{L}'$ 在 U_λ 上的截面都是一些 $s_\lambda s'_\lambda.(a_\lambda \otimes a'_\lambda)$ 的有限和, 其中 s_λ 和 s'_λ 跑遍 $\Gamma(U_\lambda, \mathscr{O}_X)$, 故易见上圈 $(\varepsilon_{\lambda\mu}\varepsilon'_{\lambda\mu})$ 就对应着 $\mathscr{L} \otimes_{\mathscr{O}_X} \mathscr{L}'$, 这就完成了证明①.

(5.4.8) 设 $f = (\psi, \omega): Y \to X$ 是一个环积空间态射. 则局部自由 $\mathscr{O}_X$ 模层范畴上的函子 $f^*\mathscr{L}$ 定义了一个从集合 $\mathfrak{M}(X)$ 到集合 $\mathfrak{M}(Y)$ 的映射 (将符号含义略加引申, 我们把该映射仍记作 f^*). 另一方面, 我们有一个典范同态 (T, 3.2.2)

(5.4.8.1) $$\mathrm{H}^1(X, \mathscr{O}_X^*) \longrightarrow \mathrm{H}^1(Y, \mathscr{O}_Y^*).$$

如果把 $\mathfrak{M}(X)$ (切转: $\mathfrak{M}(Y)$) 典范等同于 $\mathrm{H}^1(X, \mathscr{O}_X^*)$ (切转: $\mathrm{H}^1(Y, \mathscr{O}_Y^*)$)(5.4.7), 则同态 (5.4.8.1) 可以等同于映射 f^*. 事实上, 若 $\mathscr{L}$ 来自于 X 的某个开覆盖 (U_λ) 上的一个上圈 $(\varepsilon_{\lambda\mu})$, 则只需证明 $f^*\mathscr{L}$ 就是来自于 $(\varepsilon_{\lambda\mu})$ 在同态 (5.4.8.1) 下的像. 现在若 $\theta_{\lambda\mu}$ 是 $\mathscr{O}_X|_{U_\lambda \cap U_\mu}$ 的对应于 $\varepsilon_{\lambda\mu}$ 的那个自同构, 则易见 $f^*\mathscr{L}$ 就是由这些 $\mathscr{O}_Y|_{\psi^{-1}(U_\lambda)}$ 用自同构 $f^*(\theta_{\lambda\mu})$ 黏合而成的, 从而只需验证 $f^*(\theta_{\lambda\mu})$ 对应于上圈 $(\omega^\sharp(\varepsilon_{\lambda\mu}))$, 这可由定义立得 (这里我们把 $\varepsilon_{\lambda\mu}$ 等同于它在 ρ 下的典范像 (3.7.2), 它是 $\psi^*(\mathscr{O}_X^*)$ 在 $\psi^{-1}(U_\lambda \cap U_\mu)$ 上的截面).

(5.4.9) 设 $\mathscr{E}, \mathscr{F}$ 是两个 $\mathscr{O}_X$ 模层, 假设 $\mathscr{F}$ 是局部自由的, 再设 $\mathscr{G}$ 是这样一个 $\mathscr{O}_X$ 模层, 它是 $\mathscr{F}$ 枕着 $\mathscr{E}$ 的一个扩充, 换句话说, 我们有一个正合序列 $0 \to \mathscr{E} \xrightarrow{j} \mathscr{G} \xrightarrow{p} \mathscr{F} \to 0$. 则对任意 $x \in X$, 均可找到 x 的一个开邻域 U, 使得 $\mathscr{G}|_U$ 同构于直和 $\mathscr{E}|_U \oplus \mathscr{F}|_U$. 事实上, 可以限于考虑 $\mathscr{F} = \mathscr{O}_X^n$ 的情形. 设 e_i $(1 \leqslant i \leqslant n)$ 是 $\mathscr{O}_X^n$ 的那些典范截面 (5.5.5), 则可以找到 x 的一个开邻域 U 和 $\mathscr{G}$ 在 U 上的 n 个截面 s_i, 使得对于 $1 \leqslant i \leqslant n$, 均有 $p(s_i|_U) = e_i|_U$. 在此基础上, 设 f 是由这些截面 $s_i|_U$ 所定义的同态 $\mathscr{F}|_U \to \mathscr{G}|_U$ (5.1.1). 则易见对任意开集 $V \subseteq U$ 和任意截面 $s \in \Gamma(V, \mathscr{G})$, 均有 $s - f(p(s)) \in \Gamma(V, \mathscr{E})$, 故得我们的结论.

(5.4.10) 设 $f: X \to Y$ 是一个环积空间态射, $\mathscr{F}$ 是一个 $\mathscr{O}_X$ 模层, $\mathscr{L}$ 是一个有限秩的局部自由 $\mathscr{O}_X$ 模层. 则有一个典范同构

(5.4.10.1) $$(f_*\mathscr{F}) \otimes_{\mathscr{O}_Y} \mathscr{L} \xrightarrow{\sim} f_*(\mathscr{F} \otimes_{\mathscr{O}_X} f^*\mathscr{L}).$$

事实上, 对任意 $\mathscr{O}_Y$ 模层 $\mathscr{L}$, 均有一个典范同态

$$(f_*\mathscr{F}) \otimes_{\mathscr{O}_Y} \mathscr{L} \xrightarrow{1 \otimes \rho} (f_*\mathscr{F}) \otimes_{\mathscr{O}_Y} (f_*f^*\mathscr{L}) \xrightarrow{\alpha} f_*(\mathscr{F} \otimes_{\mathscr{O}_X} f^*\mathscr{L}),$$

其中 ρ 是同态 (4.4.3.2), α 是同态 (4.2.2.1). 为了证明当 $\mathscr{L}$ 局部自由时这个同态是一一的, 只需考虑 $\mathscr{L} = \mathscr{O}_Y^n$ 的情形即可 (因为问题在 Y 上是局部性的). 进而, 由于 f_* 和 f^* 都与有限直和可交换, 故可假设 $n = 1$, 在这种情况下, 命题可由定义及关系式 $f^*\mathscr{O}_Y = \mathscr{O}_X$ 立得.

---

①这个结果的一个更一般的形式出现在引言中所预告的文章里.

5.5 局部环积空间上的层

(5.5.1) 所谓一个环积空间 $(X, \mathscr{O}_X)$ 是局部环积空间, 是指对任意 $x \in X$, $\mathscr{O}_x$ 都是局部环. 在本书中, 我们主要考虑这类环积空间. 以下我们将用 $\mathfrak{m}_x$ 来记 $\mathscr{O}_x$ 的极大理想, 并且用 $\boldsymbol{k}(x)$ 来记剩余类域 $\mathscr{O}_x / \mathfrak{m}_x$; 对于 $\mathscr{O}_X$ 模层 $\mathscr{F}$ 在开集 $U \subseteq X$ 上的一个截面 $f \in \Gamma(U, \mathscr{F})$ 以及一点 $x \in U$, 我们用 $f(x)$ 来记芽 $f_x \in \mathscr{F}_x$ 的模 $\mathfrak{m}_x \mathscr{F}_x$ 剩余类, 并且称之为 f 在点 x 处的值. 从而 $f(x) = 0$ 等价于 $f_x \in \mathfrak{m}_x \mathscr{F}_x$, 如果最后这个条件是成立的, 则称 f 在 x 处取零值. 注意它与 $f_x = 0$ 是不一样的.

(5.5.2) 设 X 是一个局部环积空间, $\mathscr{L}$ 是一个可逆 $\mathscr{O}_X$ 模层, f 是 $\mathscr{L}$ 的一个整体截面. 则在点 $x \in X$ 处, 以下三个性质是等价的:

a) f_x 是 $\mathscr{L}_x$ 的一个生成元;

b) $f_x \notin \mathfrak{m}_x \mathscr{L}_x$ (换句话说, $f(x) \neq 0$);

c) 可以找到 $\mathscr{L}^{-1}$ 在 x 的某邻域 V 上的一个截面 g, 使得 $f \otimes g$ 在 $\Gamma(V, \mathscr{O}_X)$ 中的典范像 (5.4.3) 等于单位元截面.

事实上, 问题是局部性的, 故可限于考虑 $\mathscr{L} = \mathscr{O}_X$ 的情形, 此时 a) 和 b) 的等价性是显然的, 并且易见 c) 蕴涵 b). 另一方面, 若 $f_x \notin \mathfrak{m}_x$, 则 f_x 在 $\mathscr{O}_x$ 中是可逆的, 可设 $f_x g_x = 1$. 根据截面芽的定义, 这就相当于说, 可以找到 x 的一个开邻域 V 和 $\mathscr{O}_X$ 在 V 上的一个截面 g, 使得 $fg = 1$, 故得 c).

由条件 c) 易见, 全体满足等价条件 a), b), c) 的点 x 组成的集合 X_f 在 X 中是开的. 按照 (5.5.1) 的说法, 它就是使 f 不取零值的那些点 x 的集合.

(5.5.3) 在 (5.5.2) 的前提条件下, 设 $\mathscr{L}'$ 是另一个可逆 $\mathscr{O}_X$ 模层, 则对任意 $f \in \Gamma(X, \mathscr{L})$ 和 $g \in \Gamma(X, \mathscr{L}')$, 均有

$$X_f \cap X_g = X_{f \otimes g}.$$

事实上, 可以限于考虑 $\mathscr{L} = \mathscr{L}' = \mathscr{O}_X$ 的情形 (因为问题是局部性的), 此时由于 $f \otimes g$ 可以典范等同于乘积 fg, 从而命题是显然的.

(5.5.4) 设 $\mathscr{F}$ 是一个 n 秩局部自由 $\mathscr{O}_X$ 模层, 则易见当 $p \leqslant n$ 时, $\bigwedge^p \mathscr{F}$ 是一个 $\binom{n}{p}$ 秩局部自由 $\mathscr{O}_X$ 模层, 而当 $p > n$ 时, $\bigwedge^p \mathscr{F}$ 等于 0. 事实上, 问题是局部性的, 从而归结为 $\mathscr{F} = \mathscr{O}_X^n$ 的情形. 进而, 对任意 $x \in X$, $\left(\bigwedge^p \mathscr{F}\right)_x / \mathfrak{m}_x \left(\bigwedge^p \mathscr{F}\right)_x$ 都是 $\boldsymbol{k}(x)$ 上的 $\binom{n}{p}$ 维向量空间, 并且可以典范等同于 $\bigwedge^p (\mathscr{F}_x / \mathfrak{m}_x \mathscr{F}_x)$. 设 $s_1, \dots, s_p$ 是 $\mathscr{F}$ 在 X 的某开集 U 上的一组截面, 并设 $s = s_1 \wedge \dots \wedge s_p$, 它是 $\bigwedge^p \mathscr{F}$ 在 U 上的一个截面 (4.1.5), 则我们有 $s(x) = s_1(x) \wedge \dots \wedge s_p(x)$, 从而 $s_1(x), \dots, s_p(x)$ 线性相关就等价于 $s(x) = 0$. 由此可知, 使 $s_1(x), \dots, s_p(x)$ 线性相关的那些点 $x \in X$ 所组成的集合在 X 中是开的. 事实上, 问题可以归结到 $\mathscr{F} = \mathscr{O}_X^n$ 的情形, 此时只需把 (5.5.2) 应

用到 s 在 $\bigwedge^p \mathscr{F} = \mathscr{O}_X^{\binom{n}{p}}$ 中的 $\binom{n}{p}$ 个分量上即可.

特别地, 若 $s_1, \ldots, s_n$ 是 $\mathscr{F}$ 在 U 上的 n 个截面, 并且在任意点 $x \in U$ 处, $s_1(x)$, $\ldots, s_n(x)$ 都是线性无关的, 则由这些 s_i 所定义的同态 (5.1.1) $u : \mathscr{O}_X^n|_U \to \mathscr{F}|_U$ 是一个同构. 事实上, 可以限于考虑 $\mathscr{F} = \mathscr{O}_X^n$ 的情形, 并可把 $\bigwedge^n \mathscr{F}$ 典范等同于 $\mathscr{O}_X$, 此时 $s = s_1 \wedge \cdots \wedge s_n$ 是 $\mathscr{O}_X$ 在 U 上的一个可逆截面, 故可使用 Cramer 公式来定义出 u 的一个逆同态.

(5.5.5) 设 $\mathscr{E}, \mathscr{F}$ 是两个 (有限秩) 局部自由 $\mathscr{O}_X$ 模层, $u : \mathscr{E} \to \mathscr{F}$ 是一个同态. 对于 $x \in X$, 为了能找到它的一个开邻域 U, 使得 $u|_U$ 是单的, 并使得 $\mathscr{F}|_U$ 成为 $u(\mathscr{E})|_U$ 与某个局部自由 $\mathscr{O}_X|_U$ 子模层 $\mathscr{G}$ 的直和, 必须且只需 $u_x : \mathscr{E}_x \to \mathscr{F}_x$ 通过取商可以给出一个向量空间的单同态 $\mathscr{E}/\mathfrak{m}_x\mathscr{E}_x \to \mathscr{F}_x/\mathfrak{m}_x\mathscr{F}_x$. 事实上, 条件是必要的, 因为此时 $\mathscr{F}_x$ 是自由 $\mathscr{O}_x$ 模 $u_x(\mathscr{E}_x)$ 和 $\mathscr{G}_x$ 的直和, 从而 $\mathscr{F}_x/\mathfrak{m}_x\mathscr{F}_x$ 是 $u_x(\mathscr{E}_x)/\mathfrak{m}_x u_x(\mathscr{E}_x)$ 和 $\mathscr{G}_x/\mathfrak{m}_x\mathscr{G}_x$ 的直和. 条件也是充分的, 因为可以限于考虑 $\mathscr{E} = \mathscr{O}_X^m$ 的情形, 此时设 $s_1, \ldots, s_m$ 是 $\mathscr{O}_X^m$ 的典范基底 (e_i) 在 u 下的像 (这里的 e_i 是 $\mathscr{O}_X^m$ 的这样一个截面, 它在任意点 $y \in X$ 处的茎条 $(e_i)_y$ 都等于 $\mathscr{O}_y^m$ 的典范基底中的第 i 个元素). 根据前提条件, $s_1(x), \ldots, s_m(x)$ 是线性无关的, 从而若 $\mathscr{F}$ 是 n 秩的, 则可以找到 $\mathscr{F}$ 在 x 的某邻域 V 上的 $n - m$ 个截面 $s_{m+1}, \ldots, s_n$, 使得 $s_i(x)$ $(1 \leqslant i \leqslant n)$ 构成 $\mathscr{F}_x/\mathfrak{m}_x\mathscr{F}_x$ 的一个基底. 于是由 (5.5.4) 知, 可以找到 x 的一个邻域 $U \subseteq V$, 使得在任意点 $y \in U$ 处, $s_i(y)$ $(1 \leqslant i \leqslant n)$ 都构成 $\mathscr{F}_y/\mathfrak{m}_y\mathscr{F}_y$ 的一个基底, 且由此 (5.5.4) 可以推出, 我们有一个从 $\mathscr{F}|_U$ 到 $\mathscr{O}_X^n|_U$ 的同构, 它把 $s_i|_U$ 映到 $e_i|_U$ $(1 \leqslant i \leqslant n)$, 这就完成了证明.

§6. 平坦性条件

(6.0) 平坦性的概念是由 J.-P. Serre [16] 引入的. 在下文中, 我们不再复习相关结果的证明, 请读者参考 N. Bourbaki 的《交换代数学》. 我们假设下面出现的所有环都是交换的[①].

若 M, N 是两个 A 模, M' (切转: N') 是 M (切转: N) 的一个子模, 则我们把典范映射 $M' \otimes_A N' \to M \otimes_A N$ 的像记作 $\mathrm{Im}(M' \otimes_A N')$, 它是 $M \otimes_A N$ 的一个子模.

6.1 平坦模

(6.1.1) 设 M 是一个 A 模. 则以下诸性质是等价的:
a) A 模范畴上的函子 $M \otimes_A N$ (关于 N) 是正合的;
b) 对任意 $i > 0$ 和任意 A 模 N, 均有 $\mathrm{Tor}_i^A(M, N) = 0$;
c) 对任意 A 模 N, 均有 $\mathrm{Tor}_1^A(M, N) = 0$.

[①]这里的大部分结果在非交换环上仍然成立, 参考 N. Bourbaki, 《交换代数学》, I, §2 到 §4.

如果 M 满足这些条件, 则我们说 M 是一个平坦 A 模. 易见自由 A 模都是平坦的.

为了使 M 是平坦 A 模, 必须且只需对于 A 的任何一个有限型理想 $\mathfrak{J}$[①], 典范映射 $M \otimes_A \mathfrak{J} \to M \otimes_A A = M$ 都是单的.

(6.1.2) 平坦 A 模的任意归纳极限都是平坦 A 模. 为了使 A 模的一个直和 $\bigoplus_{\lambda \in L} M_\lambda$ 是平坦 A 模, 必须且只需每个 A 模 M_λ 都是平坦的. 特别地, 投射 A 模都是平坦的.

设 $0 \to M' \to M \to M'' \to 0$ 是 A 模的一个正合序列, 并设 M'' 是平坦的. 则对任意 A 模 N, 序列

$$0 \longrightarrow M' \otimes N \longrightarrow M \otimes N \longrightarrow M'' \otimes N \longrightarrow 0$$

都是正合的. 进而, 为了使 M 是平坦的, 必须且只需 M' 是如此 (然而, 即使 M 和 M' 都是平坦的, 也不意味着 $M'' = M/M'$ 就是平坦的).

(6.1.3) 设 M 是一个平坦 A 模, N 是任意 A 模, 则对于 N 的两个子模 N', N'', 我们有

$$\mathrm{Im}(M \otimes (N' + N'')) = \mathrm{Im}(M \otimes N') + \mathrm{Im}(M \otimes N''),$$

$$\mathrm{Im}(M \otimes (N' \cap N'')) = \mathrm{Im}(M \otimes N') \cap \mathrm{Im}(M \otimes N'')$$

(都是在 $M \otimes N$ 中的像).

(6.1.4) 设 M, N 是两个 A 模, M' (切转: N') 是 M (切转: N) 的一个子模, 并假设在 M/M' 和 N/N' 中有一个是平坦的. 则我们有 $\mathrm{Im}(M' \otimes N') = \mathrm{Im}(M' \otimes N) \cap \mathrm{Im}(M \otimes N')$ (在 $M \otimes N$ 中的像). 特别地, 若 $\mathfrak{J}$ 是 A 的一个理想, 并且 M/M' 是平坦的, 则有 $\mathfrak{J}M' = M' \cap \mathfrak{J}M$.

6.2　改变环

如果在加法群 M 上有好几个模结构, 分别是相对于环 $A, B, \ldots$ 等, 则当 M 是平坦 A 模、平坦 B 模 $\cdots\cdots$ 时, 我们有时也称 M 是 A 平坦的、B 平坦的 $\cdots\cdots$.

(6.2.1) 设 A 和 B 是两个环, M 是一个 A 模, N 是一个 (A, B) 双模. 若 M 是平坦的, 并且 N 是 B 平坦的, 则 $M \otimes_A N$ 是 B 平坦的. 特别地, 若 M 和 N 是两个平坦 A 模, 则 $M \otimes_A N$ 也是平坦 A 模. 设 B 是一个 A 代数, M 是一个平坦 A 模, 则 B 模 $M_{(B)} = M \otimes_A B$ 是平坦的. 最后, 若 B 是一个 A 代数, 且它作为 A 模是平坦的, 则一个平坦 B 模也是 A 平坦的.

[①]译注: 即能够由有限个元素生成的理想.

(6.2.2) 设 A 是一个环, B 是一个 A 代数, 且它作为 A 模是平坦的. 设 M, N 是两个 A 模, 并且 M 是有限呈示的, 则典范同态

(6.2.2.1) $$\mathrm{Hom}_A(M, N) \otimes_A B \longrightarrow \mathrm{Hom}_B(M \otimes_A B, N \otimes_A B)$$

(把 $u \otimes b$ 映到同态 $m \otimes b' \mapsto u(m) \otimes b'b$) 是一个同构.

(6.2.3) 设 $(A_\lambda, \varphi_{\mu\lambda})$ 是环的一个滤相归纳系, 并设 $A = \varinjlim A_\lambda$. 另一方面, 对每个 λ, 设 M_λ 是一个 A_λ 模, 同时对任意 $\lambda \leqslant \mu$, 设 $\theta_{\mu\lambda} : M_\lambda \to M_\mu$ 是一个 $\varphi_{\mu\lambda}$ 同态, 且使得 $(M_\lambda, \theta_{\mu\lambda})$ 成为归纳系, 则 $M = \varinjlim M_\lambda$ 是一个 A 模. 在此基础上, 若对任意 λ, M_λ 都是平坦 A_λ 模, 则 M 是平坦 A 模. 事实上, 设 $\mathfrak{I}$ 是 A 的一个有限型理想, 根据归纳极限的定义, 可以找到一个指标 λ 和 A_λ 的一个理想 $\mathfrak{I}_\lambda$, 使得 $\mathfrak{I} = \mathfrak{I}_\lambda A$. 若对 $\mu \geqslant \lambda$, 令 $\mathfrak{I}'_\mu = \mathfrak{I}_\lambda A_\mu$, 则我们也有 $\mathfrak{I} = \varinjlim \mathfrak{I}'_\mu$ (其中 μ 跑遍所有 $\geqslant \lambda$ 的指标), 故得

$$M \otimes_A \mathfrak{I} = \varinjlim (M_\mu \otimes_{A_\mu} \mathfrak{I}'_\mu) = \varinjlim \mathfrak{I}'_\mu M_\mu = \mathfrak{I} M$$

(因为函子 $\varinjlim$ 是正合的, 并且与张量积可交换).

6.3 平坦性条件的局部化

(6.3.1) 若 A 是一个环, S 是 A 的一个乘性子集, 则 $S^{-1}A$ 是平坦 A 模. 事实上, 对任意 A 模 N, $N \otimes_A S^{-1}A$ 都可以等同于 $S^{-1}N$ (1.2.5), 而且我们知道 (1.3.2), 函子 $S^{-1}N$ 对于 N 是正合的.

现在设 M 是一个平坦 A 模, 则 $S^{-1}M = M \otimes_A S^{-1}A$ 是平坦 $S^{-1}A$ 模 (6.2.1), 从而依照上面所述和 (6.2.1), 它也是 A 平坦的. 特别地, 若 P 是一个 $S^{-1}A$ 模, 则也可以把它看作是一个同构于 $S^{-1}P$ 的 A 模, 为了使 P 是 A 平坦的, 必须且只需它是 $S^{-1}A$ 平坦的.

(6.3.2) 设 A 是一个环, B 是一个 A 代数, T 是 B 的一个乘性子集. 若 P 是一个 B 模, 并且是 A 平坦的, 则 $T^{-1}P$ 也是 A 平坦的. 事实上, 对任意 A 模 N, 我们都有 $(T^{-1}P) \otimes_A N = (T^{-1}B \otimes_B P) \otimes_A N = T^{-1}B \otimes_B (P \otimes_A N) = T^{-1}(P \otimes_A N)$. 但此时 $T^{-1}(P \otimes_A N)$ 对于 N 来说是正合的, 因为它是两个正合函子 $P \otimes_A N$ (关于 N) 和 $T^{-1}Q$ (关于 Q) 的合成. 若 S 是 A 的一个乘性子集, 并且它在 B 中的像包含在 T 之中, 则 $T^{-1}P$ 就等于 $S^{-1}(T^{-1}P)$, 从而也是 $S^{-1}A$ 平坦的, 这是依据 (6.3.1).

(6.3.3) 设 $\varphi : A \to B$ 是一个环同态, M 是一个 B 模. 则以下诸性质是等价的:
a) M 是平坦 A 模.
b) 对于 B 的任意极大理想 $\mathfrak{n}$, $M_\mathfrak{n}$ 都是平坦 A 模.
c) 对于 B 的任意极大理想 $\mathfrak{n}$, $M_\mathfrak{n}$ 都是平坦 $A_\mathfrak{m}$ 模, 其中 $\mathfrak{m} = \varphi^{-1}(\mathfrak{n})$.

事实上, 由于 $M_{\mathfrak{n}} = (M_{\mathfrak{n}})_{\mathfrak{m}}$, 故知 b) 和 c) 的等价性缘自 (6.3.1), 并且 a) 蕴涵 b) 是 (6.3.2) 的一个特殊情形. 只需再来证明 b) 蕴涵 a), 也就是说, 对于 A 模的任何单同态 $u : N' \to N$, 来证明同态 $v = 1 \otimes u : M \otimes_A N' \to M \otimes_A N$ 也是单的. 然而 v 也是 B 模的同态, 故我们知道, 为了使它成为单的, 只需对于 B 的任意极大理想 $\mathfrak{n}$, $v_{\mathfrak{n}} : (M \otimes_A N')_{\mathfrak{n}} \to (M \otimes_A N)_{\mathfrak{n}}$ 都是单的. 但由于

$$(M \otimes_A N)_{\mathfrak{n}} = B_{\mathfrak{n}} \otimes_B (M \otimes_A N) = M_{\mathfrak{n}} \otimes_A N_{\mathfrak{n}},$$

故知 $v_{\mathfrak{n}}$ 刚好就是同态 $1 \otimes u : M_{\mathfrak{n}} \otimes_A N' \to M_{\mathfrak{n}} \otimes_A N$, 后面这个同态显然是单的, 因为 $M_{\mathfrak{n}}$ 是 A 平坦的.

特别地 (取 $B = A$), 为了使一个 A 模 M 是平坦的, 必须且只需对于 A 的任意极大理想 $\mathfrak{m}$, $M_{\mathfrak{m}}$ 都是 $A_{\mathfrak{m}}$ 平坦的.

(6.3.4) 设 M 是一个 A 模. 若 M 是平坦的, 并且 $f \in A$ 不是零因子, 则 f 不能把 M 的任何非零元零化, 这是因为, 同态 $m \mapsto f.m$ 可以写成 $1 \otimes u$ 的形状, 其中 u 是 A 的自同态 $a \mapsto f.a$, 并把 M 等同于 $M \otimes_A A$, 从而若 u 是单的, 则 $1 \otimes u$ 也是如此, 因为 M 是平坦的. 特别地, 若 A 是整的, 则 M 是无挠的.

反过来, 假设 A 是整的, M 是无挠的, 并假设对于 A 的任意极大理想 $\mathfrak{m}$, $A_{\mathfrak{m}}$ 都是离散赋值环, 则 M 是 A 平坦的. 事实上 (6.3.3), 只需证明这些 $M_{\mathfrak{m}}$ 都是 $A_{\mathfrak{m}}$ 平坦的, 从而可以假设 A 是一个离散赋值环. 而由于 M 是它的有限型子模的归纳极限, 并且这些子模都是无挠的, 故可进而假设 M 是有限型的 (6.1.2). 此时命题缘自下面的事实: M 是一个自由 A 模.

特别地, 若 A 是一个整环, $\varphi : A \to B$ 是一个环同态, 并使 B 成为一个平坦 A 模, 再假设 $B \neq \{0\}$, 则 φ 必然是单的. 反过来, 若 B 是整的, A 是 B 的一个子环, 并且对于 A 的任意极大理想 $\mathfrak{m}$, $A_{\mathfrak{m}}$ 都是离散赋值环, 则 B 是 A 平坦的.

6.4 忠实平坦模

(6.4.1) 对于一个 A 模 M 来说, 以下四个性质是等价的:

a) 为了使一个 A 模序列 $N' \to N \to N''$ 是正合的, 必须且只需序列 $M \otimes N' \to M \otimes N \to M \otimes N''$ 是正合的;

b) M 是平坦的, 并且对任意 A 模 N, $M \otimes N = 0$ 都蕴涵 $N = 0$;

c) M 是平坦的, 并且对任意 A 模同态 $v : N \to N'$, $1_M \otimes v = 0$ 都蕴涵 $v = 0$, 这里的 1_M 是 M 的恒同自同构;

d) M 是平坦的, 并且对于 A 的任意极大理想 $\mathfrak{m}$, 均有 $\mathfrak{m}M \neq M$.

如果 M 满足这些条件, 则我们把 M 称为一个忠实平坦 A 模, 此时 M 也必然

是一个忠实模①. 进而, 若 $u : N \to N'$ 是一个 A 模同态, 则为了使 u 是单的 (切转: 满的, 一一的), 必须且只需 $1 \otimes u : M \otimes N \to M \otimes N'$ 是如此.

(6.4.2) 非零的自由模总是忠实平坦的, 忠实平坦模与平坦模的直和也是如此. 若 S 是 A 的一个乘性子集, 则 $S^{-1}A$ 一般不是忠实平坦 A 模, 除非 S 是由可逆元所组成的 (此时 $S^{-1}A = A$).

(6.4.3) 设 $0 \to M' \to M \to M'' \to 0$ 是 A 模的一个正合序列, 若 M' 与 M'' 都是平坦的, 并且其中之一是忠实平坦的, 则 M 是忠实平坦的.

(6.4.4) 设 A 和 B 是两个环, M 是一个 A 模, N 是一个 (A, B) 双模. 若 M 是忠实平坦的, 并且 N 是忠实平坦的 B 模, 则 $M \otimes_A N$ 也是忠实平坦的 B 模. 特别地, 若 M 和 N 是两个忠实平坦 A 模, 则 $M \otimes_A N$ 也是如此. 若 B 是一个 A 代数, 并且 M 是一个忠实平坦 A 模, 则 B 模 $M_{(B)}$ 是忠实平坦的.

(6.4.5) 若 M 是一个忠实平坦 A 模, S 是 A 的一个乘性子集, 则 $S^{-1}M$ 是忠实平坦的 $S^{-1}A$ 模, 因为 $S^{-1}M = M \otimes_A (S^{-1}A)$ (6.4.4). 反过来, 若对于 A 的任意极大理想 $\mathfrak{m}$, $M_\mathfrak{m}$ 都是忠实平坦 $A_\mathfrak{m}$ 模, 则 M 是忠实平坦 A 模, 因为 M 是 A 平坦的 (6.3.3), 并且我们有

$$M_\mathfrak{m} / \mathfrak{m} M_\mathfrak{m} = (M \otimes_A A_\mathfrak{m}) \otimes_{A_\mathfrak{m}} (A_\mathfrak{m} / \mathfrak{m} A_\mathfrak{m}) = M \otimes_A (A/\mathfrak{m}) = M/\mathfrak{m} M,$$

从而前提条件表明, 对于 A 的任意极大理想 $\mathfrak{m}$, 均有 $M/\mathfrak{m} M \neq 0$, 这就证明了我们的结论 (6.4.1).

6.5 纯量限制

(6.5.1) 设 A 是一个环, $\varphi : A \to B$ 是一个环同态, 且使 B 成为一个 A 代数. 假设可以找到一个 B 模 N, 它作为 A 模是忠实平坦的. 则对任意 A 模 M, 由 M 到 $B \otimes_A M = M_{(B)}$ 的同态 $x \mapsto 1 \otimes x$ 都是单的. 特别地, φ 是单的; 对于 A 的任意理想 $\mathfrak{a}$, 我们都有 $\varphi^{-1}(\mathfrak{a} B) = \mathfrak{a}$; 对于 A 的任意极大理想 (切转: 素理想) $\mathfrak{m}$, 都可以找到 B 的一个极大理想 (切转: 素理想) $\mathfrak{n}$, 使得 $\varphi^{-1}(\mathfrak{n}) = \mathfrak{m}$.

(6.5.2) 如果 (6.5.1) 中的条件得到满足, 则可以使用 φ 把 A 等同于 B 的一个子环, 且更一般地, 对任意 A 模 M, 都可以把 M 等同于 $M_{(B)}$ 的一个 A 子模. 注意到若 B 是 *Noether* 的, 则 A 也是如此, 这是因为, 映射 $\mathfrak{a} \mapsto \mathfrak{a} B$ 是从 A 的理想集到 B 的理想集的一个递增的单映射, 从而若 A 中有长度无限且严格递增的理想序列, 则 B 中也会有.

---

① 译注: 即 M 的零化子等于零.

6.6　忠实平坦环

(6.6.1) 设 $\varphi : A \to B$ 是一个环同态, 它使 B 成为一个 A 代数. 则以下五个性质是等价的:

a) B 是忠实平坦 A 模 (换句话说, M 的函子 $M_{(B)}$ 是正合且忠实的①).

b) 同态 φ 是单的, 并且 A 模 $B/\varphi(A)$ 是平坦的.

c) A 模 B 是平坦的 (换句话说, 函子 $M_{(B)}$ 是正合的), 并且对任意 A 模 M, 从 M 到 $M_{(B)}$ 的同态 $x \to 1 \otimes x$ 都是单的.

d) A 模 B 是平坦的, 并且对于 A 的任意理想 $\mathfrak{a}$, 均有 $\varphi^{-1}(\mathfrak{a}B) = \mathfrak{a}$.

e) A 模 B 是平坦的, 并且对于 A 的任意极大理想 $\mathfrak{m}$, 均可找到 B 的一个极大理想 $\mathfrak{n}$, 使得 $\varphi^{-1}(\mathfrak{n}) = \mathfrak{m}$.

如果这些条件得到满足, 则可以把 A 等同于 B 的一个子环.

(6.6.2) 设 A 是一个局部环, $\mathfrak{m}$ 是它的极大理想, B 是一个 A 代数, 且满足 $\mathfrak{m}B \neq B$ (比如当 B 是局部环并且 $A \to B$ 是局部同态的时候就是如此). 若 B 是平坦 A 模, 则它也是忠实平坦 A 模. 事实上, 由于 $\mathfrak{m}B \neq B$, 故可找到 B 的一个包含 $\mathfrak{m}B$ 的极大理想 $\mathfrak{n}$, 而由于 $\varphi^{-1}(\mathfrak{n})$ 包含 $\mathfrak{m}$ 但不包含 1, 故有 $\varphi^{-1}(\mathfrak{n}) = \mathfrak{m}$, 于是可以使用 (6.6.1) 中的判别法 e) (* **订正** — 事实上, 这可由 (6.4.1, d)) 推出 *). 从而在这些条件下, 我们看到, 若 B 是 Noether 的, 则 A 也是如此 (6.5.2).

(6.6.3) 设 B 是一个 A 代数, 并且是忠实平坦的 A 模. 则对任意 A 模 M 以及 M 的任意 A 子模 M', 我们都有 $M' = M \cap M'_{(B)}$ (把 M 等同于 $M_{(B)}$ 的一个 A 子模). 为了使 M 是平坦 A 模 (切转: 忠实平坦 A 模), 必须且只需 $M_{(B)}$ 是平坦 B 模 (切转: 忠实平坦 B 模).

(6.6.4) 设 B 是一个 A 代数, N 是一个忠实平坦 B 模. 则为了使 B 是平坦 A 模 (切转: 忠实平坦 A 模), 必须且只需 N 是如此.

特别地, 设 C 是一个 B 代数, 若 C 在 B 上是忠实平坦的, 并且 B 在 A 上是忠实平坦的, 则 C 在 A 上是忠实平坦的; 若 C 在 B 上和 A 上都是忠实平坦的, 则 B 在 A 上是忠实平坦的.

6.7　环积空间的平坦态射

(6.7.1) 设 $f : X \to Y$ 是一个环积空间态射, $\mathscr{F}$ 是一个 $\mathscr{O}_X$ 模层. 所谓 $\mathscr{F}$ 在点 $x \in X$ 处是 f 平坦的 (或称 Y 平坦的, 只要对于 f 不会有误解), 是指 $\mathscr{F}_x$ 是平坦 $\mathscr{O}_{f(x)}$ 模; 所谓 $\mathscr{F}$ 在点 $y \in Y$ 上是 f 平坦的, 是指 $\mathscr{F}$ 在任何点 $x \in f^{-1}(y)$ 处都是 f 平坦的; 所谓 $\mathscr{F}$ 是 f 平坦的, 是指 $\mathscr{F}$ 在 X 的任何点处都是 f 平坦的. 所谓态射

---

①译注: 忠实的意思是, 由 $M \neq 0$ 可以推出 $M_{(B)} \neq 0$.

f 在点 $x \in X$ 处是平坦的 (切转: 在点 $y \in Y$ 上是平坦的, 是平坦的), 是指 $\mathscr{O}_X$ 在点 $x \in X$ 处是 f 平坦的 (切转: 在点 $y \in Y$ 上是 f 平坦的, 是 f 平坦的).

* **追加** — 若 f 是一个平坦态射, 则我们也称 X 在 Y 上是平坦的, 或者 X 是 Y 平坦的.*

(6.7.2) 在 (6.7.1) 的记号下, 若 $\mathscr{F}$ 在点 x 处是 f 平坦的, 则对于 $y = f(x)$ 的任意开邻域 U, 函子 $(f^*\mathscr{G} \otimes_{\mathscr{O}_X} \mathscr{F})_x$ (关于 $\mathscr{G}$) 在 $(\mathscr{O}_Y|_U)$ 模层的范畴上都是正合的. 事实上, 这根茎条可以典范等同于 $\mathscr{G}_y \otimes_{\mathscr{O}_y} \mathscr{F}_x$, 从而上述事实就是缘自定义. 特别地, 若 f 是一个平坦态射, 则函子 f^* 在 $\mathscr{O}_Y$ 模层的范畴上是正合的.

(6.7.3) 反过来, 假设环层 $\mathscr{O}_Y$ 是凝聚的, 并假设对于 y 的任意开邻域 U, 函子 $(f^*\mathscr{G} \otimes_{\mathscr{O}_X}\mathscr{F})_x$ (关于 $\mathscr{G}$) 在凝聚 $(\mathscr{O}_Y|_U)$ 模层的范畴上都是正合的. 则 $\mathscr{F}$ 在点 x 处是 f 平坦的. 事实上, 只需证明对于 $\mathscr{O}_y$ 的每个有限型理想 $\mathfrak{I}$, 典范同态 $\mathfrak{I} \otimes_{\mathscr{O}_y} \mathscr{F}_x \to \mathscr{F}_x$ 都是单的 (6.1.1). 但我们知道 (5.3.8), 此时可以找到 y 的一个开邻域 U 和 $\mathscr{O}_Y|_U$ 的一个凝聚理想层 $\mathscr{I}$, 使得 $\mathscr{I}_y = \mathfrak{I}$, 故得结论.

(6.7.4) (6.1) 中关于平坦模的结果都可以改写成关于在一点处 f 平坦的模层的命题:

若 $0 \to \mathscr{F}' \to \mathscr{F} \to \mathscr{F}'' \to 0$ 是 $\mathscr{O}_X$ 模层的一个正合序列, 并且 $\mathscr{F}''$ 在点 $x \in X$ 处是 f 平坦的, 则对于 $y = f(x)$ 的任意开邻域 U 和任意 $(\mathscr{O}_Y|_U)$ 模层 $\mathscr{G}$, 序列

$$0 \longrightarrow (f^*\mathscr{G} \otimes_{\mathscr{O}_X} \mathscr{F}')_x \longrightarrow (f^*\mathscr{G} \otimes_{\mathscr{O}_X} \mathscr{F})_x \longrightarrow (f^*\mathscr{G} \otimes_{\mathscr{O}_X} \mathscr{F}'')_x \longrightarrow 0$$

都是正合的. 为了使 $\mathscr{F}$ 在点 x 处是 f 平坦的, 必须且只需 $\mathscr{F}'$ 是如此. 类似的结论也适用于 "在点 $y \in Y$ 上 f 平坦的 $\mathscr{O}_X$ 模层" 以及 "f 平坦的 $\mathscr{O}_X$ 模层".

(6.7.5) 设 $f : X \to Y$, $g : Y \to Z$ 是两个环积空间态射, 设 $x \in X$, $y = f(x)$, 且 $\mathscr{F}$ 是一个 $\mathscr{O}_X$ 模层. 若 $\mathscr{F}$ 在点 x 处是 f 平坦的, 并且态射 g 在点 y 处是平坦的, 则 $\mathscr{F}$ 在点 x 处是 $(g \circ f)$ 平坦的 (6.2.1). 特别地, 若 f 和 g 都是平坦态射, 则 $g \circ f$ 也是如此.

(6.7.6) 设 X, Y 是两个环积空间, $f : X \to Y$ 是一个平坦态射. 则二元函子的典范同态 (4.4.6)

(6.7.6.1) $$f^*\mathscr{H}om_{\mathscr{O}_Y}(\mathscr{F}, \mathscr{G}) \longrightarrow \mathscr{H}om_{\mathscr{O}_X}(f^*\mathscr{F}, f^*\mathscr{G})$$

是一个同构, 只要 $\mathscr{F}$ 是有限呈示的 (5.2.5).

事实上, 问题是局部性的, 故可假设我们有一个正合序列 $\mathscr{O}_Y^m \to \mathscr{O}_Y^n \to \mathscr{F} \to 0$. 现在 (6.7.6.1) 中的两个函子对于 $\mathscr{F}$ 都是左正合的, 这是依据 f 上的前提条件. 于是问题可以归结到 $\mathscr{F} = \mathscr{O}_Y$ 的情形, 此时命题是显然的.

(6.7.8)[①] 所谓一个环积空间态射 $f : X \to Y$ 是忠实平坦的, 是指 f 是映满的, 并且对任意 $x \in X$, $\mathscr{O}_x$ 都是忠实平坦 $\mathscr{O}_{f(x)}$ 模. 如果 X 和 Y 都是局部环积空间 (5.5.1), 则这个条件也相当于说, 态射 f 是映满且平坦的 (6.6.2). 如果 f 是忠实平坦的, 则 f^* 是 $\mathscr{O}_Y$ 模层范畴上的一个正合且忠实的函子 (6.6.1, a)), 并且为了使一个 $\mathscr{O}_Y$ 模层 $\mathscr{G}$ 是 Y 平坦的, 必须且只需 $f^*\mathscr{G}$ 是 X 平坦的 (6.6.3).

§7. 进制环

7.1 可容环

(7.1.1) 还记得在一个 (未必分离的) 拓扑环 A 中, 所谓一个元素 x 是拓扑幂零的, 是指 0 是序列 $(x^n)_{n \geqslant 0}$ 的一个极限. 所谓一个拓扑环 A 具有线性拓扑, 是指元素 0 在 A 中有一个由理想所组成的基本邻域组 (这些理想必然是开的).

定义 (7.1.2) — 在一个线性拓扑环 A 中, 所谓一个理想 $\mathfrak{I}$ 是一个**定义理想**, 是指 $\mathfrak{I}$ 是开的, 并且对于 0 的任意邻域 V, 均可找到一个整数 $n > 0$, 使得 $\mathfrak{I}^n \subseteq V$ (将词义略加引申, 这相当于说序列 $(\mathfrak{I}^n)$ 趋于 0). 所谓一个线性拓扑环 A 是**预可容**的, 是指在 A 中确实有一个定义理想; 所谓 A 是**可容**的, 是指它是预可容的, 并且是分离且完备的.

易见若 $\mathfrak{I}$ 是 A 的一个定义理想, $\mathfrak{L}$ 是 A 的一个开理想, 则 $\mathfrak{I} \cap \mathfrak{L}$ 也是一个定义理想, 从而一个预可容环 A 的所有定义理想构成 0 的一个基本邻域组.

引理 (7.1.3) — 设 A 是一个线性拓扑环.

(i) 为了使 $x \in A$ 是拓扑幂零的, 必须且只需对于 A 的任意开理想 $\mathfrak{I}$, x 在 $A/\mathfrak{I}$ 中的典范像都是幂零的. 由全体拓扑幂零元所组成的集合 $\mathfrak{T}$ 是 A 的一个理想.

(ii) 进而假设 A 是预可容的, 并设 $\mathfrak{I}$ 是 A 的一个定义理想. 则为了使 $x \in A$ 是拓扑幂零的, 必须且只需 x 在 $A/\mathfrak{I}$ 中的典范像是幂零的. 理想 $\mathfrak{T}$ 就是 $A/\mathfrak{I}$ 的诣零根在 A 中的逆像, 从而是开的.

(i) 可由定义立得. 为了证明 (ii), 只需注意到对于 0 在 A 中的任意邻域 V, 均可找到 $n > 0$, 使得 $\mathfrak{I}^n \subseteq V$, 于是若 $x \in A$ 满足 $x^m \in \mathfrak{I}$, 则对任意 $q \geqslant n$, 均有 $x^{mq} \in V$, 从而 x 是拓扑幂零的.

命题 (7.1.4) — 设 A 是一个预可容环, $\mathfrak{I}$ 是 A 的一个定义理想.

(i) 为了使 A 的一个理想 $\mathfrak{I}'$ 包含在某个定义理想之中, 必须且只需能找到一个整数 $n > 0$, 使得 $\mathfrak{I}'^n \subseteq \mathfrak{I}$.

(ii) 为了使一个元素 $x \in A$ 包含在某定义理想之中, 必须且只需它是拓扑幂

---

①编注: 原文无编号 (6.7.7).

零的.

(i) 设 $\mathfrak{I}'^n \subseteq \mathfrak{I}$, 则对于 0 在 A 中的任意开邻域 V, 均可找到 $m > 0$, 使得 $\mathfrak{I}^m \subseteq V$, 从而 $\mathfrak{I}'^{mn} \subseteq V$.

(ii) 条件显然是必要的, 而且它也是充分的, 因为若它得到满足, 则可以找到 $n > 0$, 使得 $x^n \in \mathfrak{I}$, 从而 $\mathfrak{I}' = \mathfrak{I} + Ax$ 是一个定义理想, 因为它是开的, 并且 $\mathfrak{I}'^n \subseteq V$.

推论 (7.1.5) — 在一个预可容环 A 中, 任何开素理想都包含了所有的定义理想.

推论 (7.1.6) — 记号和前提条件与 (7.1.4) 相同, 则对于 A 的一个理想 $\mathfrak{I}_0$ 来说, 以下诸性质是等价的:

a) $\mathfrak{I}_0$ 是 A 中最大的定义理想;

b) $\mathfrak{I}_0$ 是一个极大的定义理想;

c) $\mathfrak{I}_0$ 是一个定义理想, 并且环 $A/\mathfrak{I}_0$ 是既约的.

为了使 A 中能找到一个具有这些性质的理想 $\mathfrak{I}_0$, 必须且只需 $A/\mathfrak{I}$ 的诣零根是幂零的. 此时 $\mathfrak{I}_0$ 就等于 A 的全体拓扑幂零元所组成的理想 $\mathfrak{T}$.

a) 蕴涵 b) 是显然的, 并且依照 (7.1.4, (ii)) 和 (7.1.3, (ii)), b) 蕴涵 c), 同样道理, c) 蕴涵 a). 最后一句话则是缘自 (7.1.4, (i)) 和 (7.1.3, (ii)).

如果 $A/\mathfrak{I}$ 的诣零根 $\mathfrak{T}/\mathfrak{I}$ 是幂零的, 则我们用 A_{red} 来记商环 $A/\mathfrak{T}$ (它是既约的).

推论 (7.1.7) — 预可容的 *Noether* 环总有一个最大的定义理想.

推论 (7.1.8) — 若 A 是一个预可容环, 并可找到一个定义理想 $\mathfrak{I}$, 使得它的诸方幂 $\mathfrak{I}^n$ $(n > 0)$ 构成 0 的一个基本邻域组, 则 A 的任何定义理想 $\mathfrak{I}'$ 都具有此性质.

定义 (7.1.9) — 所谓一个预可容环 A 是**预进制**的, 是指 A 中有一个这样的定义理想 $\mathfrak{I}$, 它的诸方幂 $\mathfrak{I}^n$ 构成 0 的一个基本邻域组 (这也相当于说, 这些 $\mathfrak{I}^n$ 都是开的). **进制环**则是指分离且完备的预进制环.

若 $\mathfrak{I}$ 是预进制环 (切转: 进制环) A 的一个定义理想, 则我们也称 A 是一个 $\mathfrak{I}$ 预进制环(切转: $\mathfrak{I}$ 进制环), 并且称 A 上的拓扑是 $\mathfrak{I}$ 预进制拓扑(切转: $\mathfrak{I}$ 进制拓扑). 更一般地, 若 M 是一个 A 模, 则我们把 M 上的以诸子模 $\mathfrak{I}^n M$ 为 0 的基本邻域组的那个拓扑称为 $\mathfrak{I}$ 预进制拓扑(切转: $\mathfrak{I}$ 进制拓扑). 依照 (7.1.8), 这个拓扑并不依赖于定义理想 $\mathfrak{I}$ 的选择[①].

命题 (7.1.10) — 设 A 是一个可容环, $\mathfrak{I}$ 是 A 的一个定义理想. 则 $\mathfrak{I}$ 包含在 A 的根之中.

[①]译注: 以后凡遇到 "$\mathfrak{I}$ 预进制" 和 "$\mathfrak{I}$ 进制" 等词, 都简称为 "$\mathfrak{I}$ 预进" 和 "$\mathfrak{I}$ 进", 前面不带 "$\mathfrak{I}$" 的则不做简化.

这个命题等价于下面的任何一条推论:

推论 (7.1.11) — 对任意 $x \in \mathfrak{J}$, $1 + x$ 在 A 中都是可逆的.

推论 (7.1.12) — 为了使 $f \in A$ 在 A 中是可逆的, 必须且只需它在 $A/\mathfrak{J}$ 中的典范像是可逆的.

推论 (7.1.13) — 对于每一个有限型 A 模 M, 关系式 $M = \mathfrak{J}M$ (等价于 $M \otimes_A (A/\mathfrak{J}) = 0$) 都蕴涵 $M = 0$.

推论 (7.1.14) — 设 $u : M \to N$ 是一个 A 模同态, 且 N 是有限型的, 则为了使 u 是满的, 必须且只需 $u \otimes 1 : M \otimes_A (A/\mathfrak{J}) \to N \otimes_A (A/\mathfrak{J})$ 是如此.

事实上, (7.1.10) 与 (7.1.11) 的等价性缘自 Bourbaki, 《代数学》, VIII, § 6, ⚹ 3, 定理 1, (7.1.10) 与 (7.1.13) 的等价性缘自前引, 定理 2, (7.1.10) 蕴涵 (7.1.14) 的事实缘自前引, 命题 6 的推论 4. 另一方面, 把 (7.1.14) 应用到零同态上就可以推出 (7.1.13). 最后, (7.1.10) 表明, 若 f 在 $A/\mathfrak{J}$ 中是可逆的, 则 f 不属于 A 的任何一个极大理想, 从而 f 在 A 中是可逆的, 换句话说, (7.1.10) 蕴涵了 (7.1.12). 反过来, (7.1.12) 又蕴涵着 (7.1.11).

从而问题归结为证明 (7.1.11). 现在 A 是分离且完备的, 并且序列 $\mathfrak{J}^n$ 趋于 0, 故易见级数 $\sum_{n=0}^{\infty} (-1)^n x^n$ 在 A 中是收敛的, 设 y 是它的和, 则有 $y(1 + x) = 1$.

7.2 进制环和投影极限

(7.2.1) 离散环的投影极限显然是分离且完备的线性拓扑环. 反过来, 设 A 是一个线性拓扑环, $(\mathfrak{J}_\lambda)$ 是 0 在 A 中的一个由理想所组成的基本邻域组. 则这些典范映射 $\varphi_\lambda : A \to A/\mathfrak{J}_\lambda$ 构成连续同态的一个投影系, 从而定义了一个连续同态 $\varphi : A \to \varprojlim A/\mathfrak{J}_\lambda$. 若 A 是分离的, 则 φ 是一个从 A 到 $\varprojlim A/\mathfrak{J}_\lambda$ 的某稠密子环的拓扑同构, 进而若 A 还是完备的, 则 φ 是一个从 A 到 $\varprojlim A/\mathfrak{J}_\lambda$ 的拓扑同构.

引理 (7.2.2) — 为了使一个线性拓扑环是可容的, 必须且只需它同构于这样一个投影极限 $A = \varprojlim A_\lambda$, 其中 $(A_\lambda, u_{\lambda\mu})$ 是离散环的一个投影系, 指标集是一个滤相有序集, 具有一个最小元, 记为 0, 并且满足下面两个条件: 1° 诸 $u_\lambda : A \to A_\lambda$ 都是满的; 2° 诸 $u_{0\lambda} : A_\lambda \to A_0$ 的核 $\mathfrak{J}_\lambda$ 都是幂零的. 如果这些条件都得到满足, 则 $u_0 : A \to A_0$ 的核 $\mathfrak{J}$ 等于 $\varprojlim \mathfrak{J}_\lambda$.

条件的必要性缘自 (7.2.1), 只要取 $(\mathfrak{J}_\lambda)$ 就是由包含在某个固定的定义理想 $\mathfrak{J}_0$ 中的全体定义理想所组成的 0 的基本邻域组, 再应用 (7.1.4, (i)) 即可. 逆命题缘自投影极限的定义和 (7.1.2), 最后一句话是显然的.

(7.2.3) 设 A 是一个可容拓扑环, $\mathfrak{J}$ 是 A 的一个理想, 且包含在某个定义理想之

中 (换句话说 (7.1.4), $(\mathfrak{I}^n)$ 趋于 0). 考虑 A 上的以诸方幂 $\mathfrak{I}^n$ $(n > 0)$ 为 0 的基本邻域组的那个拓扑, 我们也把它称为 $\mathfrak{I}$ 预进拓扑. 则 A 是可容环的条件蕴涵了 $\bigcap_n \mathfrak{I}^n = 0$, 从而 $\mathfrak{I}$ 预进拓扑是分离的. 设 $\widehat{A} = \varprojlim A/\mathfrak{I}^n$ 是 A 在这个拓扑下的完备化 (诸 $A/\mathfrak{I}^n$ 都被赋予离散拓扑), 我们把同态序列 $u_n : A \to A/\mathfrak{I}^n$ 的投影极限记作 $u : A \to \widehat{A}$, 它是一个环同态 (未必连续). 另一方面, $\mathfrak{I}$ 预进拓扑比 A 上的原有拓扑 $\mathscr{T}$ 更精细, 而由于 A 在 $\mathscr{T}$ 下是分离且完备的, 故知由 A (带有 $\mathfrak{I}$ 预进拓扑) 到 A (带有 $\mathscr{T}$ 拓扑) 的恒同映射可以连续延拓到完备化上, 这就给出一个连续同态 $v : \widehat{A} \to A$.

命题 (7.2.4) — 若 A 是一个可容环, $\mathfrak{I}$ 是 A 的一个理想, 且包含在某个定义理想之中, 则 A 在 $\mathfrak{I}$ 预进拓扑下是分离且完备的.

* (订正 III, 3) — 在这个命题中, 还需要假设诸方幂 $\mathfrak{I}^n$ 都是可容环 A 的**闭**理想, 下面的证明是错误的, 修改后的命题缘自 Bourbaki,《一般拓扑学》, III, 第 3 版, §3, ℵ 5, 命题 9 的推论 1. (7.2.5) 和 (7.2.6) 也是如此.*

事实上, 在 (7.2.3) 的记号下, 易见 $v \circ u$ 是 A 上的恒同映射. 另一方面, $u_n \circ v : \widehat{A} \to A/\mathfrak{I}^n$ 是典范映射 u_n 的连续延拓 (其中 A 带有 $\mathfrak{I}$ 预进拓扑, $A/\mathfrak{I}^n$ 则带有离散拓扑). 换句话说, 它是 $\widehat{A} = \varprojlim A/\mathfrak{I}^k$ 到 $A/\mathfrak{I}^n$ 的典范映射, 从而 $u \circ v$ 就是这个映射序列的投影极限, 也就是说, 根据定义它就是 $\widehat{A}$ 上的恒同映射, 这就证明了命题.

推论 (7.2.5) — 在 (7.2.3) 的前提条件下, 以下诸条件是等价的:

a) 同态 u 是连续的;

b) 同态 v 是双向连续的;

c) A 是进制环, 且 $\mathfrak{I}$ 是它的一个定义理想.

推论 (7.2.6) — 设 A 是一个可容环, $\mathfrak{I}$ 是 A 的一个定义理想. 则为了使 A 是 Noether 的, 必须且只需 $A/\mathfrak{I}$ 是 Noether 的, 并且 $\mathfrak{I}/\mathfrak{I}^2$ 是有限型的 $A/\mathfrak{I}$ 模.

这些条件显然是必要的. 反过来, 假设它们是成立的, 则由于 (依照 (7.2.4)) A 在 $\mathfrak{I}$ 预进拓扑下是完备的, 从而为了使 A 是 Noether 的, 必须且只需它的衍生分次环 $\mathrm{gr}(A)$ (使用由这些 $\mathfrak{I}^n$ 所组成的滤解来定义) 是如此 ([1], p. 18-07, 定理 4). 现在设 $a_1, \ldots, a_n$ 是 $\mathfrak{I}$ 中的一组元素, 且它们的模 $\mathfrak{I}^2$ 剩余类构成 $A/\mathfrak{I}$ 模 $\mathfrak{I}/\mathfrak{I}^2$ 的一个生成元组. 则利用归纳法易见, 这些 a_i $(1 \leqslant i \leqslant n)$ 的全体总次数为 m 的单项式的模 $\mathfrak{I}^{m+1}$ 剩余类就构成了 $A/\mathfrak{I}$ 模 $\mathfrak{I}^m/\mathfrak{I}^{m+1}$ 的一个生成元组. 由此可知, $\mathrm{gr}(A)$ 同构于 $(A/\mathfrak{I})[T_1, \ldots, T_n]$ $(T_i$ 是一组未定元) 的一个商环, 这就完成了证明.

命题 (7.2.7) — 设 (A_i, u_{ij}) 是离散环的一个投影系 $(i \in \mathbb{N})$, 对任意 i, 设 $\mathfrak{I}_i \subseteq A_i$ 是同态 $u_{0i} : A_i \to A_0$ 在 A_i 中的核. 假设:

a) 对任意 $i \leqslant j$, u_{ij} 都是满的, 且它的核等于 $\mathfrak{I}_j^{i+1}$ (从而 A_i 同构于 $A_j/\mathfrak{I}_j^{i+1}$).

b) $\mathfrak{I}_1/\mathfrak{I}_1^2\ (=\mathfrak{I}_1)$ 是 $A_0=A_1/\mathfrak{I}_1$ 上的有限型模.

设 $A=\varprojlim A_i$, 并且对任意整数 $n\geqslant 0$, 设 $u_n:A\to A_n$ 是典范同态, $\mathfrak{I}^{(n+1)}\subseteq A$ 是它的核. 则在这些条件下:

(i) A 是进制环, 并且以 $\mathfrak{I}=\mathfrak{I}^{(1)}$ 为它的一个定义理想.

(ii) 对任意 $n\geqslant 1$, 均有 $\mathfrak{I}^{(n)}=\mathfrak{I}^n$.

(iii) $\mathfrak{I}/\mathfrak{I}^2$ 同构于 $\mathfrak{I}_1=\mathfrak{I}_1/\mathfrak{I}_1^2$, 从而是 $A_0=A/\mathfrak{I}$ 上的有限型模.

根据前提条件, u_{ij} 都是满的, 这意味着 u_n 都是满的, 进而, 条件 a) 蕴涵 $\mathfrak{I}_j^{j+1}=0$, 从而 A 是一个可容环 (7.2.2). 根据定义, 诸 $\mathfrak{I}^{(n)}$ 构成 0 在 A 中的一个基本邻域组, 从而 (ii) 蕴涵 (i). 进而, 我们有 $\mathfrak{I}=\varprojlim\mathfrak{I}_i$, 并且诸映射 $\mathfrak{I}\to\mathfrak{I}_i$ 都是满的, 从而 (ii) 蕴涵 (iii), 于是归结为证明 (ii). 根据定义, $\mathfrak{I}^{(n)}$ 是由 A 中的这样一些元素 $(x_k)_{k\geqslant 0}$ 所组成的集合, 即在 $k<n$ 时均有 $x_k=0$, 从而 $\mathfrak{I}^{(n)}\mathfrak{I}^{(m)}\subseteq\mathfrak{I}^{(n+m)}$, 换句话说, 诸 $\mathfrak{I}^{(n)}$ 构成 A 的一个滤解. 另一方面, $\mathfrak{I}^{(n)}/\mathfrak{I}^{(n+1)}$ 同构于 $\mathfrak{I}^{(n)}$ 在 A_n 中的投影, 由于 $\mathfrak{I}^{(n)}=\varprojlim_{i\geqslant n}\mathfrak{I}_i^n$, 故知这个投影刚好就是 $\mathfrak{I}_n^n$, 它是 $A_0=A_n/\mathfrak{I}_n$ 上的模. 现在设 $a_j=(a_{jk})_{k\geqslant 0}$ 是 $\mathfrak{I}=\mathfrak{I}^{(1)}$ 中的 r 个元素, 且其中的 $a_{11},\ldots,a_{r1}$ 构成 $\mathfrak{I}_1$ 在 A_0 上的一个生成元组. 现在我们来证明, 由这些 a_j 的全体总次数为 n 的单项式所组成的集合 S_n 可以生成 A 的理想 $\mathfrak{I}^{(n)}$. 首先, 由于 $\mathfrak{I}_i^{i+1}=0$, 故易见 $S_n\subseteq\mathfrak{I}^{(n)}$, 又因为 A 在滤解 $(\mathfrak{I}^{(m)})$ 下是完备的, 故只需证明 S_n 中元素的模 $\mathfrak{I}^{(n+1)}$ 剩余类的集合 $\overline{S}_n$ 可以生成分次环 $\mathrm{gr}(A)$ 上的分次模 $\mathrm{gr}(\mathfrak{I}^{(n)})$, 这里的分次是来自上述滤解 ([1], p. 18-06, 引理). 依照 $\mathrm{gr}(A)$ 中乘法的定义, 只需证明对任意 m, $\overline{S}_m$ 都是 A_0 模 $\mathfrak{I}^{(m)}/\mathfrak{I}^{(m+1)}$ 的一个生成元组, 或等价地, $\mathfrak{I}_m^m$ 是由这些 a_{jm} $(1\leqslant j\leqslant r)$ 的次数为 m 的单项式所生成的. 为此只需证明 $\mathfrak{I}_m$ (作为 A_m 模) 是由这些 a_{jm} 的次数 $\leqslant m$ 的单项式所生成的. 根据定义, 这在 $m=1$ 时是显然的. 对 m 进行归纳, 并设 $\mathfrak{I}_m'$ 是 $\mathfrak{I}_m$ 中由这些单项式所生成的 A_m 子模, 则由关系式 $\mathfrak{I}_{m-1}=\mathfrak{I}_m/\mathfrak{I}_m^m$ 和归纳假设可以证明 $\mathfrak{I}_m=\mathfrak{I}_m'+\mathfrak{I}_m^m$, 又因为 $\mathfrak{I}_m^{m+1}=0$, 故得 $\mathfrak{I}_m^m=\mathfrak{I}_m'^m$, 从而有 $\mathfrak{I}_m=\mathfrak{I}_m'$.

推论 (7.2.8) — 在 (7.2.7) 的条件下, 为了使 A 是 Noether 的, 必须且只需 A_0 是如此.

这可由 (7.2.6) 立得.

命题 (7.2.9) — 假设 (7.2.7) 的前提条件是成立的. 对每个整数 i, 设 M_i 是一个 A_i 模, 并且对于 $i\leqslant j$, 设 $v_{ij}:M_j\to M_i$ 是一个 u_{ij} 同态, 且使得 (M_i,v_{ij}) 成为一个投影系. 进而假设 M_0 是有限型 A_0 模, 并且每个 v_{ij} 都是满的, 核就等于 $\mathfrak{I}_j^{j+1}M_j$. 则 $M=\varprojlim M_i$ 是一个有限型 A 模, 并且 u_n 满同态 $v_n:M\to M_n$ 的核就是 $\mathfrak{I}^{n+1}M$ (因而 M_n 就可以等同于 $M/\mathfrak{I}^{n+1}M=M\otimes_A(A/\mathfrak{I}^{n+1})$).

设 $z_h=(z_{hk})_{k\geqslant 0}$ 是 M 中的 s 个元素, 且其中的 z_{h0} $(1\leqslant h\leqslant s)$ 构成 M_0 的一个生成元组, 我们要证明, 这些 z_h 可以生成 A 模 M. 现在 M 在由这些 $M^{(n)}$ 所组成

的滤解下是分离且完备的, 其中 $M^{(n)}$ 是 M 中的这样一些元素 $y = (y_k)_{k \geqslant 0}$ 所组成的集合, 即在 $k < n$ 时均有 $y_k = 0$. 易见我们有 $\mathfrak{I}^{(n)} M \subseteq M^{(n)}$, 并且 $M^{(n)}/M^{(n+1)} = \mathfrak{I}_n^n M_n$. 从而问题归结为证明这些 z_h 的模 $M^{(1)}$ 剩余类可以生成分次环 $\mathrm{gr}(A)$ 上的分次模 $\mathrm{gr}(M)$ (关于上述滤解)([1], p. 18-06, 引理), 为此显然只需证明这些 z_{hn} $(1 \leqslant h \leqslant s)$ 可以生成 A_n 模 M_n. 我们对 n 进行归纳, 根据定义, 这在 $n = 0$ 时是显然的, 设 M_n' 是由这些 z_{hn} 所生成的 M_n 的子模, 则关系式 $M_{n-1} = M_n/\mathfrak{I}_n^n M_n$ 和归纳假设表明, $M_n = M_n' + \mathfrak{I}_n^n M_n$, 又因为 $\mathfrak{I}_n$ 是幂零的, 这就意味着 $M_n = M_n'$. 同样的方法还可以证明, $\mathfrak{I}^{(n)} M$ 到 $M^{(n)}$ 的典范映射是满的 (从而是一一的), 换句话说, $\mathfrak{I}^{(n)} M = \mathfrak{I}^n M$ 就是 $M \to M_{n-1}$ 的核.

推论 (7.2.10) — 设 (N_i, w_{ij}) 是另一个满足 (7.2.9) 中的诸条件的 A_i 模投影系, 并设 $N = \varprojlim N_i$. 则在 A_i 同态 $h_i : M_i \to N_i$ 的投影系 (h_i) 与 A 模同态 $h : M \to N$ (它在 $\mathfrak{I}$ 进拓扑下必然是连续的) 之间有一个一一对应.

易见若 $h : M \to N$ 是一个 A 同态, 则有 $h(\mathfrak{I}^n M) \subseteq \mathfrak{I}^n N$, 故得 h 的连续性. 从而通过取商, 就可以把 h 对应到 A_i 同态 $h_i : M_i \to N_i$ 的投影系, 并且 h 就是它的投影极限, 故得结论.

注解 (7.2.11) — 设 A 是一个进制环, $\mathfrak{I}$ 是它的一个定义理想, 并且 $\mathfrak{I}/\mathfrak{I}^2$ 是有限型 $A/\mathfrak{I}$ 模, 则易见 $A_i = A/\mathfrak{I}^{i+1}$ 就满足 (7.2.7) 中的那些条件. 由于 A 就是这些 A_i 的投影极限, 故我们看到, 命题 (7.2.7) 实际上描述了所有这种类型的进制环 (特别地, 这包含了所有的 *Noether* 进制环).

例子 (7.2.12) — 设 B 是一个环, $\mathfrak{I}$ 是 B 的一个理想, 并且 $\mathfrak{I}/\mathfrak{I}^2$ 是 $B/\mathfrak{I}$ 上的有限型模 (这也等价于说, 它是 B 上的有限型模). 令 $A = \varprojlim_n B/\mathfrak{I}^{n+1}$, 则 A 是 B 在 $\mathfrak{I}$ 预进拓扑下的分离完备化. 若令 $A_n = B/\mathfrak{I}^{n+1}$, 则易见这些 A_n 满足 (7.2.7) 中的条件, 从而 A 是一个进制环, 并且若令 $\overline{\mathfrak{I}}$ 是 $\mathfrak{I}$ 在 A 中的典范像的闭包, 则 $\overline{\mathfrak{I}}$ 是 A 的一个定义理想, 并且 $\overline{\mathfrak{I}}^n$ 就是 $\mathfrak{I}^n$ 的典范像的闭包, 此时 $A/\overline{\mathfrak{I}}^n$ 可以等同于 $B/\mathfrak{I}^n$, 并且 $\overline{\mathfrak{I}}/\overline{\mathfrak{I}}^2$ 同构于 $\mathfrak{I}/\mathfrak{I}^2$ (作为 $A/\overline{\mathfrak{I}}$ 模). 同样地, 若 N 是一个 B 模, 且使得 $N/\mathfrak{I} N$ 是有限型 B 模, 再令 $M_i = N/\mathfrak{I}^{i+1} N$, 则 $M = \varprojlim M_i$ 是一个有限型 A 模, 并且同构于 N 在 $\mathfrak{I}$ 预进拓扑下的分离完备化, $\overline{\mathfrak{I}}^n M$ 可以等同于 $\mathfrak{I}^n N$ 的典范像的闭包, $M/\overline{\mathfrak{I}}^n M$ 可以等同于 $N/\mathfrak{I}^n N$.

7.3 Noether 进制环

(7.3.1) 设 A 是一个环, $\mathfrak{I}$ 是 A 的一个理想, M 是一个 A 模, 我们将用 $\widehat{A} = \varprojlim A/\mathfrak{I}^n$ (切转: $\widehat{M} = \varprojlim M/\mathfrak{I}^n M$) 来记 A (切转: M) 在 $\mathfrak{I}$ 预进拓扑下的分离完备化. 设 $M' \xrightarrow{u} M \xrightarrow{v} M'' \to 0$ 是 A 模的一个正合序列, 则由于我们有 $M/\mathfrak{I}^n M = M \otimes_A (A/\mathfrak{I}^n)$ 等, 故对任意 n, 序列

$$M'/\mathfrak{I}^n M' \xrightarrow{u_n} M/\mathfrak{I}^n M \xrightarrow{v_n} M''/\mathfrak{I}^n M'' \longrightarrow 0$$

都是正合的. 进而, 由于 $v(\mathfrak{I}^n M) = \mathfrak{I}^n v(M) = \mathfrak{I}^n M''$, 故知 $\widehat{v} = \varprojlim v_n$ 是满的 (Bourbaki,《一般拓扑学》, IX, 第 2 版, p. 60, 推论 2). 另一方面, 若 $z = (z_k)$ 是 $\widehat{v}$ 的核中的一个元素, 则对任意整数 $k \geqslant 0$, 均可找到一个 $z'_k \in M'/\mathfrak{I}^k M'$, 使得 $u_k(z'_k) = z_k$. 由此可知, 我们能找到 $z' = (z'_n) \in \widehat{M'}$, 使得 $\widehat{u}(z')$ 与 z 的前 k 个分量是重合的. 换句话说, $\widehat{u}(\widehat{M'})$ 在 $\widehat{v}$ 的核中是稠密的.

若假设 A 是 *Noether* 的, 则 $\widehat{A}$ 也是如此, 这是依据 (7.2.12), 因为此时 $\mathfrak{I}/\mathfrak{I}^2$ 是一个有限型 A 模. 进而我们有:

Krull 定理 (7.3.2) — 设 A 是一个 **Noether** 环, $\mathfrak{I}$ 是 A 的一个理想, M 是一个**有限型** A 模, M' 是 M 的一个子模, 则 M 的 $\mathfrak{I}$ 预进拓扑在 M' 上所诱导的拓扑与 M' 的 $\mathfrak{I}$ 预进拓扑是重合的.

这可由下面的引理立得.

Artin-Rees 引理 (7.3.2.1) — 在 (7.3.2) 的前提条件下, 可以找到一个整数 p, 使得对任意 $n \geqslant p$, 均有

$$M' \cap \mathfrak{I}^n M = \mathfrak{I}^{n-p}(M' \cap \mathfrak{I}^p M).$$

证明见 ([1], p. 2-04).

推论 (7.3.3) — 在 (7.3.2) 的前提条件下, 典范映射 $M \otimes_A \widehat{A} \to \widehat{M}$ 是一一的, 并且 M 的函子 $M \otimes_A \widehat{A}$ 在有限型 A 模的范畴上是正合的, 从而 A 的 $\mathfrak{I}$ 预进分离完备化 $\widehat{A}$ 是一个平坦 A 模 (6.1.1).

首先注意到在有限型 A 模的范畴上, $\widehat{M}$ 是 M 的正合函子. 事实上, 设 $0 \to M' \xrightarrow{u} M \xrightarrow{v} M'' \to 0$ 是一个正合序列, 我们已经知道 $\widehat{v}: \widehat{M} \to \widehat{M''}$ 是满的 (7.3.1). 另一方面, 若 i 是典范同态 $M \to \widehat{M}$, 则由 Krull 定理知, $i(u(M'))$ 在 $\widehat{M}$ 中的闭包可以等同于 M' 在 $\mathfrak{I}$ 预进拓扑下的分离完备化, 从而 $\widehat{u}$ 是单的, 再依照 (7.3.1), $\widehat{u}$ 的像就等于 $\widehat{v}$ 的核.

由此得知, 典范映射 $M \otimes_A \widehat{A} \to \widehat{M}$ 可以通过取这些映射 $M \otimes_A \widehat{A} \to M \otimes_A (A/\mathfrak{I}^n) = M/\mathfrak{I}^n M$ 的投影极限而得到. 易见当 $M = A^p$ 时这个映射是一一的. 若 M 是一个有限型 A 模, 则我们有一个正合序列 $A^p \to A^q \to M \to 0$. 由于在有限型 A 模的范畴上, 函子 $M \otimes_A \widehat{A}$ 和 $\widehat{M}$ 都是右正合的, 故知交换图表

$$
\begin{array}{ccccccc}
A^p \otimes \widehat{A} & \longrightarrow & A^q \otimes \widehat{A} & \longrightarrow & M \otimes \widehat{A} & \longrightarrow & 0 \\
\downarrow & & \downarrow & & \downarrow & & \\
\widehat{A^p} & \longrightarrow & \widehat{A^q} & \longrightarrow & \widehat{M} & \longrightarrow & 0
\end{array}
$$

中的两行都是正合的, 并且左边两个竖直箭头都是同构, 这就立即给出了结论.

推论 (7.3.4) — 设 A 是一个 *Noether* 环, $\mathfrak{I}$ 是 A 的一个理想, M, N 是两个有限型 A 模, 则我们有函子性的典范同构

$$(M \otimes_A N)^{\widehat{}} \xrightarrow{\ \sim\ } \widehat{M} \otimes_{\widehat{A}} \widehat{N}, \quad (\mathrm{Hom}_A(M, N))^{\widehat{}} \xrightarrow{\ \sim\ } \mathrm{Hom}_{\widehat{A}}(\widehat{M}, \widehat{N}).$$

这是缘自 (7.3.3), (6.2.1) 和 (6.2.2).

推论 (7.3.5) — 设 A 是一个 *Noether* 环, $\mathfrak{I}$ 是 A 的一个理想. 则以下诸条件是等价的:

a) $\mathfrak{I}$ 包含在 A 的根之中.

b) $\widehat{A}$ 是忠实平坦 A 模 (6.4.1).

c) 任何有限型 A 模在 $\mathfrak{I}$ 预进拓扑下都是分离的.

d) 有限型 A 模的任何子模在 $\mathfrak{I}$ 预进拓扑下都是闭的.

由于 $\widehat{A}$ 是平坦 A 模, 故知条件 b) 和 c) 是等价的, 因为条件 b) 相当于说, 若 M 是一个有限型 A 模, 则典范映射 $M \to \widehat{M} = M \otimes_A \widehat{A}$ 是单的 (6.6.1, c)). 易见 c) 蕴涵 d), 因为若 N 是有限型 A 模 M 的一个子模, 则 M/N 在 $\mathfrak{I}$ 预进拓扑下是分离的, 从而 N 在 M 中是闭的. 现在我们来证明 d) 蕴涵 a): 若 $\mathfrak{m}$ 是 A 的一个极大理想, 则 $\mathfrak{m}$ 在 $\mathfrak{I}$ 预进拓扑下是闭的, 从而 $\mathfrak{m} = \bigcap_{p \geqslant 0} (\mathfrak{m} + \mathfrak{I}^p)$, 但由于 $\mathfrak{m} + \mathfrak{I}^p$ 必然等于 A 或者 $\mathfrak{m}$, 故知当 p 充分大时, $\mathfrak{m} + \mathfrak{I}^p = \mathfrak{m}$, 因而有 $\mathfrak{I}^p \subseteq \mathfrak{m}$, 进而得到 $\mathfrak{I} \subseteq \mathfrak{m}$, 因为 $\mathfrak{m}$ 是素理想. 最后证明 a) 蕴涵 b). 事实上, 设 P 是 $\{0\}$ 在一个有限型 A 模 M 中的闭包 (在 $\mathfrak{I}$ 预进拓扑下), 则依照 Krull 定理 (7.3.2), M 的 $\mathfrak{I}$ 预进拓扑在 P 上所诱导的拓扑就是 P 的 $\mathfrak{I}$ 预进拓扑, 从而 $\mathfrak{I}P = P$. 由于 P 是有限型的, 故由 Nakayama 引理知, $P = 0$ (因为 $\mathfrak{I}$ 包含在 A 的根之中).

注意到如果 A 是一个 *Noether* 局部环, $\mathfrak{I}$ 是 A 的任何一个真理想, 则 (7.3.5) 中的条件总是满足的.

推论 (7.3.6) — 若 A 是一个 *Noether* 进制环, 且 $\mathfrak{I}$ 是它的一个定义理想, 则任何有限型 A 模在它的 $\mathfrak{I}$ 预进拓扑下都是分离且完备的.

此时我们有 $\widehat{A} = A$, 故由 (7.3.3) 立得结论.

由此可知, 命题 (7.2.9) 给出了 Noether 进制环上的所有有限型模的一个描述.

推论 (7.3.7) — 在 (7.3.2) 的前提条件下, 典范映射 $M \to \widehat{M} = M \otimes_A \widehat{A}$ 的核是由那些能被 $1 + \mathfrak{I}$ 中某元素所零化的 $x \in M$ 所组成的集合.

事实上, 为了使 $x \in M$ 落在这个核里, 必须且只需子模 Ax 的分离完备化等于零 (7.3.2), 换句话说 $x \in \mathfrak{I}x$.

7.4 局部环上的拟有限模

定义 (7.4.1) — 设 A 是一个局部环, m 是它的极大理想, 所谓一个 A 模 M (在 A 上) 是拟有限的, 是指 M/mM 在剩余类域 $k = A/m$ 上的秩是有限的.

如果 A 还是 *Noether* 的, 则 M 在 m 预进拓扑下的分离完备化 $\widehat{M}$ 是一个有限型 $\widehat{A}$ 模. 事实上, 此时 m/m^2 是一个有限型 A 模, 故由 (7.2.12) 和 M/mM 上的前提条件就可以推出结论.

特别地, 若进而假设 A 在 m 预进拓扑下是完备的, 并且 M 在 m 预进拓扑下是分离的 (换句话说, $\bigcap\limits_{n} m^n M = 0$), 则 M 自身就是一个有限型 A 模, 事实上, 此时 $\widehat{M}$ 是有限型 A 模, 且由于 M 可以等同于 $\widehat{M}$ 的一个子模, 故知 M 自己也是有限型的 (而且还等于它的完备化, 这是依据 (7.3.6)).

命题 (7.4.2) — 设 A, B 是两个局部环, m, n 是它们的极大理想, 并假设 B 是 *Noether* 的. 设 $\varphi : A \to B$ 是一个局部同态, M 是一个有限型 B 模. 若 M 是拟有限的 A 模, 则 M 的 m 预进拓扑和 n 预进拓扑是重合的, 从而都是分离的.

注意到根据前提条件, M/mM 作为 A 模是有限长的, 从而作为 B 模也是有限长的. 由此可以推出, n 就是 B 中包含 M/mM 的零化子的唯一素理想. 事实上, 依照 (1.7.4) 和 (1.7.2), 问题可以归结到 M/mM 是单模的情形, 此时 M/mM 必然同构于 B/n, 从而上述阐言是显然的. 另一方面, 由于 M 是有限型 B 模, 故知包含 M/mM 的零化子的素理想刚好就是包含 $mB + \mathfrak{b}$ 的素理想, 其中 $\mathfrak{b}$ 是指 B 模 M 的零化子 (1.7.5). 由于 B 是 Noether 的, 故知 $mB + \mathfrak{b}$ 是 B 的一个定义理想 ([11], p. 127, 推论 4), 换句话说, 可以找到 $k > 0$, 使得 $n^k \subseteq mB + \mathfrak{b} \subseteq n$, 从而对任意 $h > 0$, 均有

$$n^{hk}M \subseteq (mB + \mathfrak{b})^h M = m^h M \subseteq n^h M.$$

这就证明了 m 预进拓扑与 n 预进拓扑是重合的, 而依据 (7.3.5), 第二个拓扑还是分离的.

推论 (7.4.3) — 在 (7.4.2) 的前提条件下, 若 A 还是 *Noether* 的, 并且在 m 预进拓扑下是完备的, 则 M 是一个有限型 A 模.

事实上, 此时 M 在 m 预进拓扑下是分离的, 因而上述阐言缘自 (7.4.1) 中的注解.

(7.4.4) (7.4.2) 的一个最重要的应用是在 B 自身是拟有限 A 模的情形, 这也相当于说, B/mB 是 $k = A/m$ 上的有限秩代数. 依照前面所述, 这个条件还可以分解为下面两个条件:

(i) mB 是 B 的一个定义理想;

(ii) $B/\mathfrak{n}$ 是域 $A/\mathfrak{m}$ 的一个有限扩张.

如果这些条件得到满足, 则任何有限型 B 模显然都是拟有限的 A 模.

推论 (7.4.5) — 在 (7.4.2) 的前提条件下, 若 $\mathfrak{b}$ 是 B 模 M 的零化子, 则 $B/\mathfrak{b}$ 是拟有限的 A 模.

假设 $M \neq 0$ (否则命题显然成立). 则可以把 M 看作是 Noether 局部环 $B/\mathfrak{b}$ 上的模, 此时它的零化子等于 0, 因而 (7.4.2) 的证明过程表明, $\mathfrak{m}(B/\mathfrak{b})$ 是 $B/\mathfrak{b}$ 的一个定义理想. 此外, $M/\mathfrak{n}M$ 是 $A/\mathfrak{m}$ 上的有限秩向量空间, 因为它是 $M/\mathfrak{m}M$ 的商模, 且根据前提条件, $M/\mathfrak{m}M$ 在 $A/\mathfrak{m}$ 上是有限秩的. 现在 $M \neq 0$, 故有 $M \neq \mathfrak{n}M$, 这是依据 Nakayama 引理. 由于 $M/\mathfrak{n}M$ 是 $B/\mathfrak{n}$ 上的非零向量空间, 并且在 $A/\mathfrak{m}$ 上是有限秩的, 故知 $B/\mathfrak{n}$ 在 $A/\mathfrak{m}$ 上也是有限秩的, 从而把 (7.4.4) 应用到环 $B/\mathfrak{b}$ 上就可以推出结论.

7.5 设限形式幂级数环

(7.5.1) 设 A 是一个分离且完备的线性拓扑环, $(\mathfrak{J}_\lambda)$ 是 0 在 A 中的一个由 (开) 理想所组成的基本邻域组, 因而 A 可以典范等同于 $\varprojlim A/\mathfrak{J}_\lambda$ (7.2.1). 现在对任意 λ, 设 $B_\lambda = (A/\mathfrak{J}_\lambda)[T_1, \ldots, T_r]$, 其中 T_i 都是未定元, 则易见这些 B_λ 构成离散环的一个投影系. 我们令 $A\{T_1, \ldots, T_r\} = \varprojlim B_\lambda$, 下面来说明, 这个拓扑环并不依赖于基本理想组 $(\mathfrak{J}_\lambda)$ 的选择. 具体来说, 首先设 A' 是形式幂级数环 $A[[T_1, \ldots, T_r]]$ 的这样一个子环, 由所有满足 $\lim c_\alpha = 0$ 的形式幂级数 $\sum_\alpha c_\alpha T^\alpha$ ($\alpha = (\alpha_1, \ldots, \alpha_r) \in \mathbb{N}^r$) 所组成 (这里的极限是沿着 $\mathbb{N}^r$ 的全体有限子集的补集这个滤子来取的), 我们称这样的形式幂级数是 T_i 的 A 系数设限形式幂级数. 对 0 在 A 中的任意邻域 V, 设 V' 是由这样的 $x = \sum_\alpha c_\alpha T^\alpha \in A'$ 所组成的集合, 即对任意 α, 均有 $c_\alpha \in V$. 容易验证, 如果把这些 V' 定义为 0 在 A' 中的一个基本邻域组, 则 A' 是一个分离的拓扑环, 现在我们来定义一个典范的从 $A\{T_1, \ldots, T_r\}$ 到 A' 的拓扑环同构. 对任意 $\alpha \in \mathbb{N}^r$ 和任意 λ, 设 $\varphi_{\lambda, \alpha}$ 是从 $(A/\mathfrak{J}_\lambda)[T_1, \ldots, T_r]$ 到 $A/\mathfrak{J}_\lambda$ 的这样一个映射, 它把前者中的多项式对应到该多项式的 T^α 项系数. 则易见这些 $\varphi_{\lambda, \alpha}$ 构成 $(A/\mathfrak{J}_\lambda)$ 模同态的一个投影系, 它的投影极限就是一个连续同态 $\varphi_\alpha : A\{T_1, \ldots, T_r\} \to A$. 现在我们来证明, 对任意 $y \in A\{T_1, \ldots, T_r\}$, 形式幂级数 $\sum_\alpha \varphi_\alpha(y) T^\alpha$ 都是设限的. 事实上, 若 y_λ 是 y 在 B_λ 中的分量, 并以 H_λ 来记 y_λ 的非零系数所对应的那些 $\alpha \in \mathbb{N}^r$ 所组成的有限集合, 则对于 $\mathfrak{J}_\mu \subseteq \mathfrak{J}_\lambda$ 和 $\alpha \notin H_\lambda$, 我们都有 $\varphi_{\lambda, \alpha}(y_\mu) \in \mathfrak{J}_\lambda$, 取极限可得, 对于 $\alpha \notin H_\lambda$, 均有 $\varphi_\alpha(y) \in \mathfrak{J}_\lambda$. 从而可以定义一个环同态 $\varphi : A\{T_1, \ldots, T_r\} \to A'$ 如下: $\varphi(y) = \sum_\alpha \varphi_\alpha(y) T^\alpha$, 并且易见 φ 是连续的. 反过来, 若 θ_λ 是典范同态 $A \to A/\mathfrak{J}_\lambda$, 则对任意元素 $z = \sum_\alpha c_\alpha T^\alpha \in A'$ 和任意 λ, 都只有有限个指标 α 能使得 $\theta_\lambda(c_\alpha) \neq 0$, 从

而 $\psi_\lambda(z) = \sum_\alpha \theta_\lambda(c_\alpha)T^\alpha$ 落在 B_λ 中. 这些 ψ_λ 都是连续的, 并且构成同态的投影系, 其投影极限就是一个连续同态 $\psi : A' \to A\{T_1, \ldots, T_r\}$, 最后只需验证 $\varphi \circ \psi$ 和 $\psi \circ \varphi$ 都是恒同自同构, 但这是很容易的.

(7.5.2) 借助 (7.5.1) 中所定义的同构, 我们将把 $A\{T_1, \ldots, T_r\}$ 等同于设限形式幂级数环 A'. 对典范同构

$$((A/\mathfrak{I}_\lambda)[T_1, \ldots, T_r])[T_{r+1}, \ldots, T_s] \xrightarrow{\sim} (A/\mathfrak{I}_\lambda)[T_1, \ldots, T_s]$$

取投影极限又可以定义出一个典范同构

$$(A\{T_1, \ldots, T_r\})\{T_{r+1}, \ldots, T_s\} \xrightarrow{\sim} A\{T_1, \ldots, T_s\}.$$

(7.5.3) 设 B 是一个分离且完备的线性拓扑环, 则对任意连续同态 $u : A \to B$ 以及 B 的任意 r 个元素 $(b_1, \ldots, b_r)$, 我们都有唯一一个连续同态 $\overline{u} : A\{T_1, \ldots, T_r\} \to B$, 使得 $\overline{u}(a) = u(a)$ $(a \in A)$ 且 $\overline{u}(T_j) = b_j$ $(1 \leqslant j \leqslant r)$. 事实上, 只需取

$$\overline{u}\Big(\sum_\alpha c_\alpha T^\alpha\Big) = \sum_\alpha u(c_\alpha)b_1^{\alpha_1} \cdots b_r^{\alpha_r}.$$

容易验证, 族 $(u(c_\alpha)b_1^{\alpha_1} \cdots b_r^{\alpha_r})$ 在 B 中是可求和的, 并且 $\overline{u}$ 是连续的, 细节留给读者. 注意到这个性质 (对任意 B 和任意 b_j 都成立) 是拓扑环 $A\{T_1, \ldots, T_r\}$ 的一个特征性质, 可以把它确定到只差一个唯一的同构.

命题 (7.5.4) — (i) 若 A 是一个可容环, 则 $A\{T_1, \ldots, T_r\}$ 也是如此.

(ii) 设 A 是一个进制环, $\mathfrak{I}$ 是 A 的一个定义理想, 并假设 $\mathfrak{I}/\mathfrak{I}^2$ 在 $A/\mathfrak{I}$ 上是有限型的. 于是若令 $\mathfrak{I}' = \mathfrak{I}A'$, 则 A' 也是进制环, 以 $\mathfrak{I}'$ 为一个定义理想, 并且 $\mathfrak{I}'/\mathfrak{I}'^2$ 在 $A'/\mathfrak{I}'$ 上是有限型的. 进而若 A 是 Noether 的, 则 A' 也是如此.

(i) 设 $\mathfrak{I}$ 是 A 的一个理想, 令 $\mathfrak{I}'$ 是由 A' 中的这样一些 $\sum_\alpha c_\alpha T^\alpha$ 所组成的理想, 即对任意 α, 均有 $c_\alpha \in \mathfrak{I}$, 则 $(\mathfrak{I}')^n \subseteq (\mathfrak{I}^n)'$. 从而若 $\mathfrak{I}$ 是 A 的一个定义理想, 则 $\mathfrak{I}'$ 就是 A' 的一个定义理想.

(ii) 令 $A_i = A/\mathfrak{I}^{i+1}$, 并且对于 $i \leqslant j$, 设 u_{ij} 是典范同态 $A/\mathfrak{I}^{j+1} \to A/\mathfrak{I}^{i+1}$, 再令 $A_i' = A_i[T_1, \ldots, T_r]$, 并设 $u_{ij}' : A_j' \to A_i'$ $(i \leqslant j)$ 是把 u_{ij} 应用在各项系数上, 这是一个同态. 现在我们来证明, 投影系 (A_i', u_{ij}') 满足 (7.2.7) 中的条件. 由于 $\mathfrak{I}'$ 是 $A' \to A_0'$ 的核, 因而这就能够证明 (ii) 中的第一句话. 现在易见这些 u_{ij}' 都是满的, u_{0i}' 的核 $\mathfrak{I}_i'$ 是由 $A_i[T_1, \ldots, T_r]$ 中的那些系数落在 $\mathfrak{I}/\mathfrak{I}^{i+1}$ 中的多项式所组成的, 特别地, $\mathfrak{I}_1'$ 是由 $A_1[T_1, \ldots, T_r]$ 中的那些系数落在 $\mathfrak{I}/\mathfrak{I}^2$ 中的多项式所组成的. 由于 $\mathfrak{I}/\mathfrak{I}^2$ 在 $A_1 = A/\mathfrak{I}^2$ 上是有限型的, 故知 $\mathfrak{I}_1'/\mathfrak{I}_1'^2$ 是 A_1' 上的一个有限型模 (这也相当于说, 它是 $A_0' = A_1'/\mathfrak{I}_1'$ 上的有限型模). 下面来证明 u_{ij}' 的核就是 $\mathfrak{I}_j'^{i+1}$. 易见 $\mathfrak{I}_j'^{i+1}$ 包含

在这个核之中. 另一方面, 设 $a_1, \ldots, a_m$ 是 $\mathfrak{I}$ 中的一组元素, 且它们的模 $\mathfrak{I}^2$ 剩余类可以生成 $\mathfrak{I}/\mathfrak{I}^2$, 则容易验证, 诸 a_k $(1 \leqslant k \leqslant m)$ 的全体次数 $\leqslant j$ 的单项式的模 $\mathfrak{I}^2$ 剩余类可以生成 $\mathfrak{I}/\mathfrak{I}^{j+1}$, 从而诸 a_k $(1 \leqslant k \leqslant m)$ 的全体次数 $> i$ 且 $\leqslant j$ 的单项式的模 $\mathfrak{I}^2$ 剩余类可以生成 $\mathfrak{I}^{i+1}/\mathfrak{I}^{j+1}$. 从而, 以这样的单项式为系数的一个关于诸 T_k 的单项式总可以写成 $\mathfrak{I}_j'$ 中的 $i+1$ 个元素的乘积, 这就证明了上述阐言. 最后, 若 A 是 Noether 的, 则 $A'/\mathfrak{I}' = (A/\mathfrak{I})[T_1, \ldots, T_r]$ 也是如此, 从而 A' 是 Noether 的 (7.2.8).

命题 (7.5.5) — 设 A 是一个 *Noether* 进制环, 以 $\mathfrak{I}$ 为一个定义理想, B 是一个可容拓扑环, $\varphi: A \to B$ 是一个连续同态, 且使 B 成为一个 A 代数. 则以下诸条件是等价的:

a) B 是 *Noether* 进制环, 以 $\mathfrak{I}B$ 为一个定义理想, 并且 $B/\mathfrak{I}B$ 是 $A/\mathfrak{I}$ 上的一个有限型代数.

b) B 可以 A 拓扑同构于一个投影极限 $\varprojlim B_n$, 其中 $B_n = B_m/\mathfrak{I}^{n+1}B_m$ $(m \geqslant n)$, 并且 B_1 是 $A_1 = A/\mathfrak{I}^2$ 上的一个有限型代数.

c) B 可以 A 拓扑同构于一个形如 $A\{T_1, \ldots, T_r\}$ 的 A 代数除以某个理想后的商 (该理想必然是闭的, 这是依据 (7.3.6) 和 (7.5.4 (ii))).

由于 A 是 Noether 的, 故知 $A' = A\{T_1, \ldots, T_r\}$ 也是如此 (7.5.4), 从而 c) 蕴涵 B 是 Noether 的. 由于 $\mathfrak{I}' = \mathfrak{I}A'$ 是 0 在 A' 中的一个开邻域, 并且这些 $\mathfrak{I}'^n$ 构成 0 的一个基本邻域组, 故知这些 $\mathfrak{I}'^n$ 的像 $\mathfrak{I}^n B$ 构成 0 在 B 中的一个基本邻域组, 且由于我们知道 B 是分离且完备的, 故而 B 是一个进制环, 以 $\mathfrak{I}B$ 为一个定义理想. 最后, $B/\mathfrak{I}B$ 是 $A'/\mathfrak{I}A' = (A/\mathfrak{I})[T_1, \ldots, T_r]$ 的一个 $A/\mathfrak{I}$ 商代数, 从而是有限型的, 这就证明了 c) 蕴涵 a).

若 B 是一个 Noether 进制环, 以 $\mathfrak{I}B$ 为一个定义理想, 则 B 同构于 $\varprojlim B_n$, 其中 $B_n = B/\mathfrak{I}^{n+1}B$ (7.2.11), 并且 $\mathfrak{I}B/\mathfrak{I}^2B$ 是 $B/\mathfrak{I}B$ 上的一个有限型模. 设 $(a_j)_{1 \leqslant j \leqslant s}$ 是 $(B/\mathfrak{I}B)$ 模 $\mathfrak{I}B/\mathfrak{I}^2B$ 的一个生成元组, 并且 $(c_i)_{1 \leqslant i \leqslant r}$ 是 $B/\mathfrak{I}^2B$ 的这样一组元素, 它们的模 $\mathfrak{I}B/\mathfrak{I}^2B$ 剩余类构成 $(A/\mathfrak{I})$ 代数 $B/\mathfrak{I}B$ 的一个生成元组, 则易见诸 $c_i a_j$ 构成 $(A/\mathfrak{I}^2)$ 代数 $B/\mathfrak{I}^2B$ 的一个生成元组, 从而 a) 蕴涵 b).

只需再来证明 b) 蕴涵 c). 前提条件表明 B_1 是一个 Noether 环, 并且由于 $B_1 = B_2/\mathfrak{I}^2B_2$, 故有 $\mathfrak{I}^2B_1 = 0$, 从而 $\mathfrak{I}B_1 = \mathfrak{I}B_1/\mathfrak{I}^2B_1$ 是一个有限型 B_0 模. 于是投影系 (B_n) 满足 (7.2.7) 中的那些条件, 因而 B 是一个进制环, 以 $\mathfrak{I}B$ 为一个定义理想. 设 $(c_i)_{1 \leqslant i \leqslant r}$ 是 B 中的这样一族元素, 它们的模 $\mathfrak{I}B$ 剩余类构成 $(A/\mathfrak{I})$ 代数 $B/\mathfrak{I}B$ 的一个生成元组, 并且它们的 $\mathfrak{I}$ 系数线性组合的模 $\mathfrak{I}^2B$ 剩余类可以生成 B_0 模 $\mathfrak{I}B/\mathfrak{I}^2B$. 现在可以定义一个连续 A 同态 $u: A' = A\{T_1, \ldots, T_r\} \to B$, 它限制在 A 上就是 φ, 并且对于 $1 \leqslant i \leqslant r$ 有 $u(T_i) = c_i$ (7.5.3). 若我们能够证明 u 是满的, 则 c) 就是成立的, 因为由 $u(A') = B$ 可以推出 $u(\mathfrak{I}^n A') = \mathfrak{I}^n B$, 换句话说, u 就是拓扑环之间的一个严格同态, 从而 B 同构于 A' 除以它的某个闭理想后的商. 但由于 B 在 $\mathfrak{I}B$ 进拓

下是完备的, 故 ([1], p.18-07) 只需证明, 由 u 所典范导出的同态 $\mathrm{gr}(A') \to \mathrm{gr}(B)$ (关于 A' 和 B 的 $\mathfrak{I}$ 进滤解) 是满的. 然而根据定义, u 所导出的同态 $A'/\mathfrak{I}A' \to B/\mathfrak{I}B$ 和 $\mathfrak{I}A'/\mathfrak{I}^2A' \to \mathfrak{I}B/\mathfrak{I}^2B$ 都是满的. 对 n 进行归纳, 则立即推出 $\mathfrak{I}A'/\mathfrak{I}^nA' \to \mathfrak{I}B/\mathfrak{I}^nB$ 也都是如此, 自然 $\mathfrak{I}^nA'/\mathfrak{I}^{n+1}A' \to \mathfrak{I}^nB/\mathfrak{I}^{n+1}B$ 也是如此, 这就完成了证明.

7.6 完备分式环

(7.6.1) 设 A 是一个线性拓扑环, $(\mathfrak{I}_\lambda)$ 是 A 的一族理想, 并且构成 0 在 A 中的一个基本邻域组, S 是 A 的一个乘性子集. 设 u_λ 是典范同态 $A \to A_\lambda = A/\mathfrak{I}_\lambda$, 并且对于 $\mathfrak{I}_\mu \subseteq \mathfrak{I}_\lambda$, 设 $u_{\lambda\mu}$ 是典范同态 $A_\mu \to A_\lambda$. 令 $S_\lambda = u_\lambda(S)$, 则有 $u_{\lambda\mu}(S_\mu) = S_\lambda$. 这些 $u_{\lambda\mu}$ 典范地定义了一族满同态 $S_\mu^{-1}A_\mu \to S_\lambda^{-1}A_\lambda$, 并使这些环成为一个投影系, 我们用 $A\{S^{-1}\}$ 来记它的投影极限. 这个定义并不依赖于基本邻域组 $(\mathfrak{I}_\lambda)$ 的选择, 事实上:

命题 (7.6.2) — 环 $A\{S^{-1}\}$ 可以拓扑同构于 $S^{-1}A$ 的分离完备化, 其中 $S^{-1}A$ 上的拓扑就是以这些 $S^{-1}\mathfrak{I}_\lambda$ 为 0 的基本邻域组的拓扑.

事实上, 设 $v_\lambda : S^{-1}A \to S_\lambda^{-1}A_\lambda$ 是由 u_λ 所导出的典范同态, 则 v_λ 是满的, 并且它的核就是 $S^{-1}\mathfrak{I}_\lambda$, 故可使用命题 (7.2.1).

推论 (7.6.3) — 设 S' 是 S 在 A 的分离完备化 $\widehat{A}$ 中的典范像, 则 $A\{S^{-1}\}$ 可以典范等同于 $\widehat{A}\{S'^{-1}\}$.

注意到即使 A 是分离且完备的, $S^{-1}A$ 也不一定如此 (在由这些 $S^{-1}\mathfrak{I}_\lambda$ 所定义的拓扑下), 作为一个反例, 取 S 是由那些 f^n $(n \geqslant 0)$ 所组成的集合, 其中 f 是一个拓扑幂零元, 但不是幂零元. 此时, $S^{-1}A$ 不等于零, 但是另一方面, 对任意 λ, 均可找到 $n > 0$, 使得 $f^n \in \mathfrak{I}_\lambda$, 从而 $1 = f^n/f^n \in S^{-1}\mathfrak{I}_\lambda$, 亦即 $S^{-1}\mathfrak{I}_\lambda = S^{-1}A$.

推论 (7.6.4) — 若在 A 中, 0 没有落在 S 的闭包里, 则环 $A\{S^{-1}\}$ 不是零.

事实上, 在 $S^{-1}A$ 中, 0 不会落在 $\{1\}$ 的闭包里, 否则对于 A 的任意开理想 $\mathfrak{I}_\lambda$, 都有 $1 \in S^{-1}\mathfrak{I}_\lambda$, 由此推出 $\mathfrak{I}_\lambda \cap S \neq \varnothing$, 这与前提条件矛盾.

(7.6.5) 我们把 $A\{S^{-1}\}$ 称为 A 的以 S 为分母的完备分式环. 则在上述记号下, 易见 $S^{-1}\mathfrak{I}_\lambda$ 在 A 中的逆像包含了 $\mathfrak{I}_\lambda$, 从而典范映射 $A \to S^{-1}A$ 是连续的, 并且若把它与典范同态 $S^{-1}A \to A\{S^{-1}\}$ 进行合成, 则可以得到一个典范连续同态 $A \to A\{S^{-1}\}$, 它就是这些同态 $A \to S_\lambda^{-1}A_\lambda$ 的投影极限.

(7.6.6) $A\{S^{-1}\}$ 和典范映射 $A \to A\{S^{-1}\}$ 的二元组具有下面的普适性质: 对任意分离完备的线性拓扑环 B 和从 A 到 B 的任意连续同态 u, 只要 $u(S)$ 中的元素在 B 中都是可逆的, u 就可以唯一地分解为 $A \to A\{S^{-1}\} \xrightarrow{u'} B$, 其中 u' 是一个连续同态. 事实上, u 总可以唯一地分解为 $A \to S^{-1}A \xrightarrow{v'} B$. 由于对 B 的任意开理想

$\Re$, $u^{-1}(\Re)$ 都包含某个 $\mathfrak{I}_\lambda$, 故知 $v'^{-1}(\Re)$ 必然包含 $S^{-1}\mathfrak{I}_\lambda$, 从而 v' 是连续的. 又因为 B 是分离且完备的, 所以 v' 可以唯一地分解为 $S^{-1}A \to A\{S^{-1}\} \xrightarrow{u'} B$, 其中 u' 是连续的. 故得我们的结论.

(7.6.7) 设 B 是另一个线性拓扑环, T 是 B 的一个乘性子集, $\varphi : A \to B$ 是一个连续同态, 并且 $\varphi(S) \subseteq T$. 则根据上面所述, 连续同态 $A \xrightarrow{\varphi} B \to B\{T^{-1}\}$ 可以唯一地分解为 $A \to A\{S^{-1}\} \xrightarrow{\varphi'} B\{T^{-1}\}$, 其中 φ' 是连续的. 特别地, 若 $B = A$ 且 φ 是恒同, 则对于 $S \subseteq T$, 我们有一个连续同态 $\rho^{T,S} : A\{S^{-1}\} \to A\{T^{-1}\}$, 它是对 $S^{-1}A \to T^{-1}A$ 取分离完备化而得到的. 若 U 是 A 的第三个乘性子集, 且满足 $S \subseteq T \subseteq U$, 则有 $\rho^{U,S} = \rho^{U,T} \circ \rho^{T,S}$.

(7.6.8) 设 S_1, S_2 是 A 的两个乘性子集, 并设 S_2' 是 S_2 在 $A\{S_1^{-1}\}$ 中的典范像, 则我们有一个典范拓扑同构 $A\{(S_1 S_2)^{-1}\} \xrightarrow{\sim} A\{S_1^{-1}\}\{S_2'^{-1}\}$, 它可以从典范同构 $(S_1 S_2)^{-1}A \xrightarrow{\sim} S_2''^{-1}(S_1^{-1}A)$ 得到 (其中 S_2'' 是 S_2 在 $S_1^{-1}A$ 中的典范像), 后者是双向连续的.

(7.6.9) 设 $\mathfrak{a}$ 是 A 的一个开理想, 则我们可以假设对任意 λ, 均有 $\mathfrak{I}_\lambda \subseteq \mathfrak{a}$, 从而在环 $S^{-1}A$ 中有 $S^{-1}\mathfrak{I}_\lambda \subseteq S^{-1}\mathfrak{a}$, 换句话说, $S^{-1}\mathfrak{a}$ 是 $S^{-1}A$ 的一个开理想. 我们用 $\mathfrak{a}\{S^{-1}\}$ 来记它的分离完备化, 也就是 $\varprojlim(S^{-1}\mathfrak{a}/S^{-1}\mathfrak{I}_\lambda)$, 这是 $A\{S^{-1}\}$ 的一个开理想, 并且同构于 $S^{-1}\mathfrak{a}$ 的典范像的闭包. 进而, 离散环 $A\{S^{-1}\}/\mathfrak{a}\{S^{-1}\}$ 典范同构于 $S^{-1}A/S^{-1}\mathfrak{a} = S^{-1}(A/\mathfrak{a})$. 反过来, 若 $\mathfrak{a}'$ 是 $A\{S^{-1}\}$ 的一个开理想, 则 $\mathfrak{a}'$ 包含了某个形如 $\mathfrak{I}_\lambda\{S^{-1}\}$ 的理想, 从而它是 $S^{-1}A/S^{-1}\mathfrak{I}_\lambda$ 的某个理想的逆像, 并且后面这个理想必然具有 $S^{-1}\mathfrak{a}$ 的形状, 其中 $\mathfrak{a} \supseteq \mathfrak{I}_\lambda$ (1.2.6). 由此可知 $\mathfrak{a}' = \mathfrak{a}\{S^{-1}\}$. 特别地 (1.2.6):

命题 (7.6.10) — 映射 $\mathfrak{p} \mapsto \mathfrak{p}\{S^{-1}\}$ 是从 A 的满足 $\mathfrak{p} \cap S = \varnothing$ 的**开素理想**的集合到 $A\{S^{-1}\}$ 的全体**开素理想**的集合上的递增一一映射. 进而, $A\{S^{-1}\}/\mathfrak{p}\{S^{-1}\}$ 的分式域典范同构于 $A/\mathfrak{p}$ 的分式域.

命题 (7.6.11) — (i) 若 A 是一个可容环, 则 $A' = A\{S^{-1}\}$ 也是如此, 并且对于 A 的任意定义理想 $\mathfrak{I}$, $\mathfrak{I}' = \mathfrak{I}\{S^{-1}\}$ 都是 A' 的一个定义理想.

(ii) 设 A 是一个进制环, $\mathfrak{I}$ 是 A 的一个定义理想, 并且 $\mathfrak{I}/\mathfrak{I}^2$ 在 $A/\mathfrak{I}$ 上是有限型的, 则 A' 是一个进制环, 以 $\mathfrak{I}'$ 为一个定义理想, 并且 $\mathfrak{I}'/\mathfrak{I}'^2$ 在 $A'/\mathfrak{I}'$ 上是有限型的. 进而若 A 是 Noether 的, 则 A' 也是如此.

(i) 若 $\mathfrak{I}$ 是 A 的一个定义理想, 则易见 $S^{-1}\mathfrak{I}$ 就是拓扑环 $S^{-1}A$ 的一个定义理想, 因为我们有 $(S^{-1}\mathfrak{I})^n = S^{-1}\mathfrak{I}^n$. 设 A'' 是 $S^{-1}A$ 的分离化, $\mathfrak{I}''$ 是 $S^{-1}\mathfrak{I}$ 在 A'' 中的像, 则 $S^{-1}\mathfrak{I}^n$ 的像就是 $\mathfrak{I}''^n$, 从而 $\mathfrak{I}''^n$ 在 A'' 中趋于 0. 由于 $\mathfrak{I}'$ 是 $\mathfrak{I}''$ 在 A' 中的闭包, 故知 $\mathfrak{I}'^n$ 包含在 $\mathfrak{I}''^n$ 的闭包之中, 从而在 A' 中趋于 0.

(ii) 令 $A_i = A/\mathfrak{I}^{i+1}$, 并且对于 $i \leqslant j$, 设 u_{ij} 是典范同态 $A/\mathfrak{I}^{j+1} \to A/\mathfrak{I}^{i+1}$; 设 S_i 是 S 在 A_i 中的典范像, 并且令 $A_i' = S_i^{-1}A_i$; 最后, 设 $u_{ij}' : A_j' \to A_i'$ 是 u_{ij} 所

典范导出的同态. 我们来证明, 投影系 (A'_i, u'_{ij}) 满足命题 (7.2.7) 中的条件. 首先易见 u'_{ij} 都是满的, 另一方面, u'_{ij} 的核是 $S_j^{-1}(\mathfrak{I}^{i+1}/\mathfrak{I}^{j+1})$ (1.3.2), 它就等于 $\mathfrak{I}'^{i+1}_j$, 其中 $\mathfrak{I}'_j = S_j^{-1}(\mathfrak{I}/\mathfrak{I}^{j+1})$. 最后, $\mathfrak{I}'_1/\mathfrak{I}'^2_1 = S_1^{-1}(\mathfrak{I}/\mathfrak{I}^2)$, 且由于 $\mathfrak{I}/\mathfrak{I}^2$ 在 $A/\mathfrak{I}^2$ 上是有限型的, 故知 $\mathfrak{I}'_1/\mathfrak{I}'^2_1$ 在 A'_1 上是有限型的. 现在若 A 是 Noether 的, 则 $A'_0 = S_0^{-1}(A/\mathfrak{I})$ 也是如此, 这就完成了命题的证明 (7.2.8).

推论 (7.6.12) —— 在 (7.6.11, (ii)) 的前提条件下, 我们有 $(\mathfrak{I}\{S^{-1}\})^n = \mathfrak{I}^n\{S^{-1}\}$.

事实上, 这是缘自 (7.2.7) 以及 (7.6.11) 的证明过程.

命题 (7.6.13) —— 设 A 是一个 Noether 进制环, S 是 A 的一个乘性子集, 则 $A\{S^{-1}\}$ 是平坦 A 模.

事实上, 若 $\mathfrak{I}$ 是 A 的一个定义理想, 则 $A\{S^{-1}\}$ 就是 Noether 环 $S^{-1}A$ 在 $S^{-1}\mathfrak{I}$ 进拓扑下的分离完备化, 从而 (7.3.3) $A\{S^{-1}\}$ 是平坦 $S^{-1}A$ 模. 由于 $S^{-1}A$ 是平坦 A 模 (6.3.1), 故命题缘自平坦条件的传递性 (6.2.1).

推论 (7.6.14) —— 在 (7.6.13) 的前提条件下, 设 $S' \subseteq S$ 是 A 的另一个乘性子集, 则 $A\{S^{-1}\}$ 是平坦 $A\{S'^{-1}\}$ 模.

事实上 (7.6.8), $A\{S^{-1}\}$ 可以典范等同于 $A\{S'^{-1}\}\{S_0^{-1}\}$, 其中 S_0 是 S 在 $A\{S'^{-1}\}$ 中的典范像, 并且 $A\{S'^{-1}\}$ 是 Noether 的 (7.6.11).

(7.6.15) 对于线性拓扑环 A 中的任何一个元素 f, 我们都用 $A_{\{f\}}$ 来记完备分式环 $A\{S_f^{-1}\}$, 其中 S_f 是由这些 f^n $(n \geqslant 0)$ 所组成的乘性子集; 对于 A 的开理想 $\mathfrak{a}$, 我们用记号 $\mathfrak{a}_{\{f\}}$ 来表示 $\mathfrak{a}\{S_f^{-1}\}$. 若 g 是 A 的另一个元素, 则我们有一个典范连续同态 $A_{\{f\}} \to A_{\{fg\}}$ (7.6.7). 当 f 跑遍 A 的某个乘性子集 S 时, 这些 $A_{\{f\}}$ 在上述同态下构成环的一个滤相归纳系, 我们令 $A_{\{S\}} = \varinjlim\limits_{f \in S} A_{\{f\}}$. 对任意 $f \in S$, 我们都有一个同态 $A_{\{f\}} \to A\{S^{-1}\}$ (7.6.7), 并且这些同态构成归纳系, 通过取归纳极限, 它们就定义出一个典范同态 $A_{\{S\}} \to A\{S^{-1}\}$.

命题 (7.6.16) —— 若 A 是一个 Noether 环, 则 $A\{S^{-1}\}$ 是 $A_{\{S\}}$ 上的平坦模.

事实上 (7.6.14), $A\{S^{-1}\}$ 在每个环 $A_{\{f\}}$ $(f \in S)$ 上都是平坦的, 从而结论缘自 (6.2.3).

命题 (7.6.17) —— 设 $\mathfrak{p}$ 是可容环 A 的一个开素理想, 并设 $S = A \setminus \mathfrak{p}$. 则环 $A\{S^{-1}\}$ 和 $A_{\{S\}}$ 都是局部环, 典范同态 $A_{\{S\}} \to A\{S^{-1}\}$ 是局部同态, 并且 $A_{\{S\}}$ 和 $A\{S^{-1}\}$ 的剩余类域都典范同构于 $A/\mathfrak{p}$ 的分式域.

事实上, 设 $\mathfrak{I} \subseteq \mathfrak{p}$ 是 A 的一个定义理想, 则我们有 $S^{-1}\mathfrak{I} \subseteq S^{-1}\mathfrak{p} = \mathfrak{p}A_{\mathfrak{p}}$, 从而 $A_{\mathfrak{p}}/S^{-1}\mathfrak{I}$ 局部环, 由 (7.1.12), (7.6.9) 和 (7.6.11, (i)) 又可推出 $A\{S^{-1}\}$ 是局部

环. 令 $\mathfrak{m} = \lim\limits_{f \in S} \mathfrak{p}_{\{f\}}$, 它是 $A_{\{S\}}$ 的一个理想, 我们来证明, $A_{\{S\}}$ 的任何不属于 $\mathfrak{m}$ 的元素都是可逆的. 事实上, 这样的元素一定是某个不属于 $\mathfrak{p}_{\{f\}}$ 的元素 $z \in A_{\{f\}}$ 在 $A_{\{S\}}$ 中的像 (对某个 $f \in S$), 从而该元素在 $A_{\{f\}}/\mathfrak{I}_{\{f\}} = S_f^{-1}(A/\mathfrak{I})$ 中的典范像 z_0 也不属于 $S_f^{-1}(\mathfrak{p}/\mathfrak{I})$ (7.6.9), 这就意味着 $z_0 = \bar{x}/\bar{f}^k$, 其中 $x \notin \mathfrak{p}$, 并且 $\bar{x}, \bar{f}$ 是指 x, f 的模 $\mathfrak{I}$ 剩余类. 由于 $x \in S$, 故有 $g = xf \in S$, 并且 $x/f^k \in S_f^{-1}A$ 在 $S_g^{-1}A$ 中的典范像 $y_0 = x^{k+1}/f^k$ 具有逆元素 $x^{k-1}f^{2k}/g^k$. 这表明 y_0 在 $S_g^{-1}A/S_g^{-1}\mathfrak{I}$ 中的像也是可逆的, 因而 (7.6.9 和 7.1.12) z 在 $A_{\{g\}}$ 中的典范像 y 是可逆的, 从而 z 在 $A_{\{S\}}$ 中的像 (等于 y 的像) 是可逆的. 故知 $A_{\{S\}}$ 是局部环, 极大理想为 $\mathfrak{m}$, 进而, $\mathfrak{p}_{\{f\}}$ 在 $A\{S^{-1}\}$ 中的像包含在极大理想 $\mathfrak{p}\{S^{-1}\}$ 之中, 自然 $\mathfrak{m}$ 在 $A\{S^{-1}\}$ 中的像也就包含在 $\mathfrak{p}\{S^{-1}\}$ 之中, 从而典范同态 $A_{\{S\}} \to A\{S^{-1}\}$ 是局部同态. 最后, 由于 $A\{S^{-1}\}/\mathfrak{p}\{S^{-1}\}$ 的任何元素都是某个环 $S_f^{-1}A$ (其中 $f \in S$) 里的某个元素的像, 故知同态 $A_{\{S\}} \to A\{S^{-1}\}/\mathfrak{p}\{S^{-1}\}$ 是满的, 从而通过取商就给出了剩余类域之间的一个同构.

推论 (7.6.18) — 在 (7.6.17) 的前提条件下, 若进而假设 A 是 *Noether* 进制环, 则局部环 $A\{S^{-1}\}$ 和 $A_{\{S\}}$ 都是 *Noether* 的, 并且 $A\{S^{-1}\}$ 是忠实平坦 $A_{\{S\}}$ 模.

已经知道 $A\{S^{-1}\}$ 是 Noether 的 (7.6.11, (ii)), 并且是 $A_{\{S\}}$ 平坦的 (7.6.16). 现在由于 $A_{\{S\}} \to A\{S^{-1}\}$ 是局部同态, 故知 $A\{S^{-1}\}$ 是忠实平坦的 $A_{\{S\}}$ 模 (6.6.2), 从而 $A_{\{S\}}$ 是 Noether 的 (6.5.2).

7.7 完备张量积

(7.7.1) 设 A 是一个线性拓扑环, M, N 是两个线性拓扑 A 模. 设 $\mathfrak{I}, V, W$ 分别是 0 在 A, M, N 中的邻域, 并且都是 A 模, 还满足 $\mathfrak{I}.M \subseteq V$, $\mathfrak{I}.N \subseteq W$, 则可以把 M/V 和 N/W 都看作是 $A/\mathfrak{I}$ 模. 易见当 $\mathfrak{I}, V, W$ 跑遍所有满足上述条件的开邻域时, 这些模 $(M/V) \otimes_{A/\mathfrak{I}} (N/W)$ 构成环投影系 $\{A/\mathfrak{I}\}$ 上的一个模投影系, 通过取投影极限, 则可以导出 A 的分离完备化 $\widehat{A}$ 上的一个模, 称为 M 和 N 的完备张量积, 并记作 $(M \otimes_A N)\widehat{}$. 若注意到 M/V 可以典范同构于 $\widehat{M}/\overline{V}$, 其中 $\widehat{M}$ 是 M 的分离完备化, $\overline{V}$ 是 V 在 $\widehat{M}$ 中的像的闭包, 则易见完备张量积 $(M \otimes_A N)\widehat{}$ 可以典范等同于 $(\widehat{M} \otimes_{\widehat{A}} \widehat{N})\widehat{}$, 后者也被记为 $\widehat{M} \widehat{\otimes}_{\widehat{A}} \widehat{N}$.

(7.7.2) 在同样的记号下, 张量积 $(M/V) \otimes_A (N/W)$ 可以典范等同于 $(M/V) \otimes_{A/\mathfrak{I}} (N/W)$, 从而它们也可以等同于 $(M \otimes_A N)/(\mathrm{Im}(V \otimes_A N) + \mathrm{Im}(M \otimes_A W))$. 由此可知, 在以诸子模

$$\mathrm{Im}(V \otimes_A N) + \mathrm{Im}(M \otimes_A W)$$

(V 和 W 分别跑遍 M 和 N 的开子模的集合) 为 0 的基本邻域组的拓扑下, $(M \otimes_A N)\widehat{}$ 就是 A 模 $M \otimes_A N$ 的分离完备化. 我们将把 $M \otimes_A N$ 的上述拓扑简称为 M

和 N 上的拓扑的张量积拓扑.

(7.7.3) 设 M', N' 是两个线性拓扑 A 模, $u: M \to M'$, $v: N \to N'$ 是两个连续同态, 则易见 $u \otimes v$ 对于 $M \otimes N$ 和 $M' \otimes N'$ 上的张量积拓扑来说是连续的. 通过取分离完备化, 则可以导出一个连续同态 $(M \otimes_A N)^\wedge \to (M' \otimes_A N')^\wedge$, 我们记之为 $u \hat{\otimes} v$, 从而 $(M \otimes_A N)^\wedge$ 是线性拓扑 A 模范畴上的一个二元函子(关于 M 和 N).

(7.7.4) 同样地, 可以定义有限个线性拓扑 A 模的完备张量积, 且易见这些张量积具有通常所说的结合性和交换性.

(7.7.5) 若 B, C 是两个线性拓扑 A 代数, 则 $B \otimes_A C$ 上的张量积拓扑以代数 $B \otimes_A C$ 的诸理想 $\mathrm{Im}(\mathfrak{K} \otimes_A C) + \mathrm{Im}(B \otimes_A \mathfrak{L})$ 为 0 的一个基本邻域组, 其中 $\mathfrak{K}$ (切转: $\mathfrak{L}$) 跑遍 B (切转: C) 的开理想的集合. 从而, $(B \otimes_A C)^\wedge$ 具有一个拓扑 $\widehat{A}$ 代数的结构, 它就是 $(A/\mathfrak{I})$ 代数的投影系 $(B/\mathfrak{K}) \otimes_{A/\mathfrak{I}} (C/\mathfrak{L})$ 的投影极限 ($\mathfrak{I}$ 是 A 的一个满足 $\mathfrak{I}.B \subseteq \mathfrak{K}$, $\mathfrak{I}.C \subseteq \mathfrak{L}$ 的开理想, 这样的开理想总是存在的). 我们把这个代数称为 B 和 C 的完备张量积.

(7.7.6) 设 $B \otimes_A C$ 上带有张量积拓扑, 则 B 和 C 到 $B \otimes_A C$ 的 A 代数同态 $b \mapsto b \otimes 1$, $c \mapsto 1 \otimes c$ 都是连续的, 把它们再与 $B \otimes_A C$ 到其分离完备化的典范同态进行合成, 则可以给出典范同态 $\rho: B \to (B \otimes_A C)^\wedge$, $\sigma: C \to (B \otimes_A C)^\wedge$. 进而, 代数 $(B \otimes_A C)^\wedge$ 和同态 ρ, σ 的三元组具有下面的普适性质: 对任意分离完备的线性拓扑 A 代数 D 和任意一组连续 A 同态 $u: B \to D$, $v: C \to D$, 均有唯一一个连续 A 同态 $w: (B \otimes_A C)^\wedge \to D$, 使得 $u = w \circ \rho$ 且 $v = w \circ \sigma$. 事实上, 我们总有唯一一个 A 同态 $w_0: B \otimes_A C \to D$, 使得 $u(b) = w_0(b \otimes 1)$, $v(c) = w_0(1 \otimes c)$, 只需证明 w_0 是连续的, 因为这样它就可以延拓到分离完备化上而给出连续同态 w. 现在若 $\mathfrak{M}$ 是 D 的一个开理想, 则根据前提条件, 可以找到开理想 $\mathfrak{K} \subseteq B$ 和 $\mathfrak{L} \subseteq C$, 使得 $u(\mathfrak{K}) \subseteq \mathfrak{M}$ 且 $v(\mathfrak{L}) \subseteq \mathfrak{M}$, 于是 $\mathrm{Im}(\mathfrak{K} \otimes_A C) + \mathrm{Im}(B \otimes_A \mathfrak{L})$ 在 w_0 下的像也包含在 $\mathfrak{M}$ 之中, 故得我们的结论.

命题 (7.7.7) — 若 B 和 C 是两个预可容的 A 代数, 则 $(B \otimes_A C)^\wedge$ 是可容的, 并且若 $\mathfrak{K}$ (切转: $\mathfrak{L}$) 是 B (切转: C) 的一个定义理想, 则 $\mathfrak{H} = \mathrm{Im}(\mathfrak{K} \otimes_A C) + \mathrm{Im}(B \otimes_A \mathfrak{L})$ 在 $(B \otimes_A C)^\wedge$ 中的典范像的闭包是一个定义理想.

只需证明 $\mathfrak{H}^n$ 在张量积拓扑下趋于 0, 而这可由包含关系

$$\mathfrak{H}^{2n} \subseteq \mathrm{Im}(\mathfrak{K}^n \otimes_A C) + \mathrm{Im}(B \otimes_A \mathfrak{L}^n)$$

立得.

命题 (7.7.8) — 设 A 是一个进制环, $\mathfrak{I}$ 是 A 的一个定义理想, M 是一个**有限型** A 模, 带有 $\mathfrak{I}$ 预进拓扑. 则对任意 Noether 进制拓扑 A 代数 B, $B \otimes_A M$ 都可以等同于完备张量积 $(B \otimes_A M)^\wedge$.

若 $\mathfrak{K}$ 是 B 的一个定义理想, 则根据前提条件, 可以找到一个整数 m, 使得 $\mathfrak{I}^m B \subseteq \mathfrak{K}$, 从而 $\operatorname{Im}(B \otimes_A \mathfrak{I}^{nm} M) = \operatorname{Im}(\mathfrak{I}^{nm} B \otimes_A M) \subseteq \operatorname{Im}(\mathfrak{K}^n B \otimes_A M) = \mathfrak{K}^n(B \otimes_A M)$. 由此可知, $B \otimes_A M$ 上的张量积拓扑就是 $\mathfrak{K}$ 预进拓扑. 由于 $B \otimes_A M$ 是一个有限型 B 模, 故命题可由 (7.3.6) 立得.

7.8 同态模上的拓扑

(7.8.1) 设 A 是一个 *Noether* 进制环, $\mathfrak{I}$ 是一个定义理想, M, N 是两个有限型 A 模, 带有 $\mathfrak{I}$ 预进拓扑, 我们知道 (7.3.6), 它们都是分离且完备的, 进而, 任何 A 同态 $M \to N$ 都自动成为连续的, 并且 A 模 $\operatorname{Hom}_A(M, N)$ 是有限型的. 对任意整数 $i \geqslant 0$, 令 $A_i = A/\mathfrak{I}^{i+1}$, $M_i = M/\mathfrak{I}^{i+1}M$, $N_i = N/\mathfrak{I}^{i+1}N$, 则对于 $i \leqslant j$, 任何同态 $u_j : M_j \to N_j$ 都把 $\mathfrak{I}^{i+1} M_j$ 映到 $\mathfrak{I}^{i+1} N_j$ 之中, 从而通过取商可以给出一个同态 $u_i : M_i \to N_i$, 这就定义了一个典范同态 $\operatorname{Hom}_{A_j}(M_j, N_j) \to \operatorname{Hom}_{A_i}(M_i, N_i)$. 进而, 诸 $\operatorname{Hom}_{A_i}(M_i, N_i)$ 在这些同态下构成一个投影系, 故由 (7.2.10) 知, 我们有一个典范同构 $\varphi : \operatorname{Hom}_A(M, N) \to \varprojlim \operatorname{Hom}_{A_i}(M_i, N_i)$, 进而:

命题 (7.8.2) — 设 A 是一个 *Noether* 进制环, $\mathfrak{I}$ 是一个定义理想, M 和 N 是两个有限型 A 模, 则这些子模 $\operatorname{Hom}_A(M, \mathfrak{I}^{i+1}N)$ 构成 0 在 $\operatorname{Hom}_A(M, N)$ 中的一个基本邻域组 (关于 $\mathfrak{I}$ 进拓扑), 并且典范同态 $\varphi : \operatorname{Hom}_A(M, N) \to \varprojlim \operatorname{Hom}_{A_i}(M_i, N_i)$ 是一个拓扑同构.

事实上, 可以把 M 看作是某个有限型自由 A 模 L 的商模, 从而 $\operatorname{Hom}_A(M, N)$ 可以等同于 $\operatorname{Hom}_A(L, N)$ 的一个子模. 在这个等同下, $\operatorname{Hom}_A(M, \mathfrak{I}^{i+1}N)$ 就是 $\operatorname{Hom}_A(M, N)$ 和 $\operatorname{Hom}_A(L, \mathfrak{I}^{i+1}N)$ 的交集. 由于 $\operatorname{Hom}_A(L, N)$ 上的 $\mathfrak{I}$ 进拓扑在 $\operatorname{Hom}_A(M, N)$ 上所诱导的拓扑就是后者的 $\mathfrak{I}$ 进拓扑 (7.3.2), 从而命题的第一部分可以归结为 $M = L = A^m$ 的情形, 而此时 $\operatorname{Hom}_A(L, N) = N^m$, $\operatorname{Hom}_A(L, \mathfrak{I}^{i+1}N) = (\mathfrak{I}^{i+1}N)^m = \mathfrak{I}^{i+1}N^m$, 从而结论是显然的. 下面证明第二部分, 注意到当 $j \leqslant i$ 时, $\operatorname{Hom}_A(M, \mathfrak{I}^{i+1}N)$ 在 $\operatorname{Hom}_{A_j}(M_j, N_j)$ 中的像等于 0, 从而 φ 是连续的, 反过来, $\operatorname{Hom}_{A_i}(M_i, N_i)$ 中的 0 在 $\operatorname{Hom}_A(M, N)$ 中的逆像就是 $\operatorname{Hom}_A(M, \mathfrak{I}^{i+1}N)$, 从而 φ 是双向连续的.

如果只假设 A 是 *Noether* 预进制环, $\mathfrak{I}$ 是定义理想, M, N 是有限型 A 模, 并且在 $\mathfrak{I}$ 预进拓扑下都是分离的, 则上面对 (7.8.2) 的第一个结论的证明仍然是有效的, 并且此时 φ 就是 $\operatorname{Hom}_A(M, N)$ 到 $\varprojlim\limits_i \operatorname{Hom}_{A_i}(M_i, N_i)$ 的某个子模的拓扑同构.

命题 (7.8.3) — 在 (7.8.2) 的前提条件下, M 到 N 的全体单同态 (切转: 满同态, 同构) 所组成的集合是 $\operatorname{Hom}_A(M, N)$ 的一个开子集.

事实上, 依照 (7.3.5) 和 (7.1.14), 为了使 u 是满的, 必须且只需对应的同态 $u_0 : M/\mathfrak{I}M \to N/\mathfrak{I}N$ 是如此, 从而 M 到 N 的满同态的集合就是离散空间 $\operatorname{Hom}_{A_0}(M_0, N_0)$ 的一个子集在连续映射 $\operatorname{Hom}_A(M, N) \to \operatorname{Hom}_{A_0}(M_0, N_0)$ 下的逆像. 再来证明单

同态的集合是开的. 设 v 是一个单同态, 并且令 $M' = v(M)$, 则根据 Artin-Rees 引理 (7.3.2.1), 可以找到一个整数 $k \geqslant 0$, 使得对任意 $m > 0$, 均有 $M' \cap \mathfrak{I}^{m+k}N \subseteq \mathfrak{I}^m M'$. 我们要说明, 对于 $w \in \mathfrak{I}^{k+1}\mathrm{Hom}_A(M, N)$, 同态 $u = v + w$ 都是单的, 这就能完成证明. 事实上, 设 $x \in M$ 满足 $u(x) = 0$, 则只需证明对任意 $i \geqslant 0$, 关系式 $x \in \mathfrak{I}^i M$ 都蕴涵 $x \in \mathfrak{I}^{i+1}M$, 因为它就给出了 $x \in \bigcap_{i \geqslant 0} \mathfrak{I}^i M = 0$. 现在我们有 $w(x) \in \mathfrak{I}^{i+k+1}N$, 并且还有 $w(x) = -v(x) \in M'$, 从而 $v(x) \in M' \cap \mathfrak{I}^{i+k+1}N \subseteq \mathfrak{I}^{i+1}M'$, 且由于 v 是 M 到 M' 的同构, 故知 $x \in \mathfrak{I}^{i+1}M$, 证明完毕.

(待续)

第一章 概形语言

概要

§1. 仿射概形.

§2. 概形及概形态射.

§3. 概形的纤维积.

§4. 子概形和浸入态射.

§5. 既约概形; 分离条件.

§6. 有限性条件.

§7. 有理映射.

§8. Chevalley 概形.

§9. 拟凝聚层的补充.

§10. 形式概形.

§1 到 §8 将建立一套语言, 它们是以后所有章节的基础. 不过从本书的整体精神来看, §7 和 §8 相比其他各节不是很有用, 也不太重要, 我们将不会使用 Chevalley 概形这个概念, 仅限于点出这里的新语言与 Chevalley [1] 及 Nagata [9] 的关系. §9 中将给出一些与拟凝聚层有关的定义和结果, 其中有些结果是整体性的, 并非只是把交换代数的概念翻译成 "几何" 语言, 这部分内容在我们后面考察态射的整体性质时将是不可缺少的. 最后, §10 中引入了概形的一个推广 (即形式概形), 我们将在第 III 章中使用它来给出紧合态射上同调基本定理的一个方便的陈述和证明. 此外, 形式概形的概念对于 "参模理论" (代数概形的分类理论) 来说也是不可缺少的工具.

§10 中的结果要等到第 III 章的 §3 时才会被用到, 建议读者可以暂时把它略过.

§1. 仿射概形

1.1 环的素谱

(1.1.1) 记号: 设 A 是一个 (交换) 环, M 是一个 A 模. 在本章及以后各章中, 我们将使用下面一些记号.

Spec $A = A$ 的全体素理想的集合, 也称为 A 的谱或者素谱. 对于一个元素 $x \in X = \operatorname{Spec} A$, 我们也经常把它改写成 $\mathfrak{j}_x$. 要使 Spec A 是空的, 必须且只需环 A 只含有 0.

$A_x = A_{\mathfrak{j}_x} = $ 分式 (局部) 环 $S^{-1}A$, 其中 $S = A \smallsetminus \mathfrak{j}_x$.

$\mathfrak{m}_x = \mathfrak{j}_x A_{\mathfrak{j}_x} = A_x$ 的极大理想.

$k(x) = A_x/\mathfrak{m}_x = A_x$ 的剩余类域, 它典范同构于整环 $A/\mathfrak{j}_x$ 的分式域, 我们总把两者相等同.

$f(x) = f$ 的模 $\mathfrak{j}_x$ 剩余类, 其中 $f \in A$ 且 $x \in X$, 它是 $A/\mathfrak{j}_x \subseteq k(x)$ 中的元素. 我们把 $f(x)$ 称为 f 在点 $x \in \operatorname{Spec} A$ 处的值, $f(x) = 0$ 和 $f \in \mathfrak{j}_x$ 是等价的.

$M_x = M \otimes_A A_x = M$ 的以 $A \smallsetminus \mathfrak{j}_x$ 为分母的分式模.

$\mathfrak{r}(E) = $ 由 A 的子集 E 所生成的理想的根.

$V(E) = $ 满足 $E \subseteq \mathfrak{j}_x$ 的点 $x \in X$ 的集合 (它也是使得对任意 $f \in E$ 均有 $f(x) = 0$ 的那些点 $x \in X$ 所组成的集合), 这里 $E \subseteq A$. 从而我们有

$$(1.1.1.1) \qquad\qquad \mathfrak{r}(E) = \bigcap_{x \in V(E)} \mathfrak{j}_x.$$

$V(f) = V(\{f\})$, 其中 $f \in A$.

$D(f) = X \smallsetminus V(f) = $ 满足 "$f(x) \neq 0$" 的点 $x \in X$ 的集合.

命题 (1.1.2) — 以下诸性质成立:

(i) $V(0) = X$, $V(1) = \varnothing$.

(ii) $E \subseteq E'$ 蕴涵 $V(E) \supseteq V(E')$.

(iii) 对于 A 的任意一族子集 (E_λ), 均有 $V\left(\bigcup_\lambda E_\lambda\right) = V\left(\sum_\lambda E_\lambda\right) = \bigcap_\lambda V(E_\lambda)$.

(iv) $V(EE') = V(E) \cup V(E')$.

(v) $V(E) = V(\mathfrak{r}(E))$.

性质 (i), (ii), (iii) 是显然的, (v) 缘自 (ii) 和公式 (1.1.1.1). 易见 $V(EE') \supseteq V(E) \cup V(E')$, 反过来, 若 $x \notin V(E)$ 并且 $x \notin V(E')$, 则可以找到 $f \in E$ 和 $f' \in E'$,

使得 $f(x) \neq 0$ 且 $f'(x) \neq 0$ (在 $\boldsymbol{k}(x)$ 中), 故有 $f(x)f'(x) \neq 0$, 换句话说 $x \notin V(EE')$, 这就证明了 (iv).

命题 (1.1.2) 表明, 这些 $V(E)$ (其中 E 跑遍 A 的全体子集) 所组成的集合满足拓扑空间的闭集公理, 从而在 X 上定义了一个拓扑结构, 我们称此为 *Zariski* 拓扑[1]. 没有特别说明的话, 我们总假设 $X = \operatorname{Spec} A$ 上带有 Zariski 拓扑.

(1.1.3) 对于 X 的一个子集 Y, 我们用 $\mathrm{j}(Y)$ 来记集合 $\{f \in A \mid$ 对任意 $y \in Y$ 均有 $f(y) = 0\}$, 这也相当于说, $\mathrm{j}(Y)$ 是所有素理想 j_y $(y \in Y)$ 的交集. 易见 $Y \subseteq Y'$ 蕴涵 $\mathrm{j}(Y) \supseteq \mathrm{j}(Y')$, 并且我们有

$$(1.1.3.1) \qquad \mathrm{j}\left(\bigcup_\lambda Y_\lambda\right) = \bigcap_\lambda \mathrm{j}(Y_\lambda),$$

其中 Y_λ 是 X 的任意一族子集. 最后, 我们有

$$(1.1.3.2) \qquad \mathrm{j}(\{x\}) = \mathrm{j}_x.$$

命题 (1.1.4) — (i) 对于 A 的任意子集 E, 均有 $\mathrm{j}(V(E)) = \mathfrak{r}(E)$.
(ii) 对于 X 的任意子集 Y, 均有 $V(\mathrm{j}(Y)) = \overline{Y}$, 后者是 Y 在 X 中的闭包.

(i) 可由定义和 (1.1.1.1) 立得. 另一方面, $V(\mathrm{j}(Y))$ 是 X 的闭集, 并且包含 Y, 反过来, 若 $Y \subseteq V(E)$, 则对任意 $f \in E$ 和任意 $y \in Y$, 均有 $f(y) = 0$, 从而 $E \subseteq \mathrm{j}(Y)$, $V(E) \supseteq V(\mathrm{j}(Y))$, 这就证明了 (ii).

推论 (1.1.5) — 在 $X = \operatorname{Spec} A$ 的闭子集与 A 的根式理想 (亦即, 一些素理想的交集) 之间有一个一一对应, 定义方法是 $Y \mapsto \mathrm{j}(Y)$, $\mathfrak{a} \mapsto V(\mathfrak{a})$, 它们都是递减映射. 与两个闭子集 Y_1, Y_2 的并集 $Y_1 \cup Y_2$ 相对应的理想是 $\mathrm{j}(Y_1) \cap \mathrm{j}(Y_2)$, 与一族闭子集 (Y_λ) 的交集相对应的理想是这些 $\mathrm{j}(Y_\lambda)$ 的和.

推论 (1.1.6) — 若 A 是一个 *Noether* 环, 则 $X = \operatorname{Spec} A$ 是一个 *Noether* 空间.

注意到这个推论的逆命题是不成立的, 因为可以找到只有一个非零素理想但又不是 Noether 环的整环, 比如秩为 1 的非离散赋值环[2].

下面举一个不是 Noether 空间的素谱的例子, 设 A 是某个无限的紧空间[3] Y 上的连续实函数环 $\mathscr{C}(Y)$. 我们知道作为集合, Y 可以等同于 A 的极大理想的集合, 并且容易证明, $X = \operatorname{Spec} A$ 在 Y 上所诱导的拓扑就是 Y 上原有的拓扑. 但由于 Y 不是 Noether 空间, 从而 X 也不是.

---

[1] Zariski 首先把这个拓扑引入代数几何中.
[2] 译注: 非离散赋值环中的 "非离散" 是针对赋值来说的, 并没有拓扑含义.
[3] 译注: 紧空间 = 满足 Hausdorff 分离公理的拟紧空间.

推论 (1.1.7) — 对于 $x \in X$, $\{x\}$ 的闭包就是由满足 $j_x \subseteq j_y$ 的点 $y \in X$ 所组成的集合. 为了使 $\{x\}$ 是闭的, 必须且只需 j_x 是极大的.

推论 (1.1.8) — $X = \mathrm{Spec}\, A$ 是一个 *Kolmogoroff* 空间.

事实上, 若 x, y 是 X 的两个不同的点, 则要么 $j_x \not\subseteq j_y$, 要么 $j_y \not\subseteq j_x$, 从而不论是哪种情况, x, y 中必有一点没有落在另一点的闭包里.

(1.1.9) 根据命题 (1.1.2, (iv)), 对于 A 的两个元素 f, g, 我们有

(1.1.9.1) $$D(fg) = D(f) \cap D(g).$$

再注意到根据命题 (1.1.4, (i)) 和命题 (1.1.2, (v)), $D(f) = D(g)$ 等价于 $\mathfrak{r}(f) = \mathfrak{r}(g)$, 这也相当于说, 包含 (f) 的素理想与包含 (g) 的素理想有相同的极小元, 特别地, 当 $f = ug$ 且 u 是可逆元的时候, 情况就是这样的.

命题 (1.1.10) — (i) 当 f 跑遍 A 时, 形如 $D(f)$ 的开集构成 X 的一个拓扑基. (ii) 对任意 $f \in A$, $D(f)$ 都是拟紧的. 特别地, $X = D(1)$ 是拟紧的.

(i) 设 U 是 X 的一个开集. 根据定义, 可以找到 A 的一个子集 E, 使得 $U = X \smallsetminus V(E)$, 于是 $V(E) = \bigcap_{f \in E} V(f)$, 故有 $U = \bigcup_{f \in E} D(f)$.

(ii) 根据 (i), 只需证明若 $(f_\lambda)_{\lambda \in L}$ 是 A 中的一族元素, 且满足 $D(f) \subseteq \bigcup_{\lambda \in L} D(f_\lambda)$, 则可以找到 L 的一个有限子集 J, 使得 $D(f) \subseteq \bigcup_{\lambda \in J} D(f_\lambda)$. 设 $\mathfrak{a}$ 是由这些 f_λ 所生成的理想, 根据前提条件, 我们有 $V(f) \supseteq V(\mathfrak{a})$, 从而 $\mathfrak{r}(f) \subseteq \mathfrak{r}(\mathfrak{a})$. 由于 $f \in \mathfrak{r}(f)$, 故可找到一个整数 $n \geqslant 0$, 使得 $f^n \in \mathfrak{a}$. 于是 f^n 落在了由某个有限子族 $(f_\lambda)_{\lambda \in J}$ 所生成的理想 $\mathfrak{b}$ 之中, 因而有 $V(f) = V(f^n) \supseteq V(\mathfrak{b}) = \bigcap_{\lambda \in J} V(f_\lambda)$, 也就是说, $D(f) \subseteq \bigcup_{\lambda \in J} D(f_\lambda)$.

命题 (1.1.11) — 对于 A 的任意理想 $\mathfrak{a}$, $\mathrm{Spec}(A/\mathfrak{a})$ 都可以典范等同于 $\mathrm{Spec}\, A$ 的闭子空间 $V(\mathfrak{a})$.

事实上, 我们知道在 $A/\mathfrak{a}$ 的理想 (切转: 素理想) 与 A 的包含 $\mathfrak{a}$ 的理想 (切转: 素理想) 之间有一个保持包含关系的一一对应.

还记得 A 的全体幂零元所组成的集合 $\mathfrak{N}$ (或称 A 的诣零根) 是一个理想, 且等于 $\mathfrak{r}(0)$, 它就是 A 的所有素理想的交集 (**0**, 1.1.1).

推论 (1.1.12) — 作为拓扑空间, $\mathrm{Spec}\, A$ 与 $\mathrm{Spec}(A/\mathfrak{N})$ 是典范同构的.

命题 (1.1.13) — 为了使 $X = \mathrm{Spec}\, A$ 是不可约的 (**0**, 2.1.1), 必须且只需环 $A/\mathfrak{N}$ 是整的 (这也相当于说, $\mathfrak{N}$ 是素理想).

依照推论 (1.1.12), 可以限于考虑 $\mathfrak{N} = (0)$ 的情形. 若 X 是可约的, 则可以找

到 X 的两个真闭子集 Y_1, Y_2, 使得 $X = Y_1 \cup Y_2$, 故有 $\mathfrak{j}(X) = \mathfrak{j}(Y_1) \cap \mathfrak{j}(Y_2) = 0$, 现在 $\mathfrak{j}(Y_1)$ 和 $\mathfrak{j}(Y_2)$ 都不等于 (0) $(1.1.5)$, 从而 A 不是整的. 反过来, 若在 A 中有两个元素 $f \neq 0$, $g \neq 0$ 满足 $fg = 0$, 则有 $V(f) \neq X$, $V(g) \neq X$ (因为所有素理想的交集是 (0)), 因而 $X = V(fg) = V(f) \cup V(g)$ 是可约的.

推论 (1.1.14) — (i) 在 $X = \operatorname{Spec} A$ 的闭子集与 A 的根式理想之间的一一对应下, X 的不可约闭子集恰好对应着 A 的素理想. 特别地, X 的不可约分支恰好对应着 A 的极小素理想.

(ii) 映射 $x \mapsto \overline{\{x\}}$ 建立了 X 中的点与 X 的不可约闭子集之间的一个一一对应(换句话说, X 的任何不可约闭子集都有唯一的一般点).

(i) 可由 $(1.1.13)$ 和 $(1.1.11)$ 立得. 为了证明 (ii), 依照 $(1.1.11)$, 可以限于考虑 X 不可约的情形, 此时根据命题 $(1.1.13)$, A 有一个最小的素理想 $\mathfrak{N}$, 从而它对应着 X 的一个一般点. 进而, X 只能有一个一般点, 因为它是 Kolmogoroff 空间 $((1.1.8)$ 和 $(\mathbf{0}, 2.1.3))$.

命题 (1.1.15) — 若 $\mathfrak{J}$ 是 A 的一个理想, 并且包含在根 $\mathfrak{R}(A)$ 之中, 则 $V(\mathfrak{J})$ 在 $X = \operatorname{Spec} A$ 中只有一个邻域, 就是 X 自身.

事实上, 根据定义, 任何极大理想都落在 $V(\mathfrak{J})$ 中. 由于 A 的任何真理想 $\mathfrak{a}$ 都包含在某个极大理想之中, 故有 $V(\mathfrak{a}) \cap V(\mathfrak{J}) \neq \varnothing$, 这就证明了命题.

1.2 素谱的函子性质

(1.2.1) 设 A, A' 是两个环,

$$\varphi: \ A' \longrightarrow A$$

是一个环同态. 则对任意素理想 $x = \mathfrak{j}_x \in \operatorname{Spec} A = X$, 环 $A'/\varphi^{-1}(\mathfrak{j}_x)$ 都典范同构于 $A/\mathfrak{j}_x$ 的一个子环, 从而是整的, 换句话说, $\varphi^{-1}(\mathfrak{j}_x)$ 是 A' 的一个素理想, 我们把它记为 ${}^{a}\varphi(x)$, 这就定义出一个映射

$$^{a}\varphi: \ X = \operatorname{Spec} A \ \longrightarrow \ X' = \operatorname{Spec} A'$$

(也记为 $\operatorname{Spec}(\varphi)$), 我们称之为同态 φ 的伴生映射. 我们将使用 φ^x 来表示由 φ 通过取商所导出的单同态 $A'/\varphi^{-1}(\mathfrak{j}_x) \to A/\mathfrak{j}_x$, 以及它在分式域上的典范延拓

$$\varphi^x: \ \boldsymbol{k}({}^{a}\varphi(x)) \ \longrightarrow \ \boldsymbol{k}(x).$$

从而根据定义, 对任意 $f' \in A'$ 和 $x \in X$, 我们都有

(1.2.1.1) $$\varphi^x(f'({}^{a}\varphi(x))) = \varphi(f')(x).$$

命题 (1.2.2) — (i) 对于 A' 的任意子集 E', 均有

(1.2.2.1)
$$^a\varphi^{-1}(V(E')) = V(\varphi(E')).$$

特别地, 对任意 $f' \in A'$, 均有

(1.2.2.2)
$$^a\varphi^{-1}(D(f')) = D(\varphi(f')).$$

(ii) 对于 A 的任意理想 $\mathfrak{a}$, 均有

(1.2.2.3)
$$\overline{^a\varphi(V(\mathfrak{a}))} = V(\varphi^{-1}(\mathfrak{a})).$$

事实上, 根据定义, $^a\varphi(x) \in V(E')$ 等价于 $E' \subseteq \varphi^{-1}(\mathfrak{j}_x)$, 从而等价于 $\varphi(E') \subseteq \mathfrak{j}_x$, 这又等价于 $x \in V(\varphi(E'))$, 故得 (i). 为了证明 (ii), 可以假设 $\mathfrak{a}$ 是根式理想, 因为 $V(\mathfrak{r}(\mathfrak{a})) = V(\mathfrak{a})$ (1.1.2, (v)) 并且 $\varphi^{-1}(\mathfrak{r}(\mathfrak{a})) = \mathfrak{r}(\varphi^{-1}(\mathfrak{a}))$. 现在若令 $Y = V(\mathfrak{a})$ 且 $\mathfrak{a}' = \mathfrak{j}(^a\varphi(Y))$, 则有 $\overline{^a\varphi(Y)} = V(\mathfrak{a}')$ (命题 (1.1.4, (ii))). 根据定义, $f' \in \mathfrak{a}'$ 等价于在任意点 $x' \in {}^a\varphi(Y)$ 处均有 $f'(x') = 0$, 从而依照公式 (1.2.1.1), 它也等价于在任意点 $x \in Y$ 处均有 $\varphi(f')(x) = 0$, 或者说 $\varphi(f') \in \mathfrak{j}(Y) = \mathfrak{a}$, 因为 $\mathfrak{a}$ 就等于它的根, 故得 (ii).

推论 (1.2.3) — 映射 $^a\varphi$ 是连续的.

注意到若 A'' 是第三个环, φ' 是一个同态 $A'' \to A'$, 则有 $^a(\varphi' \circ \varphi) = {}^a\varphi \circ {}^a\varphi'$, 这个结果连同推论 (1.2.3) 就意味着 Spec A 是一个从环范畴到拓扑空间范畴的反变函子 (关于 A).

推论 (1.2.4) — 假设 φ 满足条件: 每个 $f \in A$ 都可以写成 $f = h\varphi(f')$ 的形状, 其中 h 在 A 中是可逆的 (特别地, 如果 φ 是满的, 则此条件成立), 则 $^a\varphi$ 是 X 到 $^a\varphi(X)$ 的一个同胚.

我们要证明, 对任意子集 $E \subseteq A$, 均可找到 A' 的一个子集 E', 使得 $V(E) = V(\varphi(E'))$. 由此利用公理 ($\mathbb{T}_0$) (1.1.8) 和公式 (1.2.2.1) 就可以推出 $^a\varphi$ 是单的, 然后仍然根据公式 (1.2.2.1) 便可以推出 $^a\varphi$ 是一个同胚. 现在对每个 $f \in E$, 取出 $f' \in A'$ 和可逆元 $h \in A$, 使得 $h\varphi(f') = f$, 则这些 f' 所组成的集合 E' 就满足我们的要求.

(1.2.5) 特别地, 如果 φ 是 A 到商环 $A/\mathfrak{a}$ 的典范同态, 则这就是 (1.1.12) 的情况, 此时 $^a\varphi$ 就是 $V(\mathfrak{a})$ (等同于 $\mathrm{Spec}(A/\mathfrak{a})$) 到 $X = \mathrm{Spec}\, A$ 的典范含入.

(1.2.4) 的另一个特殊情形是:

推论 (1.2.6) — 若 S 是 A 的一个乘性子集, 则素谱 Spec $S^{-1}A$ (连同拓扑) 可以典范等同于 $X = \mathrm{Spec}\, A$ 中满足 $\mathfrak{j}_x \cap S = \varnothing$ 的点 x 所组成的子空间.

事实上, 我们知道 (**0**, 1.2.6) $S^{-1}A$ 的素理想都具有 $S^{-1}j_x$ 的形状, 其中 $j_x \cap S = \varnothing$, 并且 $j_x = (i_A^S)^{-1}(S^{-1}j_x)$. 从而只需把推论 (1.2.4) 应用到 i_A^S 上即可.

推论 (1.2.7) — 为了使 $\widetilde{\varphi}(X)$ 在 X' 中是处处稠密的, 必须且只需核 $\operatorname{Ker} \varphi$ 中的元素都是幂零的.

事实上, 把公式 (1.2.2.3) 应用到 $\mathfrak{a} = 0$ 上就可以得到 $\overline{\widetilde{\varphi}(X)} = V(\operatorname{Ker} \varphi)$, 而为了使 $V(\operatorname{Ker} \varphi) = X'$, 必须且只需 $\operatorname{Ker} \varphi$ 包含在 A' 的所有素理想之中, 也就是说, 包含在 A' 的诣零根 $\mathfrak{N}'$ 之中.

1.3 模的伴生层

(1.3.1) 设 A 是一个交换环, M 是一个 A 模, f 是 A 的一个元素, S_f 是 A 的由那些 f^n $(n \geqslant 0)$ 所组成的乘性子集. 还记得我们令 $A_f = S_f^{-1}A$, $M_f = S_f^{-1}M$. 若 S_f' 是 A 的由 S_f 中全体元素的全体因子所组成的饱和乘性子集, 则我们知道 A_f 和 M_f 可以典范等同于 $S_f'^{-1}A$ 和 $S_f'^{-1}M$ (**0**, 1.4.3).

引理 (1.3.2) — 以下诸条件是等价的:
a) $g \in S_f'$; b) $S_g' \subseteq S_f'$; c) $f \in \mathfrak{r}(g)$; d) $\mathfrak{r}(f) \subseteq \mathfrak{r}(g)$; e) $V(g) \subseteq V(f)$; f) $D(f) \subseteq D(g)$.

这可由定义和 (1.1.5) 立得.

(1.3.3) 若 $D(f) = D(g)$, 则引理 (1.3.2, b)) 表明 $M_f = M_g$. 更一般地, 若 $D(f) \supseteq D(g)$, 从而 $S_f' \subseteq S_g'$, 则由 (**0**, 1.4.1) 知, 我们有一个函子性的典范同态

$$\rho_{g,f} : \quad M_f \longrightarrow M_g,$$

并且若 $D(f) \supseteq D(g) \supseteq D(h)$, 则有 (**0**, 1.4.4)

(1.3.3.1) $$\rho_{h,g} \circ \rho_{g,f} = \rho_{h,f}.$$

当 f 跑遍 $A \smallsetminus j_x$ 时 (x 是 $X = \operatorname{Spec} A$ 中的一个给定点), 则这些 S_f' 构成 $A \smallsetminus j_x$ 的子集的一个递增滤相系, 因为对于 $A \smallsetminus j_x$ 中的两个元素 f, g, S_f' 和 S_g' 都包含在 S_{fg}' 之中. 由于这些 S_f' ($f \in A \smallsetminus j_x$) 的并集就等于 $A \smallsetminus j_x$, 故知 (**0**, 1.4.5) A_x 模 M_x 可以典范等同于这些 M_f 在同态族 $(\rho_{f,g})$ 下的归纳极限 $\varinjlim M_f$. 对于 $f \in A \smallsetminus j_x$ (这也相当于说, $x \in D(f)$), 我们用记号

$$\rho_x^f : \quad M_f \longrightarrow M_x$$

来表示典范同态.

定义 (1.3.4) — 设 $\mathfrak{B}$ 是素谱 $X = \operatorname{Spec} A$ 上由全体形如 $D(f)$ ($f \in A$) 的开集所组成的拓扑基 (1.1.10) , 则 X 上的结构层(切转: A 模 M 的伴生层)就是指 $\mathfrak{B}$ 上的

预层 $D(f) \mapsto A_f$ (切转: $D(f) \mapsto M_f$) 所生成的环层 (切转: $\widetilde{A}$ 模层), 记作 $\widetilde{A}$ 或 $\mathscr{O}_X$ (切转: $\widetilde{M}$) (**0**, 3.2.1 和 3.5.6).

我们在 (**0**, 3.2.4) 中已经看到, 茎条 $\widetilde{A}_x$ (切转: 茎条 $\widetilde{M}_x$) 可以等同于环 A_x (切转: A_x 模 M_x). 我们将用记号

$$\theta_f : \quad A_f \longrightarrow \Gamma(D(f), \widetilde{A})$$

$$(\text{切转: } \theta_f : \quad M_f \longrightarrow \Gamma(D(f), \widetilde{M}))$$

来表示典范映射, 如此一来, 对任意 $x \in D(f)$ 和任意 $\xi \in M_f$, 均有

(1.3.4.1) $$(\theta_f(\xi))_x = \rho_x^f(\xi).$$

命题 (1.3.5) —— $M \mapsto \widetilde{M}$ 是从 A 模范畴到 $\widetilde{A}$ 模层范畴的一个协变正合函子.

事实上, 设 M, N 是两个 A 模, $u : M \to N$ 是一个同态, 则对任意 $f \in A$, 都可以把 u 典范地对应到一个 A_f 模同态 $u_f : M_f \to N_f$ 上, 并使得图表 (对于 $D(g) \subseteq D(f)$)

$$
\begin{array}{ccc}
M_f & \xrightarrow{\ u_f\ } & N_f \\
{\scriptstyle \rho_{g,f}}\big\downarrow & & \big\downarrow{\scriptstyle \rho_{g,f}} \\
M_g & \xrightarrow{\ u_g\ } & N_g
\end{array}
$$

是交换的 (**0**, 1.4.1), 从而这些同态定义了一个 $\widetilde{A}$ 模层同态 $\widetilde{u} : \widetilde{M} \to \widetilde{N}$ (**0**, 3.2.3). 进而, 对任意 $x \in X$, $\widetilde{u}_x$ 都是这样一些 u_f 的归纳极限, 其中 $f \in A$ 满足 $x \in D(f)$, 从而 (**0**, 1.4.5) 若把 $\widetilde{M}_x$ 和 $\widetilde{N}_x$ 分别典范等同于 M_x 和 N_x, 则 $\widetilde{u}_x$ 可以等同于由 u 所典范导出的同态 u_x. 若 P 是第三个 A 模, $v : N \to P$ 是一个同态, 并设 $w = v \circ u$, 则易见 $w_x = v_x \circ u_x$, 从而 $\widetilde{w} = \widetilde{v} \circ \widetilde{u}$. 因而我们有一个从 A 模范畴到 $\widetilde{A}$ 模层范畴的协变函子 $\widetilde{M}$ (关于 M). 该函子是正合的, 因为对任意 $x \in X$, M 的函子 M_x 都是正合的 (**0**, 1.3.2). 进而, 我们有 $\mathrm{Supp}\, M = \mathrm{Supp}\, \widetilde{M}$, 这是依据两者的定义 (**0**, 1.7.1 和 3.1.6).

命题 (1.3.6) —— 对任意 $f \in A$, 开集 $D(f) \subseteq X$ 都可以典范等同于素谱 $\mathrm{Spec}\, A_f$, 并且 A_f 模 M_f 的伴生层 $\widetilde{M_f}$ 可以典范等同于 $\widetilde{M}|_{D(f)}$.

第一句话是 (1.2.6) 的一个特殊情形. 进而, 若 $g \in A$ 满足 $D(g) \subseteq D(f)$, 则 M_g 可以典范等同于 M_f 的一个分式模, 其分母集是由 g 在 A_f 中的像的诸方幂所组成的 (**0**, 1.4.6). 于是 $\widetilde{M_f}$ 和 $\widetilde{M}|_{D(f)}$ 的典范等同可以从定义得到.

定理 (1.3.7) —— 对任意 A 模 M 和任意 $f \in A$, 同态

$$\theta_f : \quad M_f \longrightarrow \Gamma(D(f), \widetilde{M})$$

都是一一的(换句话说, 预层 $D(f) \mapsto M_f$ 是一个层). 特别地, M (通过 θ_1)可以等同于 $\Gamma(D(f), \widetilde{M})$.

注意到若 $M = A$, 则 θ_f 是一个环同态, 从而定理 (1.3.7) 表明, 若把环 A_f 等同于 $\Gamma(D(f), \widetilde{A})$ (通过 θ_f), 则同态 $\theta_f : M_f \to \Gamma(D(f), \widetilde{M})$ 就是一个模同构.

首先证明 θ_f 是单的. 事实上, 设 $\xi \in M_f$ 满足 $\theta_f(\xi) = 0$, 这就意味着对于 A_f 的任何素理想 $\mathfrak{p}$, 均可找到 $h \notin \mathfrak{p}$, 使得 $h\xi = 0$. 由于 ξ 的零化子没有包含在 A_f 的任何素理想之中, 故它只能是 A_f 本身, 从而 $\xi = 0$.

只需再来证明 θ_f 是满的. 可以归结到 $f = 1$ 的情形, 一般情况可以使用 "局部化" 并借助 (1.3.6) 而导出. 现在设 s 是 $\widetilde{M}$ 的一个整体截面, 依照 (1.3.4) 和 (1.1.10, (ii)), 可以找到 X 的一个有限覆盖 $(D(f_i))_{i \in I}$ (其中 $f_i \in A$), 使得对任意 $i \in I$, 限制 $s_i = s|_{D(f_i)}$ 都具有 $\theta_{f_i}(\xi_i)$ 的形状, 其中 $\xi_i \in M_{f_i}$. 若 i, j 是 I 中的两个指标, 则根据 M 的定义, s_i 和 s_j 在 $D(f_i) \cap D(f_j) = D(f_i f_j)$ 上具有相同的限制这件事可以写成

$$(1.3.7.1) \qquad \rho_{f_i f_j, f_i}(\xi_i) = \rho_{f_i f_j, f_j}(\xi_j).$$

根据定义, 对每个 $i \in I$, 我们都有一个表达式 $\xi_i = z_i / f_i^{n_i}$, 其中 $z_i \in M$, 且由于 I 是有限的, 必要时给每个 z_i 乘上 f_i 的适当方幂, 我们总可以假设所有的 n_i 都等于同一个数 n. 于是根据定义, (1.3.7.1) 意味着可以找到一个整数 $m_{ij} \geqslant 0$, 使得 $(f_i f_j)^{m_{ij}}(f_j^n z_i - f_i^n z_j) = 0$, 仍然可以假设这些 m_{ij} 都等于同一个整数 m. 把 z_i 换成 $f_i^m z_i$, 则问题归结到了 $m = 0$ 的情形, 换句话说, 对任意 i, j, 我们都有

$$(1.3.7.2) \qquad f_j^n z_i = f_i^n z_j.$$

此时由于 $D(f_i^n) = D(f_i)$, 并且这些 $D(f_i)$ 构成 X 的一个覆盖, 故知这些 f_i^n 所生成的理想就等于 A 本身. 换个说法就是, 我们能找到一些元素 $g_i \in A$, 使得 $\sum_i g_i f_i^n = 1$. 现在考虑 M 的元素 $z = \sum_i g_i z_i$, 根据 (1.3.7.2), $f_i^n z = \sum_j g_j f_i^n z_j = \left(\sum_j g_j f_j^n\right) z_i = z_i$, 故根据定义, 在 M_{f_i} 中有 $\xi_i = z/1$. 由此可知, s_i 就是 $\theta_1(z)$ 在 $D(f_i)$ 上的限制, 这就证明了 $s = \theta_1(z)$, 也完成了整个证明.

推论 (1.3.8) — 设 M, N 是两个 A 模, 则 $\mathrm{Hom}_A(M, N)$ 到 $\mathrm{Hom}_{\widetilde{A}}(\widetilde{M}, \widetilde{N})$ 的典范同态 $u \mapsto \widetilde{u}$ 是一一的. 特别地, $M = 0$ 与 $\widetilde{M} = 0$ 等价.

事实上, 考虑 $\mathrm{Hom}_{\widetilde{A}}(\widetilde{M}, \widetilde{N})$ 到 $\mathrm{Hom}_{\Gamma(\widetilde{A})}(\Gamma(\widetilde{M}), \Gamma(\widetilde{N}))$ 的典范同态 $v \to \Gamma(v)$, 后面这个模可以典范等同于 $\mathrm{Hom}_A(M, N)$, 这是依据定理 (1.3.7). 只需再来证明 $u \mapsto \widetilde{u}$ 与 $v \to \Gamma(v)$ 是互逆的. 现在由 $\widetilde{u}$ 的定义易见 $\Gamma(\widetilde{u}) = u$, 另一方面, 若对于 $v \in \mathrm{Hom}_{\widetilde{A}}(\widetilde{M}, \widetilde{N})$, 令 $u = \Gamma(v)$, 则由 v 典范导出的映射 $w : \Gamma(D(f), \widetilde{M}) \to \Gamma(D(f), \widetilde{N})$

可以使图表

$$
\begin{array}{ccc}
M & \xrightarrow{\ u\ } & N \\
{\scriptstyle\rho_{f,1}}\Big\downarrow & & \Big\downarrow{\scriptstyle\rho_{f,1}} \\
M_f & \xrightarrow{\ w\ } & N_f
\end{array}
$$

成为交换的, 从而对任意 $f \in A$, 均有 $w = u_f$ (**0**, 1.2.4), 这就证明了 $(\Gamma(v))^{\sim} = v$.

推论 (1.3.9) — (i) 设 u 是 A 模 M 到 A 模 N 的一个同态, 则 $\mathrm{Ker}\, u$, $\mathrm{Im}\, u$, $\mathrm{Coker}\, u$ 的伴生层分别就是 $\mathrm{Ker}\,\widetilde{u}$, $\mathrm{Im}\,\widetilde{u}$, $\mathrm{Coker}\,\widetilde{u}$. 特别地, 为了使 $\widetilde{u}$ 是单的 (切转: 满的, 一一的), 必须且只需 u 是如此.

(ii) 若 M 是一族 A 模 (M_λ) 的归纳极限 (切转: 直和), 则 $\widetilde{M}$ 是族 $(\widetilde{M_\lambda})$ 的归纳极限 (切转: 直和), 只差一个典范同构.

(i) 只需把 $\widetilde{M}$ 是 M 的正合函子 (1.3.5) 这个事实应用到下面两个 A 模正合序列中:

$$
0 \longrightarrow \mathrm{Ker}\, u \longrightarrow M \longrightarrow \mathrm{Im}\, u \longrightarrow 0,
$$

$$
0 \longrightarrow \mathrm{Im}\, u \longrightarrow N \longrightarrow \mathrm{Coker}\, u \longrightarrow 0.
$$

第二句话则是缘自定理 (1.3.7).

(ii) 设 $(M_\lambda, g_{\mu\lambda})$ 是 A 模的一个归纳系, 归纳极限为 M, 再设 g_λ 是典范同态 $M_\lambda \to M$. 由于我们有 $\widetilde{g}_{\nu\mu} \circ \widetilde{g}_{\mu\lambda} = \widetilde{g}_{\nu\lambda}$ 和 $\widetilde{g}_\lambda = \widetilde{g}_\mu \circ \widetilde{g}_{\mu\lambda}$ $(\lambda \leqslant \mu \leqslant \nu)$, 故知这些 $(\widetilde{M}_\lambda, \widetilde{g}_{\mu\lambda})$ 构成了 X 上的一个层的归纳系, 并且若以 h_λ 来记典范同态 $\widetilde{M}_\lambda \to \varinjlim \widetilde{M}_\lambda$, 则我们有唯一一个同态 $v : \varinjlim \widetilde{M}_\lambda \to \widetilde{M}$, 使得 $v \circ h_\lambda = \widetilde{g}_\lambda$. 为了说明 v 是一一的, 只需验证在每一点 $x \in X$ 处, v_x 都是 $(\varinjlim \widetilde{M}_\lambda)_x$ 到 $\widetilde{M}_x$ 的一一映射. 现在 $\widetilde{M}_x = M_x$, 并且

$$
(\varinjlim \widetilde{M}_\lambda)_x = \varinjlim (\widetilde{M}_\lambda)_x = \varinjlim (M_\lambda)_x = M_x \quad (\mathbf{0}, 1.3.3).
$$

另一方面, 由定义知, $(\widetilde{g}_\lambda)_x$ 和 $(h_\lambda)_x$ 都等于从 $(M_\lambda)_x$ 到 M_x 的典范映射, 且由于 $(\widetilde{g}_\lambda)_x = v_x \circ (h_\lambda)_x$, 故知 v_x 就是恒同.

最后, 若 M 是两个 A 模 N, P 的直和, 则易见 $\widetilde{M} = \widetilde{N} \oplus \widetilde{P}$, 而一般的直和都是有限直和的归纳极限, 这就证明了 (ii).

注意到 (1.3.9) 表明, 同构于 A 模伴生层的那些模层构成了一个 *Abel* 范畴 (T, I, 1.4).

再注意到由 (1.3.9) 可知, 若 M 是有限型 A 模, 也就是说, 我们有一个满同态 $A^n \to M$, 则也有一个满同态 $\widetilde{A^n} \to \widetilde{M}$, 换句话说, $\widetilde{A}$ 模层 $\widetilde{M}$ 可由整体截面的一个有限族所生成 (**0**, 5.1.1), 逆命题也是成立的.

(1.3.10) 若 N 是 A 模 M 的一个子模, 则根据 (1.3.9), 典范含入 $j: N \to M$ 给出了一个单同态 $\widetilde{N} \to \widetilde{M}$, 从而可以把 $\widetilde{N}$ 典范地等同于 $\widetilde{M}$ 的一个 $\widetilde{A}$ 子模层, 我们总会采用这样的等同. 于是若 N, P 是 M 的两个子模, 则有

(1.3.10.1) $$(N + P)^{\sim} = \widetilde{N} + \widetilde{P},$$

(1.3.10.2) $$(N \cap P)^{\sim} = \widetilde{N} \cap \widetilde{P}.$$

这是因为, $N + P$ 和 $N \cap P$ 分别就是典范同态 $N \oplus P \to M$ 的像和典范同态 $M \to (M/N) \oplus (M/P)$ 的核, 故只需应用 (1.3.9).

由 (1.3.10.1) 和 (1.3.10.2) 可以得出, 若 $\widetilde{N} = \widetilde{P}$, 则有 $N = P$.

推论 (1.3.11) — 在由模的伴生层所组成的范畴中, 函子 Γ 是正合的.

事实上, 设 $\widetilde{M} \xrightarrow{\widetilde{u}} \widetilde{N} \xrightarrow{\widetilde{v}} \widetilde{P}$ 是一个正合序列, 对应着两个 A 模同态 $u: N \to N$, $v: N \to P$. 于是若 $Q = \mathrm{Im}\, u$ 且 $R = \mathrm{Ker}\, v$, 则有 $\widetilde{Q} = \mathrm{Im}\, \widetilde{u} = \mathrm{Ker}\, \widetilde{v} = \widetilde{R}$ (推论 (1.3.9)), 从而 $Q = R$.

推论 (1.3.12) — 设 M, N 是两个 A 模.

(i) $M \otimes_A N$ 的伴生层可以典范等同于 $\widetilde{M} \otimes_{\widetilde{A}} \widetilde{N}$.

(ii) 进而若 M 是有限呈示的, 则 $\mathrm{Hom}_A(M, N)$ 的伴生层可以典范等同于 $\mathrm{Hom}_{\widetilde{A}}(\widetilde{M}, \widetilde{N})$.

(i) 层 $\mathscr{F} = \widetilde{M} \otimes_{\widetilde{A}} \widetilde{N}$ 是预层

$$U \longmapsto \mathscr{F}(U) = \Gamma(U, \widetilde{M}) \otimes_{\Gamma(U, \widetilde{A})} \Gamma(U, \widetilde{N})$$

的拼续层, 其中 U 跑遍 X 的由那些 $D(f)$ $(f \in A)$ 所组成的拓扑基 (1.1.10, (i)). 现在依照 (1.3.7) 和 (1.3.6), $\mathscr{F}(D(f))$ 可以典范等同于 $M_f \otimes_{A_f} N_f$. 我们还知道 $M_f \otimes_{A_f} N_f$ 可以典范同构于 $(M \otimes_A N)_f$ (**0**, 1.3.4), 后者又典范同构于 $\Gamma(D(f), (M \otimes_A N)^{\sim})$ (1.3.7 和 1.3.6). 进而, 容易验证典范同构

$$\mathscr{F}(D(f)) \xrightarrow{\sim} \Gamma(D(f), (M \otimes_A N)^{\sim})$$

与限制运算是相容的 (**0**, 1.4.2), 从而定义出了一个函子性的典范同构

$$\widetilde{M} \otimes_{\widetilde{A}} \widetilde{N} \xrightarrow{\sim} (M \otimes_A N)^{\sim}.$$

(ii) 层 $\mathscr{G} = \mathrm{Hom}_{\widetilde{A}}(\widetilde{M}, \widetilde{N})$ 是预层

$$U \longmapsto \mathscr{G}(U) = \mathrm{Hom}_{\widetilde{A}|_U}(\widetilde{M}|_U, \widetilde{N}|_U)$$

的拼续层, 这里 U 跑遍 X 的由那些 $D(f)$ 所组成的拓扑基. 现在 $\mathscr{G}(D(f))$ 可以典范等同于 $\mathrm{Hom}_{A_f}(M_f, N_f)$ (1.3.6 和 1.3.8), 而依照 M 上的前提条件, 后者又可以典范等同于 $(\mathrm{Hom}_A(M, N))_f$ (**0**, 1.3.5). 最后, $(\mathrm{Hom}_A(M, N))_f$ 还可以典范等同于 $\Gamma(D(f), (\mathrm{Hom}_A(M, N))^{\sim})$ (1.3.6 和 1.3.7), 并且这样得到的典范同构

$$\mathscr{G}(D(f)) \longrightarrow \Gamma(D(f), (\mathrm{Hom}_A(M, N))^{\sim})$$

与限制运算是相容的 (**0**, 1.4.2), 从而它们定义出了一个典范同构 $\mathrm{Hom}_{\widetilde{A}}(\widetilde{M}, \widetilde{N}) \xrightarrow{\sim} (\mathrm{Hom}_A(M, N))^{\sim}$.

(1.3.13) 现在设 B 是一个 (交换) A 代数, 这也可以说成是: B 是一个 A 模, 并且还指定了一个元素 $e \in B$ 和一个 A 同态 $\varphi: B \otimes_A B \to B$, 满足条件: 1° 图表

$$
\begin{array}{ccc}
B \otimes_A B \otimes_A B & \xrightarrow{\varphi \otimes 1} & B \otimes_A B \\
{\scriptstyle 1 \otimes \varphi} \downarrow & & \downarrow {\scriptstyle \varphi} \\
B \otimes_A B & \xrightarrow{\varphi} & B
\end{array}
\qquad 和 \qquad
\begin{array}{ccc}
B \otimes_A B & \xrightarrow{\sigma} & B \otimes_A B \\
& {\scriptstyle \varphi} \searrow \quad \swarrow {\scriptstyle \varphi} & \\
& B &
\end{array}
$$

都是交换的 (σ 是典范对称); 2° $\varphi(e \otimes x) = \varphi(x \otimes e) = x$. 依照 (1.3.12), $\widetilde{A}$ 模层的同态 $\widetilde{\varphi}: \widetilde{B} \otimes_{\widetilde{A}} \widetilde{B} \to \widetilde{B}$ 满足类似的条件, 从而它在 $\widetilde{B}$ 上定义了一个 $\widetilde{A}$ 代数层的结构. 按照同样的方式, 给出一个 B 模 N 也相当于给出一个 A 模 N 连同一个 A 同态 $\psi: B \otimes_A N \to N$, 使得图表

$$
\begin{array}{ccc}
B \otimes_A B \otimes_A N & \xrightarrow{\varphi \otimes 1} & B \otimes_A N \\
{\scriptstyle 1 \otimes \psi} \downarrow & & \downarrow {\scriptstyle \psi} \\
B \otimes_A N & \xrightarrow{\psi} & N
\end{array}
$$

是交换的, 并且 $\psi(e \otimes n) = n$. 于是同态 $\widetilde{\psi}: \widetilde{B} \otimes_{\widetilde{A}} \widetilde{N} \to \widetilde{N}$ 满足类似的条件, 从而它在 $\widetilde{N}$ 上定义了一个 $\widetilde{B}$ 模层的结构.

以同样的方式, 我们还可以说明, 若 $u: B \to B'$ (切转: $v: N \to N'$) 是一个 A 代数同态 (切转: B 模同态), 则 $\widetilde{u}$ (切转: $\widetilde{v}$) 是一个 $\widetilde{A}$ 代数层同态 (切转: $\widetilde{B}$ 模层同态), 并且 $\mathrm{Ker}\, \widetilde{u}$ (切转: $\mathrm{Ker}\, \widetilde{v}$, $\mathrm{Coker}\, \widetilde{v}$, $\mathrm{Im}\, \widetilde{v}$) 是一个 $\widetilde{B}$ 理想层 (切转: $\widetilde{B}$ 模层). 若 N 是一个 B 模, 则 $\widetilde{N}$ 是有限型 $\widetilde{B}$ 模层当且仅当 N 是有限型 B 模 (**0**, 5.2.3).

若 M, N 是两个 B 模, 则 $\widetilde{B}$ 模层 $\widetilde{M} \otimes_{\widetilde{B}} \widetilde{N}$ 可以典范等同于 $(M \otimes_B N)^{\sim}$. 同样地, $\mathrm{Hom}_{\widetilde{B}}(\widetilde{M}, \widetilde{N})$ 可以典范等同于 $(\mathrm{Hom}_B(M, N))^{\sim}$, 只要 M 是有限呈示的, 证明方法与 (1.3.12) 相同.

若 $\mathfrak{I}$ 是 B 的一个理想, N 是一个 B 模, 则有 $(\mathfrak{I}N)^{\sim} = \widetilde{\mathfrak{I}}.\widetilde{N}$.

最后, 若 B 是分次 A 代数, 它的 n 次分量是 A 子模 B_n $(n \in \mathbb{Z})$, 则 $\widetilde{A}$ 代数层 $\widetilde{B}$ 就是这些 $\widetilde{A}$ 子模层 $\widetilde{B}_n$ 的直和, 并且在这个分次下成为一个分次 $\widetilde{A}$ 代数层, 因为分次代数的条件就是要求同态 $B_m \otimes B_n \to B$ 的像包含在 B_{m+n} 之中. 同样地, 若 M 是一个分次 B 模, 它的 n 次分量是 M_n, 则 $\widetilde{M}$ 是分次 $\widetilde{B}$ 模层, 它的 n 次分量是 $\widetilde{M}_n$.

(1.3.14) 若 B 是一个 A 代数, M 是 B 的一个 A 子模, C 是由 M 在 B 中所生成的 A 子代数, 则由 $\widetilde{M}$ 所生成的 $\widetilde{B}$ 的 $\widetilde{A}$ 子代数层 (**0**, 4.1.3) 就是 $\widetilde{C}$. 事实上, C 就是各个同态 $\overset{n}{\otimes} M \to B$ $(n \geqslant 0)$ 的像之和, 故只需应用 (1.3.9) 和 (1.3.12).

1.4 素谱上的拟凝聚层

定理 (1.4.1) — 设 X 是环 A 的素谱, V 是 X 的一个拟紧开集, $\mathscr{F}$ 是一个 $\mathscr{O}_X|_V$ 模层. 则以下诸条件是等价的:

a) 可以找到一个 A 模 M, 使得 $\mathscr{F}$ 同构于 $\widetilde{M}|_V$;

b) 可以找到 V 的一个有限覆盖 (V_i), 其中每个 V_i 都是 $D(f_i)$ $(f_i \in A)$ 的形状, 且包含在 V 中, 并且每个 $\mathscr{F}|_{V_i}$ 都同构于一个形如 $\widetilde{M}_i$ 的层, 其中 M_i 是一个 A_{f_i} 模;

c) 层 $\mathscr{F}$ 是拟凝聚的 (**0**, 5.1.3);

d) 下面两个条件同时得到满足:

d 1) 对任意 $D(f) \subseteq V$ $(f \in A)$ 和任意截面 $s \in \Gamma(D(f), \mathscr{F})$, 均可找到一个整数 $n \geqslant 0$, 使得 $f^n s$ 可以延拓为 $\mathscr{F}$ 在 V 上的一个截面;

d 2) 对任意 $D(f) \subseteq V$ $(f \in A)$ 和任意截面 $t \in \Gamma(V, \mathscr{F})$, 只要 t 在 $D(f)$ 上的限制等于 0, 就可以找到一个整数 $n \geqslant 0$, 使得 $f^n t = 0$.

(在条件 d 1) 和 d 2) 的陈述中, 已经依照 (1.3.7) 把 A 和 $\Gamma(\widetilde{A})$ 作了等同.)

a) 蕴涵 b) 可由 (1.3.6) 以及全体 $D(f)$ 构成 X 的拓扑基 (1.1.10) 的事实立得. 由于任何 A 模都同构于某个同态 $A^{(I)} \to A^{(J)}$ 的余核, 故 (1.3.9) 就证明了 A 模的伴生层都是拟凝聚的, 从而 b) 蕴涵 c). 反之, 若 $\mathscr{F}$ 是拟凝聚的, 则每个点 $x \in X$ 都有一个形如 $D(f) \subseteq V$ 的邻域, 使得 $\mathscr{F}|_{D(f)}$ 同构于某个同态 $\widetilde{A}_f^{(I)} \to \widetilde{A}_f^{(J)}$ 的余核, 从而 $\mathscr{F}|_{D(f)}$ 同构于这样一个模 N 的伴生层, 即 N 是与上述同态相对应的同态 $A_f^{(I)} \to A_f^{(J)}$ 的余核 (1.3.8 和 1.3.9). 由于 V 是拟紧的, 故易见 c) 蕴涵 b).

为了证明 b) 蕴涵 d 1) 和 d 2), 首先假设 $V = D(g)$, 其中 $g \in A$, 并且 $\mathscr{F}$ 同构于某个 A_g 模 N 的伴生层 $\widetilde{N}$. 把 X 换成 V, 并把 A 换成 A_g (1.3.6), 则可以归结到 $g = 1$ 的情形. 现在 $\Gamma(D(f), \widetilde{N})$ 可以典范等同于 N_f (1.3.6 和 1.3.7), 从而截面 $s \in \Gamma(D(f), \widetilde{N})$ 可以等同于一个形如 z/f^n 的元素, 其中 $z \in N$. 于是截面 $f^n s$ 可以等同于 N_f 中的元素 $z/1$, 从而它就是 $\widetilde{N}$ 的与元素 $z \in N$ 相对应的整体截面在 $D(f)$ 上的限制, 这就证明了 d 1). 同样地, $t \in \Gamma(X, \widetilde{N})$ 可以等同于一个元素 $z' \in N$, t 在

$D(f)$ 上的限制则可以等同于 z' 在 N_f 中的像 $z'/1$, 这个像等于 0 的意思就是, 可以找到 $n \geqslant 0$, 使得在 N 中有 $f^n z' = 0$, 这也相当于说 $f^n t = 0$.

为了完全证明 b) 蕴涵 d 1) 和 d 2), 只需再来证明下面的引理:

引理 (1.4.1.1) —— 假设 V 是有限个形如 $D(g_i)$ 的集合的并集, 并且每个层 $\mathscr{F}|_{D(g_i)}$ 和 $\mathscr{F}|_{D(g_i) \cap D(g_j)} = \mathscr{F}|_{D(g_i g_j)}$ 都满足 d 1) 和 d 2), 则 $\mathscr{F}$ 具有下面两个性质:

d' 1) 对任意 $f \in A$ 和任意截面 $s \in \Gamma(D(f) \cap V, \mathscr{F})$, 均可找到一个整数 $n \geqslant 0$, 使得 $f^n s$ 可以延拓为 $\mathscr{F}$ 在 V 上的一个截面.

d' 2) 对任意 $f \in A$ 和任意截面 $t \in \Gamma(V, \mathscr{F})$, 只要 t 在 $D(f) \cap V$ 上的限制等于 0, 就可以找到一个整数 $n \geqslant 0$, 使得 $f^n t = 0$.

首先证明 d' 2). 由于 $D(f) \cap D(g_i) = D(fg_i)$, 故对每个 i, 均有一个整数 n_i, 使得 $(fg_i)^{n_i} t$ 在 $D(g_i)$ 上的限制等于 0. 由于 g_i 在 A_{g_i} 中的像是可逆的, 故知 $f^{n_i} t$ 在 $D(g_i)$ 上的限制也是 0. 取 n 是这些 n_i 中的最大者, 则有 d' 2).

为了证明 d' 1), 我们把 d 1) 应用到层 $\mathscr{F}|_{D(g_i)}$ 上: 于是得到一个整数 $n_i \geqslant 0$ 和 $\mathscr{F}$ 在 $D(g_i)$ 上的一个截面 s'_i, 且后者是 $(fg_i)^{n_i} s$ 在 $D(fg_i)$ 上的限制的一个延拓. 由于 g_i 在 A_{g_i} 中的像是可逆的, 故可找到 $\mathscr{F}$ 在 $D(g_i)$ 上的一个截面 s_i, 使得 $s'_i = g_i^{n_i} s_i$, 并且 s_i 是 $f^{n_i} s$ 在 $D(fg_i)$ 上的限制的一个延拓. 进而可以假设所有的 n_i 都等于同一个整数 n. 根据这个作法, $s_i - s_j$ 在 $D(f) \cap D(g_i) \cap D(g_j) = D(fg_i g_j)$ 上的限制等于 0. 把 d 2) 应用到层 $\mathscr{F}|_{D(g_i g_j)}$ 上, 则得到一个整数 $m_{ij} \geqslant 0$, 使得 $(fg_i g_j)^{m_{ij}}(s_i - s_j)$ 在 $D(g_i g_j)$ 上的限制等于 0. 由于 $g_i g_j$ 在 $A_{g_i g_j}$ 中的像是可逆的, 故知 $f^{m_{ij}}(s_i - s_j)$ 在 $D(g_i g_j)$ 上的限制等于 0. 可以假设所有的 m_{ij} 都等于同一个整数 m, 从而我们有一个截面 $s' \in \Gamma(V, \mathscr{F})$, 它是所有 $f^m s_i$ 的延拓, 因而也是 $f^{n+m} s$ 的一个延拓, 故得 d' 1).

只需再来证明 d 1) 和 d 2) 蕴涵 a). 首先证明 d 1) 和 d 2) 蕴涵着它们对于所有形如 $\mathscr{F}|_{D(g)}$ ($g \in A, D(g) \subseteq V$) 的层也是成立的. d 1) 成立是显然的, 另一方面, 若 $t \in \Gamma(D(g), \mathscr{F})$ 在 $D(f) \subseteq D(g)$ 上的限制等于 0, 则根据 d 1), 可以得到一个整数 $m \geqslant 0$, 使得 $g^m t$ 可以延拓为 $\mathscr{F}$ 在 V 上的一个截面 s. 应用 d 2), 又可以找到一个整数 $n \geqslant 0$, 使得 $f^n g^m t = 0$, 由于 g 在 A_g 中的像是可逆的, 故有 $f^n t = 0$.

在此基础上, 由于 V 是拟紧的, 故引理 (1.4.1.1) 表明, 条件 d' 1) 和 d' 2) 都是成立的. 现在考虑 A 模 $M = \Gamma(V, \mathscr{F})$, 我们来定义一个 $\widetilde{A}$ 模层同态 $u : \widetilde{M} \to j_* \mathscr{F}$, 其中 j 是指典范含入 $V \to X$. 由于全体 $D(f)$ 构成 X 的一个拓扑基, 故只需对每个 $f \in A$ 定义一个同态 $u_f : M_f \to \Gamma(D(f), j_* \mathscr{F}) = \Gamma(D(f) \cap V, \mathscr{F})$, 并验证相容条件 (0, 1.2.4) 即可. 由于 f 在 A_f 中的典范像是可逆的, 故知限制同态 $M = \Gamma(V, \mathscr{F}) \to \Gamma(D(f) \cap V, \mathscr{F})$ 可以分解成 $M \to M_f \xrightarrow{u_f} \Gamma(D(f) \cap V, \mathscr{F})$ (0, 1.2.4), 很容易验证与

$D(g) \subseteq D(f)$ 相关的相容条件. 接下来我们证明条件 d′ 1) (切转: d′ 2)) 蕴涵着每个 u_f 都是满的 (切转: 单的), 这就能证明 u 是一一的, 进而也就证明了 $\mathscr{F}$ 是同构于 $\widetilde{M}$ 的一个 $\widetilde{A}$ 模层在 V 上的限制. 现在若 $s \in \Gamma(D(f) \cap V, \mathscr{F})$, 则根据 d′ 1), 可以找到一个整数 $n \geqslant 0$, 使得 $f^n s$ 能延拓为一个截面 $z \in M$, 于是我们有 $u_f(z/f^n) = s$, 从而 u_f 是满的. 同样地, 设 $z \in M$ 满足 $u_f(z/1) = 0$, 这就意味着截面 z 在 $D(f) \cap V$ 上的限制等于 0. 根据 d′ 2), 可以找到一个整数 $n \geqslant 0$, 使得 $f^n z = 0$, 故在 M_f 中有 $z/1 = 0$, 从而 u_f 是单的. 证明完毕.

推论 (1.4.2) — X 的任何拟紧开集上的拟凝聚层都是 X 上的拟凝聚层的稼入层.

推论 (1.4.3) — $X = \operatorname{Spec} A$ 上的任何拟凝聚 $\mathscr{O}_X$ 代数层都同构于一个形如 $\widetilde{B}$ 的 $\mathscr{O}_X$ 代数层, 其中 B 是一个 A 代数; 任何拟凝聚 $\widetilde{B}$ 模层都同构于一个形如 $\widetilde{N}$ 的 $\widetilde{B}$ 模层, 其中 N 是一个 B 模.

事实上, 拟凝聚 $\mathscr{O}_X$ 代数层总是拟凝聚 $\mathscr{O}_X$ 模层, 从而具有 $\widetilde{B}$ 的形状, 其中 B 是一个 A 模. B 是 A 代数的事实则是缘自把 $\mathscr{O}_X$ 代数层结构用 $\widetilde{A}$ 模层同态 $\widetilde{B} \otimes_{\widetilde{A}} \widetilde{B} \to \widetilde{B}$ 来描述的方法以及 (1.3.12). 按照同样的方法, 若 $\mathscr{G}$ 是一个拟凝聚 $\widetilde{B}$ 模层, 则只需证明 $\mathscr{G}$ 也是拟凝聚 $\widetilde{A}$ 模层即可. 由于问题是局部性的, 故可限制到 X 的形如 $D(f)$ 的开集上, 于是可以假设 $\mathscr{G}$ 是某个 $\widetilde{B}$ 模层同态 $\widetilde{B^{(I)}} \to \widetilde{B^{(J)}}$ (自然也是 $\widetilde{A}$ 模层同态) 的余核, 于是命题缘自 (1.3.8) 和 (1.3.9).

1.5 素谱上的凝聚层

定理 (1.5.1) — 设 A 是一个 **Noether** 环, $X = \operatorname{Spec} A$ 是它的素谱, V 是 X 的一个开集, $\mathscr{F}$ 是一个 $\mathscr{O}_X|_V$ 模层. 则以下诸条件是等价的:
   a) $\mathscr{F}$ 是凝聚的.
   b) $\mathscr{F}$ 是有限型且拟凝聚的.
   c) 可以找到一个有限型 A 模 M, 使得 $\mathscr{F}$ 同构于 $\widetilde{M}|_V$.

a) 显然蕴涵 b). 为了证明 b) 蕴涵 c), 注意到因为 V 是拟紧的 ($\mathbf{0}$, 2.2.3), 所以 $\mathscr{F}$ 同构于某个层 $\widetilde{N}|_V$, 其中 N 是一个 A 模 (1.4.1). 现在我们有 $N = \varinjlim M_\lambda$, 其中 M_λ 跑遍 N 的有限型 A 子模的集合, 故得 $\mathscr{F} = \widetilde{N}|_V = \varinjlim \widetilde{M_\lambda}|_V$ (1.3.9). 而由于 $\mathscr{F}$ 是有限型的, 并且 V 是拟紧的, 故可找到一个指标 λ, 使得 $\mathscr{F} = \widetilde{M_\lambda}|_V$ ($\mathbf{0}$, 5.2.3).

最后证明 c) 蕴涵 a). 易见 $\mathscr{F}$ 是有限型的 (1.3.6 和 1.3.9), 进而, 由于问题是局部性的, 故可限于考虑 $V = D(f)$ ($f \in A$) 的情形. 且由于 A_f 是 Noether 的, 故问题最终归结为证明任何同态 $\widetilde{A^n} \to \widetilde{M}$ 的核都是有限型的, 其中 M 是一个 A 模. 现在这样的同态总具有 $\widetilde{u}$ 的形状, 其中 u 是一个同态 $A^n \to M$ (1.3.8), 并且若 $P = \operatorname{Ker} u$, 则有 $\widetilde{P} = \operatorname{Ker} \widetilde{u}$ (1.3.9). 由于 A 是 Noether 的, 故知 P 是有限型的, 这就完成了

证明.

推论 (1.5.2) —— 在 (1.5.1) 的前提条件下, $\mathscr{O}_X$ 是一个凝聚环层.

推论 (1.5.3) —— 在 (1.5.1) 的前提条件下, X 的任何开集上的凝聚层都是 X 上的凝聚层所稼入的.

推论 (1.5.4) —— 在 (1.5.1) 的前提条件下, 任何拟凝聚 $\mathscr{O}_X$ 模层 $\mathscr{F}$ 都是它的凝聚 $\mathscr{O}_X$ 子模层的归纳极限.

事实上, $\mathscr{F} = \widetilde{M}$, 其中 M 是一个 A 模, 并且 M 是它的有限型子模的归纳极限, 故利用 (1.3.9) 和 (1.5.1) 即得结论.

1.6 素谱上的拟凝聚层的函子性质

(1.6.1) 设 A, A' 是两个环,

$$\varphi : \ A' \longrightarrow A$$

是一个同态,

$${}^a\varphi : \ X = \operatorname{Spec} A \longrightarrow X' = \operatorname{Spec} A'$$

是 φ 的伴生连续映射 (1.2.1). 我们来定义出环层的一个典范同态

$$\widetilde{\varphi} : \ \mathscr{O}_{X'} \longrightarrow {}^a\varphi_* \mathscr{O}_X.$$

对任意 $f' \in A'$, 令 $f = \varphi(f')$, 则有 ${}^a\varphi^{-1}(D(f')) = D(f)$ (1.2.2.2). 环 $\Gamma(D(f'), \widetilde{A'})$ 和环 $\Gamma(D(f), \widetilde{A})$ 分别可以等同于 $A'_{f'}$ 和 A_f (1.3.6 和 1.3.7). 现在同态 φ 可以典范地定义出一个同态 $\varphi_{f'} : A'_{f'} \to A_f$ (**0**, 1.5.1), 换句话说, 我们有一个环同态

$$\Gamma(D(f'), \widetilde{A'}) \longrightarrow \Gamma({}^a\varphi^{-1}(D(f')), \widetilde{A}) = \Gamma(D(f'), {}^a\varphi_* \widetilde{A}).$$

进而, 这些同态满足通常的相容条件, 即对于 $D(f') \subseteq D(g')$, 图表

$$
\begin{array}{ccc}
\Gamma(D(f'), \widetilde{A'}) & \longrightarrow & \Gamma(D(f'), {}^a\varphi_* \widetilde{A}) \\
\downarrow & & \downarrow \\
\Gamma(D(g'), \widetilde{A'}) & \longrightarrow & \Gamma(D(g'), {}^a\varphi_* \widetilde{A})
\end{array}
$$

是交换的 (**0**, 1.5.1), 从而它们定义出了一个 $\mathscr{O}_X$ 代数层的同态, 因为全体 $D(f')$ 构成 X' 的一个拓扑基 (**0**, 3.2.3). 于是 $\Phi = ({}^a\varphi, \widetilde{\varphi})$ 就是环积空间的一个态射

$$\Phi : \ (X, \mathscr{O}_X) \longrightarrow (X', \mathscr{O}_{X'})$$

($\mathbf{0}$, 4.1.1).

进而注意到, 若令 $x' = {}^a\varphi(x)$, 则同态 $\widetilde{\varphi}_x^\sharp$ ($\mathbf{0}$, 3.7.1) 刚好就是由 $\varphi : A' \to A$ 所典范导出的同态

$$\varphi_x : A'_{x'} \longrightarrow A_x$$

($\mathbf{0}$, 1.5.1). 事实上, 任何 $z' \in A'_{x'}$ 都可以写成 g'/f' 的形状, 其中 f', g' 都属于 A', 并且 $f' \notin \mathrm{j}_{x'}$, 从而 $D(f')$ 是 x' 在 X' 中的一个邻域, 并且由 $\widetilde{\varphi}$ 所导出的同态 $\Gamma(D(f'), \widetilde{A'}) \to \Gamma({}^a\varphi^{-1}(D(f')), \widetilde{A})$ 刚好就是 $\varphi_{f'}$. 再考虑与 $g'/f' \in A'_{f'}$ 相对应的截面 $s' \in \Gamma(D(f'), \widetilde{A'})$, 就可以得到 $\widetilde{\varphi}_x^\sharp(z') = \varphi(g')/\varphi(f')$ (在 A_x 中).

例子 (1.6.2) — 设 S 是 A 的一个乘性子集, φ 是典范同态 $A \to S^{-1}A$, 则我们在 (1.2.6) 中已经看到, ${}^a\varphi$ 是一个从 $Y = \mathrm{Spec}\, S^{-1}A$ 到 $X = \mathrm{Spec}\, A$ 中满足 $\mathrm{j}_x \cap S = \varnothing$ 的点 x 所组成的子空间的同胚. 进而, 设 x 是这个子空间的任意一点, 因而具有 ${}^a\varphi(y)$ $(y \in Y)$ 的形状, 则同态 $\widetilde{\varphi}_y^\sharp : \mathscr{O}_x \to \mathscr{O}_y$ 是一一的 ($\mathbf{0}$, 1.2.6). 换句话说, $\mathscr{O}_Y$ 可以等同于 $\mathscr{O}_X$ 在 Y 上的稼入层.

命题 (1.6.3) — 对任意 A 模 M, 我们都有一个从 $(M_{[\varphi]})^\sim$ 到顺像 $\Phi_* \widetilde{M}$ 的函子性典范 $\mathscr{O}_{X'}$ 模层同构.

为简单起见, 令 $M' = M_{[\varphi]}$, 并且对于 $f' \in A'$, 令 $f = \varphi(f')$. 则截面模 $\Gamma(D(f'), \widetilde{M'})$ 和 $\Gamma(D(f), \widetilde{M})$ 可以分别等同于 $M'_{f'}$ 和 M_f (分别在 $A'_{f'}$ 和 A_f 上), 进而, $A'_{f'}$ 模 $(M_f)_{[\varphi_{f'}]}$ 可以典范同构于 $M'_{f'}$ ($\mathbf{0}$, 1.5.2). 从而我们有一个函子性的 $\Gamma(D(f'), \widetilde{A'})$ 模同构 $\Gamma(D(f'), \widetilde{M'}) \xrightarrow{\sim} \Gamma({}^a\varphi^{-1}(D(f')), \widetilde{M})_{[\varphi_{f'}]}$, 并且这些同构与限制运算是相容的 ($\mathbf{0}$, 1.5.6), 从而可以定义出命题中的函子性同构. 更确切地说, 若 $u : M_1 \to M_2$ 是一个 A 模同态, 则可以把它看作是一个 A' 模同态 $(M_1)_{[\varphi]} \to (M_2)_{[\varphi]}$, 把后者记为 $u_{[\varphi]}$, 则 $\Phi_*(\widetilde{u})$ 可以等同于 $(u_{[\varphi]})^\sim$.

用这个方法还可以证明, 对任意 A 代数 B, 函子性的典范同构 $(B_{[\varphi]})^\sim \to \Phi_* \widetilde{B}$ 都是 $\mathscr{O}_{X'}$ 代数层的同构, 若 M 是一个 B 模, 则函子性的典范同构 $(M_{[\varphi]})^\sim \to \Phi_* \widetilde{M}$ 也是 $\Phi_* \widetilde{B}$ 模层的同构.

推论 (1.6.4) — 顺像函子 Φ_* 在拟凝聚 $\mathscr{O}_X$ 模层的范畴上是正合的.

事实上, 易见 $M_{[\varphi]}$ 是 M 的正合函子, 而且 $\widetilde{M'}$ 是 M' 的正合函子 (1.3.5).

命题 (1.6.5) — 设 N' 是一个 A' 模, 而 N 是 A 模 $N' \otimes_{A'} A_{[\varphi]}$, 则我们有一个从 $\Phi^* \widetilde{N'}$ 到 $\widetilde{N}$ 上的函子性典范 $\mathscr{O}_X$ 模层同构.

首先注意到 $j : z' \to z' \otimes 1$ 是 N' 到 $N_{[\varphi]}$ 的一个 A' 同态, 事实上, 根据定义, 对于 $f' \in A'$, 我们有 $(f'z') \otimes 1 = z' \otimes \varphi(f') = \varphi(f')(z' \otimes 1)$. 由此可以导出 (1.3.8) 一个 $\mathscr{O}_{X'}$ 模层同态 $\widetilde{j} : \widetilde{N'} \to (N_{[\varphi]})^\sim$, 并且依照 (1.6.3), 可以把 $\widetilde{j}$ 看作是从 $\widetilde{N'}$ 映

到 $\Phi_*\widetilde{N}$ 的同态. 于是这个同态 $\widetilde{j}$ 典范地对应着一个从 $\Phi^*\widetilde{N'}$ 到 $\widetilde{N}$ 的同态 $h = \widetilde{j}^\sharp$ (**0**, 4.4.3). 下面我们来证明, 对于每根茎条来说, h_x 都是一一的. 令 $x' = {}^a\varphi(x)$, 并设 $f' \in A'$ 满足 $x' \in D(f')$, 设 $f = \varphi(f')$, 则环 $\Gamma(D(f), \widetilde{A})$ 可以等同于 A_f, 并且模 $\Gamma(D(f), \widetilde{N})$ 和 $\Gamma(D(f'), \widetilde{N'})$ 可以分别等同于 N_f 和 $N'_{f'}$. 设 $s' \in \Gamma(D(f'), \widetilde{N'})$, 且把它等同于 n'/f'^p $(n' \in N)$, 再设 s 是它在 $\widetilde{j}$ 下映到 $\Gamma(D(f), \widetilde{N})$ 中的像, 则 s 可以等同于 $(n' \otimes 1)/f^p$. 另一方面, 设 $t \in \Gamma(D(f), \widetilde{A})$, 且把它等同于 g/f^q $(g \in A)$, 则根据定义, 我们有 $h_x(s'_{x'} \otimes t_x) = t_x.s_x$ (**0**, 4.4.3). 然而可以把 N_f 典范等同于 $N'_{f'} \otimes_{A'_{f'}} (A_f)_{[\varphi_{f'}]}$ (**0**, 1.5.4), 此时 s 对应着元素 $(n'/f'^p) \otimes 1$, 而且截面 $y \mapsto t_y.s_y$ 对应着 $(n'/f'^p) \otimes (g/f^q)$. 相容性图表 (**0**, 1.5.6) 就表明, h_x 刚好是典范同构

(**1.6.5.1**) $\qquad\qquad N'_{x'} \otimes_{A'_{x'}} (A_x)_{[\varphi_{x'}]} \xrightarrow{\sim} N_x = (N' \otimes_{A'} A_{[\varphi]})_x$.

进而, 设 $v : N'_1 \to N'_2$ 是一个 A' 模同态, 则由于对任意 $x' \in X'$, 均有 $\widetilde{v}_{x'} = v_{x'}$, 故由上面所述立知, $\Phi^*(\widetilde{v})$ 可以典范等同于 $(v \otimes 1)^\sim$, 这就完成了 (1.6.5) 的证明.

若 B' 是一个 A' 代数, 则 $\Phi^*\widetilde{B'}$ 到 $(B' \otimes_{A'} A_{[\varphi]})^\sim$ 的典范同构是 $\mathscr{O}_X$ 代数层的同构. 进而若 N' 是一个 B' 模, 则 $\Phi^*\widetilde{N'}$ 到 $(N' \otimes_{A'} A_{[\varphi]})^\sim$ 的典范同构是 $\Phi^*\widetilde{B'}$ 模层的同构.

推论 (1.6.6) — 当 s' 跑遍 A' 模 $\Gamma(\widetilde{N'})$ 时, 这些截面在 $\Gamma(\Phi^*\widetilde{N'})$ 中的典范像可以生成 A 模 $\Gamma(\Phi^*\widetilde{N'})$.

事实上, 如果把 N' 与 N 分别等同于 $\Gamma(\widetilde{N'})$ 和 $\Gamma(\widetilde{N})$ (1.3.7), 则 $z' \in N'$ 的典范像就等于元素 $z' \otimes 1 \in N$.

(**1.6.7**) 在 (1.6.5) 的证明中, 我们顺便证明了典范映射 (**0**, 4.4.3.2) $\rho : \widetilde{N'} \to \Phi_*\Phi^*\widetilde{N'}$ 刚好就是同态 $\widetilde{j}$, 其中 $j : N' \to N' \otimes_{A'} A_{[\varphi]}$ 是指同态 $z' \mapsto z' \otimes 1$. 同样地, 典范映射 (**0**, 4.4.3.3) $\sigma : \Phi^*\Phi_*\widetilde{M} \to \widetilde{M}$ 也刚好是 $\widetilde{p}$, 其中 $p : M_{[\varphi]} \otimes_{A'} A_{[\varphi]} \to M$ 是指这样一个典范同态, 它把张量积 $z \otimes a$ $(z \in M, a \in A)$ 对应到 $a.z$. 这个事实可由定义 (**0**, 3.7.1, **0**, 4.4.3, **0**, 1.3.7) 立得.

由此可以 (**0**, 4.4.3 和 3.5.4.4) 推出, 若 $v : N' \to M_{[\varphi]}$ 是一个 A' 同态, 则我们有 $\widetilde{v}^\sharp = (v \otimes 1)^\sim$.

(**1.6.8**) 设 N'_1, N'_2 是两个 A' 模, 假设 N'_1 是有限呈示的, 则由 (1.6.7) 和 (1.3.12, (ii)) 知, 典范同态 (**0**, 4.4.6)

$$\Phi^*\big(\mathrm{Hom}_{\widetilde{A'}}(\widetilde{N'_1}, \widetilde{N'_2})\big) \longrightarrow \mathrm{Hom}_{\widetilde{A}}(\Phi^*\widetilde{N'_1}, \Phi^*\widetilde{N'_2})$$

刚好就是 $\widetilde{\gamma}$, 其中 γ 是指典范 A 模同态 $\mathrm{Hom}_{A'}(N'_1, N'_2) \otimes_{A'} A \to \mathrm{Hom}_A(N'_1 \otimes_{A'} A, N'_2 \otimes_{A'} A)$.

(1.6.9) 设 $\mathfrak{J}'$ 是 A' 的一个理想, M 是一个 A 模. 根据定义, $\widetilde{\mathfrak{J}'M}$ 就是典范同态 $(\Phi^*\widetilde{\mathfrak{J}'}) \otimes_{\widetilde{A}} \widetilde{M} \to \widetilde{M}$ 的像, 故由 (1.6.5) 和 (1.3.12, (i)) 知, $\widetilde{\mathfrak{J}'M}$ 可以典范等同于 $(\mathfrak{J}'M)^\sim$. 特别地, $(\Phi^*\widetilde{\mathfrak{J}'})\widetilde{A}$ 可以等同于 $(\mathfrak{J}'A)^\sim$, 并且有见于函子 Φ^* 的右正合性, $\widetilde{A}$ 代数层 $\Phi^*((A'/\mathfrak{J}')^\sim)$ 就可以等同于 $(A/\mathfrak{J}'A)^\sim$.

(1.6.10) 设 A'' 是第三个环, φ' 是一个同态 $A'' \to A'$, 并且令 $\varphi'' = \varphi' \circ \varphi$. 则由定义立知 ${}^a\varphi'' = ({}^a\varphi') \circ ({}^a\varphi)$ 和 $\widetilde{\varphi}'' = \widetilde{\varphi} \circ \widetilde{\varphi}'$ (**0**, 1.5.7). 由此推出 $\Phi'' = \Phi' \circ \Phi$. 换个说法就是, $(\operatorname{Spec} A, \widetilde{A})$ 是一个从环范畴到环积空间范畴的函子(关于 A).

1.7 仿射概形之间的态射的特征性质

定义 (1.7.1) — 所谓一个环积空间 $(X, \mathscr{O}_X)$ 是一个仿射概形, 是指它与某个形如 $(\operatorname{Spec} A, \widetilde{A})$ 的环积空间是同构的, 其中 A 是一个环. 此时我们把 $\Gamma(X, \mathscr{O}_X)$ (它可以典范等同于环 A (1.3.7)) 称为仿射概形 $(X, \mathscr{O}_X)$ 的环, 记作 $A(X)$, 只要不会造成误解.

为了简单起见, 我们经常用仿射概形 $\operatorname{Spec} A$ 来称呼环积空间 $(\operatorname{Spec} A, \widetilde{A})$.

(1.7.2) 设 A, B 是两个环, $(X, \mathscr{O}_X), (Y, \mathscr{O}_Y)$ 是对应的仿射概形, 分别定义在素谱 $X = \operatorname{Spec} A$ 和 $Y = \operatorname{Spec} B$ 上. 我们在 (1.6.1) 中已经看到, 任何环同态 $\varphi : B \to A$ 都对应着一个态射 $\Phi = ({}^a\varphi, \widetilde{\varphi}) = \operatorname{Spec}(\varphi) : (X, \mathscr{O}_X) \to (Y, \mathscr{O}_Y)$. 注意到 φ 是被 Φ 所完全确定的, 因为根据定义, 我们有 $\varphi = \Gamma(\widetilde{\varphi}) : \Gamma(\widetilde{B}) \to \Gamma({}^a\varphi_*\widetilde{A}) = \Gamma(\widetilde{A})$.

定理 (1.7.3) — 设 $(X, \mathscr{O}_X), (Y, \mathscr{O}_Y)$ 是两个仿射概形. 则为了使一个环积空间态射 $(\psi, \theta) : (X, \mathscr{O}_X) \to (Y, \mathscr{O}_Y)$ 具有 $({}^a\varphi, \widetilde{\varphi})$ 的形状, 其中 φ 是一个环同态 $A(Y) \to A(X)$, 必须且只需对任意 $x \in X$, $\theta_x^\sharp$ 都是一个局部同态 $\mathscr{O}_{\psi(x)} \to \mathscr{O}_x$.

令 $A = A(X)$, $B = A(Y)$. 条件是必要的, 因为我们在 (1.6.1) 中已经看到, 同态 $\widetilde{\varphi}_x^\sharp : B_{{}^a\varphi(x)} \to A_x$ 是由 φ 所典范导出的同态, 并且根据 ${}^a\varphi(x) = \varphi^{-1}(\mathfrak{j}_x)$ 的定义, 该同态是一个局部同态.

下面来证明该条件是充分的. 根据定义, θ 是一个同态 $\mathscr{O}_Y \to \psi_*\mathscr{O}_X$, 由此可以典范地导出一个环同态

$$\varphi = \Gamma(\theta) : \quad B = \Gamma(Y, \mathscr{O}_Y) \longrightarrow \Gamma(Y, \psi_*\mathscr{O}_X) = \Gamma(X, \mathscr{O}_X) = A.$$

根据 $\theta_x^\sharp$ 上的前提条件, 上述同态通过取商可以导出剩余类域 $k(\psi(x))$ 到剩余类域 $k(x)$ 的一个嵌入 θ^x, 并且对任意截面 $f \in \Gamma(Y, \mathscr{O}_Y) = B$, 我们都有 $\theta^x(f(\psi(x))) = \varphi(f)(x)$. 从而 $f(\psi(x)) = 0$ 等价于 $\varphi(f)(x) = 0$, 这就意味着 $\mathfrak{j}_{\psi(x)} = \mathfrak{j}_{{}^a\varphi(x)}$, 即对任意 $x \in X$, 均有 $\psi(x) = {}^a\varphi(x)$, 或者说 $\psi = {}^a\varphi$. 我们还知道图表

$$B = \Gamma(Y, \mathscr{O}_Y) \xrightarrow{\quad \varphi \quad} \Gamma(X, \mathscr{O}_X) = A$$

$$\downarrow \qquad\qquad\qquad \downarrow$$

$$B_{\psi(x)} \xrightarrow{\quad \theta_x^{\sharp} \quad} A_x$$

是交换的 ($\mathbf{0}$, 3.7.2), 这意味着 $\theta_x^{\sharp}$ 就等于由 φ 所典范导出的同态 $\varphi_x : B_{\psi(x)} \to A_x$. 由于给出 $\theta_x^{\sharp}$ 就完全确定了 $\theta^{\sharp}$, 因而也确定了 θ ($\mathbf{0}$, 3.7.1), 故由此可以推出 $\theta = \widetilde{\varphi}$, 这是根据 $\widetilde{\varphi}$ 的定义 (1.6.1).

我们把满足 (1.7.3) 中条件的环积空间态射 (ψ, θ) 称为仿射概形的态射.

推论 (1.7.4) — 若 $(X, \mathscr{O}_X), (Y, \mathscr{O}_Y)$ 是两个仿射概形, 则我们有一个从仿射概形的态射集合 $\mathrm{Hom}((X, \mathscr{O}_X), (Y, \mathscr{O}_Y))$ 到环同态的集合 $\mathrm{Hom}(B, A)$ 上的典范同构, 其中 $A = \Gamma(\mathscr{O}_X)$ 且 $B = \Gamma(\mathscr{O}_Y)$.

也可以这么说, 函子 (Spec A, $\widetilde{A}$) (关于 A)和函子 $\Gamma(X, \mathscr{O}_X)$ (关于 $(X, \mathscr{O}_X)$)在交换环范畴与仿射概形范畴的反接范畴之间定义了一个等价 (T, I, 1.2).

推论 (1.7.5) — 若 $\varphi : B \to A$ 是满的, 则对应的环积空间态射 $({}^a\varphi, \widetilde{\varphi})$ 是一个单态射(参考 (4.1.7)).

事实上, 我们知道 ${}^a\varphi$ 是单的 (1.2.5), 且由于 φ 是满的, 故对任意 $x \in X$, 由 φ 取分式化所导出的同态 $\widetilde{\varphi}_x^a : B_{{}^a\varphi(x)} \to A_x$ 都是满的 ($\mathbf{0}$, 1.5.1), 因而得到结论 ($\mathbf{0}$, 4.1.1).

1.8 * 追加 — 局部环积空间到仿射概形的态射

遵循 J. Tate 的一条建议, (1.7.3) 和 (2.2.4) (见下节) 可以推广如下:

命题 (1.8.1) — 设 $(S, \mathscr{O}_S)$ 是一个仿射概形, $(X, \mathscr{O}_X)$ 是一个局部环积空间. 则我们有一个从环同态 $\Gamma(S, \mathscr{O}_S) \to \Gamma(X, \mathscr{O}_X)$ 的集合到环积空间态射 $(\psi, \theta) : (X, \mathscr{O}_X) \to (S, \mathscr{O}_S)$ 中的满足条件 "对任意 $x \in X$, $\theta_x^{\sharp} : \mathscr{O}_{\psi(x)} \to \mathscr{O}_x$ 都是局部同态" 的态射集合上的典范一一映射.

首先注意到若 $(X, \mathscr{O}_X), (S, \mathscr{O}_S)$ 是两个环积空间, 则由 $(X, \mathscr{O}_X)$ 到 $(S, \mathscr{O}_S)$ 的一个态射 (ψ, θ) 可以典范地定义出一个环同态 $\Gamma(\theta) : \Gamma(S, \mathscr{O}_S) \to \Gamma(X, \mathscr{O}_X)$, 这就给出了第一个映射

$$(1.8.1.1) \qquad \rho : \mathrm{Hom}((X, \mathscr{O}_X), (S, \mathscr{O}_S)) \longrightarrow \mathrm{Hom}(\Gamma(S, \mathscr{O}_S), \Gamma(X, \mathscr{O}_X)).$$

反过来, 在命题的前提条件下, 令 $A = \Gamma(S, \mathscr{O}_S)$, 并且考虑一个环同态 $\varphi : A \to \Gamma(X, \mathscr{O}_X)$. 对于 $x \in X$, 易见满足 $\varphi(f)(x) = 0$ 的那些 $f \in A$ 组成 A 的一个素理想 (因为 $\mathscr{O}_x/\mathfrak{m}_x = \boldsymbol{k}(x)$ 是一个域), 从而它是 $S = \mathrm{Spec}\, A$ 的一个元素, 我们记之为

${}^a\varphi(x)$. 进而, 对任意 $f \in A$, 根据定义 $(\mathbf{0}, 5.5.2)$ 我们有 ${}^a\varphi^{-1}(D(f)) = X_f$, 这就证明了 ${}^a\varphi$ 是一个连续映射 $X \to S$. 下面我们来定义一个 $\mathscr{O}_S$ 模层的同态

$$\widetilde{\varphi} \; : \; \mathscr{O}_S \longrightarrow {}^a\varphi_* \mathscr{O}_X.$$

对任意 $f \in A$, 我们都有 $\Gamma(D(f), \mathscr{O}_S) = A_f$ $(1.3.6)$, 对于 $s \in A$, 我们把 s/f 对应到 $\Gamma(X_f, \mathscr{O}_X) = \Gamma(D(f), {}^a\varphi_* \mathscr{O}_X)$ 中的元素 $(\varphi(s)|_{X_f})(\varphi(f)|_{X_f})^{-1}$, 则容易验证 (考虑 $D(f)$ 到 $D(fg)$ 的限制), 这定义了一个 $\mathscr{O}_S$ 模层同态, 故得环积空间的态射 $({}^a\varphi, \widetilde{\varphi})$. 进而在这些记号下, 为简单起见令 $y = {}^a\varphi(x)$, 则易见 $\widetilde{\varphi}_x^\sharp(s_y/f_y) = (\varphi(s)_x)(\varphi(f)_x)^{-1}$ $(\mathbf{0}, 3.7.1)$. 由于根据定义, $s_y \in \mathfrak{m}_y$ 等价于 $\varphi(s)_x \in \mathfrak{m}_x$, 故知 $\widetilde{\varphi}_x^\sharp$ 是一个局部同态 $\mathscr{O}_y \to \mathscr{O}_x$, 这就定义出了第二个映射 $\sigma : \mathrm{Hom}(\Gamma(S, \mathscr{O}_S), \Gamma(X, \mathscr{O}_X)) \to \mathfrak{L}$, 其中 $\mathfrak{L}$ 是由满足条件 "在任意点 $x \in X$ 处 $\theta_x^\sharp$ 都是局部同态" 的那些态射 $(\psi, \theta) : (X, \mathscr{O}_X) \to (S, \mathscr{O}_S)$ 所组成的集合. 只需再来证明 σ 和 ρ (限制到 $\mathfrak{L}$ 上) 是互逆的. 现在由 $\widetilde{\varphi}$ 的定义立知 $\Gamma(\widetilde{\varphi}) = \varphi$, 从而 $\rho \circ \sigma$ 是恒同. 为了说明 $\sigma \circ \rho$ 也是恒同, 我们任取 $(\psi, \theta) \in \mathfrak{L}$, 并设 $\varphi = \Gamma(\theta)$, 则 $\theta_x^\sharp$ 上的前提条件表明, 这个同态通过取商可以导出一个域嵌入 $\theta^x : \boldsymbol{k}(\psi(x)) \to \boldsymbol{k}(x)$, 并且对任意截面 $f \in A = \Gamma(S, \mathscr{O}_S)$, 均有 $\theta^x(f(\psi(x))) = \varphi(f)(x)$, 从而 $f(\psi(x)) = 0$ 等价于 $\varphi(f)(x) = 0$, 这就证明了 ${}^a\varphi = \psi$. 另一方面, 由定义知, 图表

$$
\begin{array}{ccc}
A & \xrightarrow{\ \varphi\ } & \Gamma(X, \mathscr{O}_X) \\
\downarrow & & \downarrow \\
A_{\psi(x)} & \xrightarrow[\theta_x^\sharp]{} & \mathscr{O}_x
\end{array}
$$

是交换的, 并且把 $\theta_x^\sharp$ 换成 $\widetilde{\varphi}_x^\sharp$ 之后的图表也是交换的, 故得 $\widetilde{\varphi}_x^\sharp = \theta_x^\sharp$ $(\mathbf{0}, 1.2.4)$, 从而 $\widetilde{\varphi} = \theta$.

(1.8.2) 设 $(X, \mathscr{O}_X)$ 和 $(Y, \mathscr{O}_Y)$ 是两个局部环积空间, 我们来考虑这样的环积空间态射 $(\psi, \theta) : (X, \mathscr{O}_X) \to (Y, \mathscr{O}_Y)$, 它使得对任意 $x \in X$, $\theta_x^\sharp$ 都是局部同态 $\mathscr{O}_{\psi(x)} \to \mathscr{O}_x$, 以后将把这种态射称为局部环积空间的态射, 并将只关注这种态射. 在这样的态射定义下, 易见局部环积空间构成一个范畴, 对于该范畴中的两个对象 X, Y, 我们用 $\mathrm{Hom}(X, Y)$ 来记 X 到 Y 的局部环积空间态射的集合 (也就是 $(1.8.1)$ 中的 $\mathfrak{L}$). 如果需要考虑 X 到 Y 的环积空间态射的集合, 则我们使用记号 $\mathrm{Hom}_{hj}(X, Y)$ 以示区别. 从而映射 $(1.8.1.1)$ 可以写成

(1.8.2.1) $\qquad \rho \; : \; \mathrm{Hom}_{hj}(X, Y) \longrightarrow \mathrm{Hom}(\Gamma(X, \mathscr{O}_X), \Gamma(Y, \mathscr{O}_Y)),$

并且它的限制

(1.8.2.2) $\qquad \rho' \; : \; \mathrm{Hom}(X, Y) \longrightarrow \mathrm{Hom}(\Gamma(X, \mathscr{O}_X), \Gamma(Y, \mathscr{O}_Y))$

是局部环积空间范畴上的一个函子性映射 (关于 X 和 Y).

推论 (1.8.3) — 设 $(Y, \mathscr{O}_Y)$ 是一个局部环积空间. 则为了使 Y 是仿射概形, 必须且只需对任意局部环积空间 $(X, \mathscr{O}_X)$, 映射 (1.8.2.2) 都是一一的.

命题 (1.8.1) 表明, 这个条件是必要的. 反过来, 假设该条件是成立的, 并且令 $A = \Gamma(Y, \mathscr{O}_Y)$, 则由前提条件和 (1.8.1) 知, 由局部环积空间的范畴到集合范畴的两个函子 $X \mapsto \operatorname{Hom}(X, Y)$ 和 $X \mapsto \operatorname{Hom}(X, \operatorname{Spec} A)$ 是同构的. 我们知道, 这就意味着能找到一个典范同构 $X \to \operatorname{Spec} A$ (参考 $\mathbf{0}_{\mathrm{III}}$, 8).

(1.8.4) 设 $S = \operatorname{Spec} A$ 是一个仿射概形. 我们用 (S', A') 来记这样一个环积空间, 它的底空间只含一点, 而它的结构层 A' 就是环 A 在 S' 上所定义的层 (必然是常值的). 设 $\pi : S \to S'$ 是从 S 到 S' 的唯一映射, 另一方面, 注意到对于 S 的任意开集 U, 我们都有一个典范映射 $\Gamma(S', A') = \Gamma(S, \mathscr{O}_S) \to \Gamma(U, \mathscr{O}_S)$, 从而它定义了环层的一个 π 态射 $\iota : A' \to \mathscr{O}_S$. 这就典范地定义了一个环积空间态射 $i = (\pi, \iota) : (S, \mathscr{O}_S) \to (S', A')$. 对于一个 A 模 M, 我们用 M' 来记 M 在 S' 上所定义的常值层, 它显然是一个 A' 模层. 易见我们有 $i_* \widetilde{M} = M'$ (1.3.7).

引理 (1.8.5) — 在 (1.8.4) 的记号下, 对任意 A 模 M, 函子性的典范 $\mathscr{O}_S$ 同态 $(\mathbf{0}, 4.4.3.3)$

$$(1.8.5.1) \qquad\qquad i^* i_* \widetilde{M} \longrightarrow \widetilde{M}$$

都是同构.

事实上, (1.8.5.1) 中的两项都是右正合的 (因为函子 $M \mapsto i_* \widetilde{M}$ 显然是正合的), 并且与直和可交换. 现在把 M 看作是某个同态 $A^{(I)} \to A^{(J)}$ 的余核, 则问题可以归结到 $M = A$ 的情形, 此时结论是显然的.

推论 (1.8.6) — 设 $(X, \mathscr{O}_X)$ 是一个环积空间, $u : X \to S$ 是一个环积空间态射. 则对任意 A 模 M, 我们都有 (在 (1.8.4) 的记号下) 一个 $\mathscr{O}_X$ 模层的函子性典范同构

$$(1.8.6.1) \qquad\qquad u^* \widetilde{M} \xrightarrow{\sim} u^* i^* M'.$$

推论 (1.8.7) — 在 (1.8.6) 的前提条件下, 对任意 A 模和任意 $\mathscr{O}_X$ 模层 $\mathscr{F}$, 我们都有一个关于 M 和 $\mathscr{F}$ 的函子性典范同构

$$(1.8.7.1) \qquad \operatorname{Hom}_{\mathscr{O}_S}(\widetilde{M}, u_* \mathscr{F}) \xrightarrow{\sim} \operatorname{Hom}_A(M, \Gamma(X, \mathscr{F})).$$

事实上, 依照 $(\mathbf{0}, 4.4.3)$ 和引理 (1.8.3), 我们有一个典范的二元函子同构

$$\operatorname{Hom}_{\mathscr{O}_S}(\widetilde{M}, u_* \mathscr{F}) \xrightarrow{\sim} \operatorname{Hom}_{A'}(M', i_* u_* \mathscr{F}),$$

并且易见右边一项刚好就是 $\mathrm{Hom}_A(M, \Gamma(X, \mathscr{F}))$. 注意到典范同态 (1.8.7.1) 就是把一个 $\mathscr{O}_S$ 同态 $h : \widetilde{M} \to u_* \mathscr{F}$ (换句话说, u 态射 $\widetilde{M} \to \mathscr{F}$) 对应到 A 同态 $\Gamma(h) : M \to \Gamma(S, u_* \mathscr{F}) = \Gamma(X, \mathscr{F})$ 上.

(1.8.8) 在 (1.8.4) 的记号下, 易见给出一个环积空间态射 $(\psi, \theta) : X \to S'$ (**0**, 4.1.1) 等价于给出一个环同态 $A \to \Gamma(X, \mathscr{O}_X)$. 从而也可以把 (1.8.1) 解释为一个典范的一一映射 $\mathrm{Hom}(X, S) \xrightarrow{\sim} \mathrm{Hom}(X, S')$ (第二项应理解为环积空间态射的集合, 因为 A 一般不是局部环). 更一般地, 若 X, Y 是两个局部环积空间, (Y', A') 是这样一个环积空间, 它的底空间只有一点, 而结构环层 A' 就是由环 $\Gamma(Y, \mathscr{O}_Y)$ 所定义的常值层, 则可以把 (1.8.2.1) 解释为一个映射

(1.8.8.1) $\rho : \mathrm{Hom}_{hj}(X, Y) \longrightarrow \mathrm{Hom}(X, Y'),$

从而 (1.8.3) 给出了仿射概形在局部环积空间范畴中的一个特征性质, 即它们就是使得 ρ 在 $\mathrm{Hom}(X, Y)$ 上的限制

(1.8.8.2) $\rho' : \mathrm{Hom}(X, Y) \longrightarrow \mathrm{Hom}(X, Y')$

对所有局部环积空间 X 来说都是一一映射的那些对象. 在后面的某一章里, 我们将推广这个定义, 从而可以对任意的环积空间 Z (不只是那些底空间是单点的环积空间) 都定义出一个局部环积空间, 仍记作 $\mathrm{Spec}\, Z$, 它将是我们在任意环积空间上建立概形的 "相对" 理论的出发点, 第一章的结果都可以得到推广.

(1.8.9) 考虑由一个局部环积空间 X 和一个 $\mathscr{O}_X$ 模层 $\mathscr{F}$ 所组成的二元组 $(X, \mathscr{F})$, 它们构成一个范畴, 其中的态射 $(X, \mathscr{F}) \to (Y, \mathscr{G})$ 也是一个二元组 (u, h), 由一个局部环积空间态射 $u : X \to Y$ 和一个模层的 u 态射 $h : \mathscr{G} \to \mathscr{F}$ 所组成. 对于固定的 $(X, \mathscr{F})$ 和 $(Y, \mathscr{G})$, 这些态射构成一个集合, 我们记之为 $\mathrm{Hom}((X, \mathscr{F}), (Y, \mathscr{G}))$. 映射 $(u, h) \mapsto (\rho'(u), \Gamma(h))$ 是一个典范映射
(1.8.9.1)
$$\mathrm{Hom}\big((X, \mathscr{F}), (Y, \mathscr{G})\big) \longrightarrow \mathrm{Hom}\big((\Gamma(Y, \mathscr{O}_Y), \Gamma(Y, \mathscr{G})), (\Gamma(X, \mathscr{O}_X), \Gamma(X, \mathscr{F}))\big),$$

且对于 $(X, \mathscr{F})$ 和 $(Y, \mathscr{G})$ 是函子性的, 右边一项是由环和模的双重同态 (**0**, 1.0.2) 所组成的集合.

推论 (1.8.10) — 设 Y 是一个局部环积空间, $\mathscr{G}$ 是一个 $\mathscr{O}_Y$ 模层. 则为了使 Y 是仿射概形且 $\mathscr{G}$ 是拟凝聚 $\mathscr{O}_Y$ 模层, 必须且只需对任意二元组 $(X, \mathscr{F})$ (其中 X 是一个局部环积空间, $\mathscr{F}$ 是一个 $\mathscr{O}_X$ 模层), 典范映射 (1.8.9.1) 都是一一的.

我们把证明的细节留给读者, 只需模仿 (1.8.3) 的方法, 并使用 (1.8.1) 和 (1.8.7).

注解 (1.8.11) — (1.7.3), (1.7.4) 和 (2.2.4) 都是 (1.8.1) 的特殊情形, 甚至包括定义 (1.6.1), 同样地, (2.2.5) 缘自 (1.8.7). 而 (1.6.3) 是命题 (1.8.7) 的特殊情形 (从而

(1.6.4) 也是如此), 因为若 X 是仿射的, 并且 $\Gamma(X, \mathscr{F}) = N$, 则函子 $M \mapsto \operatorname{Hom}_{\mathscr{O}_S}(\widetilde{M}, u_* \widetilde{N})$ 和 $M \mapsto \operatorname{Hom}_{\mathscr{O}_S}(\widetilde{M}, (N_{[\varphi]})^{\sim})$ (其中 $\varphi : A \to \Gamma(X, \mathscr{O}_X)$ 是 u 所对应的同态) 是同构的, 这是根据 (1.8.7) 和 (1.3.8). 最后, (1.6.5) 缘自 (1.8.6) 和下面的事实 (从而 (1.6.6) 也是如此): 对任意 $f \in A$, A_f 模 $N' \otimes_{A'} A_f$ 和 $(N' \otimes_{A'} A)_f$ (记号取自 (1.6.5)) 都是典范同构的.*

§2. 概形及概形态射

2.1 概形的定义

(2.1.1) 给了一个环积空间 $(X, \mathscr{O}_X)$, 所谓 X 的一个开子集 V 是仿射开集, 是指环积空间 $(V, \mathscr{O}_X|_V)$ 是一个仿射概形 (1.7.1).

定义 (2.1.2) — 概形是指这样的环积空间 $(X, \mathscr{O}_X)$, 它的每个点都有一个仿射开邻域.

命题 (2.1.3) — 若 $(X, \mathscr{O}_X)$ 是一个概形, 则它的全体仿射开集构成一个拓扑基.

事实上, 设 V 是点 $x \in X$ 的任何一个开邻域, 则根据前提条件, 可以找到 x 的一个开邻域 W, 使得 $(W, \mathscr{O}_X|_W)$ 是一个仿射概形, 我们把它的环记为 A. 则在空间 W 中, $V \cap W$ 是 x 的一个开邻域, 从而可以找到 $f \in A$, 使得 $D(f)$ 是 x 的一个包含在 $V \cap W$ 中的开邻域 (1.1.10, (i)). 现在环积空间 $(D(f), \mathscr{O}_X|_{D(f)})$ 也是一个仿射概形, 它的环同构于 A_f (1.3.6), 故得结论.

命题 (2.1.4) — 概形的底空间是 *Kolmogoroff* 空间.

事实上, 设 x, y 是概形 X 的两个不同的点, 若 x, y 没有包含在同一个仿射开集中, 则命题显然成立; 若 x, y 包含在同一个仿射开集中, 则可由 (1.1.8) 推出结论.

命题 (2.1.5) — 设 $(X, \mathscr{O}_X)$ 是一个概形, 则 X 的任何不可约闭子集都有唯一的一般点, 从而映射 $x \mapsto \overline{\{x\}}$ 是一个从 X 到它的不可约闭子集的集合的一一映射.

事实上, 若 Y 是 X 的一个不可约闭子集, $y \in Y$, 并且 U 是 y 在 X 中的一个仿射开邻域, 则 $U \cap Y$ 在 Y 中是处处稠密的, 并且是不可约的 (**0**, 2.1.1 和 2.1.4), 从而 (1.1.14), $U \cap Y$ 是某个点 x 在 U 中的闭包, 因而 $Y \subseteq \overline{U}$ 就是点 x 在 X 中的闭包. 一般点的唯一性缘自 (2.1.4) 和 (**0**, 2.1.3).

(2.1.6) 若 Y 是 X 的一个不可约闭子集, y 是它的一般点, 则我们把局部环 $\mathscr{O}_y$ 也记作 $\mathscr{O}_{X/Y}$, 并且称之为 X 沿着 Y 的局部环, 或者 Y 在 X 中的局部环.

若 X 本身是不可约的, 并且 x 是它的一般点, 则我们也把 $\mathscr{O}_x$ 称为 X 的有理函

数环 (参考 §7).

命题 (2.1.7) — 若 $(X, \mathscr{O}_X)$ 是一个概形, 则对于 X 的任意开集 U, 环积空间 $(U, \mathscr{O}_X|_U)$ 都是概形.

这可由定义 (2.1.2) 和命题 (2.1.3) 立得.

我们把 $(U, \mathscr{O}_X|_U)$ 称为 $(X, \mathscr{O}_X)$ 在开集 U 上的所诱导的概形, 或 $(X, \mathscr{O}_X)$ 在 U 上的限制.

(2.1.8) 所谓一个概形 $(X, \mathscr{O}_X)$ 是不可约的 (切转: 连通的), 是指它的底空间 X 是不可约的 (切转: 连通的). 所谓一个概形是整的, 是指它是既约且不可约的 (参考 (5.1.4)). 所谓一个概形是局部整的, 是指任何点 $x \in X$ 都有一个开邻域 U, 使得 $(X, \mathscr{O}_X)$ 在 U 上所诱导的概形是整的.

2.2 概形态射

定义 (2.2.1) — 给了两个概形 $(X, \mathscr{O}_X), (Y, \mathscr{O}_Y)$, 从 $(X, \mathscr{O}_X)$ 到 $(Y, \mathscr{O}_Y)$ 的一个 (概形) 态射是指这样一个环积空间态射 (ψ, θ), 即在任何点 $x \in X$ 处, $\theta_x^\sharp : \mathscr{O}_{\psi(x)} \to \mathscr{O}_x$ 都是一个局部同态.

从而通过取商, 映射 $\theta_x^\sharp : \mathscr{O}_{\psi(x)} \to \mathscr{O}_x$ 可以给出一个嵌入 $\theta^x : k(\psi(x)) \to k(x)$, 因而我们可以把 $k(x)$ 看作是域 $k(\psi(x))$ 的一个扩张.

(2.2.2) 若 $(\psi, \theta), (\psi', \theta')$ 是两个概形态射, 则它们的合成 (ψ'', θ'') 也是概形态射, 因为我们有公式 $\theta''^\sharp = \theta^\sharp \circ \psi^*(\theta'^\sharp)$ (**0**, 3.5.5). 由此可知, 全体概形构成一个范畴. 按照一般的记法, 我们用 $\mathrm{Hom}(X, Y)$ 来表示从概形 X 到概形 Y 的全体态射的集合.

例子 (2.2.3) — 若 U 是 X 的一个开集, 则典范含入 (**0**, 4.1.2) 是 U 上的诱导概形 $(U, \mathscr{O}_X|_U)$ 到 $(X, \mathscr{O}_X)$ 的一个概形态射, 而且它还是环积空间的一个单态射(自然也是概形的单态射), 这可由 (**0**, 4.1.1) 立得.

命题 (2.2.4) — 设 $(X, \mathscr{O}_X)$ 是一个概形, $(S, \mathscr{O}_S)$ 是一个仿射概形, 环为 A. 则在概形 $(X, \mathscr{O}_X)$ 到概形 $(S, \mathscr{O}_S)$ 的态射与 A 到环 $\Gamma(X, \mathscr{O}_X)$ 的同态之间有一个典范的一一对应.

首先注意到若 $(X, \mathscr{O}_X), (Y, \mathscr{O}_Y)$ 是两个任意的环积空间, 则由一个态射 $(\psi, \theta) : (X, \mathscr{O}_X) \to (Y, \mathscr{O}_Y)$ 可以典范地定义出一个环同态 $\Gamma(\theta) : \Gamma(Y, \mathscr{O}_Y) \to \Gamma(Y, \psi_* \mathscr{O}_X) = \Gamma(X, \mathscr{O}_X)$. 在我们的情况下, 问题归结为证明, 任何同态 $\varphi : A \to \Gamma(X, \mathscr{O}_X)$ 都具有 $\Gamma(\theta)$ 的形状, 并且这个 θ 是唯一的. 现在根据前提条件, X 具有一个仿射开覆盖 (V_α). 把 φ 与限制同态 $\Gamma(X, \mathscr{O}_X) \to \Gamma(V_\alpha, \mathscr{O}_X|_{V_\alpha})$ 进行合成, 可以得到一个环同态 $\varphi_\alpha : A \to \Gamma(V_\alpha, \mathscr{O}_X|_{V_\alpha})$, 这个环同态又对应着 (唯一) 一个概形态射 $(\psi_\alpha, \theta_\alpha)$:

$(V_\alpha, \mathscr{O}_X|_{V_\alpha}) \to (S, \mathscr{O}_S)$, 这是依据 (1.7.3). 进而, 对任意一组指标 (α, β), $V_\alpha \cap V_\beta$ 中的每个点都有一个包含在 $V_\alpha \cap V_\beta$ 中的仿射开邻域 W (2.1.3). 易见把 φ_α 和 φ_β 分别与 "限制到 W 上" 的同态进行合成, 可以得到同一个环同态 $\Gamma(S, \mathscr{O}_S) \to \Gamma(W, \mathscr{O}_X|_W)$, 从而根据对所有 α 和所有 $x \in V_\alpha$ 都成立的关系式 $(\theta_\alpha^\sharp)_x = (\varphi_\alpha)_x$ (1.6.1) 可知, 态射 $(\psi_\alpha, \theta_\alpha)$ 和 $(\psi_\beta, \theta_\beta)$ 在 W 上的限制是重合的. 由此得知, 我们有唯一一个环积空间态射 $(\psi, \theta) : (X, \mathscr{O}_X) \to (S, \mathscr{O}_S)$, 使得它在各个 V_α 上的限制分别给出了 $(\psi_\alpha, \theta_\alpha)$, 易见这个态射就是一个概形态射, 并且满足 $\Gamma(\theta) = \varphi$.

设 $u : A \to \Gamma(X, \mathscr{O}_X)$ 是一个环同态, $v = (\psi, \theta)$ 是与之对应的态射 $(X, \mathscr{O}_X) \to (S, \mathscr{O}_S)$. 则对任意 $f \in A$, 均有

$$(2.2.4.1) \qquad\qquad \psi^{-1}(D(f)) = X_{u(f)},$$

记号取自 $(\mathbf{0}, 5.5.2)$(针对局部自由层 $\mathscr{O}_X$). 事实上, 只需对 X 本身是仿射概形的情形来验证这个公式即可, 而此时它就是 (1.2.2.2).

命题 (2.2.5) — 在 (2.2.4) 的前提条件下, 设 $\varphi : A \to \Gamma(X, \mathscr{O}_X)$ 是一个环同态, $f : (X, \mathscr{O}_X) \to (S, \mathscr{O}_S)$ 是对应的态射, $\mathscr{G}$ (切转: $\mathscr{F}$) 是一个拟凝聚 $\mathscr{O}_X$ 模层 (切转: 拟凝聚 $\mathscr{O}_S$ 模层), 并设 $M = \Gamma(S, \mathscr{F})$. 则在 f 态射 $\mathscr{F} \to \mathscr{G}$ $(\mathbf{0}, 4.4.1)$ 和 A 同态 $M \to (\Gamma(X, \mathscr{G}))_{[\varphi]}$ 之间有一个典范的一一对应.

事实上, 利用 (2.2.4) 的方法, 可以立刻归结到 X 是仿射概形的情形, 此时命题缘自 (1.6.3) 和 (1.3.8).

* (追加 $_{\text{III}}$, 4) — 在 (2.2.5) 的记号下, 若 $\mathfrak{I}$ 是 A 的一个理想, 则我们也用 $\mathfrak{I}\mathscr{F}$ 来记 $(\mathbf{0}, 4.3.5)$ 中所定义的 $\mathscr{O}_X$ 子模层 $\widetilde{\mathfrak{I}}\mathscr{F}$.*

(2.2.6) 所谓一个概形态射 $(\psi, \theta) : (X, \mathscr{O}_X) \to (Y, \mathscr{O}_Y)$ 是开的 (切转: 闭的), 是指对于 X 的任意开子集 U (切转: 闭子集 F), $\psi(U)$ 在 Y 中都是开的 (切转: $\psi(F)$ 在 Y 中都是闭的). 所谓 (ψ, θ) 是笼罩性的, 或称它是一个笼罩, 是指 $\psi(X)$ 在 Y 中是稠密的. 所谓 (ψ, θ) 是映满的, 是指映射 ψ 是满的. 注意到这些条件都只与连续映射 ψ 有关.

命题 (2.2.7) — 设

$$f = (\psi, \theta) : (X, \mathscr{O}_X) \longrightarrow (Y, \mathscr{O}_Y), \quad g = (\psi', \theta') : (Y, \mathscr{O}_Y) \longrightarrow (Z, \mathscr{O}_Z)$$

是两个概形态射.

(i) 若 f 和 g 都是开的 (切转: 闭的, 笼罩性的, 映满的), 则 $g \circ f$ 也是如此.

(ii) 若 f 是映满的, 且 $g \circ f$ 是闭的, 则 g 是闭的.

(iii) 若 $g \circ f$ 是映满的, 则 g 也是映满的.

(i) 和 (iii) 是显然的. 令 $g \circ f = (\psi'', \theta'')$. 于是若 F 在 Y 中是闭的, 则 $\psi^{-1}(F)$ 在 X 中是闭的, 从而 $\psi''(\psi^{-1}(F))$ 在 Z 中是闭的. 而由于 ψ 是映满的, 故知 $\psi(\psi^{-1}(F))$ $= F$, 从而 $\psi''(\psi^{-1}(F)) = \psi'(F)$, 这就证明了 (ii).

命题 (2.2.8) — 设 $f = (\psi, \theta) : (X, \mathscr{O}_X) \to (Y, \mathscr{O}_Y)$ 是一个概形态射, (U_α) 是 Y 的一个开覆盖. 则为了使 f 是开的 (切转: 闭的, 映满的, 笼罩性的), 必须且只需它在每个诱导概形 $(\psi^{-1}(U_\alpha), \mathscr{O}_X|_{\psi^{-1}(U_\alpha)})$ 上的限制作为映到诱导概形 $(U_\alpha, \mathscr{O}_Y|_{U_\alpha})$ 上的态射都是开的 (切转: 闭的, 映满的, 笼罩性的).

这个命题可由定义立得, 只需注意到下面的事实: Y 的一个子集 F 在 Y 中是闭的 (切转: 开的, 稠密的) 当且仅当每个集合 $F \cap U_\alpha$ 在 U_α 中都是闭的 (切转: 开的, 稠密的).

(2.2.9) 设 $(X, \mathscr{O}_X), (Y, \mathscr{O}_Y)$ 是两个概形. 假设 X 和 Y 具有相同个数的不可约分支, 且个数都是有限的, 设为 X_i (切转: Y_i) $(1 \leqslant i \leqslant n)$, 设 ξ_i (切转: η_i) 是 X_i (切转: Y_i) 的一般点 (2.1.5). 所谓一个态射

$$f = (\psi, \theta) : (X, \mathscr{O}_X) \longrightarrow (Y, \mathscr{O}_Y)$$

是双有理的, 是指对任意 i, 均有 $\psi^{-1}(\eta_i) = \{\xi_i\}$, 并且这些 $\theta^\sharp_{\xi_i} : \mathscr{O}_{\eta_i} \to \mathscr{O}_{\xi_i}$ 都是同构. 易见双有理态射总是笼罩性的 (**0**, 2.1.8), 从而若它还是闭的, 则必然是映满的.

记号上的约定 (2.2.10) — 在下文中, 只要不会造成误解, 我们一般在概形 (切转: 态射) 的记号中省略掉结构层 (切转: 结构层的态射). 若 U 是概形 X 的底空间的一个开子集, 则当我们说 U 是一个概形的时候, 总是指 X 在 U 上所诱导的概形.

2.3 概形的黏合

(2.3.1) 从定义 (2.1.2) 可知, 由概形黏合而成的环积空间 (**0**, 4.1.7) 仍然是概形. 特别地, 根据定义, 任何概形都有一个由仿射开集所组成的覆盖, 故知任何概形都可由仿射概形黏合而成.

例子 (2.3.2) — 设 K 是一个域, $B = K[s]$, $C = K[t]$ 是 K 上的两个一元多项式环, 再设 $X_1 = \operatorname{Spec} B$, $X_2 = \operatorname{Spec} C$, 则它们是同构的仿射概形. 在 X_1 (切转: X_2) 中, 设 U_{12} (切转: U_{21}) 是仿射开集 $D(s)$ (切转: $D(t)$), 它的截面环 B_s (切转: C_t) 是由所有形如 $f(s)/s^m$ (切转: $g(t)/t^n$) 的有理分式所组成的, 其中 $f \in B$ (切转: $g \in C$). 设 $u_{12} : U_{21} \to U_{12}$ 是这样一个概形同构, 它对应着 B_s 到 C_t 的同构 $f(s)/s^m \mapsto f(1/t)/(1/t^m)$ (2.2.4). 则可以把 X_1 和 X_2 用 u_{12} 沿着 U_{12} 和 U_{21} 黏合起来, 黏合条件是空的. 由此得到一个概形 X, 这不过是更一般的构造方法的一个特殊情形 (**II**, 2.4.3). 在这里我们只证明 X 不是仿射概形, 这是缘自下面的事实, 即 $\Gamma(X, \mathscr{O}_X)$ 同构于 K, 从而它的谱只有一点. 事实上, $\mathscr{O}_X$ 的一个整体截面限制到 X

的仿射开集 X_1 (切转: X_2) 上就是一个多项式 $f(s)$ (切转: $g(t)$), 并且由定义知, 我们必须有 $g(t) = f(1/t)$, 这只有当 $f = g \in K$ 时才是可能的.

2.4　局部概形

(2.4.1) 局部概形是指这样的仿射概形, 它的环 A 是一个局部环. 于是在 $X =$ Spec A 中只有唯一一个闭点 a, 并且对于其他任何一点 $b \in X$, 均有 $a \in \overline{\{b\}}$ (1.1.7).

对于一个概形 Y 和一个点 $y \in Y$, 我们把局部概形 Spec $\mathscr{O}_y$ 称为 Y 在点 y 处的局部概形. 设 V 是 Y 的一个包含 y 的仿射开集, B 是仿射概形 V 的环, 则 $\mathscr{O}_y$ 可以典范等同于 B_y (1.3.4), 从而典范同态 $B \to B_y$ 对应着一个概形态射 Spec $\mathscr{O}_y \to V$ (1.6.1). 把这个态射与典范含入 $V \to Y$ 进行合成, 则得到一个态射 Spec $\mathscr{O}_y \to Y$, 该态射并不依赖于 (包含 y 的) 仿射开集 V 的选择. 事实上, 若 V' 是另一个包含 y 的仿射开集, 则可以找到第三个包含 y 的仿射开集 W, 使得 $W \subseteq V \cap V'$ (2.1.3), 从而我们可以假设 $V \subseteq V'$. 若 B' 是 V' 的环, 则问题就归结为图表

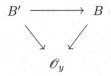

的交换性 ($\mathbf{0}$, 1.5.1). 我们把这样定义出来的态射

$$\text{Spec } \mathscr{O}_y \longrightarrow Y$$

称为典范态射.

命题 (2.4.2) — 设 $(Y, \mathscr{O}_Y)$ 是一个概形, 对于一点 $y \in Y$, 设 (ψ, θ) 是典范态射 $(\text{Spec}(\mathscr{O}_y, \widetilde{\mathscr{O}_y})) \to (Y, \mathscr{O}_Y)$. 则 ψ 是一个从 Spec $\mathscr{O}_y$ 到 Y 的满足 $y \in \overline{\{z\}}$ 的点 z (换句话说, y 的一般化 ($\mathbf{0}$, 2.1.2)) 所组成的子空间 S_y 的同胚. 进而, 若 $z = \psi(\mathfrak{p})$, 则 $\theta_z^\natural : \mathscr{O}_z \to (\mathscr{O}_y)_\mathfrak{p}$ 是一个同构, 从而 (ψ, θ) 是环积空间的一个单态射.

由于唯一的闭点 $a \in$ Spec $\mathscr{O}_y$ 包含在该空间的任何点的闭包里, 并且 $\psi(a) = y$, 因此 Spec $\mathscr{O}_y$ 在连续映射 ψ 下的像包含在 S_y 之中. 又因为 S_y 包含在 y 的任何仿射开邻域之中, 故问题可以归结到 Y 是仿射概形的情形, 此时命题缘自 (1.6.2).

从而我们看到 (2.1.5), 在 Spec $\mathscr{O}_y$ 的点与 Y 的包含 y 的不可约闭子集之间有一个一一对应.

推论 (2.4.3) — 为了使 $y \in Y$ 是 Y 的某个不可约分支的一般点, 必须且只需局部环 $\mathscr{O}_y$ 只有一个素理想, 即它的极大理想(换句话说, $\mathscr{O}_y$ 是零维的).

命题 (2.4.4) — 设 $(X, \mathscr{O}_X)$ 是一个局部概形, 环为 A, a 是它唯一闭点, $(Y, \mathscr{O}_Y)$ 是一个概形. 则任何态射 $u = (\psi, \theta) : (X, \mathscr{O}_X) \to (Y, \mathscr{O}_Y)$ 都可以唯一地分解为 $X \to \mathrm{Spec}(\mathscr{O}_{\psi(a)}) \to Y$, 其中第二个箭头是指典范态射, 第一个箭头则对应着一个局部同态 $\mathscr{O}_{\psi(a)} \to A$. 这就在态射 $(X, \mathscr{O}_X) \to (Y, \mathscr{O}_Y)$ 与局部同态 $\mathscr{O}_y \to A$ $(y \in Y)$ 之间建立了一个典范的一一对应.

事实上, 对任意 $x \in X$, 我们都有 $a \in \overline{\{x\}}$, 从而 $\psi(a) \in \overline{\{\psi(x)\}}$, 这就证明了 $\psi(x)$ 包含在 $\psi(a)$ 的任何仿射开邻域之中. 从而可以把问题归结到 $(Y, \mathscr{O}_Y)$ 是仿射概形并且环为 B 的情形, 此时我们有 $u = ({}^a\varphi, \widetilde{\varphi})$, 其中 $\varphi \in \mathrm{Hom}(B, A)$ (1.7.3). 进而, 我们有 $\varphi^{-1}(\mathfrak{j}_a) = \mathfrak{j}_{\psi(a)}$, 因而 $B \smallsetminus \mathfrak{j}_{\psi(a)}$ 中的任何元素在 φ 下的像都是局部环 A 中的可逆元, 从而命题中的分解是缘自分式环的普适性质 (**0**, 1.2.4). 反过来, 任何局部同态 $\mathscr{O}_y \to A$ 都对应着唯一一个满足 $\psi(a) = y$ 的态射 $(\psi, \theta) : X \to \mathrm{Spec}\,\mathscr{O}_y$ (1.7.3), 把它再与典范态射 $\mathrm{Spec}\,\mathscr{O}_y \to Y$ 进行合成, 就得到一个态射 $X \to Y$, 这就完成了命题的证明.

(2.4.5) 若一个仿射概形的环是域 K, 则它的底空间只有一点. 设 A 是一个局部环, 极大理想为 $\mathfrak{m}$, 则任何局部同态 $A \to K$ 的核都等于 $\mathfrak{m}$, 从而可以分解为 $A \to A/\mathfrak{m} \to K$, 其中第二个箭头是一个嵌入. 于是态射 $\mathrm{Spec}\,K \to \mathrm{Spec}\,A$ 和域嵌入 $A/\mathfrak{m} \to K$ 是一一对应的.

设 $(Y, \mathscr{O}_Y)$ 是一个概形, 则对任意 $y \in Y$ 和 $\mathscr{O}_y$ 的任意理想 $\mathfrak{a}_y$, 典范同态 $\mathscr{O}_y \to \mathscr{O}_y/\mathfrak{a}_y$ 都定义了一个态射 $\mathrm{Spec}(\mathscr{O}_y/\mathfrak{a}_y) \to \mathrm{Spec}\,\mathscr{O}_y$, 把它与典范态射 $\mathrm{Spec}\,\mathscr{O}_y \to Y$ 进行合成, 则得到一个态射 $\mathrm{Spec}(\mathscr{O}_y/\mathfrak{a}_y) \to Y$, 仍然称其为典范态射. 对于 $\mathfrak{a}_y = \mathfrak{m}_y$, 我们有 $\mathscr{O}_y/\mathfrak{a}_y = \boldsymbol{k}(y)$, 此时命题 (2.4.4) 就给出:

推论 (2.4.6) — 设 $(X, \mathscr{O}_X)$ 是一个局部概形, 且它的环是域 K, ξ 是 X 的唯一一点, $(Y, \mathscr{O}_Y)$ 是一个概形. 则任何态射 $u : (X, \mathscr{O}_X) \to (Y, \mathscr{O}_Y)$ 都可以唯一地分解为 $X \to \mathrm{Spec}(\boldsymbol{k}(\psi(\xi))) \to Y$, 其中第二个箭头是指典范态射, 第一个箭头则对应着一个嵌入 $\boldsymbol{k}(\psi(\xi)) \to K$. 这就在态射 $(X, \mathscr{O}_X) \to (Y, \mathscr{O}_Y)$ 与嵌入 $\boldsymbol{k}(y) \to K$ $(y \in Y)$ 之间建立了一个典范的一一对应.

推论 (2.4.7) — 对任意 $y \in Y$, 所有典范态射 $\mathrm{Spec}(\mathscr{O}_y/\mathfrak{a}_y) \to Y$ 都是环积空间的单态射.

我们已经证明了 $\mathfrak{a}_y = 0$ 的情形 (2.4.2), 现在只需应用 (1.7.5).

注解 (2.4.8) — 设 X 是一个局部概形, a 是它唯一一闭点. 由于一个包含 a 的仿射开集必然就是整个 X, 故知任何可逆 $\mathscr{O}_X$ 模层 (**0**, 5.4.1) 必然都同构于 $\mathscr{O}_X$ (或者我们也说, 它是平凡的). 这个性质在一般的仿射概形 $\mathrm{Spec}\,A$ 上是没有的, 但我们将在第五章看到, 若 A 是正规整环, 并且是解因子的, 则此性质成立.

2.5　概形上的概形

定义 (2.5.1) —— 给定概形 S, 我们把一个概形 X 和一个态射 $\varphi : X \to S$ 的二元组 (X, φ) (或者简略地把 X) 称为**概形 S 上的概形**, 或者 S 概形; 我们把 S 称为 S 概形 X 的基概形. 把态射 φ 称为 S 概形 X 的结构态射. 如果 S 是仿射概形, 环为 A, 则我们也把 X 和 φ 称为**环 A 上的概形** (或者 A 概形).

由 (2.2.4) 知, 给出环 A 上的一个概形等价于给出一个概形 $(X, \mathscr{O}_X)$, 并要求结构层 $\mathscr{O}_X$ 是一个 A 代数层. 从而任何概形都可以看作是 $\mathbb{Z}$ 概形, 并且是以唯一的方式.

设 $\varphi : X \to S$ 是 S 概形 X 的结构态射, 所谓一个点 $x \in X$ 位于点 $s \in S$ 之上, 是指 $\varphi(x) = s$. 所谓 X 笼罩 S, 是指 φ 是一个笼罩 (2.2.6).

(2.5.2) 设 X, Y 是两个 S 概形. 所谓一个概形态射 $u : X \to Y$ 是 S 概形的态射(或称 S 态射), 是指它使图表

成为交换的 (下边两个态射都是结构态射), 这意味着对任意 $s \in S$ 和位于 s 之上的任意点 $x \in X$, $u(x)$ 都必须位于 s 之上.

由这个定义立知, 两个 S 态射的合成还是 S 态射, 从而全体 S 概形构成一个范畴.

我们用 $\mathrm{Hom}_S(X, Y)$ 来记从 S 概形 X 到 S 概形 Y 的全体 S 态射的集合, 并且把 S 概形 X 到自身的恒同态射记为 1_X.

如果 S 是一个仿射概形, 环为 A, 则我们也把 S 态射称为 A 态射.

(2.5.3) 若 X 是一个 S 概形, $v : X' \to X$ 是一个概形态射, 则合成态射 $X' \xrightarrow{v} X \to S$ 也把 X' 定义成一个 S 概形. 特别地, X 在任何开集 U 上所诱导的概形都可以通过典范含入而成为一个 S 概形.

若 $u : X \to Y$ 是 S 概形的一个 S 态射, 则 u 在诱导概形 $U \subseteq X$ 上的限制也是一个 S 态射 $U \to Y$. 反过来, 设 (U_α) 是 X 的一个开覆盖, 且对每个 U_α, 设 $u_\alpha : U_\alpha \to Y$ 是一个 S 态射, 若对任意一组指标 (α, β), u_α 和 u_β 在 $U_\alpha \cap U_\beta$ 的限制都是重合的, 则我们有唯一一个 S 态射 $X \to Y$, 使得它在各个 U_α 上的限制分别等于 u_α.

若 $u : X \to Y$ 是一个 S 态射, 且满足 $u(X) \subseteq V$, 其中 V 是 Y 的一个开集, 则

u 作为 X 到 V 的态射也是一个 S 态射.

(2.5.4) 设 $S' \to S$ 是一个概形态射, 则对任意 S' 概形 X, 合成态射 $X \to S' \to S$ 都可以把 X 定义成一个 S 概形. 反过来, 假设 S' 是 S 在它的某个开集上所诱导的概形, 设 X 是一个 S 概形, 并假设结构态射 $f : X \to S$ 满足 $f(X) \subseteq S'$, 则可以把 X 看作是一个 S' 概形. 在此情形下, 若 Y 是另一个 S 概形, 并且结构态射也把 Y 映到 S' 之中, 则任何从 X 到 Y 的 S 态射也都是一个 S' 态射.

(2.5.5) 若 X 是一个 S 概形, $\varphi : X \to S$ 是结构态射, 则我们把 S 到 X 的 S 态射称为 X 的 S 截面, 也就是说, 它是一个概形态射 $\psi : S \to X$, 且使得 $\varphi \circ \psi$ 就等于 S 上的恒同. 我们把 X 的 S 截面的集合记作 $\Gamma(X/S)$.

§3. 概形的纤维积

3.1 概形的和

设 (X_α) 是一族概形. 设 X 是这些 X_α 的底空间作为拓扑空间的和, 则 X 是一些互不相交的开子空间 X'_α 的并集, 且对每个 α, 我们都有一个从 X_α 到 X'_α 的同胚 φ_α. 若我们给每个 X'_α 都赋予结构层 $(\varphi_\alpha)_*(\mathscr{O}_{X_\alpha})$, 则易见 X 成为一个概形, 称为概形族 (X_α) 的和, 并且记作 $\bigsqcup X_\alpha$. 若 Y 是一个概形, 则映射 $f \to (f \circ \varphi_\alpha)$ 是一个从集合 $\mathrm{Hom}(X, Y)$ 到乘积集合 $\prod_\alpha \mathrm{Hom}(X_\alpha, Y)$ 上的一一映射. 特别地, 若这些 X_α 都是 S 概形, 结构态射分别是 ψ_α, 则 X 也是一个 S 概形, 其结构态射就是这样一个唯一的态射 $\psi : X \to S$, 它使得对任意 α, 均有 $\psi \circ \varphi_\alpha = \psi_\alpha$. 两个概形 X, Y 的和也被记为 $X \sqcup Y$. 易见若 $X = \mathrm{Spec}\, A$, $Y = \mathrm{Spec}\, B$, 则 $X \sqcup Y$ 可以典范等同于 $\mathrm{Spec}(A \times B)$.

3.2 概形的纤维积

定义 (3.2.1) — 给了两个 S 概形 X, Y, 所谓一个 S 概形 Z 和两个 S 态射 $p_1 : Z \to X$, $p_2 : Z \to Y$ 的三元组 (Z, p_1, p_2) 是 S 概形 X, Y 的一个纤维积, 是指这个三元组满足下面的条件: 对任意 S 概形 T, 映射 $f \mapsto (p \circ f_1, p \circ f_2)$ 都是一个由从 T 到 Z 的 S 态射的集合映到从 T 到 X, Y 的 S 态射二元组的集合的一一映射 (换句话说, 是一个一一映射

$$\mathrm{Hom}_S(T, Z) \;\xrightarrow{\sim}\; \mathrm{Hom}_S(T, X) \times \mathrm{Hom}_S(T, Y)\ ).$$

这个定义相当于把一般范畴中两个对象的积的概念应用到了 S 概形的范畴中 (T, I, 1.1). 特别地, 两个 S 概形的纤维积在只差一个唯一的 S 同构的意义下是唯一

的. 由于这个缘故, 我们通常把两个 S 概形 X, Y 的纤维积记作 $X \times_S Y$ (甚至简记为 $X \times Y$, 只要不会造成误解), 并且把态射 p_1, p_2 (它们被称为 $X \times_S Y$ 到 X 和 Y 的典范投影) 从记号中省略掉. 若 $g : T \to X$, $h : T \to Y$ 是两个 S 态射, 则我们把满足 $p_1 \circ f = g$, $p_2 \circ f = h$ 的那个 S 态射 $f : T \to X \times_S Y$ 记作 $(g, h)_S$, 或简记为 (g, h). 若 X', Y' 是两个 S 概形, p_1', p_2' 是 $X' \times_S Y'$ (假设它存在) 的两个典范投影, $u : X' \to X$, $v : Y' \to Y$ 是两个 S 态射, 则我们把从 $X' \times_S Y'$ 到 $X \times_S Y$ 的 S 态射 $(u \circ p_1', v \circ p_2')_S$ 也记作 $u \times_S v$ (或简记为 $u \times v$).

如果 S 是仿射概形, 环为 A, 则在上面的记号里, 我们经常把 S 换成 A.

命题 (3.2.2) — 设 X, Y, S 是三个仿射概形, B, C, A 分别是它们的环. 设 $Z = \operatorname{Spec}(B \otimes_A C)$, p_1, p_2 是两个 S 态射, 分别对应着 B 和 C 到 $B \otimes_A C$ 的典范 A 同态 $u : b \mapsto b \otimes 1$ 和 $v : c \mapsto 1 \otimes c$　(2.2.4), 则 (Z, p_1, p_2) 是 X 和 Y 的一个纤维积.

依照 (2.2.4), 问题归结为验证把 A 同态 $f : B \otimes_A C \to L$ (其中 L 是一个 A 代数) 对应到一组同态 $(f \circ u, f \circ v)$ 的映射是一个一一映射[①]

$$\operatorname{Hom}_A(B \otimes_A C, L) \xrightarrow{\sim} \operatorname{Hom}_A(B, L) \times \operatorname{Hom}_A(C, L),$$

然而这可由定义以及关系式 $b \otimes c = (b \otimes 1)(1 \otimes c)$ 立得.

推论 (3.2.3) — 设 T 是一个仿射概形, 环为 D, $\alpha = ({}^a\rho, \tilde{\rho})$ (切转: $\beta = ({}^a\sigma, \tilde{\sigma})$) 是一个 S 态射 $T \to X$ (切转: $T \to Y$), 其中 ρ (切转: σ) 是 B (切转: C) 到 D 的一个 A 同态, 则我们有 $(\alpha, \beta)_S = ({}^a\tau, \tilde{\tau})$, 其中 τ 是这样一个同态 $B \otimes_A C \to D$, 它满足 $\tau(b \otimes c) = \rho(b)\sigma(c)$.

命题 (3.2.4) — 设 $f : S' \to S$ 是概形的一个**单态射** (T, I, 1.1) , X, Y 是两个 S' 概形, 它们通过 f 也被看作是 S 概形. 则 X, Y 作为 S 概形的纤维积就是它们作为 S' 概形的纤维积, 反之亦然.

设 $\varphi : X \to S'$, $\psi : Y \to S'$ 是结构态射. 若 T 是一个 S 概形, $u : T \to X$, $v : T \to Y$ 是两个 S 态射, 则根据定义, 我们有 $f \circ \varphi \circ u = f \circ \psi \circ v = \theta$, 其中 θ 是 T 的结构态射. f 上的前提条件表明 $\varphi \circ u = \psi \circ v = \theta'$, 因而我们看到, 可以把 T 看作是具有结构态射 θ' 的 S' 概形, 并且把 u 和 v 都看作是 S' 态射. 从而由 (3.2.1) 立得命题的结论.

推论 (3.2.5) — 设 X, Y 是两个 S 概形, $\varphi : X \to S$, $\psi : Y \to S$ 是它们的结构态射, S' 是 S 的一个开子集, 且满足 $\varphi(X) \subseteq S'$, $\psi(Y) \subseteq S'$. 则 X, Y 作为 S 概形的纤维积也是它们作为 S' 概形的纤维积, 反之亦然.

只需把 (3.2.4) 应用到典范含入 $S' \to S$ 上即可.

[①]记号 Hom_A 在这里是指 A 代数同态的集合.

定理 (3.2.6) — 任何两个 S 概形 X, Y 都有一个纤维积 $X \times_S Y$.

我们要分几个步骤来证明.

引理 (3.2.6.1) — 设 (Z, p, q) 是 X 和 Y 的一个纤维积, U, V 分别是 X, Y 的开子集. 若令 $W = p^{-1}(U) \cap q^{-1}(V)$, 则由 W 和 p, q 在 W 上的限制(把它们分别看作是态射 $W \to U$, $W \to V$)所构成的三元组就是 U 和 V 的一个纤维积.

事实上, 若 T 是一个 S 概形, 则我们可以把 S 态射 $T \to W$ 等同于这样一个 S 态射 $T \to Z$, 即它把 T 映到 W 中. 于是若 $g : T \to U$, $h : T \to V$ 是任意两个 S 态射, 则可以把它们分别看作是 T 到 X 和 Y 的 S 态射, 从而根据前提条件, 我们有唯一一个 S 态射 $f : T \to Z$, 使得 $g = p \circ f$, $h = q \circ f$. 由于 $p(f(T)) \subseteq U$, $q(f(T)) \subseteq V$, 故有

$$f(T) \subseteq p^{-1}(U) \cap q^{-1}(V) = W,$$

因而得到结论.

引理 (3.2.6.2) — 设 Z 是一个 S 概形, $p : Z \to X$, $q : Z \to Y$ 是两个 S 态射, (U_α) 是 X 的一个开覆盖, (V_λ) 是 Y 的一个开覆盖. 假设对任意一组 (α, λ), S 概形 $W_{\alpha\lambda} = p^{-1}(U_\alpha) \cap q^{-1}(V_\lambda)$ 和 p, q 在 $W_{\alpha\lambda}$ 上的限制都构成 U_α 与 V_λ 的一个纤维积. 则 (Z, p, q) 是 X 和 Y 的一个纤维积.

我们首先来证明, 若 f_1, f_2 是两个 S 态射 $T \to Z$, 则关系式 $p \circ f_1 = p \circ f_2$ 和 $q \circ f_1 = q \circ f_2$ 蕴涵了 $f_1 = f_2$. 事实上, 由于 Z 是这些 $W_{\alpha\lambda}$ 的并集, 从而这些 $f_1^{-1}(W_{\alpha\lambda})$ 构成 T 的一个开覆盖, 且这些 $f_2^{-1}(W_{\alpha\lambda})$ 也是如此. 进而, 根据前提条件, 我们有

$$
\begin{aligned}
f_1^{-1}(W_{\alpha\lambda}) &= f_1^{-1}(p^{-1}(U_\alpha)) \cap f_1^{-1}(q^{-1}(V_\lambda)) \\
&= f_2^{-1}(p^{-1}(U_\alpha)) \cap f_2^{-1}(q^{-1}(V_\lambda)) = f_2^{-1}(W_{\alpha\lambda}),
\end{aligned}
$$

于是问题归结为证明, 对任意一组指标 (α, λ), f_1 和 f_2 在 $f_1^{-1}(W_{\alpha\lambda}) = f_2^{-1}(W_{\alpha\lambda})$ 上的限制都是相等的. 然而这些限制可以看作是 $f_1^{-1}(W_{\alpha\lambda})$ 到 $W_{\alpha\lambda}$ 的 S 态射, 从而上述阐言就是缘自前提条件和定义 (3.2.1).

现在假设给了两个 S 态射 $g : T \to X$, $h : T \to Y$. 令 $T_{\alpha\lambda} = g^{-1}(U_\alpha) \cap h^{-1}(V_\lambda)$, 则这些 $T_{\alpha\lambda}$ 构成 T 的一个开覆盖. 根据前提条件, 我们有一个 S 态射 $f_{\alpha\lambda}$, 使得 $p \circ f_{\alpha\lambda}$ 和 $q \circ f_{\alpha\lambda}$ 分别等于 g 和 h 在 $T_{\alpha\lambda}$ 上的限制. 下面再来证明, $f_{\alpha\lambda}$ 和 $f_{\beta\mu}$ 在 $T_{\alpha\lambda} \cap T_{\beta\mu}$ 上的限制是重合的, 这就可以完成 (3.2.6.2) 的证明. 现在根据定义, $T_{\alpha\lambda} \cap T_{\beta\mu}$ 在 $f_{\alpha\lambda}$ 和 $f_{\beta\mu}$ 下的像都包含在 $W_{\alpha\lambda} \cap W_{\beta\mu}$ 之中. 由于

$$W_{\alpha\lambda} \cap W_{\beta\mu} = p^{-1}(U_\alpha \cap U_\beta) \cap q^{-1}(V_\lambda \cap V_\mu),$$

故由 (3.2.6.1) 知, $W_{\alpha\lambda} \cap W_{\beta\mu}$ 和 p, q 在它上面的限制构成了 $U_\alpha \cap U_\beta$ 和 $V_\lambda \cap V_\mu$ 的一个纤维积. 由于 $p \circ f_{\alpha\lambda}$ 和 $p \circ f_{\beta\mu}$ 在 $T_{\alpha\lambda} \cap T_{\beta\mu}$ 上是重合的, 并且 $q \circ f_{\alpha\lambda}$ 和 $q \circ f_{\beta\mu}$ 也是如此, 故我们看到 $f_{\alpha\lambda}$ 和 $f_{\beta\mu}$ 在 $T_{\alpha\lambda} \cap T_{\beta\mu}$ 上是重合的, 证明完毕.

(3.2.6.3) 设 (U_α) 是 X 的一个开覆盖, (V_λ) 是 Y 的一个开覆盖, 假设对任意一组 (α, λ), U_α 和 V_λ 都有一个纤维积, 则 X 和 Y 有一个纤维积.

把引理 (3.2.6.1) 应用到每一对开集 $U_\alpha \cap U_\beta$ 和 $V_\lambda \cap V_\mu$ 上, 我们看到 X 和 Y 在这些开集上所诱导的 S 概形都有纤维积. 进而, 纤维积的唯一性表明, 若令 $i = (\alpha, \lambda)$, $j = (\beta, \mu)$, 则我们有一个从上述纤维积到 $U_\alpha \times_S V_\lambda$ (切转: $U_\beta \times_S V_\mu$) 在它的某开集 W_{ij} (切转: W_{ji}) 上所诱导的 S 概形的典范同构 h_{ij} (切转: h_{ji}), 从而 $f_{ij} = h_{ij} \circ h_{ji}^{-1}$ 是一个从 W_{ji} 到 W_{ij} 的同构. 进而, 对于第三个指标组 $k = (\gamma, \nu)$, 在 $W_{ki} \cap W_{kj}$ 上我们有 $f_{ik} = f_{ij} \circ f_{jk}$, 这只要把 (3.2.6.1) 分别应用到 U_β 和 V_μ 的开集 $U_\alpha \cap U_\beta \cap U_\gamma$ 和 $V_\lambda \cap V_\mu \cap V_\nu$ 上就能得到. 从而我们有一个概形 Z 和它的底空间的一个开覆盖 (Z_i), 以及从每个诱导概形 Z_i 到概形 $U_\alpha \times_S V_\lambda$ 的同构 g_i, 使得对任意一组 (i, j), 均有 $f_{ij} = g_i \circ g_j^{-1}$ (2.3.1). 进而, 我们有 $g_i(Z_i \cap Z_j) = W_{ij}$. 若 p_i, q_i, θ_i 分别是概形 $U_\alpha \times_S V_\lambda$ 的投影和结构态射, 则易见在 $Z_i \cap Z_j$ 上有 $p_i \circ g_i = p_j \circ g_j$, 并且对另外两个态射也有同样的等式. 从而可以定义出一个态射 $p : Z \to X$ (切转: $q : Z \to Y$, $\theta : Z \to S$), 使它在每个 Z_i 上都重合于 $p_i \circ g_i$ (切转: $q_i \circ g_i$, $\theta_i \circ g_i$), 此时 Z 通过 θ 成为一个 S 概形. 现在我们来证明, $Z_i' = p^{-1}(U_\alpha) \cap q^{-1}(V_\lambda)$ 就等于 Z_i. 对任意指标 $j = (\beta, \mu)$, 均有 $Z_j \cap Z_i' = g_j^{-1}(p_j^{-1}(U_\alpha) \cap q_j^{-1}(V_\lambda))$. 现在

$$p_j^{-1}(U_\alpha) \cap q_j^{-1}(V_\lambda) = p_j^{-1}(U_\alpha \cap U_\beta) \cap q_j^{-1}(V_\lambda \cap V_\mu),$$

依据 (3.2.6.1), p_j 和 q_j 在 $p_j^{-1}(U_\alpha) \cap q_j^{-1}(V_\lambda)$ 上的限制把这个 S 概形定义为 $U_\alpha \cap U_\beta$ 和 $V_\lambda \cap V_\mu$ 的一个纤维积, 而纤维积的唯一性又表明 $p_j^{-1}(U_\alpha) \cap q_j^{-1}(V_\lambda) = W_{ji}$. 从而对任意 j, 我们都有 $Z_j \cap Z_i' = Z_j \cap Z_i$, 故得 $Z_i' = Z_i$. 于是由 (3.2.6.2) 就可以推出, (Z, p, q) 就是 X 和 Y 的一个纤维积.

(3.2.6.4) 设 $\varphi : X \to S$, $\psi : Y \to S$ 是 X 和 Y 的结构态射, (S_i) 是 S 的一个开覆盖, 再令 $X_i = \varphi^{-1}(S_i)$, $Y_i = \psi^{-1}(S_i)$. 于是若每个纤维积 $X_i \times_S Y_i$ 都是存在的, 则 $X \times_S Y$ 也是存在的.

根据 (3.2.6.3), 问题归结为证明, 对任意 i 和 j, 纤维积 $X_i \times_S Y_j$ 都是存在的. 令 $X_{ij} = X_i \cap X_j = \varphi^{-1}(S_i \cap S_j)$, $Y_{ij} = Y_i \cap Y_j = \psi^{-1}(S_i \cap S_j)$, 则依照 (3.2.6.1), 纤维积 $Z_{ij} = X_{ij} \times_S Y_{ij}$ 是存在的. 现在注意到若 T 是一个 S 概形, 并且 $g : T \to X_i$, $h : T \to Y_j$ 是两个 S 态射, 则必有 $\varphi(g(T)) = \psi(h(T)) \subseteq S_i \cap S_j$, 这是根据 S 态射的定义. 从而 $g(T) \subseteq X_{ij}$ 并且 $h(T) \subseteq Y_{ij}$, 由此立知, Z_{ij} 就是 X_i 和 Y_j 的一个纤维积.

(3.2.6.5) 现在我们来完成定理 (3.2.6) 的证明. 若 S 是仿射概形, 则可以分别

取 X 和 Y 的一个仿射开覆盖 (U_α), (V_λ). 依照 (3.2.2), $U_\alpha \times_S V_\lambda$ 都是存在的, 从而 $X \times_S Y$ 是存在的, 这是根据 (3.2.6.3). 若 S 是任意概形, 则 S 有一个仿射开覆盖 (S_i). 若 $\varphi : X \to S$, $\psi : Y \to S$ 是结构态射, 并且令 $X_i = \varphi^{-1}(S_i)$, $Y_i = \psi^{-1}(S_i)$, 则根据上面所述, 纤维积 $X_i \times_{S_i} Y_i$ 都是存在的, 此时 $X_i \times_S Y_i$ 也是存在的 (3.2.5), 从而根据 (3.2.6.4), $X \times_S Y$ 是存在的.

推论 (3.2.7) — 设 $Z = X \times_S Y$ 是两个 S 概形的纤维积, p, q 分别是 Z 到 X 和 Y 的投影, φ (切转: ψ) 是 X (切转: Y) 的结构态射. 设 S' 是 S 的一个开子集, U (切转: V) 是 X (切转: Y) 的一个包含在 $\varphi^{-1}(S')$ (切转: $\psi^{-1}(S')$) 中的开子集, 则纤维积 $U \times_{S'} V$ 可以典范等同于 Z 在 $p^{-1}(U) \cap q^{-1}(V)$ 上所诱导的概形 (看作是 S' 概形). 进而, 若 $f : T \to X$, $g : T \to Y$ 是两个 S 态射, 且满足 $f(T) \subseteq U$, $g(T) \subseteq V$, 则 S' 态射 $(f, g)_{S'}$ 可以等同于 $(f, g)_S$ 在 $p^{-1}(U) \cap q^{-1}(V)$ 上的限制.

这是缘自 (3.2.5) 和 (3.2.6.1).

(3.2.8) 设 $(X_\alpha), (Y_\lambda)$ 是两族 S 概形, X (切转: Y) 是族 (X_α) (切转: (Y_λ)) 的和 (3.1). 则 $X \times_S Y$ 可以等同于族 $(X_\alpha \times_S Y_\lambda)$ 的和, 这可由 (3.2.6.3) 立得.

* 追加 — (3.2.9) 由 (1.8.1) 知, 我们可以把 (3.2.2) 推广如下: $Z = \operatorname{Spec}(B \otimes_A C)$ 不仅是 $X = \operatorname{Spec} B$ 和 $Y = \operatorname{Spec} C$ 在 S 概形范畴中的积, 甚至也是它们在 S 局部环积空间范畴中的积 (S 态射的定义完全仿照 (2.5.2)). (3.2.6) 的证明过程实际上也证明了: 对于两个任意的 S 概形 X 和 Y, 概形 $X \times_S Y$ 不仅是 X 和 Y 在 S 概形范畴中的积, 而且也是它们在 S 局部环积空间范畴中的积. *

3.3 纤维积的基本性质; 改变基概形

(3.3.1) 读者将会发现, 除了 (3.3.13) 和 (3.3.15) 之外, 这一小节中所列举的关于纤维积的那些性质对于任意的范畴都是成立的, 只要相应的纤维积是存在的 (因为易见 S 对象和 S 态射的概念 (见 (2.5)) 对于任意范畴和任意对象 S 都是有意义的).

(3.3.2) 首先, 在 S 概形的范畴中, $X \times_S Y$ 是 X 和 Y 的一个协变二元函子. 事实上, 只需注意到图表

$$
\begin{array}{ccccc}
X \times Y & \xrightarrow{f \times 1} & X' \times Y & \xrightarrow{f' \times 1} & X'' \times Y \\
\downarrow & & \downarrow & & \downarrow \\
X & \xrightarrow{\quad f \quad} & X' & \xrightarrow{\quad f' \quad} & X''
\end{array}
$$

是交换的.

命题 (3.3.3) — 对任意 S 概形 X, $X \times_S S$ (切转: $S \times_S X$) 的第一投影 (切转: 第

二投影) 都是 $X \times_S S$ (切转: $S \times_S X$) 到 X 的函子性同构, 它的逆同构就是 $(1_X, \varphi)_S$ (切转: $(\varphi, 1_X)_S$), 其中 φ 是指结构态射 $X \to S$. 从而在只差典范同构的意义下, 我们可以把这件事写成

$$X \times_S S = S \times_S X = X.$$

只需证明三元组 $(X, 1_X, \varphi)$ 是 X 和 S 的一个纤维积. 现在若 T 是一个 S 概形, 则 T 到 S 只能有一个 S 态射, 即结构态射 $\psi : T \to S$. 若 f 是 T 到 X 的一个 S 态射, 则必有 $\psi = \varphi \circ f$, 故得我们的结论.

推论 (3.3.4) — 设 X, Y 是两个 S 概形, $\varphi : X \to S$, $\psi : Y \to S$ 是结构态射. 若把 X 典范等同于 $X \times_S S$, 并把 Y 典范等同于 $S \times_S Y$, 则投影 $X \times_S Y \to X$ 和 $X \times_S Y \to Y$ 分别就会等同于 $1_X \times \psi$ 和 $\varphi \times 1_Y$.

证明很容易, 留给读者.

(3.3.5) 我们可以用与 (3.2) 相同的方法来定义任意有限个 S 概形的纤维积, 这些纤维积的存在性都缘自 (3.2.6), 只要对个数 n 进行归纳, 并注意到 $(X_1 \times_S X_2 \times \cdots \times_S X_{n-1}) \times_S X_n$ 满足纤维积的定义条件即可. 纤维积的唯一性表明, 和一般的范畴一样, 它们具有交换性和结合性. 比如说, 若以 p_1, p_2, p_3 来记 $X_1 \times X_2 \times X_3$ 的各个投影, 并且把该概形等同于 $(X_1 \times X_2) \times X_3$, 则它到 $X_1 \times X_2$ 的投影就会等同于 $(p_1, p_2)_S$.

(3.3.6) 设 S, S' 是两个概形, $\varphi : S' \to S$ 是一个态射, 并使 S' 成为一个 S 概形. 对任意 S 概形 X, 考虑纤维积 $X \times_S S'$, 并设 p 和 π' 分别是它到 X 和 S' 的投影. 这个纤维积通过态射 π' 而成为一个 S' 概形, 我们将把这样定义出来的 S' 概形记作 $X_{(S')}$ 或 $X_{(\varphi)}$, 并且称之为 X 经过 S 到 S' 的基概形扩张 (简称基扩张, 这是借助态射 φ) 而得到的概形, 或者 X 在 φ 下的逆像. 注意到若 π 是 X 的结构态射, θ 是 $X \times_S S'$ 的结构态射, 则作为 S 概形, 图表

$$
\begin{array}{ccc}
X & \xleftarrow{\;\;p\;\;} & X_{(S')} \\
{\scriptstyle \pi}\downarrow & {\scriptstyle \theta}\!\swarrow & \downarrow{\scriptstyle \pi'} \\
S & \xleftarrow{\;\;\varphi\;\;} & S'
\end{array}
$$

是交换的.

(3.3.7) 在 (3.3.6) 的记号下, 对任何 S 态射 $f : X \to Y$, 我们也用 $f_{(S')}$ 来记 S' 态射 $f \times_S 1 : X_{(S')} \to Y_{(S')}$, 并且把 $f_{(S')}$ 称为态射 f 在 φ 下的逆像. 从而 $X_{(S')}$ 是从 S 概形范畴到 S' 概形范畴的一个协变函子(关于 X).

(3.3.8) 也可以把概形 $X_{(S')}$ 看作是下述普适映射问题的解: 若把任何 S' 概形

T 都通过 φ 定义成 S 概形, 则任何 S 态射 $g : T \to X$ 都可以唯一地分解为 $g = p \circ f$ 的形状, 其中 f 是一个 S' 态射 $T \to X_{(S')}$, 这只要把纤维积的定义应用到 S 态射 g 和 $\psi : T \to S'$ (T 的结构态射) 上即可.

命题 (3.3.9) (基扩张的传递性) — 设 S'' 是一个概形, $\varphi' : S'' \to S'$ 是一个态射. 则对任意 S 概形 X, 我们都有一个从 S'' 概形 $(X_{(\varphi)})_{(\varphi')}$ 到 S'' 概形 $X_{(\varphi \circ \varphi')}$ 的函子性典范同构.

事实上, 设 T 是一个 S'' 概形, ψ 是它的结构态射, g 是从 T 到 X 的一个 S 态射 (T 作为 S 概形的结构态射就是 $\varphi \circ \varphi' \circ \psi$). 由于 T 在结构态射 $\varphi' \circ \psi$ 下也是一个 S' 概形, 故有 $g = p \circ g'$, 其中 g' 是一个 S' 态射 $T \to X_{(\varphi)}$, 进而 $g' = p' \circ g''$, 其中 g'' 是一个 S'' 态射 $T \to (X_{(\varphi)})_{(\varphi')}$:

$$
\begin{array}{ccccc}
X & \xleftarrow{\ p\ } & X_{(\varphi)} & \xleftarrow{\ p'\ } & (X_{(\varphi)})_{(\varphi')} \\
\pi \downarrow & & \pi' \downarrow & & \pi'' \downarrow \\
S & \xleftarrow{\ \varphi\ } & S' & \xleftarrow{\ \varphi'\ } & S'' \quad,
\end{array}
$$

故命题是缘自普适映射问题的解的唯一性.

只要不会造成误解, 我们也可以把这个结果表达成等式 $(X_{(\varphi)})_{(\varphi')} = X_{(S'')}$ (只差一个典范同构), 或者

(3.3.9.1) $$(X \times_S S') \times_{S'} S'' = X \times_S S''.$$

(3.3.9) 中的同构所具有的函子性也可以同样地表达成态射逆像的传递公式

(3.3.9.2) $$(f_{(S')})_{(S'')} = f_{(S'')},$$

其中 f 是任意 S 态射 $X \to Y$.

推论 (3.3.10) — 若 X 和 Y 是两个 S 概形, 则我们有一个从 S' 概形 $X_{(S')} \times_{S'} Y_{(S')}$ 到 S' 概形 $(X \times_S Y)_{(S')}$ 的函子性典范同构.

事实上, 在只差典范同构的意义下, 我们有

$$(X \times_S S') \times_{S'} (Y \times_S S') = X \times_S (Y \times_S S') = (X \times_S Y) \times_S S',$$

这是依据 (3.3.9.1) 和纤维积的结合性.

(3.3.10) 中的同构所具有的函子性可以表达成下面的公式

(3.3.10.1) $$(u_{(S')}, v_{(S')})_{S'} = ((u, v)_S)_{(S')},$$

其中 $u: T \to X$, $v: T \to Y$ 是任意两个 S 态射.

换个说法就是, 逆像函子 $X_{(S')}$ 与取纤维积是可交换的, 它也与取和是可交换的 (3.2.8).

推论 (3.3.11) —— 设 Y 是一个 S 概形, $f: X \to Y$ 是一个态射, 并使 X 成为一个 Y 概形 (从而也是一个 S 概形). 则概形 $X_{(S')}$ 可以等同于纤维积 $X \times_Y Y_{(S')}$, 并且投影 $X \times_Y Y_{(S')} \to Y_{(S')}$ 可以等同于 $f_{(S')}$.

设 $\psi: Y \to S$ 是 Y 的结构态射, 我们有交换图表

$$
\begin{array}{ccccc}
S' & \xleftarrow{\psi_{(S')}} & Y_{(S')} & \xleftarrow{f_{(S')}} & X_{(S')} \\
\downarrow & & \downarrow & & \downarrow \\
S & \xleftarrow{\psi} & Y & \xleftarrow{f} & X
\end{array} \cdot
$$

现在 $Y_{(S')}$ 可以等同于 $S'_{(\psi)}$, 并且 $X_{(S')}$ 可以等同于 $S'_{(\psi \circ f)}$. 有见于 (3.3.9) 和 (3.3.4), 这就推出了结论.

(3.3.12) 设 $f: X \to X'$, $g: Y \to Y'$ 是两个 S 态射, 假设它们都是概形的单态射 (T, I, 1.1), 则 $f \times_S g$ 也是一个单态射. 事实上, 若 p, q 是 $X \times_S Y$ 的两个投影, p', q' 是 $X' \times_S Y'$ 的投影, u, v 是两个 S 态射 $T \to X \times_S Y$, 则关系式 $(f \times_S g) \circ u = (f \times_S g) \circ v$ 就蕴涵了 $p' \circ (f \times_S g) \circ u = p' \circ (f \times_S g) \circ v$, 换句话说, $f \circ p \circ u = f \circ p \circ v$, 且由于 f 是单态射, 故知 $p \circ u = p \circ v$. 使用 g 是单态射的事实, 可以同样得到 $q \circ u = q \circ v$, 从而 $u = v$.

由此可知, 若 $f: X \to Y$ 是 S 概形的一个单态射, 则对任意基扩张 $S' \to S$,

$$f_{(S')}: \quad X_{(S')} \longrightarrow Y_{(S')}$$

都是单态射.

(3.3.13) 设 S, S' 是两个仿射概形, 环分别是 A, A', 则一个态射 $S' \to S$ 就对应着一个环同态 $A \to A'$. 若 X 是一个 S 概形, 则我们也用 $X_{(A')}$ 或 $X \otimes_A A'$ 来记 S' 概形 $X_{(S')}$. 如果 X 本身也是仿射的, 环为 B, 则 $X_{(A')}$ 是仿射的, 环为 $B_{(A')} = B \otimes_A A'$, 它就是 A 代数 B 在纯量扩张 $A \to A'$ 下所得到的环.

(3.3.14) 在 (3.3.6) 的记号下, 对任意 S 态射 $f: S' \to X$, $f' = (f, 1_{S'})_S$ 都是一个 S' 态射 $S' \to X' = X_{(S')}$, 且满足 $p \circ f' = f, \pi' \circ f' = 1_{S'}$, 换句话说, 它是 X' 的一个 S' 截面. 反之, 若 f' 是 X' 的一个这样的 S' 截面, 则 $f = p \circ f'$ 是一个 S 态射 $S' \to X$. 从而这就定义出了一个典范的一一映射

$$\mathrm{Hom}_S(S', X) \xrightarrow{\sim} \mathrm{Hom}_{S'}(S', X').$$

我们把 f' 称为 f 的图像态射, 并记作 Γ_f.

(3.3.15) 给了一个概形 X, 我们总可以把它看作是一个 $\mathbb{Z}$ 概形, 特别地, 由 (3.3.14) 知, $X \otimes_{\mathbb{Z}} \mathbb{Z}[T]$ (其中 T 是未定元) 的 X 截面与态射 $\mathbb{Z}[T] \to X$ 是一一对应的. 下面我们来证明, 这些 X 截面也与结构层 $\mathscr{O}_X$ 的整体截面是一一对应的. 事实上, 设 (U_α) 是 X 的一个仿射开覆盖, 设 $u : X \to X \otimes_{\mathbb{Z}} \mathbb{Z}[T]$ 是一个 X 态射, 并设 u_α 是 u 在 U_α 上的限制. 若 A_α 是仿射概形 U_α 的环, 则 $U_\alpha \otimes_{\mathbb{Z}} \mathbb{Z}[T]$ 是一个仿射概形, 环为 $A_\alpha[T]$ (3.2.2), 并且 u_α 典范地对应着一个 A_α 同态 $A_\alpha[T] \to A_\alpha$ (1.7.3). 现在这样一个同态可由 T 在 A_α 中的像所完全确定, 设这个像是 $s_\alpha \in A_\alpha = \Gamma(U_\alpha, \mathscr{O}_X)$, 若把 u_α 和 u_β 在仿射开集 $V \subseteq U_\alpha \cap U_\beta$ 上是重合的这件事写出来, 就可以看到 s_α 和 s_β 在 V 上是重合的, 从而这个族 (s_α) 就是 $\mathscr{O}_X$ 的某个整体截面 s 在各个 U_α 上的限制. 反之, 易见这样一个截面定义了一族态射 (u_α), 它们就是同一个 X 态射 $X \to X \otimes_{\mathbb{Z}} \mathbb{Z}[T]$ 在各个 U_α 上的限制. 这个结果将在 (**II**, 1.7.12) 中得到推广.

3.4 概形的取值在概形中的点; 几何点

(3.4.1) 设 X 是一个概形. 对任意概形 T, 我们也用 $X(T)$ 来记全体态射 $T \to X$ 的集合 $\mathrm{Hom}(T, X)$, 并且也把这个集合中的元素称为 X 的取值在 T 中的点[1]. 若把态射 $f : T \to T'$ 对应到从 $X(T')$ 到 $X(T)$ 的映射 $u' \to u' \circ f$, 则我们看到, 对于固定的 X, $X(T)$ 是从概形范畴到集合范畴的一个关于 T 的反变函子. 进而, 任何概形态射 $g : X \to Y$ 都定义了一个函子性映射 $X(T) \to Y(T)$, 即把 $v \in X(T)$ 对应到 $g \circ v \in Y(T)$.

(3.4.2) 给了三个集合 P, Q, R 和两个映射 $\varphi : P \to R$, $\psi : Q \to R$, 所谓 P 和 Q 在 R 上的纤维积(相对于 φ 和 ψ), 是指乘积集合 $P \times Q$ 的这样一个子集, 它是由满足 $\varphi(p) = \psi(q)$ 的那些 (p, q) 所组成的, 我们记之为 $P \times_R Q$. 于是在 (3.4.1) 的记号下, S 概形的纤维积的定义 (3.2.1) 也可以表达成下面的公式

(3.4.2.1) $$(X \times_S Y)(T) = X(T) \times_{S(T)} Y(T),$$

其中映射 $X(T) \to S(T)$ 和 $Y(T) \to S(T)$ 分别对应着结构态射 $X \to S$ 和 $Y \to S$.

(3.4.3) 给定一个概形 S, 若我们只考虑 S 概形和 S 态射, 则也用记号 $X(T)_S$ 来表示 S 态射 $T \to X$ 的集合 $\mathrm{Hom}_S(T, X)$, 甚至可以省略指标 S, 只要不会造成误解. 我们也把 $X(T)_S$ 中的元素称为 S 概形 X 的取值在 S 概形 T 中的点 (或者为了避免误解, 称为 S 概形 X 的取值在 S 概形 T 中的 S 点[2]). 特别地, X 的一个 S 截面刚好就是 X 的一个 S 值点. 于是公式 (3.4.2.1) 也可以写成

(3.4.3.1) $$(X \times_S Y)(T)_S = X(T)_S \times Y(T)_S.$$

---

[1]译注: 以下简称 X 的 T 值点.

[2]译注: 以下简称 X 的 T 值 S 点.

更一般地, 若 Z 是一个 S 概形, X, Y, T 都是 Z 概形 (从而也都是 S 概形), 则我们有

(3.4.3.2) $$(X \times_Z Y)(T)_S = X(T)_S \times_{Z(T)_S} Y(T)_S.$$

注意到根据定义, 为了证明一个 S 概形 W 和两个 S 态射 $r: W \to X$, $s: W \to Y$ 的三元组 (W, r, s) 是 X 和 Y (在 Z 上) 的一个纤维积, 只需验证对任意 S 概形 T, 图表

$$
\begin{array}{ccc}
W(T)_S & \xrightarrow{\ r'\ } & X(T)_S \\
{\scriptstyle s'}\downarrow & & \downarrow{\scriptstyle \varphi'} \\
Y(T)_S & \xrightarrow[\ \psi'\ ]{} & Z(T)_S
\end{array}
$$

都使 $W(T)_S$ 成为 $X(T)_S$ 和 $Y(T)_S$ 在 $Z(T)_S$ 上的纤维积, 这里 r' 和 s' 对应着 r 和 s, φ' 和 ψ' 对应着结构态射 $\varphi: X \to Z$, $\psi: Y \to Z$.

(3.4.4) 如果在上面的情况里, T (切转: S) 是仿射概形, 环为 B (切转: A), 则在上述记号中也可以把 T (切转: S) 都换成 B (切转: A), 并且把 $X(B)$ 和 $X(B)_A$ 中的元素分别称为 X 的取值在环 B 中的点[①] 和 A 概形 X 的取值在 A 代数 B 中的点[②]. 注意到现在 $X(B)$ 和 $X(B)_A$ 都是 B 的协变函子. 同样地, 我们用 $X(T)_A$ 来记 A 概形 X 的取值在 A 概形 T 中的点[③]的集合.

(3.4.5) 特别地, 考虑 T 具有 $\mathrm{Spec}\, A$ 的形状、并且 A 是局部环的情形, 则 $X(A)$ 中的元素对应着局部同态 $\mathscr{O}_x \to A$, 其中 $x \in X$ (2.4.4), 我们把 X 的底空间中的这个点 x 称为该 A 值点的位所.

特别地, 我们把 X 的取值在代数闭域 K 中的点称为概形 X 的几何点: 从而给出这样一个点相当于在底空间上给出它的位所 x, 同时给出 $k(x)$ 的一个代数闭的扩张 K.

对于 X 的一个取值在某个域 K 中的点, K 将被称为该点的取值域, 并且若 x 是该点的位所, 则我们也称该点位于 x 处. 这就定义出了一个映射 $X(K) \to X$, 它把一个 K 值点对应到该点的位所.

若 $S' = \mathrm{Spec}\, K$ 是一个 S 概形 (换句话说, 把 K 看成是某个点 $s \in S$ 处的剩余类域 $k(s)$ 的一个扩张), 并且 X 是一个 S 概形, 则给出 $X(K)_S$ 中的一个元素, 或者说给出 X 的一个位于 s 之上的 K 值点, 相当于给出一个从剩余类域 $k(x)$ 到 K 的 $k(s)$ 嵌入, 其中 x 是 X 的一个位于 s 之上的点 (从而 $k(x)$ 是 $k(s)$ 的一个扩张).

[①]译注: 以下简称 X 的 B 值点.
[②]译注: 以下简称 X 的 B 值 A 点, 或进而简称为 X 的 B 值点, 只要不会造成误解.
[③]译注: 以下简称 X 的 T 值 A 点.

特别地, 若 $S = \operatorname{Spec} K = \{\xi\}$, 则 X 的 K 值点可以等同于满足 $k(x) = K$ 的点 $x \in X$, 后者也被称为 K 概形 X 的 K 有理点. 从而若 K' 是 K 的一个扩张, 则 X 的 K' 值点与 $X' = X_{(K')}$ 的 K' 有理点是一一对应的 (3.3.14).

引理 (3.4.6) —— 设 (X_i) $(1 \leqslant i \leqslant n)$ 是一组 S 概形, s 是 S 的一点, x_i $(1 \leqslant i \leqslant n)$ 分别是 X_i 的一个位于 s 之上的点. 则可以找到 $k(s)$ 的一个扩张 K 和纤维积 $Y = X_1 \times_S X_2 \times \cdots \times_S X_n$ 的一个 K 值点, 使得它在每个 X_i 上的投影都位于 x_i 处 $(1 \leqslant i \leqslant n)$.

事实上, 我们总可以找到 $k(s)$ 的一个扩张 K 和一族 $k(s)$ 嵌入 $k(x_i) \to K$ (Bourbaki,《代数学》, V, §4, 命题 2). 于是这些合成 $k(s) \to k(x_i) \to K$ 都是相等的, 从而 $k(x_i) \to K$ 所对应的态射 $\operatorname{Spec} K \to X_i$ 都是 S 态射, 且由此可知, 它们定义了一个唯一的态射 $\operatorname{Spec} K \to Y$. 若 y 是 Y 中的对应点, 则易见它在每个 X_i 中的投影都是 x_i.

命题 (3.4.7) —— 设 X_i $(1 \leqslant i \leqslant n)$ 是一组 S 概形, 并且对每个指标 i, 设 x_i 是 X_i 的一点. 则为了能在 $Y = X_1 \times_S X_2 \times \cdots \times_S X_n$ 中找到一个点 y, 使得它的第 i 个投影刚好是 x_i $(1 \leqslant i \leqslant n)$, 必须且只需这些 x_i 都位于 S 的同一点 s 之上.

条件显然是必要的, 引理 (3.4.6) 表明它也是充分的.

换个说法就是, 若以 $|X|$ 来记 X 的底空间, 则我们有一个典范满映射 $|X \times_S Y| \to |X| \times_{|S|} |Y|$. 需要注意的是, 这个映射一般来说不是单的, 换句话说, 在 $X \times_S Y$ 中可以有多个不同的点 z 都具有相同的投影 $x \in X$ 和 $y \in Y$, 比如当 S, X, Y 分别是域 k, K, K' 的素谱时就是如此, 因为在一般情况下, 张量积 $K \otimes_k K'$ 可以有多个不同的素理想 (参考 (3.4.9)).

推论 (3.4.8) —— 设 $f: X \to Y$ 是一个 S 态射, $f_{(S')}: X_{(S')} \to Y_{(S')}$ 是 f 经过基扩张 $S' \to S$ 而得到的 S' 态射. 设 p (切转: q) 是投影 $X_{(S')} \to X$ (切转: $Y_{(S')} \to Y$), 则对于 X 的任意子集 M, 均有

$$q^{-1}(f(M)) = f_{(S')}(p^{-1}(M)).$$

事实上 (3.3.11), $X_{(S')}$ 可以等同于纤维积 $X \times_Y Y_{(S')}$, 这是借助交换图表

$$
\begin{array}{ccc}
X & \xleftarrow{\ p\ } & X_{(S')} \\
{\scriptstyle f}\downarrow & & \downarrow{\scriptstyle f_{(S')}} \\
Y & \xleftarrow{\ q\ } & Y_{(S')}
\end{array}
\quad \cdot
$$

依照 (3.4.7), 对于 $x \in M$ 和 $y' \in Y_{(S')}$, 关系式 $q(y') = f(x)$ 等价于: 可以找到 $x' \in X_{(S')}$, 使得 $p(x') = x$ 且 $f_{(S')}(x') = y'$, 故得结论.

引理 (3.4.6) 有一个更精确的形式:

命题 (3.4.9) — 设 X, Y 是两个 S 概形, x 是 X 的一点, y 是 Y 的一点, 并且它们位于同一个点 $s \in S$ 之上. 则 $X \times_S Y$ 中投影到 x, y 上的那些点与 $\boldsymbol{k}(x)$ 和 $\boldsymbol{k}(y)$ 在 $\boldsymbol{k}(s)$ 上的合成扩张类型之间有一个典范的一一对应 (Bourbaki,《代数学》, VIII, §8, 命题 2).

设 p (切转: q) 是 $X \times_S Y$ 到 X (切转: Y) 的投影, 并设 E 是 $X \times_S Y$ 的底空间的子空间 $p^{-1}(x) \cap q^{-1}(y)$. 首先注意到态射 Spec $\boldsymbol{k}(x) \to S$ 和 Spec $\boldsymbol{k}(y) \to S$ 分别可以分解为 Spec $\boldsymbol{k}(x) \to$ Spec $\boldsymbol{k}(s) \to S$ 和 Spec $\boldsymbol{k}(y) \to$ Spec $\boldsymbol{k}(s) \to S$. 由于 Spec $\boldsymbol{k}(s) \to S$ 是一个单态射 (2.4.7), 故由 (3.2.4) 知

$$P = \text{Spec } \boldsymbol{k}(x) \times_S \text{Spec } \boldsymbol{k}(y)$$
$$= \text{Spec } \boldsymbol{k}(x) \times_{\text{Spec } \boldsymbol{k}(s)} \text{Spec } \boldsymbol{k}(y) = \text{Spec}(\boldsymbol{k}(x) \otimes_{\boldsymbol{k}(s)} \boldsymbol{k}(y)).$$

现在我们来定义两个互逆的映射 $\alpha : P_0 \to E$ 和 $\beta : E \to P_0$ (P_0 是指概形 P 的底集合). 设 $i : \text{Spec } \boldsymbol{k}(x) \to X$ 和 $j : \text{Spec } \boldsymbol{k}(y) \to Y$ 是典范态射 (2.4.5), 我们取 α 就是态射 $i \times_S j$ 所对应的底层映射. 另一方面, 根据前提条件, 任何 $z \in E$ 都定义了两个 $\boldsymbol{k}(s)$ 嵌入 $\boldsymbol{k}(x) \to \boldsymbol{k}(z)$ 和 $\boldsymbol{k}(y) \to \boldsymbol{k}(z)$, 从而又定义了一个张量积 $\boldsymbol{k}(s)$ 同态 $\boldsymbol{k}(x) \otimes_{\boldsymbol{k}(s)} \boldsymbol{k}(y) \to \boldsymbol{k}(z)$, 因而给出一个态射 Spec $\boldsymbol{k}(z) \to P$, 取 $\beta(z)$ 是 z 在这个态射下的像 (落在 P_0 中). 利用 (2.4.5) 和纤维积定义 (3.2.1) 就可以验证, $\alpha \circ \beta$ 和 $\beta \circ \alpha$ 都是恒同映射. 最后, 我们知道 P_0 与 $\boldsymbol{k}(x)$ 和 $\boldsymbol{k}(y)$ 的合成扩张类型是一一对应的 (Bourbaki,《代数学》, VIII, §8, 命题 1).

3.5 映满和含容

(3.5.1) 一般地, 考虑概形态射的一个性质 $\boldsymbol{P}$, 以及下面两个命题:

(i) 若 $f : X \to X'$, $g : Y \to Y'$ 是两个 S 态射, 且都具有 $\boldsymbol{P}$ 性质, 则 $f \times_S g$ 也具有 $\boldsymbol{P}$ 性质.

(ii) 若 $f : X \to Y$ 是一个 S 态射, 且具有 $\boldsymbol{P}$ 性质, 则经过基扩张而得到的任何 S' 态射 $f_{(S')} : X_{(S')} \to Y_{(S')}$ 也都具有 $\boldsymbol{P}$ 性质.

由于 $f_{(S')} = f \times_S 1_{S'}$, 故我们看到, 若对任意概形 X, 恒同 1_X 都具有 $\boldsymbol{P}$ 性质, 则 (i) 蕴涵 (ii). 另一方面, 由于 $f \times_S g$ 是合成态射

$$X \times_S Y \xrightarrow{f \times 1_Y} X' \times_S Y \xrightarrow{1_{X'} \times g} X' \times_S Y',$$

故我们看到, 若两个具有 $\boldsymbol{P}$ 性质的态射的合成也具有 $\boldsymbol{P}$ 性质, 则 (ii) 蕴涵 (i).

上述结果的一个初步应用是

命题 (3.5.2) — (i) 若 $f: X \to X'$, $g: Y \to Y'$ 是两个映满的 S 态射, 则 $f \times_S g$ 也是映满的.

(ii) 若 $f: X \to Y$ 是一个映满的 S 态射, 则对任意基扩张 $S' \to S$, $f_{(S')}$ 也总是映满的.

因为两个映满态射的合成也是映满的, 故只需证明 (ii), 现在把 (3.4.8) 应用到 $M = X$ 上就可以推出结论.

命题 (3.5.3) — 为了使一个态射 $f: X \to Y$ 是映满的, 必须且只需对任意域 K 和任意态射 $\operatorname{Spec} K \to Y$, 均可找到 K 的一个扩张 K' 和一个态射 $\operatorname{Spec} K' \to X$, 使得下述图表成为交换的:

$$
\begin{array}{ccc}
X & \longleftarrow & \operatorname{Spec} K' \\
{\scriptstyle f}\downarrow & & \downarrow \\
Y & \longleftarrow & \operatorname{Spec} K
\end{array} \quad \cdot
$$

条件是充分的, 因为对任意 $y \in Y$, 只需把该条件应用到一个嵌入 $\boldsymbol{k}(y) \to K$ 所对应的态射 $\operatorname{Spec} K \to Y$ 上即可 (2.4.6). 反过来, 假设 f 是映满的, 并设 $y \in Y$ 是 $\operatorname{Spec} K$ 的唯一点的像, 则可以找到 $x \in X$, 使得 $f(x) = y$. 考虑与之对应的嵌入 $\boldsymbol{k}(y) \to \boldsymbol{k}(x)$ (2.2.1), 则可以取 K' 是 $\boldsymbol{k}(y)$ 的这样一个扩张, 它使得 $\boldsymbol{k}(x)$ 和 K 都有映到 K' 中的 $\boldsymbol{k}(y)$ 嵌入 (Bourbaki,《代数学》, V, §4, 命题 2), 此时与 $\boldsymbol{k}(x) \to K'$ 相对应的态射 $\operatorname{Spec} K' \to X$ 就满足要求.

使用 (3.4.5) 中的语言, 我们也可以说, Y 的任何 K 值点都是来自于 X 的取值在 K 的某个扩张中的点.

定义 (3.5.4) — 所谓一个概形态射 $f: X \to Y$ 是广泛含容的, 或称紧贴的, 是指对任何域 K, 对应的映射 $X(K) \to Y(K)$ 都是单的.

由定义易见, 概形的单态射 (T, 1.1) 都是紧贴的.

(3.5.5) 为了使一个态射 $f: X \to Y$ 是紧贴的, 只需要求 (3.5.4) 中的条件对于任何代数闭域都是成立的. 事实上, 设 K 是任意的域, K' 是 K 的一个代数闭的扩张, 则图表

$$
\begin{array}{ccc}
X(K) & \stackrel{\alpha}{\longrightarrow} & Y(K) \\
{\scriptstyle \varphi}\downarrow & & \downarrow{\scriptstyle \varphi'} \\
X(K') & \stackrel{\alpha'}{\longrightarrow} & Y(K')
\end{array}
$$

是交换的, 其中 φ 和 φ' 来自态射 $\operatorname{Spec} K' \to \operatorname{Spec} K$, α 和 α' 则对应着 f. 现在 φ 是单的, 并且根据前提条件, α' 也是单的, 从而 α 必须是单的.

命题 (3.5.6) — 设 $f : X \to Y$, $g : Y \to Z$ 是两个概形态射.

(i) 若 f 和 g 都是紧贴的, 则 $g \circ f$ 也是如此.

(ii) 反过来, 若 $g \circ f$ 是紧贴的, 则 f 也是如此.

有见于定义 (3.5.4), 命题可以归结为关于映射 $X(K) \to Y(K) \to Z(K)$ 的一个陈述, 此时它是显然的.

命题 (3.5.7) — (i) 若 S 态射 $f : X \to X'$, $g : Y \to Y'$ 都是紧贴的, 则 $f \times_S g$ 也是如此.

(ii) 若 S 态射 $f : X \to Y$ 是紧贴的, 则对任意基扩张 $S' \to S$, $f_{(S')} : X_{(S')} \to Y_{(S')}$ 也都是如此.

根据 (3.5.1), 只需证明 (i). 我们在 (3.4.2.1) 中已经看到,

$$(X \times_S Y)(K) = X(K) \times_{S(K)} Y(S), \quad (X' \times_S Y')(K) = X'(K) \times_{S(K)} Y'(S),$$

于是 $f \times_S g$ 所对应的映射 $(X \times_S Y)(K) \to (X' \times_S Y')(K)$ 可以等同于 $(u, v) \mapsto (f \circ u, f \circ v)$, 命题由此立得.

命题 (3.5.8) — 为了使一个态射 $f = (\psi, \theta) : X \to Y$ 是紧贴的, 必须且只需 ψ 是单的, 并且对任意 $x \in X$, 嵌入 $\theta^x : k(\psi(x)) \to k(x)$ 都使 $k(x)$ 成为 $k(\psi(x))$ 的一个紧贴扩张 (Bourbaki,《代数学》, V, § 5, 定义 2).

假设 f 是紧贴的, 首先证明 $\psi(x_1) = \psi(x_2) = y$ 蕴涵 $x_1 = x_2$. 事实上, 我们可以找到 $k(y)$ 的一个扩张 K 和两个 $k(y)$ 嵌入 $k(x_1) \to K$, $k(x_2) \to K$ (Bourbaki,《代数学》, V, § 4, 命题 2), 于是对应的态射 $u_1 : \operatorname{Spec} K \to X$, $u_2 : \operatorname{Spec} K \to X$ 满足 $f \circ u_1 = f \circ u_2$, 从而根据前提条件, $u_1 = u_2$, 特别地, 这就意味着 $x_1 = x_2$. 现在把 $k(x)$ 通过 θ^x 看作是 $k(\psi(x))$ 的扩张, 若 $k(x)$ 不是 $k(\psi(x))$ 的紧贴扩张, 则 $k(x)$ 就会有映到 $k(\psi(x))$ 的某个代数闭扩张 K 中的两个不同的 $k(\psi(x))$ 嵌入, 它们将对应着两个不同的态射 $\operatorname{Spec} K \to X$, 这与前提条件矛盾. 反过来, 有见于 (2.4.6), 易见该条件足以保证 f 是紧贴的.

推论 (3.5.9) — 若 A 是一个环, S 是 A 的一个乘性子集, 则典范态射 $\operatorname{Spec} S^{-1}A \to \operatorname{Spec} A$ 是紧贴的.

事实上, 该态射是一个单态射 (1.6.2).

推论 (3.5.10) — 设 $f : X \to Y$ 是一个紧贴态射, $g : Y' \to Y$ 是一个态射, 并设 $X' = X_{(Y')} = X \times_Y Y'$. 则紧贴态射 $f_{(Y')}$ (3.5.7. (ii)) 是一个从 X' 的底空间到 $g^{-1}(f(X))$ 的一一映射. 进而, 对任何域 K, 集合 $X'(K)$ 都可以等同于 $Y'(K)$ 的这样一个子集, 它是 $Y(K)$ 的子集 $X(K)$ 在映射 $Y'(K) \to Y(K)$ (对应于 g) 下的逆像.

第一句话可由 (3.5.8) 和 (3.4.8) 立得, 第二句则缘自下面的交换图表

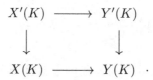

注解 (3.5.11) — 所谓一个概形态射 $f = (\psi, \theta)$ 是含容的, 是指映射 ψ 是单的. 为了使一个态射 $f = (\psi, \theta): X \to Y$ 是紧贴的, 必须且只需对任意态射 $Y' \to Y$, 态射 $f_{(Y')}: X'_{(Y')} \to Y'$ 都是含容的 (这解释了术语广泛含容态射的来历). 事实上, 条件的必要性缘自 (3.5.7, (ii)) 和 (3.5.8). 反过来, 由这个条件首先可以推出 ψ 是单的, 假如能找到一点 $x \in X$, 使得嵌入 $\theta^x: \boldsymbol{k}(\psi(x)) \to \boldsymbol{k}(x)$ 不是紧贴的, 则可以找到 $\boldsymbol{k}(\psi(x))$ 的一个扩张 K 和两个不同的态射 $\operatorname{Spec} K \to X$, 它们对应到同一个态射 $\operatorname{Spec} K \to Y$ (3.5.8). 现在令 $Y' = \operatorname{Spec} K$, 则 $X_{(Y')}$ 将有两个不同的 Y' 截面 (3.3.14), 这就与 $f_{(Y')}$ 是含容的产生了矛盾.

3.6 纤维

命题 (3.6.1) — 设 $f: X \to Y$ 是一个态射, y 是 Y 的一点, $\mathfrak{a}_y$ 是 $\mathscr{O}_y$ 在 $\mathfrak{m}_y$ 预进拓扑下的一个定义理想. 则投影 $p: X \times_Y \operatorname{Spec}(\mathscr{O}_y/\mathfrak{a}_y) \to X$ 是一个从概形 $X \times_Y \operatorname{Spec}(\mathscr{O}_y/\mathfrak{a}_y)$ 的底空间到纤维 $f^{-1}(y)$ 的同胚, 此处 $f^{-1}(y)$ 上带有由 X 的底空间所诱导的拓扑.

由于 $\operatorname{Spec}(\mathscr{O}_y/\mathfrak{a}_y) \to Y$ 是紧贴的 (3.5.4 和 2.4.7), 并且 $\operatorname{Spec}(\mathscr{O}_y/\mathfrak{a}_y)$ 只有一个点, 因为前提条件表明理想 $\mathfrak{m}_y/\mathfrak{a}_y$ 是幂零的 (1.1.12), 故我们知道 (3.5.10 和 3.3.4), p 可以把 $X \times_Y \operatorname{Spec}(\mathscr{O}_y/\mathfrak{a}_y)$ 的底空间作为集合等同于 $f^{-1}(y)$, 问题归结为证明 p 是一个同胚. 依照 (3.2.7), 问题在 X 和 Y 上都是局部性的, 从而可以假设 $X = \operatorname{Spec} B$, $Y = \operatorname{Spec} A$, 并且 B 是一个 A 代数. 于是态射 p 对应着同态 $1 \otimes \varphi: B \to B \otimes_A A'$, 其中 $A' = A_y/\mathfrak{a}_y$, 且 φ 是 A 到 A' 的典范映射. 现在 $B \otimes_A A'$ 的任何元素都可以写成 $\sum_i b_i \otimes \varphi(a_i)/\varphi(s) = \left(\sum_i (a_i b_i \otimes 1)\right)\left(1 \otimes \varphi(s)\right)^{-1}$ 的形状, 其中 $s \notin \mathfrak{j}_y$, 从而可以使用推论 (1.2.4).

* **(追加 III, 6)** — 若令 $X' = X \times_Y \operatorname{Spec}(\mathscr{O}_y/\mathfrak{a}_y)$, 则对任意点 $x \in X'$ (通过 p 把它等同于 X 上的一点), 均有 $\mathscr{O}_{X',x} = \mathscr{O}_{X,x}/\mathfrak{a}_y \mathscr{O}_{X,x}$. 事实上, 问题在 X 和 Y 上都是局部性的, 故可假设 $X = \operatorname{Spec} B$, $Y = \operatorname{Spec} A$, 此时我们有 $(B/\mathfrak{a}_y B)_x = B_x/\mathfrak{a}_y B_x$, 这是根据分式化的平坦性 (**0**, 1.3.2).*

(3.6.2) 在本书随后的内容中, 当我们把态射的纤维 $f^{-1}(y)$ 看作是 $\boldsymbol{k}(y)$ 概形时, 总是指通过投影 $X \times_Y \operatorname{Spec} \boldsymbol{k}(y) \to X$ 把 $X \times_Y \operatorname{Spec} \boldsymbol{k}(y)$ 上的 $\boldsymbol{k}(y)$ 概形结构搬运到

$f^{-1}(y)$ 上而得到的那个结构. 我们也把它记作 $X \otimes_Y \boldsymbol{k}(y)$, 或者 $X \otimes_{\mathscr{O}_Y} \boldsymbol{k}(y)$. 更一般地, 若 B 是一个 $\mathscr{O}_y$ 代数, 则我们也把 $X \times_Y \operatorname{Spec} B$ 记作 $X \otimes_Y B$ 或者 $X \otimes_{\mathscr{O}_Y} B$.

在这个约定下, 由 (3.5.10) 可知, 对于 $\boldsymbol{k}(y)$ 的一个扩张 K, X 的 K 值点可以等同于 $f^{-1}(y)$ 的 K 值点.

(3.6.3) 设 $f : X \to Y$, $g : Y \to Z$ 是两个态射, $h = g \circ f$ 是它们的合成, 则对任意点 $z \in Z$, 纤维 $h^{-1}(z)$ 作为概形都同构于

$$X \times_Z \operatorname{Spec} \boldsymbol{k}(z) = (X \times_Y Y) \otimes_Z \operatorname{Spec} \boldsymbol{k}(z) = X \times_Y g^{-1}(z).$$

特别地, 若 U 是 X 的一个开子集, 则 $f^{-1}(y)$ 在 $U \cap f^{-1}(y)$ 上所诱导的概形就同构于 $f_U^{-1}(y)$ (其中 f_U 是 f 在 U 上的限制).

命题 (3.6.4) (纤维的传递性) —— 设 $f : X \to Y$, $g : Y' \to Y$ 是两个态射, 令 $X' = X \times_Y Y' = X_{(Y')}$, 再令 $f' = f_{(Y')} : X' \to Y'$. 对于 $y' \in Y'$, 若令 $y = g(y')$, 则概形 $f'^{-1}(y')$ 同构于 $f^{-1}(y) \otimes_{\boldsymbol{k}(y)} \boldsymbol{k}(y')$.

事实上, 根据 (3.3.9.1), 两个概形 $(X \times_Y Y') \otimes_{Y'} \operatorname{Spec}(\boldsymbol{k}(y'))$ 和 $(X \times_Y \boldsymbol{k}(y)) \otimes_{\boldsymbol{k}(y)} \operatorname{Spec}(\boldsymbol{k}(y'))$ 都典范同构于 $X \times_Y \operatorname{Spec}(\boldsymbol{k}(y'))$.

特别地, 若 V 是 $y \in Y$ 的一个开邻域, 并以 f_V 来记 f 在诱导概形 $f^{-1}(V)$ 上的限制, 则概形 $f^{-1}(y)$ 可以典范等同于 $f_V^{-1}(y)$.

命题 (3.6.5) —— 设 $f : X \to Y$ 是一个态射, y 是 Y 的一点, Z 是 y 处的局部概形 $\operatorname{Spec} \mathscr{O}_y$, $p = (\psi, \theta)$ 是投影 $X \times_Y Z \to X$, 则 p 是一个从 $X \times_Y Z$ 的底空间到 X 的子空间 $f^{-1}(Z)$ 的同胚(这里我们把 Z 的底空间等同于 Y 的一个子空间, 参考 (2.4.2)), 并且对每个点 $t \in X \times_Y Z$ 以及 $z = \psi(t)$, $\theta_t^\sharp$ 都是 $\mathscr{O}_z$ 到 $\mathscr{O}_t$ 的一个同构.

由于 Z (把它等同于 Y 的一个子空间) 包含在 y 的任何仿射开邻域之中 (2.4.2), 故类似于 (3.6.1), 可以把问题归结到 $X = \operatorname{Spec} A$ 和 $Y = \operatorname{Spec} B$ 都是仿射概形、并且 A 是一个 B 代数的情形. 此时 $X \times_Y Z$ 就是环 $A \otimes_B B_y$ 的素谱, 且这个环可以典范等同于 $S^{-1}A$, 其中 S 是 $B \smallsetminus \mathfrak{j}_y$ 在 A 中的像 ($\boldsymbol{0}$, 1.5.2). 由于此时 p 对应着典范同态 $A \to S^{-1}A$, 故命题缘自 (1.6.2).

3.7　应用: 概形的模 $\mathfrak{J}$ 约化[①]

(3.7.1) 设 A 是一个环, X 是一个 A 概形, $\mathfrak{J}$ 是 A 的一个理想, 则 $X_0 = X \otimes_A (A/\mathfrak{J})$ 是一个 $(A/\mathfrak{J})$ 概形, 我们常把它称为 X 的模 $\mathfrak{J}$ 约化概形.

(3.7.2) 这个名称通常使用在 A 是局部环且 $\mathfrak{J}$ 是极大理想的情形, 此时 X_0 就

[①]这里我们需要用到第一章后面的内容以及第二章的内容, 但这一小节的结果在后面不会被使用, 不熟悉古典代数几何的相关概念的读者可以跳过.

是 A 的剩余类域 $k = A/\mathfrak{I}$ 上的一个概形.

进而, 如果 A 是整的, 分式域为 K, 则还可以考虑 K 概形 $X' = X \otimes_A K$. 有一种说法 (我们将不会这么说) 是把 X_0 称为 X' 的模 $\mathfrak{I}$ 约化概形. 在古典理论中, A 是一个 1 维局部环 (通常是离散赋值环), 并且 K 概形 X' 已被具体实现为某个 K 概形 P' (通常是射影空间 $\mathbf{P}^i_K$, 参考 (**II**, 4.1.1)) 的闭子概形, 这个 P' 又具有 $P' = P \otimes_A K$ 的形状, 其中 P 是一个给定的 A 概形 (通常就是 A 概形 $\mathbf{P}^i_A$, 记号取自 (**II**, 4.1.1)). 则用我们的语言来说, 从 X' 定义出 X_0 的过程就是这样的:

考虑仿射概形 $Y = \operatorname{Spec} A$, 它是由两个点组成的, 一个是唯一的闭点 $y = \mathfrak{I}$, 一个是一般点 (0), 从而这个一般点所构成的集合 U 是 Y 的一个开集 $U = \operatorname{Spec} K$. 若 X 是一个 A 概形 (换句话说, 一个 Y 概形), 并设 ψ 是结构态射 $X \to Y$, 则 $X \otimes_A K = X'$ 刚好就是 X 在 $\psi^{-1}(U)$ 上所诱导的概形. 特别地, 若 φ 是结构态射 $P \to Y$, 则 $P' = \varphi^{-1}(U)$ 的闭子概形 X' 也是 P 的一个 (局部闭的) 子概形. 若 P 是 Noether 的 (比如说, A 是 Noether 的, 并且 P 在 A 上是有限型的), 则在 P 中有一个遮蔽 X' 的最小闭子概形 $X = \overline{X'}$ (9.5.10), 并且 X' 就是 X 在开集 $\varphi^{-1}(U) \cap X$ 上所诱导的概形, 从而同构于 $X \otimes_A K$ (9.5.10). 从而 X' 到 $P' = P \otimes_A K$ 的那个给定的浸入使我们可以把 X' 以典范的方式写成 $X' = X \otimes_A K$ 的形状, 其中 X 是一个 A 概形. 现在我们可以考虑它的模 $\mathfrak{I}$ 约化概形, 即 $X_0 = X \otimes_A k$, 也就是闭点 y 处的纤维 $\psi^{-1}(y)$. 在此之前, 古典的表述方法是不完善的, 因为没有把 A 概形 X 明确地写出来. 注意到此前关于模 $\mathfrak{I}$ 约化概形 X_0 的所有结果都可以被看作是从关于 X 的更完整的结果引出来的, 并且只有在这种解释下才可以获得令人满意的表达和理解. 此外, 古典理论中的各种条件看起来也都是关于 X 本身的条件 (而不依赖于事先给定的 X' 到 $\mathbf{P}^i_K$ 的浸入), 这就可以使我们把结果陈述得更加内在化.

(**3.7.3**) 最后我们指出, 下面这个很特别的事实也是造成古典理论概念不清的罪魁之一: 若 A 是一个离散赋值环, 且 X 在 A 上是紧合的 (比如说, X 是 $\mathbf{P}^r_A$ 的一个闭子概形, 参考 (**II**, 5.5.4)), 则 X 的 A 值点和 X' 的 K 值点是一一对应的 (**II**, 7.3.8). 这就是为什么此前人们只关注 X', 而未能注意到 X 的原因, 这件事在局部环 A 不是 1 维环的时候也是成立的 (在上述形式下).

§4. 子概形和浸入态射

4.1 子概形

(**4.1.1**) 由于拟凝聚层 (**0**, 5.1.3) 的概念是局部性的, 故一个概形 X 上的拟凝聚 $\mathscr{O}_X$ 模层 $\mathscr{F}$ 也可以用下面的条件来定义: 对于 X 的任意仿射开集 V, $\mathscr{F}|_V$ 都同构于某个 $\Gamma(V, \mathscr{O}_X)$ 模的伴生层 (1.4.1). 易见在概形 X 上, 结构层 $\mathscr{O}_X$ 是拟凝聚的, 并

且拟凝聚 $\mathscr{O}_X$ 模层在同态下的核、余核和像都是拟凝聚的, 拟凝聚 $\mathscr{O}_X$ 模层的归纳极限和直和也都是拟凝聚的 (1.3.7 和 1.3.9).

命题 (4.1.2) — 设 X 是一个概形, $\mathscr{I}$ 是 $\mathscr{O}_X$ 的一个拟凝聚理想层. 则层 $\mathscr{O}_X/\mathscr{I}$ 的支集 Y 是闭的, 并且如果用 $\mathscr{O}_Y$ 来记 $\mathscr{O}_X/\mathscr{I}$ 在 Y 上的限制, 则 $(Y, \mathscr{O}_Y)$ 是一个概形.

显然只需 (2.1.3) 考虑 X 是仿射概形的情形, 并且只需证明 Y 在 X 中是闭的, 而且是一个仿射概形. 现在若 $X = \operatorname{Spec} A$, 则有 $\mathscr{O}_X = \widetilde{A}$ 和 $\mathscr{I} = \widetilde{\mathfrak{I}}$, 其中 $\mathfrak{I}$ 是 A 的一个理想 (1.4.1). 于是 Y 就等于 X 的闭子集 $V(\mathfrak{I})$, 并且可以等同于环 $B = A/\mathfrak{I}$ 的素谱 (1.1.11). 进而, 若 φ 是典范同态 $A \to B = A/\mathfrak{I}$, 则顺像 ${}^a\varphi_* \widetilde{B}$ 可以典范等同于层 $\widetilde{A/\mathfrak{I}} = \mathscr{O}_X/\mathscr{I}$ (1.6.3 和 1.3.9), 这就完成了证明.

我们把 $(Y, \mathscr{O}_Y)$ 称为 $(X, \mathscr{O}_X)$ 的由理想层 $\mathscr{I}$ 所定义的子概形, 这是一般的子概形概念的一个特殊情形:

定义 (4.1.3) — 所谓一个环积空间 $(Y, \mathscr{O}_Y)$ 是概形 $(X, \mathscr{O}_X)$ 的一个子概形, 是指:

1° Y 是 X 的一个局部闭的子空间;

2° 设 U 是 X 的那个使得 Y 在其中是闭集的最大开集 (换句话说, U 是 Y 的边界 $(\overline{Y} \smallsetminus Y)$ 在 X 中的补集), 则 $(Y, \mathscr{O}_Y)$ 是 $(U, \mathscr{O}_X|_U)$ 的一个由拟凝聚理想层所定义的子概形.

所谓 $(X, \mathscr{O}_X)$ 的子概形 $(Y, \mathscr{O}_Y)$ 是闭的, 是指 Y 在 X 中是闭的 (此时 $U = X$).

由这个定义和 (4.1.2) 立知, 在 X 的闭子概形和 $\mathscr{O}_X$ 的拟凝聚理想层 $\mathscr{J}$ 之间有一个典范的一一对应, 因为若两个这样的层 $\mathscr{J}, \mathscr{J}'$ 具有相同的 (闭) 支集 Y, 并且 $\mathscr{O}_X/\mathscr{J}$ 和 $\mathscr{O}_X/\mathscr{J}'$ 在 Y 上的限制是相等的, 则必有 $\mathscr{J}' = \mathscr{J}$.

(4.1.4) 设 $(Y, \mathscr{O}_Y)$ 是 X 的一个子概形, U 是 X 的那个使得 Y 在其中是闭集的最大开集, V 是 X 的一个开集, 且包含在 U 之中, 则 $V \cap Y$ 在 V 中是闭的. 进而, 若 Y 是由 $\mathscr{O}_X|_U$ 的拟凝聚理想层 $\mathscr{J}$ 所定义的, 则 $\mathscr{J}|_V$ 是 $\mathscr{O}_X|_V$ 的一个拟凝聚理想层, 并且易见 Y 在 $Y \cap V$ 上所诱导的概形就是 V 的那个由理想层 $\mathscr{J}|_V$ 所定义的闭子概形. 反过来:

命题 (4.1.5) — 设 $(Y, \mathscr{O}_Y)$ 是一个环积空间, 并且 Y 是 X 的一个子空间, 假设可以把 Y 用 X 的这样一族开集 (V_α) 来覆盖, 使得对每个 α, $Y \cap V_\alpha$ 在 V_α 中都是闭的, 并且环积空间 $(Y \cap V_\alpha, \mathscr{O}_Y|_{Y \cap V_\alpha})$ 是 X 在 V_α 上所诱导的概形的一个闭子概形. 则 $(Y, \mathscr{O}_Y)$ 是 X 的一个子概形.

前提条件表明, Y 在 X 中是局部闭的, 并且 X 的那个使得 Y 在其中是闭集的最大开集 U 包含了所有的 V_α, 从而可以把问题归结到 $U = X$ 的情形, 因而 Y 是 X

的闭子集. 此时我们可以定义 $\mathscr{O}_X$ 的一个拟凝聚理想层 $\mathscr{J}$, 即取 $\mathscr{J}|_{V_\alpha}$ 是 $\mathscr{O}_X|_{V_\alpha}$ 的那个定义了闭子概形 $(Y \cap V_\alpha, \mathscr{O}_Y|_{(Y \cap V_\alpha)})$ 的理想层, 然后对于 X 的那些与 Y 不相交的开集 W, 取 $\mathscr{J}|_W = \mathscr{O}_X|_W$. 利用 (4.1.3) 和 (4.1.4) 容易验证, 只有唯一一个理想层 $\mathscr{J}$ 满足上述条件, 并且该理想层就定义了闭子概形 $(Y, \mathscr{O}_Y)$.

特别地, X 在它的任何开集上所诱导的概形都是 X 的子概形, 以下我们将把这种子概形称为开子概形.

命题 (4.1.6) — X 的子概形 (切转: 闭子概形) 的子概形 (切转: 闭子概形) 可以典范等同于 X 的子概形 (切转: 闭子概形).

事实上, X 的局部闭子空间的局部闭子集也是 X 的局部闭子空间, 且易见 (4.1.5) 问题是局部性的, 故可假设 X 是仿射的, 此时命题缘自 $A/\mathfrak{J}'$ 和 $(A/\mathfrak{J})/(\mathfrak{J}'/\mathfrak{J})$ 的典范等同, 这里 $\mathfrak{J}$ 和 $\mathfrak{J}'$ 是环 A 的两个理想, 且满足 $\mathfrak{J} \subseteq \mathfrak{J}'$.

在下文中, 我们总是默认进行了这样的等同.

(4.1.7) 设 Y 是概形 X 的一个子概形, 并且用 ψ 来记底空间的典范含入 $Y \to X$, 我们知道逆像 $\psi^* \mathscr{O}_X$ 就是限制 $\mathscr{O}_X|_Y$ (**0**, 3.7.1). 若对任意 $y \in Y$, 都以 ω_y 来记典范同态 $(\mathscr{O}_X)_y \to (\mathscr{O}_Y)_y$, 则这些同态是环层的一个满同态 $\omega : \mathscr{O}_X|_Y \to \mathscr{O}_Y$ 在各个茎条上的限制. 事实上, 只需在 Y 上局部地进行验证即可, 也就是说, 可以假设 X 是仿射的, 并且子概形 Y 是闭的. 在这种情况下, 若 $\mathscr{I}$ 是 $\mathscr{O}_X$ 的那个定义了 Y 的拟凝聚理想层, 则这些 ω_y 刚好就是同态 $\mathscr{O}_X|_Y \to (\mathscr{O}_X/\mathscr{I})|_Y$ 在茎条上的限制. 从而这就定义出了环积空间的一个单态射 (**0**, 4.1.1) $j = (\psi, \omega^\flat)$, 它显然是一个概形态射 $Y \to X$ (2.2.1), 我们称之为典范含入态射.

若 $f : X \to Z$ 是一个态射, 则我们也把合成态射 $Y \xrightarrow{j} X \xrightarrow{f} Z$ 称为 f 在子概形 Y 上的限制.

(4.1.8) 按照一般的定义方式 (T, I, 1.1), 所谓一个概形态射 $f : Z \to X$ 被 X 的某个子概形 Y 的含入态射 $j : Y \to X$ 所遮蔽, 是指 f 可以分解为 $Z \xrightarrow{g} Y \xrightarrow{j} X$, 其中 g 是一个概形态射, 而且 g 必然是唯一的, 因为 j 是单态射.

命题 (4.1.9) — 为了使一个态射 $f : Z \to X$ 被某个含入态射 $j : Y \to X$ 所遮蔽, 必须且只需 $f(Z) \subseteq Y$, 并且对任意 $z \in Z$ 以及 $y = f(z)$, f 所对应的同态 $(\mathscr{O}_X)_y \to \mathscr{O}_z$ 都可以分解为 $(\mathscr{O}_X)_y \to (\mathscr{O}_Y)_y \to \mathscr{O}_z$ (这也相当于说, $(\mathscr{O}_X)_y \to \mathscr{O}_z$ 的核包含了 $(\mathscr{O}_X)_y \to (\mathscr{O}_Y)_y$ 的核).

条件显然是必要的. 为了证明它也是充分的, 可以限于考虑 Y 是 X 的闭子概形的情形, 因为必要时可以把 X 换成开集 U, 使得 Y 在其中是闭的 (4.1.3), 于是 Y 可由 $\mathscr{O}_X$ 的一个拟凝聚理想层 $\mathscr{I}$ 所定义. 令 $f = (\psi, \theta)$, 并设 $\mathscr{J}$ 是 $\psi^* \mathscr{O}_X$ 的这样一个理想层, 它是 $\theta^\sharp : \psi^* \mathscr{O}_X \to \mathscr{O}_Z$ 的核. 有见于函子 ψ^* 的性质 (**0**, 3.7.2), 前提条件

就意味着对任意 $z \in Z$, 均有 $(\psi^* \mathscr{I})_z \subseteq \mathscr{J}_z$, 从而 $\psi^* \mathscr{I} \subseteq \mathscr{J}$. 因而 $\theta^\sharp$ 可以分解为

$$\psi^* \mathscr{O}_X \longrightarrow \psi^* \mathscr{O}_X / \psi^* \mathscr{I} = \psi^*(\mathscr{O}_X / \mathscr{I}) \xrightarrow{\omega} \mathscr{O}_Z,$$

其中第一个箭头是典范同态. 设 ψ' 是这样一个连续映射 $Z \to Y$, 它是 ψ 在 Z 上的限制, 则易见 $\psi'^* \mathscr{O}_Y = \psi^*(\mathscr{O}_X / \mathscr{J})$. 另一方面, ω 显然是一个局部同态, 从而 $g = (\psi', \omega^\flat)$ 是一个概形态射 $Z \to Y$ (2.2.1), 并且依照上面所述, 它使得 $f = j \circ g$, 故得命题.

推论 (4.1.10) — 为了使一个含入态射 $Z \to X$ 被另一个含入态射 $Y \to X$ 所遮蔽, 必须且只需 Z 是 Y 的一个子概形.

我们把这件事写成 $Z \leqslant Y$, 这个关系显然是 X 的子概形集合上的一个序关系.

4.2 浸入态射

定义 (4.2.1) — 所谓一个态射 $f : Y \to X$ 是浸入 (切转: 闭浸入, 开浸入), 是指它可以分解为 $Y \xrightarrow{g} Z \xrightarrow{j} X$, 其中 g 是一个同构, Z 是 X 的一个子概形 (切转: 闭子概形, 开子概形), 并且 j 是含入态射.

于是子概形 Z 和同构 g 可被 f 所唯一确定, 因为若 Z' 是 X 的另一个子概形, j' 是含入 $Z' \to X$, g' 是一个同构 $Y \to Z'$, 且满足 $j \circ g = j' \circ g'$, 则可以推出 $j' = j \circ g \circ g'^{-1}$, 故有 $Z' \leqslant Z$ (4.1.10), 同理可证 $Z \leqslant Z'$, 从而 $Z' = Z$, 且由于 j 是概形的单态射, 故有 $g' = g$.

我们把 $f = j \circ g$ 称为浸入 f 的典范分解, 并且把子概形 Z 和同构 g 称为 f 的伴生子概形和伴生同构.

易见浸入总是概形的单态射 (4.1.7), 自然也是紧贴态射 (3.5.4).

命题 (4.2.2) — a) 为了使一个态射 $f = (\psi, \theta) : Y \to X$ 是开浸入, 必须且只需 ψ 是从 Y 到 X 的某个开子集的同胚, 并且对任意 $y \in Y$, 同态 $\theta_y^\sharp : \mathscr{O}_{\psi(y)} \to \mathscr{O}_y$ 都是一一的.

b) 为了使一个态射 $f = (\psi, \theta) : Y \to X$ 是浸入 (切转: 闭浸入), 必须且只需 ψ 是从 Y 到 X 的某个局部闭子集 (切转: 闭子集) 的同胚, 并且对任意 $y \in Y$, 同态 $\theta_y^\sharp : \mathscr{O}_{\psi(y)} \to \mathscr{O}_y$ 都是满的.

a) 条件显然是必要的. 反过来, 若该条件得到满足, 则易见 $\theta^\sharp$ 是 $\mathscr{O}_Y$ 到 $\psi^* \mathscr{O}_X$ 的同构, 并且 $\psi^* \mathscr{O}_X$ 就是用 ψ^{-1} 把 $\mathscr{O}_X|_{\psi(Y)}$ 搬运到 Y 上而得到的层, 故得结论.

b) 条件显然是必要的. 为了证明它也是充分的, 首先考虑下面这个特殊情形, 即 X 是仿射概形, 并且 $Z = \psi(Y)$ 在 X 中是闭的. 此时我们知道 $(0, 3.4.6)$ $\psi_* \mathscr{O}_Y$ 的支集就是 Z, 并且若以 $\mathscr{O}_Z'$ 来记它在 Z 上的限制, 则环积空间 $(Z, \mathscr{O}_Z')$ 就是用同胚 ψ

(看作是 Y 到 Z 的映射) 把 $(Y, \mathscr{O}_Y)$ 上的结构搬运到 Z 上而得到的. 下面我们来证明, $f_* \mathscr{O}_Y = \psi_* \mathscr{O}_Y$ 是一个拟凝聚 $\mathscr{O}_X$ 模层. 事实上, 对任意 $x \notin Z$, $\psi_* \mathscr{O}_Y$ 在 x 的某个适当邻域上的限制都等于零. 相反地, 若 $x \in Z$, 则有 $x = \psi(y)$, 其中 $y \in Y$ 是唯一确定的. 设 V 是 y 在 Y 中的一个仿射开邻域, 则 $\psi(V)$ 在 Z 中是开的, 从而是 X 的某个开集 U 与 Z 的交集, 并且 $\psi_* \mathscr{O}_Y$ 在 U 上的限制可以等同于顺像 $(\psi_V)_* (\mathscr{O}_Y|_V)$ 在 U 上的限制, 这里 ψ_V 是指 ψ 在 V 上的限制. 现在态射 (ψ, θ) 在 $(V, \mathscr{O}_Y|_V)$ 上的限制是一个由该概形到 $(X, \mathscr{O}_X)$ 的态射, 从而具有 $({}^a\varphi, \widetilde{\varphi})$ 的形状, 其中 φ 是环 $A = \Gamma(X, \mathscr{O}_X)$ 到环 $\Gamma(V, \mathscr{O}_Y)$ 的一个同态 (1.7.3). 由此可知, $(\psi_V)_* (\mathscr{O}_Y|_V)$ 是一个拟凝聚 $\mathscr{O}_X$ 模层 (1.6.3), 这就证明了上述阐言, 因为拟凝聚层的概念是局部性的. 进而, ψ 是同胚的条件表明 (**0**, 3.4.5), 对任意 $y \in Y$, ψ_y 都是一个同构 $(\psi_* \mathscr{O}_Y)_{\psi(y)} \to \mathscr{O}_y$. 由于图表

$$\begin{array}{ccc} \mathscr{O}_{\psi(y)} & \xrightarrow{\;\theta_{\psi(y)}\;} & (\psi_* \mathscr{O}_Y)_{\psi(y)} \\ {\scriptstyle \psi_y \circ \rho_{\psi(y)}}\Big\downarrow & & \Big\downarrow{\scriptstyle \psi_y} \\ (\psi^* \mathscr{O}_X)_y & \xrightarrow[\;\theta_y^{\sharp}\;]{} & \mathscr{O}_y \end{array}$$

是交换的, 并且两个竖直箭头都是同构 (**0**, 3.7.2), 故由 $\theta_y^{\sharp}$ 是满的这个条件就可以推出 $\theta_{\psi(y)}$ 也是如此. 由于 $\psi_* \mathscr{O}_Y$ 的支集是 $Z = \psi(Y)$, 故知 θ 是 $\mathscr{O}_X = \widetilde{A}$ 到拟凝聚 $\mathscr{O}_X$ 模层 $f_* \mathscr{O}_Y$ 的满同态. 从而我们有唯一一个从商层 $\widetilde{A}/\widetilde{\mathfrak{I}}$ ($\mathfrak{I}$ 是 A 的理想) 到 $f_* \mathscr{O}_Y$ 的同构 ω, 使得它与典范同态 $\widetilde{A} \to \widetilde{A}/\widetilde{\mathfrak{I}}$ 的合成可以给出 θ (1.3.8). 若以 $\mathscr{O}_Z$ 来记 $\widetilde{A}/\widetilde{\mathfrak{I}}$ 在 Z 上的限制, 则 $(Z, \mathscr{O}_Z)$ 是 $(X, \mathscr{O}_X)$ 的一个子概形, 并且 f 可以分解为这个子概形到 X 的典范含入与同构 (ψ_0, ω_0) 的合成, 其中 ψ_0 就是 ψ, 但要看作是 Y 到 Z 的映射, 而 ω_0 就是 ω 在 $\mathscr{O}_Z$ 上的限制.

回到一般情形. 设 U 是 X 的一个仿射开集, 且使得 $U \cap \psi(Y) \neq \varnothing$ 在 U 中是闭的. 把 f 限制到 Y 的开子概形 $\psi^{-1}(U)$ 上, 并看作是从该概形到 X 的开子概形 U 的一个态射, 则问题就归结到前面的情形, 从而 f 在 $\psi^{-1}(U)$ 上的限制是一个闭浸入 $\psi^{-1}(U) \to U$, 它可以典范地分解为 $j_U \circ g_U$, 其中 g_U 是概形 $\psi^{-1}(U)$ 到 U 的某个子概形 Z_U 的同构, 而 j_U 是典范含入 $Z_U \to U$. 设 V 是 X 的另一个仿射开集, 满足 $V \subseteq U$, 则由于 Z_U 在 V 上的限制 Z_V' 是概形 V 的一个子概形, 故知 f 在 $\psi^{-1}(V)$ 上的限制可以分解为 $j_V' \circ g_V'$, 其中 j_V' 是典范含入 $Z_V' \to V$, 而 g_V' 是 $\psi^{-1}(V)$ 到 Z_V' 的同构. 根据浸入的典范分解的唯一性 (4.2.1), 此时必有 $Z_V' = Z_V$ 和 $g_V' = g_V$. 由此可知 (4.1.5), X 有一个子概形 Z, 它的底空间是 $\psi(Y)$, 并且它在每个 $U \cap \psi(Y)$ 上的限制都等于 Z_U. 于是这些 g_U 就等于某个同构 $g : Y \to Z$ 在各个 $\psi^{-1}(U)$ 上的限制, 并且这个 g 满足 $f = j \circ g$, 其中 j 是典范含入 $Z \to X$.

推论 (4.2.3) — 设 X 是一个仿射概形. 为了使一个态射 $f = (\psi, \theta) : Y \to X$ 是

闭浸入, 必须且只需 Y 是一个仿射概形, 并且同态 $\Gamma(\psi) : \Gamma(\mathscr{O}_X) \to \Gamma(\mathscr{O}_Y)$ 是满的.

推论 (4.2.4) — a) 设 $f : Y \to X$ 是一个态射, (V_λ) 是 X 的一族开集, 且能够覆盖 $f(Y)$. 则为了使 f 是一个浸入 (切转: 开浸入), 必须且只需它在每个开子概形 $f^{-1}(V_\lambda)$ 上的限制都是一个映到 V_λ 中的浸入 (切转: 开浸入).

b) 设 f 是一个态射 $Y \to X$, (V_λ) 是 X 的一个开覆盖. 则为了使 f 是一个闭浸入, 必须且只需它在每个开子概形 $f^{-1}(V_\lambda)$ 上的限制都是一个映到 V_λ 中的闭浸入.

设 $f = (\psi, \theta)$. 在情形 a) 中, 对任意 $y \in Y$, $\theta_y^\natural$ 都是满的 (切转: 一一的), 而在情形 b) 中, 对任意 $y \in Y$, $\theta_y^\natural$ 都是满的. 从而在情形 a) 中, 只需验证 ψ 是一个从 Y 到 X 的某个局部闭子集 (切转: 开子集) 的同胚, 而在情形 b) 中, 只需验证 ψ 是一个从 Y 到 X 的某个闭子集的同胚. 现在 ψ 显然是单的, 并且对任意 $y \in Y$, ψ 把 y 的任何邻域都映为 $\psi(y)$ 在 $\psi(Y)$ 中的一个邻域, 这是依据前提条件. 在情形 a) 中, $\psi(Y) \cap V_\lambda$ 在 V_λ 中是局部闭的 (切转: 开的), 从而 $\psi(Y)$ 在这些 V_λ 的并集中是局部闭的 (切转: 开的), 自然在 X 中也是如此; 而在情形 b) 中, $\psi(Y) \cap V_\lambda$ 在 V_λ 中是闭的, 从而 $\psi(Y)$ 在 X 中是闭的, 因为 $X = \bigcup_\lambda V_\lambda$.

命题 (4.2.5) — 两个浸入 (切转: 开浸入, 闭浸入) 的合成也是一个浸入 (切转: 开浸入, 闭浸入).

这可由 (4.1.6) 立得.

4.3 浸入的纤维积

命题 (4.3.1) — 设 $\alpha : X' \to X$ 和 $\beta : Y' \to Y$ 是两个 S 态射, 若 α 和 β 都是浸入 (切转: 开浸入, 闭浸入), 则 $\alpha \times_S \beta$ 也是一个浸入 (切转: 开浸入, 闭浸入). 进而, 若 α (切转: β) 把 X' (切转: Y') 等同于 X (切转: Y) 的一个子概形 X'' (切转: Y''), 则 $\alpha \times_S \beta$ 把 $X' \times_S Y'$ 的底空间等同于 $X \times_S Y$ 的底空间的子空间 $p^{-1}(X'') \cap q^{-1}(Y'')$, 这里 p 和 q 分别是 $X \times_S Y$ 到 X 和 Y 的投影.

有见于定义 (4.2.1), 可以限于考虑 X', Y' 都是子概形且 α, β 都是含入态射的情形. (3.2.7) 已经证明了命题对于开子概形的情形是成立的, 由于任何子概形都是开子概形的闭子概形 (4.1.3), 从而问题可以归结到 X' 和 Y' 都是闭子概形的情形.

我们首先来证明, 可以进而假设 S 是仿射的. 事实上, 设 (S_λ) 是 S 的一个仿射开覆盖, 设 φ 和 ψ 是 X 和 Y 的结构态射, $X_\lambda = \varphi^{-1}(S_\lambda)$, $Y_\lambda = \psi^{-1}(S_\lambda)$. 则 X' (切转: Y') 在 $X_\lambda \cap X'$ (切转: $Y_\lambda \cap Y'$) 上的限制 X'_λ (切转: Y'_λ) 是 X_λ (切转: Y_λ) 的一个闭子概形, 我们可以把概形 $X_\lambda, Y_\lambda, X'_\lambda, Y'_\lambda$ 都看作是 S_λ 概形, 并且纤维积 $X_\lambda \times_S Y_\lambda$ 和 $X_\lambda \times_{S_\lambda} Y_\lambda$ (切转: $X'_\lambda \times_S Y'_\lambda$ 和 $X'_\lambda \times_{S_\lambda} Y'_\lambda$) 是相同的 (3.2.5). 于是若命题在 S 仿射时是成立的, 则 $\alpha \times_S \beta$ 在每个 $X'_\lambda \times_S Y'_\lambda$ 上的限制都是浸入 (3.2.7). 而由于纤维积

$X'_\lambda \times_S Y'_\mu$ (切转: $X_\lambda \times_S Y_\mu$)可以等同于 $(X'_\lambda \cap X'_\mu) \times_S (Y'_\lambda \cap Y'_\mu)$ (切转: $(X_\lambda \cap X_\mu) \times_S (Y_\lambda \cap Y_\mu)$) (3.2.6.4), 故知 $\alpha \times_S \beta$ 在每个 $X'_\lambda \times_S Y'_\mu$ 上的限制都是一个浸入, 由此就推出 $\alpha \times_S \beta$ 也是如此 (4.2.4).

其次我们来证明, 还可以假设 X 和 Y 都是仿射的. 事实上, 设 (U_i) (切转: (V_j)) 是 X (切转: Y) 的一个仿射开覆盖, 并设 X'_i (切转: Y'_j) 是 X' (切转: Y') 在 $X' \cap U_i$ (切转: $Y' \cap V_j$) 上的限制, 则它是 U_i (切转: V_j) 的一个闭子概形, 并且 $U_i \times_S V_j$ 可以等同于 $X \times_S Y$ 在 $p^{-1}(U_i) \cap q^{-1}(V_j)$ 上的限制 (3.2.7). 同样地, 若 p', q' 是 $X' \times_S Y'$ 的两个投影, 则 $X'_i \times_S Y'_j$ 可以等同于 $X' \times_S Y'$ 在 $p'^{-1}(X'_i) \cap q'^{-1}(Y'_j)$ 上的限制. 令 $\gamma = \alpha \times_S \beta$, 根据定义, 我们有 $p \circ \gamma = \alpha \circ p'$, $q \circ \gamma = \beta \circ q'$, 由于 $X'_i = \alpha^{-1}(U_i)$, $Y'_j = \beta^{-1}(V_j)$, 故还有 $p'^{-1}(X'_i) = \gamma^{-1}(p^{-1}(U_i))$, $q'^{-1}(Y'_j) = \gamma^{-1}(q^{-1}(V_j))$, 因而得到

$$p'^{-1}(X'_i) \cap q'^{-1}(Y'_j) = \gamma^{-1}(p^{-1}(U_i) \cap q^{-1}(V_j)) = \gamma^{-1}(U_i \times_S V_j),$$

再使用前一部分的方法就可以证明结论.

现在我们假设 X, Y, S 都是仿射的, 并且它们的环分别是 B, C, A. 则 B 和 C 都是 A 代数, X' 和 Y' 都是仿射概形, 它们的环分别是 B 和 C 的某个商代数 B', C'. 进而, 我们有 $\alpha = ({}^a\rho, \tilde{\rho})$, $\beta = ({}^a\sigma, \tilde{\sigma})$, 其中 ρ 和 σ 分别是典范同态 $B \to B'$, $C \to C'$ (1.7.3). 在此基础上, 我们知道 $X \times_S Y$ (切转: $X' \times_S Y'$) 是一个仿射概形, 环为 $B \otimes_A C$ (切转: $B' \otimes_A C'$), 并且 $\alpha \times_S \beta = ({}^a\tau, \tilde{\tau})$, 其中 τ 是 $B \otimes_A C$ 到 $B' \otimes_A C'$ 的同态 $\rho \otimes \sigma$ (3.2.2 和 3.2.3), 由于这个同态是满的, 故知 $\alpha \times_S \beta$ 是一个浸入. 进而, 若 $\mathfrak{b}$ (切转: $\mathfrak{c}$) 是 ρ (切转: σ) 的核, 则 τ 的核就是 $u(\mathfrak{b}) + v(\mathfrak{c})$, 其中 u (切转: v) 是同态 $b \mapsto b \otimes 1$ (切转: $c \mapsto 1 \otimes c$). 由于 $p = ({}^a u, \tilde{u})$ 且 $q = ({}^a v, \tilde{v})$, 故知这个核对应着 $B \otimes_A C$ 的素谱中的闭集 $p^{-1}(X') \cap q^{-1}(Y')$ (1.2.2.1 和 1.1.2, (iii)), 这就完成了证明.

推论 (4.3.2) — 若 S 态射 $f : X \to Y$ 是一个浸入 (切转: 开浸入, 闭浸入), 则对任意基扩张 $S' \to S$, $f_{(S')}$ 都是一个浸入 (切转: 开浸入, 闭浸入).

4.4 子概形的逆像

命题 (4.4.1) — 设 $f : X \to Y$ 是一个态射, Y' 是 Y 的一个子概形 (切转: 闭子概形, 开子概形), $j : Y' \to Y$ 是含入态射. 则投影 $p : X \times_Y Y' \to X$ 是一个浸入 (切转: 闭浸入, 开浸入), 并且 p 的伴生子概形以 $f^{-1}(Y')$ 为其底空间. 进而, 若 j' 是该子概形到 X 的含入态射, 则为了使一个态射 $h : Z \to X$ 能使得 $f \circ h : Z \to Y$ 被 j 所遮蔽, 必须且只需 h 被 j' 所遮蔽.

由于 $p = 1_X \times_Y j$ (3.3.4), 故第一句话缘自 (4.3.1), 第二句话是 (3.5.10) 的一个特殊情形 (需要交换 X 和 Y' 的位置). 最后, 若有 $f \circ h = j \circ h'$, 其中 h' 是一个态射 $Z \to Y'$, 则由纤维积的定义知, 我们有 $h = p \circ u$, 其中 u 是一个态射 $Z \to X \times_Y Y'$,

故得最后一句话.

我们把这样定义出来的 X 的这个子概形称为 Y 的子概形 Y' 在 f 下的逆像, 这个说法与 (3.3.6) 中的一般概念是一致的. 以后只要我们说到 $f^{-1}(Y')$ 是 X 的子概形, 就是指上面所给出的那个子概形.

如果概形 $f^{-1}(Y')$ 和 X 相等, 则 j' 是恒同态射, 从而任何态射 $h : Z \to X$ 都可以被 j' 所遮蔽, 此时态射 $f : X \to Y$ 可以分解为 $X \xrightarrow{g} Y' \xrightarrow{j} Y$.

如果 y 是 Y 的一个闭点, 并且 $Y' = \mathrm{Spec}\, \boldsymbol{k}(y)$ 就是以 $\{y\}$ 为底空间的那个最小的闭子概形 (4.1.9), 则闭子概形 $f^{-1}(Y')$ 可以典范同构于 (3.6.2) 中所定义的纤维 $f^{-1}(y)$, 我们把两者相等同.

推论 (4.4.2) — 设 $f : X \to Y$ 和 $g : Y \to Z$ 是两个态射, $h = g \circ f$ 是它们的合成. 则对于 Z 的任意子概形 Z', X 的子概形 $f^{-1}(g^{-1}(Z'))$ 和 $h^{-1}(Z')$ 都是相等的.

这是缘自典范同构 $X \times_Y (Y \times_Z Z') \xrightarrow{\sim} X \times_Z Z'$ (3.3.9.1).

推论 (4.4.3) — 设 X', X'' 是 X 的两个子概形, $j' : X' \to X$, $j'' : X'' \to X$ 是含入态射, 则在子概形的序关系下, $j'^{-1}(X'')$ 和 $j''^{-1}(X')$ 都等于 X' 和 X'' 的下确界 $\inf(X', X'')$, 并且典范同构于 $X' \times_X X''$.

这是缘自 (4.4.1) 和 (4.1.10).

推论 (4.4.4) — 设 $f : X \to Y$ 是一个态射, Y', Y'' 是 Y 的两个子概形, 则有 $f^{-1}(\inf(Y', Y'')) = \inf(f^{-1}(Y'), f^{-1}(Y''))$.

这是缘自 $(X \times_Y Y') \times_X (X \times_Y Y'')$ 和 $X \times_Y (Y' \times_Y Y'')$ 之间的典范同构 (3.3.9.1).

命题 (4.4.5) — 设 $f : X \to Y$ 是一个态射, Y' 是 Y 的一个闭子概形, 由 $\mathcal{O}_Y$ 的某个拟凝聚理想层 $\mathcal{K}$ 所定义 (4.1.3), 则 X 的闭子概形 $f^{-1}(Y')$ 是由 $\mathcal{O}_X$ 的拟凝聚理想层 $(f^*\mathcal{K})\mathcal{O}_X$ 所定义的.

问题在 X 和 Y 上显然是局部性的, 于是只需注意到若 A 是一个 B 代数且 $\mathfrak{K}$ 是 B 的一个理想, 则我们有 $A \otimes_B (B/\mathfrak{K}) = A/\mathfrak{K}A$, 再利用 (1.6.9) 即可.

推论 (4.4.6) — 设 X' 是 X 的一个闭子概形, 由 $\mathcal{O}_X$ 的某个拟凝聚理想层 $\mathcal{J}$ 所定义, i 是含入 $X' \to X$, 则为了使 f 在 X' 上的限制 $f \circ i$ 可被 $j : Y' \to Y$ 所遮蔽 (换句话说, 可以分解为 $j \circ g$, 其中 g 是一个态射 $X' \to Y'$), 必须且只需 $(f^*\mathcal{K})\mathcal{O}_X \subseteq \mathcal{J}$.

有见于 (4.4.5), 只需把命题 (4.4.1) 应用到 i 上即可.

4.5 局部浸入和局部同构

定义 (4.5.1) — 设 $f: X \to Y$ 是一个概形态射. 所谓 f 在点 $x \in X$ 处是一个局部浸入, 是指可以找到 x 在 X 中的一个开邻域 U 和 $f(x)$ 在 Y 中的一个开邻域 V, 使得 f 在开子概形 U 上的限制是一个从 U 到开子概形 V 的闭浸入. 所谓 f 是一个局部浸入, 是指 f 在 X 的任何点处都是一个局部浸入.

定义 (4.5.2) — 所谓一个态射 $f: X \to Y$ 在点 $x \in X$ 处是一个局部同构, 是指可以找到 x 在 X 中的一个开邻域 U, 使得 f 在开子概形 U 上的限制是一个从 U 到 Y 的开浸入. 所谓 f 是一个局部同构, 是指 f 在 X 的任何点处都是一个局部同构.

(4.5.3) 于是一个浸入 (切转: 闭浸入) $f: X \to Y$ 可以被描述为这样的局部浸入, 即它在底空间上的映射是从 X 到 Y 的某个子空间 (切转: 闭子空间) 的同胚. 而一个开浸入则可以被描述为含容的局部同构.

命题 (4.5.4) — 设 X 是一个不可约概形, $f: X \to Y$ 是一个笼罩性的含容态射. 于是若 f 是一个局部浸入, 则 f 是一个浸入, 并且 $f(X)$ 在 Y 中是开的.

事实上, 设 $x \in X$, 并设 U 是 x 的一个开邻域, V 是 $f(x)$ 的一个开邻域, 且使得 f 在 U 上的限制是一个从 U 到 V 的闭浸入, 则由于 U 在 X 中是稠密的, 故根据前提条件, $f(U)$ 在 Y 中是稠密的, 从而 $f(U) = V$, 并且 f 是 U 到 V 的一个同胚. f 是含容的这个条件又蕴涵着 $f^{-1}(V) = U$, 由此立得结论.

命题 (4.5.5) — (i) 两个局部浸入 (切转: 局部同构) 的合成也是一个局部浸入 (切转: 局部同构).

(ii) 设 $f: X \to X'$, $g: Y \to Y'$ 是两个 S 态射. 若 f 与 g 都是局部浸入 (切转: 局部同构), 则 $f \times_S g$ 也是如此.

(iii) 若一个 S 态射 f 是局部浸入 (切转: 局部同构), 则对任意基扩张 $S' \to S$, $f_{(S')}$ 都是如此.

根据 (3.5.1), 只需证明 (i) 和 (ii).

(i) 可由闭浸入 (切转: 开浸入) 的传递性 (4.2.5) 和下面的事实立得: 若 f 是 X 到 Y 的某个闭集的同胚, 则对任意开集 $U \subseteq X$, $f(U)$ 在 $f(X)$ 中都是开的, 从而可以找到 Y 的一个开集 V, 使得 $f(U) = V \cap f(X)$, 因而 $f(U)$ 在 V 中是闭的.

为了证明 (ii), 设 p, q 是 $X \times_S Y$ 是两个投影, p', q' 是 $X' \times_S Y'$ 是两个投影. 根据前提条件, 可以找到 $x = p(z)$, $x' = p'(z')$, $y = q(z)$, $y' = q'(z')$ 的开邻域 U, U', V, V', 使得 f 和 g 在 U 和 V 上的限制分别是映到 U' 和 V' 中的闭浸入 (切转: 开浸入). 由于 $U \times_S V$ 和 $U' \times_S V'$ 的底空间可以分别等同于 z 和 z' 的开邻域 $p^{-1}(U) \cap q^{-1}(V)$ 和 $p'^{-1}(U') \cap q'^{-1}(V')$ (3.2.7), 故命题是缘自 (4.3.1).

§5. 既约概形; 分离条件

5.1 既约概形

命题 (5.1.1) — 设 $(X, \mathscr{O}_X)$ 是一个概形, $\mathscr{B}$ 是一个拟凝聚 $\mathscr{O}_X$ 代数层. 则我们有唯一一个拟凝聚 $\mathscr{O}_X$ 模层 $\mathscr{N}$, 使得在任何点 $x \in X$ 处, $\mathscr{N}_x$ 都是环 $\mathscr{B}_x$ 的诣零根. 如果 X 是仿射的, 从而 $\mathscr{B} = \widetilde{B}$, 其中 B 是一个 A(X) 代数, 则有 $\mathscr{N} = \widetilde{\mathfrak{N}}$, 其中 $\mathfrak{N}$ 是 B 的诣零根.

问题是局部性的, 从而归结为证明最后一句话. 我们知道 $\widetilde{\mathfrak{N}}$ 是一个拟凝聚 $\mathscr{O}_X$ 模层 (1.4.1), 并且它在点 $x \in X$ 处的茎条就是分式环 B_x 的理想 $\mathfrak{N}_x$, 问题归结为证明 B_x 的诣零根包含在 $\mathfrak{N}_x$ 之中, 因为反方向的包含是显然的. 现在设 z/s 是 B_x 的诣零根中的一个元素, 其中 $z \in B$, $s \notin \mathfrak{j}_x$. 根据定义, 可以找到一个整数 $k > 0$, 使得 $(z/s)^k = 0$, 这就意味着可以找到 $t \notin \mathfrak{j}_x$, 使得 $tz^k = 0$. 由此可知 $(tz)^k = 0$, 从而 $z/s = (tz)/(ts)$ 包含在 $\mathfrak{N}_x$ 之中.

我们把这样定义出来的拟凝聚 $\mathscr{O}_X$ 模层 $\mathscr{N}$ 称为 $\mathscr{O}_X$ 代数层 $\mathscr{B}$ 的诣零根. 特别地, 我们把 $\mathscr{O}_X$ 的诣零根记作 $\mathscr{N}_X$.

推论 (5.1.2) — 设 X 是一个概形, 则由理想层 $\mathscr{N}_X$ 所定义的 X 的闭子概形就是所有以 X 为底空间的子概形中唯一的既约子概形 (**0**, 4.1.4), 它也是以 X 为底空间的最小子概形.

由于 $\mathscr{N}_X$ 所定义的闭子概形 Y 以 $\mathscr{O}_X/\mathscr{N}_X$ 为结构层, 故知 Y 是既约的, 并且以 X 为底空间, 因为在任何点 $x \in X$ 处均有 $\mathscr{N}_x \neq \mathscr{O}_x$. 为了证明其他的阐言, 注意到以 X 为底空间的任何子概形 Z 都是由这样一个理想层 $\mathscr{J}$ 所定义的, 它在任何点 $x \in X$ 处都要满足 $\mathscr{J}_x \neq \mathscr{O}_x$ (4.1.3). 可以限于考虑 X 是仿射概形的情形, 设 $X = \operatorname{Spec} A$ 且 $\mathscr{J} = \widetilde{\mathfrak{I}}$, 其中 $\mathfrak{I}$ 是 A 的一个理想. 于是对任意 $x \in X$, 我们都有 $\mathfrak{I}_x \subseteq \mathfrak{m}_x$, 从而 $\mathfrak{I}$ 包含在 A 的所有素理想之中, 也就是说, 包含在它们的交集 $\mathfrak{N}$ (即 A 的诣零根) 之中, 这就证明了 Y 是以 X 为底空间的最小子概形 (4.1.9). 进而, 若 Z 不同于 Y, 则至少有一个点 $x \in X$ 满足 $\mathscr{J}_x \neq \mathscr{N}_x$, 从而 Z 不是既约的 (5.1.1).

定义 (5.1.3) — 我们把以 X 为底空间的那个唯一的既约子概形称为 X 的既约化概形, 并且记为 X_{red}.

从而概形 X 是既约的当且仅当 $X = X_{\mathrm{red}}$.

命题 (5.1.4) — 为了使一个环 A 的素谱是既约概形 (切转: 整概形) (2.1.8), 必须且只需 A 是既约环 (切转: 整环).

事实上, 由 (5.1.1) 立知, 条件 $\mathscr{N} = 0$ 是使 $X = \operatorname{Spec} A$ 成为既约概形的充分必

要条件, 于是关于整环的部分可由 (1.1.13) 推出.

由于整环的任何不等于 {0} 的分式环也都是整的, 故由 (5.1.4) 知, 局部整概形 X 在任何点 $x \in X$ 处的茎条 $\mathscr{O}_x$ 都是整环. 如果 X 的底空间是局部 *Noether* 的, 则逆命题也成立. 事实上, 此时 X 是既约的, 并且若 U 是 X 的一个仿射开集, 同时又是 Noether 空间, 则 U 只有有限个不可约分支, 从而它的环 A 只有有限个极小素理想 (1.1.14). 假如它的某两个分支具有一个公共点 x, 则 $\mathscr{O}_x$ 将有两个以上的极小素理想, 从而不可能是整的, 因而这些不可约分支是两两不相交的开集, 从而每个都是整的.

(5.1.5) 设 $f = (\psi, \theta) : X \to Y$ 是一个概形态射, 则同态 $\theta_x^\sharp : \mathscr{O}_{\psi(x)} \to \mathscr{O}_x$ 把 $\mathscr{O}_{\psi(x)}$ 的幂零元都映为 $\mathscr{O}_x$ 的幂零元, 从而通过取商可以导出一个同态

$$\omega : \quad \psi^*(\mathscr{O}_Y / \mathscr{N}_Y) \longrightarrow \mathscr{O}_X / \mathscr{N}_X.$$

易见在任何点 $x \in X$ 处, $\omega_x : \mathscr{O}_{\psi(x)} / \mathscr{N}_{\psi(x)} \to \mathscr{O}_x / \mathscr{N}_x$ 都是局部同态, 从而 $(\psi, \omega^\flat)$ 定义了一个概形态射 $X_{\mathrm{red}} \to Y_{\mathrm{red}}$, 我们记之为 f_{red}, 并且称之为 f 的既约化态射. 易见对于任意两个态射 $f : X \to Y$, $g : Y \to Z$, 我们都有 $(g \circ f)_{\mathrm{red}} = g_{\mathrm{red}} \circ f_{\mathrm{red}}$, 从而这就把 X_{red} 定义成了 X 的一个协变函子.

上述定义表明, 图表

$$
\begin{array}{ccc}
X_{\mathrm{red}} & \xrightarrow{\ f_{\mathrm{red}}\ } & Y_{\mathrm{red}} \\
\downarrow & & \downarrow \\
X & \xrightarrow[\ f\ ]{} & Y
\end{array}
$$

是交换的, 其中的竖直箭头都是含入态射. 换个说法就是, $X_{\mathrm{red}} \to X$ 是一个函子性态射. 特别地, 注意到若 X 本身是既约的, 则任何态射 $f : X \to Y$ 都可以分解为 $X \xrightarrow{f_{\mathrm{red}}} Y_{\mathrm{red}} \to Y$. 换个说法就是, f 可被含入态射 $Y_{\mathrm{red}} \to Y$ 所遮蔽.

命题 (5.1.6) — 设 $f : X \to Y$ 是一个态射, 若 f 是映满的 (切转: 紧贴的, 浸入, 闭浸入, 开浸入, 局部浸入, 局部同构), 则 f_{red} 也是如此. 反过来, 若 f_{red} 是映满的 (切转: 紧贴的), 则 f 也是如此.

若 f 是映满的, 则命题是显然的; 若 f 是紧贴的, 则命题缘自下面的事实: 在任何点 $x \in X$ 处, X 和 X_{red} 都具有相同的剩余类域 $\boldsymbol{k}(x)$ (3.5.8). 最后, 若 $f = (\psi, \theta)$ 是一个浸入、闭浸入或局部浸入 (切转: 开浸入或局部同构), 则命题缘自下面的事实: 若 $\theta_x^\sharp$ 是满的 (切转: 一一的), 则它在 $\mathscr{O}_{\psi(x)}$ 和 $\mathscr{O}_x$ 除以诣零根后的商环上所导出的同态也是满的 (切转: 一一的) (5.1.2 和 4.2.2) (参考 (5.5.12)).

命题 (5.1.7) — 若 X, Y 是两个 S 概形, 则 $X_{\mathrm{red}} \times_{S_{\mathrm{red}}} Y_{\mathrm{red}}$ 和 $X_{\mathrm{red}} \times_S Y_{\mathrm{red}}$ 相等, 并且可以典范等同于 $X \times_S Y$ 的一个以自身为底空间的子概形.

$X_{\mathrm{red}} \times_S Y_{\mathrm{red}}$ 可以典范等同于 $X \times_S Y$ 的一个以自身为底空间的子概形, 这是缘自 (4.3.1). 另一方面, 若 φ 和 ψ 分别是结构态射 $X_{\mathrm{red}} \to S$, $Y_{\mathrm{red}} \to S$, 则它们都可以穿过 S_{red} (5.1.5), 且由于 $S_{\mathrm{red}} \to S$ 是单态射, 从而第一句话缘自 (3.2.4).

推论 (5.1.8) — 概形 $(X \times_S Y)_{\mathrm{red}}$ 和 $(X_{\mathrm{red}} \times_{S_{\mathrm{red}}} Y_{\mathrm{red}})_{\mathrm{red}}$ 可以典范等同.

这是缘自 (5.1.2) 和 (5.1.7).

注意到即使 X 和 Y 都是既约概形, $X \times_S Y$ 也不一定是既约的, 因为两个既约代数的张量积可能具有幂零元.

命题 (5.1.9) — 设 X 是一个概形, $\mathscr{J}$ 是 $\mathscr{O}_X$ 的一个拟凝聚理想层, 并假设可以找到整数 $n > 0$, 使得 $\mathscr{J}^n = 0$. 设 X_0 是 X 的闭子概形 $(X, \mathscr{O}_X/\mathscr{J})$, 则为了使 X 是仿射概形, 必须且只需 X_0 是如此.

条件显然是必要的, 下面证明它也是充分的. 若令 $X_k = (X, \mathscr{O}_X/\mathscr{J}^{k+1})$, 则可以通过对 k 归纳来证明 X_k 都是仿射的, 从而问题可以归结到 $\mathscr{J}^2 = 0$ 的情形. 令

$$A = \Gamma(X, \mathscr{O}_X), \quad A_0 = \Gamma(X_0, \mathscr{O}_{X_0}) = \Gamma(X, \mathscr{O}_X/\mathscr{J}),$$

由典范同态 $\mathscr{O}_X \to \mathscr{O}_X/\mathscr{J}$ 可以导出一个环同态 $\varphi : A \to A_0$. 我们要证明 φ 是满的, 从而序列

$$(5.1.9.1) \qquad 0 \longrightarrow \Gamma(X, \mathscr{J}) \longrightarrow \Gamma(X, \mathscr{O}_X) \longrightarrow \Gamma(X, \mathscr{O}_X/\mathscr{J}) \longrightarrow 0$$

是正合的. 首先假设这件事已经成立, 我们来证明它就蕴涵了命题的结论. 注意到 $\mathfrak{K} = \Gamma(X, \mathscr{J})$ 是 A 的一个平方为零的理想, 从而是 $A_0 = A/\mathfrak{K}$ 上的模. 根据前提条件, $X_0 = \operatorname{Spec} A_0$, 且由于 X_0 和 X 的底空间是相同的, 故有 $\mathfrak{K} = \Gamma(X_0, \mathscr{J})$. 此外, 由于 $\mathscr{J}^2 = 0$, 故知 $\mathscr{J}$ 是一个拟凝聚 $(\mathscr{O}_X/\mathscr{J})$ 模层, 从而我们有 $\mathscr{J} = \widetilde{\mathfrak{K}}$, 且对任意 $x \in X_0$, 均有 $\mathfrak{K}_x = \mathscr{J}_x$ (1.4.1). 在此基础上, 设 $X' = \operatorname{Spec} A$, 并考虑恒同映射 $A \to \Gamma(X, \mathscr{O}_X)$ 所对应的态射 $f = (\psi, \theta) : X \to X'$ (2.2.4). 对于 X 的任意仿射开集 V, 图表

$$\begin{array}{ccc} A & \longrightarrow & \Gamma(V, \mathscr{O}_X|_V) \\ \downarrow & & \downarrow \\ A_0 = A/\mathfrak{K} & \longrightarrow & \Gamma(V, \mathscr{O}_{X_0}|_V) \end{array}$$

都是交换的, 由此可知, 图表

$$\begin{array}{ccc} X' & \xleftarrow{\ f\ } & X \\ {\scriptstyle j'}\uparrow & & \uparrow{\scriptstyle j} \\ X'_0 & \xleftarrow{\ f_0\ } & X_0 \end{array}$$

是交换的, 其中 X_0' 是 X' 的由拟凝聚理想层 $\widetilde{\mathfrak{R}}$ 所定义的闭子概形, j, j' 是典范含入态射. 而因为 X_0 是仿射的, 故知 f_0 是一个同构, 且由于 j 和 j' 的底层连续映射都是恒同映射, 故我们首先看到 $\psi : X \to X'$ 是一个同胚. 进而, 关系式 $\mathfrak{R}_x = \mathscr{J}_x$ 表明, $\theta^\sharp : \psi^* \mathscr{O}_{X'} \to \mathscr{O}_X$ 的限制是一个从 $\psi^* \widetilde{\mathfrak{R}}$ 到 $\mathscr{J}$ 的同构. 另一方面, 通过取商, $\theta^\sharp$ 可以给出一个同构 $\psi^*(\mathscr{O}_{X'}/\widetilde{\mathfrak{R}}) \to \mathscr{O}_X/\mathscr{J}$, 因为 f_0 是同构. 于是由五项引理 (M, I, 1.1) 立知, $\theta^\sharp$ 自身也是一个同构, 从而 f 是一个同构, 因而 X 是仿射的.

从而问题归结为证明 (5.1.9.1) 的正合性, 这只需证明 $\mathrm{H}^1(X, \mathscr{J}) = 0$ 即可. 现在 $\mathrm{H}^1(X, \mathscr{J}) = \mathrm{H}^1(X_0, \mathscr{J})$, 并且我们已经看到 $\mathscr{J}$ 是一个拟凝聚 $\mathscr{O}_{X_0}$ 模层. 于是问题归结为

引理 (5.1.9.2) — 设 Y 是一个仿射概形, $\mathscr{F}$ 是一个拟凝聚 $\mathscr{O}_Y$ 模层, 则我们有 $\mathrm{H}^1(Y, \mathscr{F}) = 0$.

这个引理是第三章 §1 中的一般定理 $\mathrm{H}^i(Y, \mathscr{F}) = 0$ $(i > 0)$ 的特殊情形, 这里我们先给出一个独立的证明. 注意到 $\mathrm{H}^1(Y, \mathscr{F})$ 可以等同于模 $\mathrm{Ext}^1_{\mathscr{O}_Y}(Y; \mathscr{O}_Y, \mathscr{F})$, 它是由 $\mathscr{O}_Y$ 模层 $\mathscr{O}_Y$ 枕着 $\mathscr{O}_Y$ 模层 $\mathscr{F}$ 的扩充类所组成的 (T, 4.2.3), 从而问题归结为证明, 任何这样的扩充 $\mathscr{G}$ 都是平凡的. 现在对任意 $y \in Y$, 我们都可以找到 y 在 Y 中的一个邻域 V, 使得 $\mathscr{G}|_V$ 同构于 $\mathscr{F}|_V \oplus \mathscr{O}_Y|_V$ (**0**, 5.4.9), 由此可知, $\mathscr{G}$ 是一个拟凝聚 $\mathscr{O}_Y$ 模层. 从而若 Y 的环是 A, 则有 $\mathscr{F} = \widetilde{M}$, $\mathscr{G} = \widetilde{N}$, 其中 M, N 是两个 A 模, 并且根据前提条件, N 是 A 模 A 枕着 A 模 M 的一个扩充 (1.3.11). 这样的扩充必然是平凡的, 从而引理得证, 进而 (5.1.9) 也得证.

推论 (5.1.10) — 设 X 是一个概形, 并假设 $\mathscr{N}_X$ 是幂零的. 则为了使 X 是一个仿射概形, 必须且只需 X_{red} 是如此.

* **(追加 III, 8) 注解 (5.1.11)** — 使用 (5.1.9) 的方法还可以证明, 即使不假设 X 是概形, 仅假设 $(X, \mathscr{O}_X)$ 是一个局部环积空间, $\mathscr{J}$ 是 $\mathscr{O}_X$ 的一个满足 $\mathscr{J}^n = 0$ 的理想层, $X_0 = (X, \mathscr{O}_X/\mathscr{J})$ 是一个仿射概形, 并且理想层 $\mathscr{J}^k/\mathscr{J}^{k+1}$ 都是拟凝聚 $\mathscr{O}_{X_0}$ 模层, 则结论仍然成立. 事实上, 只需在证明中把 (2.2.4) 换成 (1.8.1) 即可.*

5.2 指定底空间的子概形的存在性

命题 (5.2.1) — 对于概形 X 的底空间中的任何一个局部闭子空间 Y, 我们都有唯一一个以 Y 为底空间的既约子概形.

唯一性缘自 (5.1.2), 只需证明这样的子概形是存在的.

若 X 是仿射的, 环为 A, 并且 Y 在 X 中是闭的, 则命题显然成立. 事实上, $\mathfrak{j}(Y)$ 就是使得 $V(\mathfrak{a}) = Y$ 的那个最大的理想 $\mathfrak{a} \subseteq A$, 且它是一个根式理想 (1.1.4 (i)), 从而 $A/\mathfrak{j}(Y)$ 是既约环.

在一般情形下, 对于每个仿射开集 $U \subseteq X$, 假如 $U \cap Y$ 在 U 中是闭的, 则可以取 U 的一个闭子概形 Y_U, 它是由 $A(U)$ 的理想 $j(U \cap Y)$ 所对应的理想层来定义的, 因而是既约的. 下面我们来说明, 若 V 是 X 的一个包含在 U 之中的仿射开集, 则 Y_V 就是 Y_U 在 $V \cap Y$ 上所诱导的概形. 现在这个诱导概形是 V 的一个既约闭子概形, 并且以 $V \cap Y$ 为底空间, 从而利用 Y_V 的唯一性就可以推出我们的结论.

命题 (5.2.2) — 设 X 是一个既约概形, $f : X \to Y$ 是一个态射, Z 是 Y 的一个闭子概形, 且满足 $f(X) \subseteq Z$, 则 f 可以分解为 $X \xrightarrow{g} Z \xrightarrow{j} Y$, 其中 j 是含入态射.

由前提条件知, X 的闭子概形 $f^{-1}(Z)$ 以整个 X 作为它的底空间 (4.4.1), 由于 X 是既约的, 故这个闭子概形与 X 就是重合的 (5.1.2), 从而命题缘自 (4.4.1).

推论 (5.2.3) — 设 X 是概形 Y 的一个既约子概形, 若 Z 是 Y 的以 $\overline{X}$ 为底空间的既约闭子概形, 则 X 是 Z 的开子概形.

事实上, 可以找到 Y 的一个开集 U, 使得 $X = U \cap \overline{X}$. 依照 (5.2.2), X 是 Z 的一个既约子概形, 故知子概形 X 就是 Z 在它的开子空间 X 上所诱导的概形, 这是依据唯一性 (5.2.1).

推论 (5.2.4) — 设 $f : X \to Y$ 是一个态射, X' (切转: Y') 是 X (切转: Y) 的一个闭子概形, 由 $\mathscr{O}_X$ (切转: $\mathscr{O}_Y$) 的一个拟凝聚理想层 $\mathscr{J}$ (切转: $\mathscr{K}$) 所定义. 假设 X' 是既约的, 并且 $f(X') \subseteq Y'$. 则我们有 $(f^* \mathscr{K}) \mathscr{O}_X \subseteq \mathscr{J}$.

根据 (5.2.2), f 在 X' 上的限制可以分解为 $X' \to Y' \to Y$, 故只需应用 (4.4.6).

5.3 对角线; 态射的图像

(5.3.1) 设 X 是一个 S 概形, 我们把 X 到 $X \times_S X$ 的 S 态射 $(1_X, 1_X)_S$ 称为对角线态射, 记作 $\Delta_{X|S}$, 或 Δ_X, 或 Δ_φ (其中 $\varphi : X \to S$ 是结构态射), 抑或 Δ, 只要不会造成误解, 换句话说, Δ_X 就是使得

(5.3.1.1) $$p_1 \circ \Delta_X = p_2 \circ \Delta_X = 1_X$$

的那个唯一的 S 态射, 这里 p_1, p_2 是指 $X \times_S X$ 的投影 (见定义 (3.2.1)). 若 $f : T \to X$, $g : T \to Y$ 是两个 S 态射, 则容易验证,

(5.3.1.2) $$(f, g)_S = (f \times_S g) \circ \Delta_{T|S}.$$

读者将会发现, 上述定义连同这一小节从 (5.3.1) 到 (5.3.8) 的结果对于任意范畴都是有效的, 只要相应的纤维积在该范畴中是存在的.

命题 (5.3.2) — 设 X, Y 是两个 S 概形, 若我们把纤维积 $(X \times Y) \times (X \times Y)$ 典范等同于 $(X \times X) \times (Y \times Y)$, 则态射 $\Delta_{X \times Y}$ 可以等同于 $\Delta_X \times \Delta_Y$.

事实上, 若 p_1, q_1 分别是第一投影 $X \times X \to X$, $Y \times Y \to Y$, 则第一投影 $(X \times Y) \times (X \times Y) \to X \times Y$ 可以等同于 $p_1 \times q_1$, 并且我们有

$$(p_1 \times q_1) \circ (\Delta_X \times \Delta_Y) = (p_1 \circ \Delta_X) \times (q_1 \circ \Delta_Y) = 1_{X \times Y}.$$

第二投影同理.

推论 (5.3.4)[①] — 对任意基扩张 $S' \to S$, $\Delta_{X_{(S')}}$ 都可以典范等同于 $(\Delta_X)_{(S')}$.

只需注意到 $(X \times_S X)_{(S')}$ 可以典范等同于 $X_{(S')} \times_{S'} X_{(S')}$ (3.3.10).

命题 (5.3.5) — 设 X, Y 是两个 S 概形, $\varphi : S \to T$ 是一个态射, 它使任何 S 概形都成为 T 概形. 设 $f : X \to S$, $g : Y \to S$ 是结构态射, p, q 是 $X \times_S Y$ 的投影, $\pi = f \circ p = g \circ q$ 是结构态射 $X \times_S Y \to S$. 则图表

$$
\begin{array}{ccc}
X \times_S Y & \xrightarrow{\ (p,q)_T\ } & X \times_T Y \\
{\scriptstyle \pi}\downarrow & & \downarrow{\scriptstyle f \times_T g} \\
S & \xrightarrow[\ \Delta_{S|T}\ ]{} & S \times_T S
\end{array}
$$

(5.3.5.1)

是交换的, 并且它把 $X \times_S Y$ 等同于 $(S \times_T S)$ 概形 S 和 $X \times_T Y$ 的纤维积, 同时把 π 和 $(p,q)_T$ 等同于纤维积的两个投影.

依照 (3.4.3), 问题归结为证明集合范畴中的相应命题, 即把 X, Y, S 换成 $X(Z)_T$, $Y(Z)_T$, $S(Z)_T$ 的命题, 其中 Z 是任意 T 概形. 然而在集合范畴中, 证明是很容易的, 留给读者.

推论 (5.3.6) — 态射 $(p,q)_T$ 可以等同于 $1_{X \times_T Y} \times_P \Delta_S$ (其中 $P = S \times_T S$).

这是缘自 (5.3.5) 和 (3.3.4).

推论 (5.3.7) — 若 $f : X \to Y$ 是一个 S 态射, 则图表

$$
\begin{array}{ccc}
X & \xrightarrow{\ (1_X, f)_S\ } & X \times_S Y \\
{\scriptstyle f}\downarrow & & \downarrow{\scriptstyle f \times_S 1_Y} \\
Y & \xrightarrow[\ \Delta_Y\ ]{} & Y \times_S Y
\end{array}
$$

是交换的, 并且它把 X 等同于 $(Y \times_S Y)$ 概形 Y 和 $X \times_S Y$ 的纤维积.

只需在 (5.3.5) 中把 S 换成 Y, 并把 T 换成 S, 再注意到 $X \times_Y Y = X$ (3.3.3) 即可.

[①]编注: 原文无编号 (5.3.3).

命题 (5.3.8) — 为了使 $f: X \to Y$ 是概形的一个单态射, 必须且只需 $\Delta_{X|Y}$ 是一个从 X 到 $X \times_Y X$ 的同构.

事实上, f 是单态射的意思就是, 对任意 Y 概形 Z, 对应的映射 $f': X(Z)_Y \to Y(Z)_Y$ 都是单映射, 而 $Y(Z)_Y$ 只有一个元素, 这就意味着 $X(Z)_Y$ 也是如此, 但这也相当于说 $X(Z)_Y \times X(Z)_Y$ 典范同构于 $X(Z)_Y$, 并且由于前者就等于 $(X \times_Y X)(Z)_Y$ (3.4.3.1), 这就意味着 $\Delta_{X|Y}$ 是一个同构.

命题 (5.3.9) — 对角线态射 Δ_X 是 X 到 $X \times_S X$ 的一个浸入.

事实上, 由于底空间上的连续映射 p_1 和 Δ_X 使得 $p_1 \circ \Delta_X$ 是恒同, 故知 Δ_X 是 X 到 $\Delta_X(X)$ 的同胚. 同样地, 与 p_1 和 Δ_X 相对应的两个同态的合成 $\mathscr{O}_x \to \mathscr{O}_{\Delta_X(x)} \to \mathscr{O}_x$ 也是恒同, 故与 Δ_X 对应的同态是满的, 从而命题缘自 (4.2.2).

* (订正 III, 10) — 上面的证明是不完整的, 因为它没有证明 $\Delta_X(X)$ 在 $X \times_S X$ 中是局部闭的. 为了给出完整的证明, 可以使用 (4.2.4, a)). 首先对任意 $x \in X$ 和 x 在 X 中的任意仿射开邻域 U, $U \times_S U$ 都是 $\Delta_X(x)$ 的一个仿射开邻域. 有见于 (5.3.16)(它的证明只用到了定义 (5.3.1.1)), 问题归结为证明当 $S = \operatorname{Spec} B$ 和 $X = \operatorname{Spec} A$ 都仿射时 (5.3.9) 是成立的. 此时由 (5.3.1.1) 易见, Δ_X 对应着把 $x \otimes y$ 映到 xy 的典范同态 $A \otimes_B A \to A$, 然而这个同态是满的, 故在这个情况下, Δ_X 是闭浸入 (4.2.3), 这就完成了证明. *

我们把浸入 Δ_X 的伴生子概形 (4.2.1) 称为 $X \times_S X$ 的对角线.

推论 (5.3.10) — 在 (5.3.5) 的前提条件下, $(p, q)_T$ 是一个浸入.

这是缘自 (5.3.6) 和 (4.3.1).

我们把 (在 (5.3.5) 的前提条件下) $(p, q)_T$ 称为 $X \times_S Y$ 到 $X \times_T Y$ 的典范浸入.

推论 (5.3.11) — 设 X, Y 是两个 S 概形, $f: X \to Y$ 是一个 S 态射, 则 f 的图像态射 $\Gamma_f = (1_X, f)_S$ (3.3.14) 是 X 到 $X \times_S Y$ 的一个浸入.

这是推论 (5.3.10) 的特殊情形, 只要把 S 换成 Y, 并把 T 换成 S (参考 (5.3.7)).

我们把浸入 Γ_f 的伴生 $X \times_S Y$ 子概形 (4.2.1) 称为态射 f 的图像. $X \times_S Y$ 的一个子概形 G 是某个态射 $X \to Y$ 的图像的充分必要条件就是, 投影 $p_1: X \times_S Y \to X$ 在 G 上的限制是 G 到 X 的一个同构 g, 此时 G 就是态射 $p_2 \circ g^{-1}$ 的图像, 其中 p_2 是投影 $X \times_S Y \to Y$.

特别地, 如果取 $X = S$, 则一个 S 态射 $S \to Y$ (亦即 Y 的 S 截面 (2.5.5)) 就等于它的图像态射. 我们把一个 S 截面的图像子概形 (换句话说, 使得结构态射 $Y \to S$ 在它上面的限制是一个映到 S 的同构的子概形) 称为该截面的像, 或者将词义略加引申, 就称它为 Y 的 S 截面.

推论 (5.3.12) — 前提条件和记号与 (5.3.11) 相同, 对于一个态射 $g : S' \to S$, 设 f' 是 f 在 g 下的逆像 (3.3.7), 则 $\Gamma_{f'}$ 是 Γ_f 在 g 下的逆像.

这是公式 (3.3.10.1) 的一个特殊情形.

推论 (5.3.13) — 设 $f : X \to Y$, $g : Y \to Z$ 是两个态射, 若 $g \circ f$ 是一个浸入 (切转: 局部浸入), 则 f 也是如此.

事实上, f 可以分解为 $X \xrightarrow{\Gamma_f} X \times_Z Y \xrightarrow{p_2} Y$. 另一方面, p_2 可以等同于 $(g \circ f) \times_Z 1_Y$ (3.3.4). 若 $g \circ f$ 是一个浸入 (切转: 局部浸入), 则 p_2 也是如此 (4.3.1 和 4.5.5), 且由于 Γ_f 是一个浸入 (5.3.10), 故由 (4.2.5) (切转:(4.5.5)) 就可以得出结论.

推论 (5.3.14) — 设 $j : X \to Y$, $g : X \to Z$ 是两个 S 态射. 若 j 是一个浸入 (切转: 局部浸入), 则 $(j, g)_S$ 也是如此.

事实上, 若 $p : Y \times_S Z \to Y$ 是第一投影, 则我们有 $j = p \circ (j, g)_S$, 故只需应用 (5.3.13).

命题 (5.3.15) — 若 $f : X \to Y$ 是一个 S 态射, 则图表

$$
\begin{array}{ccc}
X & \xrightarrow{\;\Delta_X\;} & X \times_S X \\
{\scriptstyle f}\downarrow & & \downarrow{\scriptstyle f \times_S f} \\
Y & \xrightarrow[\;\Delta_Y\;]{} & Y \times_S Y
\end{array}
$$

(5.3.15.1)

是交换的(换个说法就是, Δ_X 是概形范畴上的一个函子性态射).

证明很容易, 留给读者.

推论 (5.3.16) — 若 X 是 Y 的一个子概形, 则对角线 $\Delta_X(X)$ 可以等同于 $\Delta_Y(Y)$ 的一个子概形, 并且它的底空间可以等同于

$$
\Delta_Y(Y) \cap p_1^{-1}(X) = \Delta_Y(Y) \cap p_2^{-1}(X)
$$

(p_1, p_2 是 $Y \times_S Y$ 的投影).

把 (5.3.15) 应用到含入态射 $f : X \to Y$ 上, 则我们知道 $f \times_S f$ 是一个浸入, 并且它把 $X \times_S X$ 的底空间等同于 $Y \times_S Y$ 的子空间 $p_1^{-1}(X) \cap p_2^{-1}(X)$ (4.3.1). 进而, 若 $z \in \Delta_Y(Y) \cap p_1^{-1}(X)$, 则有 $z = \Delta_Y(y)$ 和 $y = p_1(z) \in X$, 从而 $y = f(y)$, 并且依照图表 (5.3.15.1) 的交换性, $z = \Delta_Y(f(y))$ 就落在 $\Delta_X(X)$ 上.

推论 (5.3.17) — 设 $f_1 : Y \to X$, $f_2 : Y \to X$ 是两个 S 态射, y 是 Y 的一点, 满足 $f_1(y) = f_2(y) = x$, 并假设 f_1 和 f_2 所给出的两个同态 $k(x) \to k(y)$ 是相等的. 于是若 $f = (f_1, f_2)_S$, 则点 $f(y)$ 落在对角线 $\Delta_{X|S}(X)$ 上.

f_i $(i = 1, 2)$ 所对应的两个同态 $\boldsymbol{k}(x) \to \boldsymbol{k}(y)$ 定义了两个 S 态射 $g_i : \operatorname{Spec} \boldsymbol{k}(y) \to \operatorname{Spec} \boldsymbol{k}(x)$, 并使得图表

$$
\begin{array}{ccc}
\operatorname{Spec} \boldsymbol{k}(y) & \xrightarrow{\ g_i\ } & \operatorname{Spec} \boldsymbol{k}(x) \\
\downarrow & & \downarrow \\
Y & \xrightarrow[\ f_i\ ]{} & X
\end{array}
$$

成为交换的. 从而图表

$$
\begin{array}{ccc}
\operatorname{Spec} \boldsymbol{k}(y) & \xrightarrow{\ (g_1, g_2)_S\ } & \operatorname{Spec} \boldsymbol{k}(x) \times_S \operatorname{Spec} \boldsymbol{k}(x) \\
\downarrow & & \downarrow \\
Y & \xrightarrow[\ (f_1, f_2)_S\ ]{} & X \times_S X
\end{array}
$$

也是交换的. 然而, 由等式 $g_1 = g_2$ 可知, $\operatorname{Spec} \boldsymbol{k}(y)$ 的唯一点在 $(g_1, g_2)_S$ 下的像落在 $\operatorname{Spec} \boldsymbol{k}(x) \times_S \operatorname{Spec} \boldsymbol{k}(x)$ 的对角线上, 从而命题缘自 (5.3.15).

5.4 分离态射和分离概形

定义 (5.4.1) — 所谓一个概形态射 $f : X \to Y$ 是分离的, 是指对角线态射 $X \to X \times_Y X$ 是一个**闭浸入**. 此时我们也称 X 在 Y 上是分离的, 或者 X 是一个分离 Y 概形. 所谓一个概形 X 是分离的, 是指它在 $\operatorname{Spec} \mathbb{Z}$ 上是分离的 (参考 (5.5.7)).

依照 (5.3.9), 为了使 X 在 Y 上是分离的, 必须且只需 $\Delta_X(X)$ 是 $X \times_Y X$ 的底空间的一个闭子空间.

命题 (5.4.2) — 设 $S \to T$ 是一个分离态射. 若 X, Y 是两个 S 概形, 则典范浸入 $X \times_S Y \to X \times_T Y$ (5.3.10) 是闭的.

事实上, 从图表 (5.3.5.1) 我们看到, 可以把 $(p, q)_T$ 看作是 $\Delta_{S|T}$ 经过基扩张 $f \times_T g : X \times_T Y \to S \times_T S$ 而得到的态射, 于是命题缘自 (4.3.2).

推论 (5.4.3) — 设 Y 是一个分离 S 概形, $f : X \to Y$ 是一个 S 态射. 则图像态射 $\Gamma_f : X \to X \times_S Y$ (5.3.11) 是一个闭浸入.

这是 (5.4.2) 的一个特殊情形, 即把 S 换成 Y 并把 T 换成 S.

推论 (5.4.4) — 设 $f : X \to Y$, $g : Y \to Z$ 是两个态射, 且 g 是分离的. 于是若 $g \circ f$ 是一个闭浸入, 则 f 也是如此.

这可由 (5.4.3) 得出, 方法与从 (5.3.11) 推出 (5.3.13) 相同.

推论 (5.4.5) — 设 Z 是一个分离 S 概形, $j : X \to Y$, $g : X \to Z$ 是两个 S 态射. 于是若 j 是一个闭浸入, 则 $(j, g)_S : X \to Y \times_S Z$ 也是如此.

这可由 (5.4.4) 得出, 方法与从 (5.3.13) 推出 (5.3.14) 相同.

推论 (5.4.6) — 若 X 是一个分离 S 概形, 则 X 的任何 S 截面 (2.5.5) 都是闭浸入.

若 $\varphi : X \to S$ 是结构态射, $\psi : S \to X$ 是 X 的一个 S 截面, 则只需把 (5.4.4) 应用到 $\varphi \circ \psi = 1_S$ 上.

推论 (5.4.7) — 设 S 是一个整概形, s 是它的一般点, X 是一个分离 S 概形. 于是若 X 的两个 S 截面 f, g 满足 $f(s) = g(s)$, 则 $f = g$.

事实上, 令 $x = f(s) = g(s)$, 则 f 和 g 所给出的两个同态 $\boldsymbol{k}(x) \to \boldsymbol{k}(s)$ 必然是相等的. 由此可知 (5.3.17), 若令 $h = (f, g)_S$, 则 $h(s)$ 落在对角线 $Z = \Delta_X(X)$ 上. 而由于 $S = \overline{\{s\}}$, 并且根据前提条件 Z 是闭的, 故有 $h(S) \subseteq Z$. 于是由 (5.2.2) 知, h 可以分解为 $S \to Z \to X \times_S X$, 从而根据对角线的定义就可以推出 $f = g$.

注解 (5.4.8) — 若我们假设 (5.4.3) 中的结论对于 $f = 1_Y$ 成立, 则可以推出 Y 在 S 上是分离的. 同样地, 若假设 (5.4.5) 的结论对于两个态射 $Y \xrightarrow{\Delta_Y} Y \times_Z Y \xrightarrow{p_1} Y$ 都成立, 则可以推出 Δ_Y 是一个闭浸入, 从而 Y 在 Z 上是分离的. 最后, 如果 (5.4.6) 的结论对于 Y 概形 $Y \times_S Y \to Y$ 上的 Y 截面 Δ_Y 是成立的, 则可以推出 Y 在 S 上是分离的.

5.5 分离性的判别法

命题 (5.5.1) — (i) 概形的任何单态射 (特别地, 任何浸入) 都是分离态射.

(ii) 两个分离态射的合成还是分离的.

(iii) 若 $f : X \to X'$, $g : Y \to Y'$ 是两个分离的 S 态射, 则 $f \times_S g$ 也是分离的.

(iv) 若 $f : X \to Y$ 是一个分离的 S 态射, 则对任意基扩张 $S' \to S$, S' 态射 $f_{(S')}$ 都是分离的.

(v) 若两个态射的合成 $g \circ f$ 是分离的, 则 f 是分离的.

(vi) 为了使一个态射 f 是分离的, 必须且只需 f_{red} (5.1.5) 是如此.

(i) 可由 (5.3.8) 立得. 若 $f : X \to Y$, $g : Y \to Z$ 是两个态射, 则容易验证图表

(5.5.1.1)

$$
\begin{array}{ccc}
X & \xrightarrow{\Delta_{X|Z}} & X \times_Z X \\
& {\scriptstyle \Delta_{X|Y}} \searrow \quad \nearrow {\scriptstyle j} & \\
& X \times_Y X &
\end{array}
$$

是交换的, 其中 j 是指典范浸入 (5.3.10). 若 f 和 g 都是分离的, 则根据定义, $\Delta_{X|Y}$ 是一个闭浸入, 并且依照 (5.4.2), j 也是一个闭浸入, 从而根据 (4.2.4), $\Delta_{X|Z}$ 是一个闭浸入, 这就证明了 (ii). 在 (i) 和 (ii) 的基础上, (iii) 和 (iv) 是等价的 (3.5.1), 从而只需证明 (iv). 现在 $X_{(S')} \times_{Y_{(S')}} X_{(S')}$ 可以典范等同于 $(X \times_Y X) \times_Y Y_{(S')}$, 这是依据 (3.3.11) 和 (3.3.9.1), 于是容易验证对角线态射 $\Delta_{X_{(S')}}$ 可以等同于 $\Delta_X \times_Y 1_{Y_{(S')}}$, 从而命题缘自 (4.3.1).

为了证明 (v), 和 (5.3.13) 一样, 我们考虑 f 的分解 $X \xrightarrow{\Gamma_f} X \times_Z X \xrightarrow{p_2} Y$, 并利用等式 $p_2 = (g \circ f) \times_Z 1_Y$. 根据前提条件, $g \circ f$ 是分离的, 故由 (iii) 和 (i) 知, p_2 是分离的, 且由于 Γ_f 是一个浸入, 故由 (i) 知, Γ_f 是分离的, 从而根据 (ii), f 是分离的. 最后来证明 (vi), 还记得 $X_{\mathrm{red}} \times_{Y_{\mathrm{red}}} X_{\mathrm{red}}$ 可以典范等同于 $X_{\mathrm{red}} \times_Y X_{\mathrm{red}}$ (5.1.7), 若以 j 来记含入态射 $X_{\mathrm{red}} \to X$, 则图表

$$
\begin{array}{ccc}
X_{\mathrm{red}} & \xrightarrow{\Delta_{X_{\mathrm{red}}}} & X_{\mathrm{red}} \times_Y X_{\mathrm{red}} \\
\downarrow{\scriptstyle j} & & \downarrow{\scriptstyle j \times_Y j} \\
X & \xrightarrow{\Delta_X} & X \times_Y X
\end{array}
$$

是交换的 (5.3.15), 并且竖直箭头都是底空间的同胚 (4.3.1), 故得结论.

推论 (5.5.2) — 若 $f : X \to Y$ 是分离的, 则 f 在 X 的任何子概形上的限制也都是分离的.

这是缘自 (5.5.1, (i) 和 (ii)).

推论 (5.5.3) — 若 X 和 Y 是两个 S 概形, 并且 Y 在 S 上是分离的, 则 $X \times_S Y$ 在 X 上是分离的.

这是 (5.5.1, (iv)) 的一个特殊情形.

命题 (5.5.4) — 设 X 是一个概形, 并假设它的底空间是有限个闭子集 X_k ($1 \leqslant k \leqslant n$) 的并集. 对每个 k, 考虑 X 的以 X_k 为底空间的既约子概形 (5.2.1), 仍记为 X_k. 设 $f : X \to Y$ 是一个态射, 且对每个 k, 设 Y_k 是 Y 的一个满足 $f(X_k) \subseteq Y_k$ 的闭子集, 我们把 Y 的以 Y_k 为底空间的既约子概形仍记为 Y_k, 于是 f 在 X_k 上的限制 $X_k \to Y$ 可以分解为 $X_k \xrightarrow{f_k} Y_k \to Y$ (5.2.2). 为了使 f 是分离的, 必须且只需这些 f_k 都是如此.

必要性缘自 (5.5.1, (i), (ii) 和 (v)). 反过来, 若这个条件得到满足, 则 f 的每个限制 $X_k \to Y$ 都是分离的 (5.5.1, (i) 和 (ii)). 若 p_1, p_2 是 $X \times_Y X$ 的投影, 则子空间 $\Delta_{X_k}(X_k)$ 可以等同于 $X \times_Y X$ 的底空间的子空间 $\Delta_X(X) \cap p_1^{-1}(X_k)$ (5.3.16), 这些子空间在 $X \times_Y X$ 中都是闭的, 从而它们的并集 $\Delta_X(X)$ 也是如此.

特别地, 假设 X_k 就是 X 的各个不可约分支, 则可以假设 Y_k 也是 Y 的不可约分支 (**0**, 2.1.5), 在这种情况下, 命题 (5.5.4) 就把对分离条件的检验归结到了整概形的情形 (2.1.7).

命题 (5.5.5) — 设 (Y_λ) 是概形 Y 的一个开覆盖, 则为了使一个态射 $f : X \to Y$ 是分离的, 必须且只需它的每个限制 $f^{-1}(Y_\lambda) \to Y_\lambda$ 都是分离的.

令 $X_\lambda = f^{-1}(Y_\lambda)$, 有见于 (4.2.4, b)) 以及纤维积 $X_\lambda \times_Y X_\lambda$ 和 $X_\lambda \times_{Y_\lambda} X_\lambda$ 相等的事实, 问题归结为证明这些 $X_\lambda \times_Y X_\lambda$ 可以构成 $X \times_Y X$ 的一个覆盖. 现在令 $Y_{\lambda\mu} = Y_\lambda \cap Y_\mu$ 和 $X_{\lambda\mu} = X_\lambda \cap X_\mu = f^{-1}(Y_{\lambda\mu})$, 则 $X_\lambda \times_Y X_\mu$ 可以等同于纤维积 $X_{\lambda\mu} \times_{Y_{\lambda\mu}} X_{\lambda\mu}$ (3.2.6.4), 从而也等同于 $X_{\lambda\mu} \times_Y X_{\lambda\mu}$ (3.2.5), 最后还等同于 $X_\lambda \times_Y X_\lambda$ 的一个开集, 这就证明了我们的结论 (3.2.7).

若取 (Y_λ) 是 Y 的一个仿射开覆盖, 则命题 (5.5.5) 就把一般态射的分离性问题归结到了映到仿射概形的态射的问题上.

命题 (5.5.6) — 设 Y 是一个**仿射**概形, X 是一个概形, (U_α) 是 X 的一个仿射开覆盖. 则为了使一个态射 $f : X \to Y$ 是分离的, 必须且只需对任意一组指标 (α, β), $U_\alpha \cap U_\beta$ 都是仿射开集, 并且环 $\Gamma(U_\alpha \cap U_\beta, \mathscr{O}_X)$ 都可由环 $\Gamma(U_\alpha, \mathscr{O}_X)$ 和 $\Gamma(U_\beta, \mathscr{O}_X)$ 在其中的典范像的并集生成.

这些 $U_\alpha \times_Y U_\beta$ 构成 $X \times_Y X$ 的一个开覆盖 (3.2.7), 若以 p, q 来记 $X \times_Y X$ 的投影, 则有

$$
\begin{aligned}
\Delta_X^{-1}(U_\alpha \times_Y U_\beta) &= \Delta_X^{-1}(p^{-1}(U_\alpha) \cap q^{-1}(U_\beta)) \\
&= \Delta_X^{-1}(p^{-1}(U_\alpha)) \cap \Delta_X^{-1}(q^{-1}(U_\beta)) = U_\alpha \cap U_\beta.
\end{aligned}
$$

从而问题归结为证明 Δ_X 在 $U_\alpha \cap U_\beta$ 上的限制是一个映到 $U_\alpha \times_Y U_\beta$ 的闭浸入. 现在根据定义, 这个限制态射刚好就是 $(j_\alpha, j_\beta)_Y$, 其中 j_α (切转: j_β) 是指 $U_\alpha \cap U_\beta$ 到 U_α (切转: U_β) 的含入态射. 由于 $U_\alpha \times_Y U_\beta$ 是一个仿射概形, 且它的环典范同构于 $\Gamma(U_\alpha, \mathscr{O}_X) \otimes_{\Gamma(Y, \mathscr{O}_Y)} \Gamma(U_\beta, \mathscr{O}_X)$ (3.2.2), 故我们看到 $U_\alpha \cap U_\beta$ 必然是仿射概形, 并且环 $A(U_\alpha \times_Y U_\beta)$ 到 $\Gamma(U_\alpha \cap U_\beta, \mathscr{O}_X)$ 的映射 $h_\alpha \otimes h_\beta \to h_\alpha h_\beta$ 必然是满的 (4.2.3), 这就完成了证明.

推论 (5.5.7) — 仿射概形都是分离的.

推论 (5.5.8) — 设 Y 是一个仿射概形, 则为了使 $f : X \to Y$ 是一个分离态射, 必须且只需 X 是一个分离概形.

事实上, 我们看到 (5.5.6) 的判别法并不依赖于 f.

推论 (5.5.9) — 为了使一个态射 $f : X \to Y$ 是分离的, 必须且只需对任意开集 $U \subseteq Y$, 只要 Y 在其上的诱导概形是分离的, 诱导概形 $f^{-1}(U)$ 就也是分离的, 而且

只需对任意仿射开集 $U \subseteq Y$ 是如此即可.

条件的必要性缘自 (5.5.4) 和 (5.5.1, (ii)), 充分性则缘自 (5.5.5), (5.5.8), 有见于 Y 可被仿射开集所覆盖的事实.

特别地, 若 X, Y 都是仿射概形, 则任何态射 $X \to Y$ 都是分离的.

命题 (5.5.10) — 设 Y 是一个分离概形, $f: X \to Y$ 是一个态射. 则对于 X 的任意仿射开集 U 和 Y 的任意仿射开集 V, $U \cap f^{-1}(V)$ 都是仿射的.

设 p_1, p_2 是 $X \times_{\mathbb{Z}} Y$ 的投影, 则子空间 $U \cap f^{-1}(V)$ 就是 $\Gamma_f(X) \cap p_1^{-1}(U) \cap p_2^{-1}(V)$ 在 p_1 下的像. 现在 $p_1^{-1}(U) \cap p_2^{-1}(V)$ 可以等同于概形 $U \times_{\mathbb{Z}} V$ 的底空间 (3.2.7), 从而它是一个仿射概形 (3.2.2). 由于 $\Gamma_f(X)$ 在 $X \times_{\mathbb{Z}} Y$ 中是闭的 (5.4.3), 故知 $\Gamma_f(X) \cap p_1^{-1}(U) \cap p_2^{-1}(V)$ 在 $U \times_{\mathbb{Z}} V$ 中也是闭的, 从而 Γ_f 在 $X \times_{\mathbb{Z}} Y$ 中的伴生子概形 (4.2.1) 在底空间的开子集 $\Gamma_f(X) \cap p_1^{-1}(U) \cap p_2^{-1}(V)$ 上所诱导的概形就是仿射概形的一个闭子概形, 从而也是仿射的 (4.2.3). 于是命题缘自 Γ_f 是浸入的事实.

例子 (5.5.11) — 例子 (2.3.2) 中的概形 ("域 K 上的射影直线") 是分离的, 因为对于 X 的仿射开覆盖 (X_1, X_2) 来说, 交集 $X_1 \cap X_2 = U_{12}$ 是仿射的, 并且环 $\Gamma(U_{12}, \mathscr{O}_X)$ 是由形如 $f(s)/s^m$ $(f \in K[s])$ 的有理分式所组成的, 故可由 $K[s]$ 和 $1/s$ 生成, 从而 (5.5.6) 的条件得到满足.

仍然取例子 (2.3.2) 中的 X_1, X_2, U_{12}, U_{21}, 但这一次取 u_{12} 是把 $f(s)$ 映到 $f(t)$ 的同构, 则这样黏合而成的概形就是一个不分离的整概形 X, 因为 (5.5.6) 的第一个条件满足, 但第二个条件不满足. 容易看出 $\Gamma(X, \mathscr{O}_X) \to \Gamma(X_1, \mathscr{O}_X) = K[s]$ 是一个同构, 它的逆同构定义了一个态射 $f: X \to \operatorname{Spec} K[s]$, 这个态射是映满的, 并且对任何满足 $j_y \neq (0)$ 的点 $y \in \operatorname{Spec} K[s]$, $f^{-1}(y)$ 都只含一点, 但是对于 $j_y = (0)$, $f^{-1}(y)$ 是由两个不同的点所组成的 (我们把 X 称为 " K 上的在点 0 处被双重化了的仿射直线").

也可以给出使 (5.5.6) 中的两个条件都不满足的例子. 首先注意到在域 K 上的二元多项式环 $K[s, t]$ 的素谱 Y 中, 开集 $D(s)$ 和 $D(t)$ 的并集 U 不是一个仿射开集. 事实上, 若 z 是 $\mathscr{O}_Y$ 在 U 上的一个截面, 则可以找到两个整数 $m \geqslant 0$, $n \geqslant 0$, 使得 $s^m z$ 和 $t^n z$ 都是 s, t 的多项式在 U 上的限制 (1.4.1), 这显然是不可能的, 除非截面 z 可以延拓为整个 Y 上的一个截面, 即它就等于 s, t 的一个多项式. 从而如果 U 是仿射开集的话, 含入态射 $U \to Y$ 必须是一个同构 (1.7.3), 但这是不可能的, 因为 $U \neq Y$.

在此基础上, 取仿射概形 Y_1 和 Y_2 分别是环 $A_1 = K[s_1, t_1]$ 和 $A_2 = K[s_2, t_2]$ 的素谱, 令 $U_{12} = D(s_1) \cup D(t_1)$, $U_{21} = D(s_2) \cup D(t_2)$, 并设 u_{12} 是环同构 $f(s_1, t_1) \mapsto f(s_2, t_2)$ 所对应的同构 $Y_2 \to Y_1$ 在 U_{21} 上的限制, 这就得到了一个使 (5.5.6) 中的两

个条件都不满足的例子 (我们把这个整概形称为 " K 上的在点 0 处被双重化了的仿射平面").

注解 (5.5.12) —— 给了一个关于概形态射的性质 $\boldsymbol{P}$, 考虑下面的命题:

(i) 所有的闭浸入都具有 $\boldsymbol{P}$ 性质.

(ii) 两个具有 $\boldsymbol{P}$ 性质的态射的合成也具有 $\boldsymbol{P}$ 性质.

(iii) 若 $f : X \to X'$, $g : Y \to Y'$ 是两个具有 $\boldsymbol{P}$ 性质的 S 态射, 则 $f \times_S g$ 也具有 $\boldsymbol{P}$ 性质.

(iv) 若 $f : X \to Y$ 是一个具有 $\boldsymbol{P}$ 性质的 S 态射, 则对任意基扩张 $S' \to S$, S' 态射 $f_{(S')}$ 都具有 $\boldsymbol{P}$ 性质.

(v) 若两个态射 $f : X \to Y$, $g : Y \to Z$ 的合成 $g \circ f$ 具有 $\boldsymbol{P}$ 性质, 并且 g 是分离的, 则 f 具有 $\boldsymbol{P}$ 性质.

(vi) 若态射 $f : X \to Y$ 具有 $\boldsymbol{P}$ 性质, 则 f_{red} (5.1.5) 也是如此.

在这些条件中, 若假设 (i) 和 (ii) 是成立的, 则 (iii) 和 (iv) 是等价的, 并且 (v) 和 (vi) 是 (i), (ii) 和 (iii) 的推论.

第一句话已经在 (3.5.1) 中得到证明. 下面从 (i), (ii), (iii) 来证明 (v), 考虑 f 的分解 $X \xrightarrow{\Gamma_f} X \times_Z Y \xrightarrow{p_2} Y$ (5.3.13). 关系式 $p_2 = (g \circ f) \times_Z 1_Y$ 表明, 若 $g \circ f$ 具有 $\boldsymbol{P}$ 性质, 则 p_2 也是如此, 这是依据 (iii). 若 g 是分离的, 则 Γ_f 是一个闭浸入 (5.4.3), 从而也具有 $\boldsymbol{P}$ 性质, 这是根据 (i). 再依照 (ii), f 具有 $\boldsymbol{P}$ 性质.

最后来证明 (vi), 考虑交换图表

$$
\begin{array}{ccc}
X_{\mathrm{red}} & \xrightarrow{\ f_{\mathrm{red}}\ } & Y_{\mathrm{red}} \\
\downarrow & & \downarrow \\
X & \xrightarrow{\quad f \quad} & Y
\end{array},
$$

其中两个竖直箭头都是闭浸入 (5.1.5), 从而都具有 $\boldsymbol{P}$ 性质, 这是根据 (i). 从而由 f 具有 $\boldsymbol{P}$ 性质就可以推出 $X_{\mathrm{red}} \xrightarrow{f_{\mathrm{red}}} Y_{\mathrm{red}} \to Y$ 具有 $\boldsymbol{P}$ 性质, 这是根据 (ii). 最后, 由于闭浸入都是分离的 (5.5.1, (i)), 故依照 (v), f_{red} 具有 $\boldsymbol{P}$ 性质.

现在我们来考虑下面的命题:

(i′) 所有的浸入都具有 $\boldsymbol{P}$ 性质.

(v′) 若 $g \circ f$ 具有 $\boldsymbol{P}$ 性质, 则 f 也具有 $\boldsymbol{P}$ 性质.

则同理可知, (v′) 是 (i′), (ii) 和 (iii) 的推论.

(5.5.13) 注意到 (v) 和 (vi) 也是 (i), (iii) 和下述命题的推论:

(ii′) 若 $j : X \to Y$ 是一个闭浸入, 并且态射 $g : Y \to Z$ 具有 $\boldsymbol{P}$ 性质, 则 $g \circ j$ 也

具有 P 性质.

同样地, (v′) 也是 (i′), (iii) 和下述命题的推论:

(ii″) 若 $j : X \to Y$ 是一个浸入, 并且态射 $g : Y \to Z$ 具有 P 性质, 则 $g \circ j$ 也具有 P 性质.

事实上, 这可由 (5.5.12) 的证明方法立得.

§6. 有限性条件

6.1　Noether 概形和局部 Noether 概形

定义 (6.1.1) — 所谓一个概形 X 是 Noether 的(切转: 局部 Noether 的), 是指它可以写成有限个 (切转: 任意个) 仿射开集 V_α 的并集, 并且每个开子概形 V_α 的环都是 Noether 的.

由 (1.5.2) 立知, 若 X 是局部 Noether 的, 则结构层 $\mathscr{O}_X$ 是一个凝聚环层, 因为问题是局部性的. 于是凝聚 $\mathscr{O}_X$ 模层的拟凝聚 $\mathscr{O}_X$ 子模层 (切转: $\mathscr{O}_X$ 商模层)也是凝聚. 因为此时问题仍然是局部性的, 并且只需利用 (1.5.1), (1.4.1) 和 (1.3.10) 以及下面的事实: Noether 环上的有限型模的任何子模 (切转: 商模) 都是有限型的. 特别地, $\mathscr{O}_X$ 的拟凝聚理想层都是凝聚的.

若一个概形 X 可以写成有限个 (切转: 任意个) 开集 W_λ 的并集, 并且 X 的这些开子概形 W_λ 都是 Noether 的 (切转: 局部 Noether 的), 则易见 X 本身也是 Noether 的 (切转: 局部 Noether 的).

命题 (6.1.2) — 为了使一个概形 X 是 Noether 的, 必须且只需它是局部 Noether 的, 并且它的底空间是拟紧的. 此时 X 的底空间是一个 Noether 空间.

第一句话可由定义和 (1.1.10, (ii)) 立得. 第二句话缘自 (1.1.6) 和下面的事实: 若一个空间可以写成有限个 Noether 子空间的并集, 则它本身也是 Noether 空间 (**0**, 2.2.3).

命题 (6.1.3) — 设 X 是一个仿射概形, 环为 A. 则以下诸条件是等价的:

a) X 是 Noether 的; b) X 是局部 Noether 的; c) A 是 Noether 的.

a) 和 b) 的等价性缘自 (6.1.2) 和仿射概形的底空间都是拟紧的 (1.1.10) 这个事实. 进而易见 c) 蕴涵 a). 为了证明 a) 蕴涵 c), 注意到 X 有一个有限仿射开覆盖 (V_i), 并且开子概形 V_i 的环 A_i 都是 Noether 的. 设 $(\mathfrak{a}_n)$ 是由 A 的理想所组成的一个递增序列, 则它典范且一一地对应着 $\widetilde{A} = \mathscr{O}_X$ 的理想层的一个递增序列 $(\widetilde{\mathfrak{a}}_n)$, 为了

证明 $(\mathfrak{a}_n)$ 是最终稳定的, 只需证明 $(\tilde{\mathfrak{a}}_n)$ 是最终稳定的. 现在限制层 $\tilde{\mathfrak{a}}_n|_{V_i}$ 是 $\mathscr{O}_X|_{V_i}$ 的一个拟凝聚理想层, 并且就等于 $\tilde{\mathfrak{a}}_n$ 在典范含入 $V_i \to X$ 下的逆像 (0, 5.1.4), 从而 $\tilde{\mathfrak{a}}_n|_{V_i}$ 具有 $\tilde{\mathfrak{a}}_{ni}$ 的形状, 其中 $\mathfrak{a}_{ni}$ 是环 A_i 的理想 (1.3.7). 由于 A_i 是 Noether 的, 故对每个 i, 序列 $(\mathfrak{a}_{ni})$ 都是最终稳定的, 这就证明了命题.

同理可证, 若 X 是一个 Noether 概形, 则由 $\mathscr{O}_X$ 的凝聚理想层所组成的任何递增序列都是最终稳定的.

命题 (6.1.4) — *Noether 概形 (切转: 局部 Noether 概形) 的子概形也都是 Noether 的 (切转: 局部 Noether 的).*

只需对 Noether 概形 X 进行证明即可. 进而, 根据定义 (6.1.1), 问题可以立即归结到 X 是仿射概形的情形. 由于 X 的任何子概形 Y 都是开子概形的闭子概形 (4.1.3), 故可限于考虑 Y 是 X 的闭子概形或者开子概形的情形. 闭子概形的情形是显然的, 因为若 X 的环是 A, 则 Y 是一个仿射概形, 环为 $A/\mathfrak{I}$, 其中 $\mathfrak{I}$ 是 A 的一个理想 (4.2.3). 由于 A 是 Noether 的, 故知 $A/\mathfrak{I}$ 也是 Noether 的.

现在假设 Y 在 X 中是开的, 则 Y 的底空间是一个 Noether 空间 (6.1.2), 从而是拟紧的, 因而可以写成有限个开集 $D(f_i)$ $(f_i \in A)$ 的并集, 问题于是归结到了 $Y = D(f)$ $(f \in A)$ 的情形. 然而此时 Y 就是一个仿射概形, 且它的环同构于 A_f (1.3.6). 由于 A 是 Noether 的 (6.1.3), 故知 A_f 也是如此.

(6.1.5) 注意到两个 Noether S 概形的纤维积未必是 Noether 的, 即使它们都是仿射概形, 因为两个 Noether 代数的张量积未必是 Noether 环 (对照 (6.3.8)).

命题 (6.1.6) — *若 X 是一个 Noether 概形, 则 $\mathscr{O}_X$ 的诣零根 $\mathscr{N}_X$ 是幂零的.*

事实上, 可以取 X 的一个有限仿射开覆盖 (U_i), 并且只需证明可以找到整数 $n_i > 0$, 使得 $(\mathscr{N}_X|_{U_i})^{n_i} = 0$, 因为若取 n 是这些 n_i 中的最大者, 则有 $\mathscr{N}_X^n = 0$. 从而问题归结到了 $X = \operatorname{Spec} A$ 是仿射概形的情形, 并且 A 是 Noether 环. 此时依照 (5.1.1) 和 (1.3.13), 只需利用 A 的诣零根是幂零的这个事实 ([11], p. 127, 推论 4).

推论 (6.1.7) — *设 X 是一个 Noether 概形, 则为了使 X 是仿射的, 必须且只需 X_{red} 是如此.*

这是缘自 (6.1.6) 和 (5.1.10).

引理 (6.1.8) — *设 X 是一个拓扑空间, x 是 X 的一点, U 是 x 的一个开邻域, 并且它只有有限个不可约分支. 则可以找到 x 的一个开邻域 V, 使得 x 的任何包含在 V 中的开邻域都是连通的.*

设 U_i $(1 \leqslant i \leqslant m)$ 是 U 的那些不包含 x 的不可约分支, 则这些 U_i 的并集在 U 中的补集 V 就是 x 在 U 中的一个开邻域, 从而也是 x 在 X 中的一个开邻域, 此外

它还是 X 的那些不包含 x 的不可约分支的并集的补集 (**0**, 2.1.6). 现在设 W 是 x 的一个包含在 V 中的开邻域. 则 W 的不可约分支——对应着 U 的与 W 有交点的不可约分支 (**0**, 2.1.6), 从而它们都包含 x. 由于它们都是连通的, 故知 W 也是连通的.

推论 (6.1.9) — 局部 *Noether* 拓扑空间都是局部连通的 (这就意味着它的连通分支都是开集).

命题 (6.1.10) — 设 X 是一个局部 *Noether* 拓扑空间. 则以下诸条件是等价的:
a) X 的不可约分支都是开集.
b) X 的不可约分支可以等同于它的连通分支.
c) X 的连通分支都是不可约的.
d) X 的任何两个不同的不可约分支都不相交.
最后, 若 X 是概形, 则上述条件还等价于:
e) 对任意 $x \in X$, $\mathrm{Spec}\, \mathscr{O}_x$ 都是不可约的 (换句话说, $\mathscr{O}_x$ 的诣零根是素理想).

a) 蕴涵 b) 是显然的, 因为不可约空间都是连通的, 并且由 a) 可以推出 X 的不可约分支都是既开又闭的. 易见 b) 蕴涵 c), 反过来, X 的一个闭集 F 如果包含了 X 的某个连通分支 C, 但又不等于 C, 则它不可能是不可约的, 这是因为, 该集合是不连通的, 故可写成两个互不相交且在 F 中既开又闭的 (从而在 X 中闭的) 非空集合的并集, 因而 c) 蕴涵 b). 由此立知 c) 蕴涵 d), 因为两个不同的连通分支没有公共点.

我们还没有使用局部 Noether 条件. 现在假设这个条件成立, 我们来证明 d) 蕴涵 a): 依照 (**0**, 2.1.6), 可以限于考虑 X 是 Noether 空间的情形, 从而它只有有限个不可约分支. 由于它们都是闭的, 且两两不相交, 故知它们也都是开的.

最后, d) 和 e) 的等价性并不需要用到概形 X 的底空间是局部 Noether 空间这个条件. 事实上, 问题可以归结到 $X = \mathrm{Spec}\, A$ 是仿射概形的情形, 这是依据 (**0**, 2.1.6). 此时 x 只能属于 X 的一个不可约分支的意思就是, j_x 只能包含 A 的一个极小素理想 (1.1.14), 这又等价于 $\mathrm{j}_x \mathscr{O}_x$ 只能包含 $\mathscr{O}_x$ 的一个极小素理想, 故得结论.

推论 (6.1.11) — 设 X 是一个局部 *Noether* 空间. 则为了使 X 是不可约的, 必须且只需 X 是连通且非空的, 并且 X 的任何两个不同的不可约分支都不相交. 若 X 是概形, 则最后这个条件还等价于在任意 $x \in X$ 处 $\mathrm{Spec}\, \mathscr{O}_x$ 都是不可约的.

最后的部分已经包含在 (6.1.10) 中, 从而只需证明前一句话中的充分性部分. 然而根据 (6.1.10), 这个条件蕴涵了 X 的不可约分支可以等同于连通分支, 且由于 X 是连通且非空的, 故知它是不可约的.

推论 (6.1.12) — 设 X 是一个局部 *Noether* 概形. 则为了使 X 是整的, 必须且

只需 X 是连通的, 并且在任意 $x \in X$ 处 $\mathscr{O}_x$ 都是整的.

命题 (6.1.13) — 设 X 是一个局部 *Noether* 概形, 假设在 $x \in X$ 处, $\mathscr{O}_x$ 的诣零根 $\mathscr{N}_x$ 是素理想 (切转: $\mathscr{O}_x$ 是既约环, $\mathscr{O}_x$ 是整环), 则可以找到 x 的一个开邻域 U, 使得 U 是不可约的 (切转: 既约的, 整的).

只需要考虑 $\mathscr{N}_x$ 是素理想和 $\mathscr{N}_x = 0$ 这两个情形, 因为第三个条件是前两个条件的结合. 若 $\mathscr{N}_x$ 是素理想, 则 x 只能属于 X 的一个不可约分支 Y (6.1.10). X 的那些不包含 x 的不可约分支的并集是一个闭集 (因为这些分支是局部有限的), 于是这个并集的补集 U 是开的, 并且包含在 Y 之中, 从而是不可约的 $(\mathbf{0}, 2.1.6)$. 若 $\mathscr{N}_x = 0$, 则可以找到 x 的一个邻域 V, 使得在任意点 $y \in V$ 处均有 $\mathscr{N}_y = 0$, 这是因为, $\mathscr{N}$ 是拟凝聚的 (5.1.1), 从而有见于 X 是局部 Noether 概形的事实, $\mathscr{N}$ 就是凝聚的, 于是结论缘自 $(\mathbf{0}, 5.2.2)$.

6.2   Artin 概形

定义 (6.2.1) — 所谓一个概形是 *Artin* 的, 是指它是仿射的, 并且它的环是 *Artin* 的.

命题 (6.2.2) — 对于一个概形 X 来说, 以下诸条件是等价的:

a) X 是 *Artin* 概形.

b) X 是 *Noether* 概形, 并且它的底空间是离散的.

c) X 是 *Noether* 概形, 并且它的底空间中的点都是闭的 (条件 $\mathbb{T}_1$).

若这些条件得到满足, 则 X 的底空间是一个有限集合, 并且 X 的环 A 就是 X 在各点处的 (*Artin*) 局部环的直合.

我们知道 a) 蕴涵着最后一句话 ([13], p. 205, 定理 3), 于是 A 的任何素理想都是极大的, 并且就等于 A 的某个局部分量的极大理想的逆像, 从而空间 X 是有限且离散的. 因而 a) 蕴涵 b), b) 显然蕴涵 c). 为了说明 c) 蕴涵 a), 我们首先证明 X 是有限的. 事实上, 问题可以归结到 X 是仿射概形的情形, 而且我们知道素理想都是极大理想的 Noether 环就是 Artin 环 ([13], p. 203), 故得我们的结论. 于是 X 的底空间是离散的, 因而是有限个点 x_i 的拓扑和, 并且每个局部环 $\mathscr{O}_{x_i} = A_i$ 都是 Artin 的. 易见 X 就同构于这些 A_i 的直合环 A 的素谱 (1.7.3).

6.3   有限型态射

定义 (6.3.1) — 所谓一个态射 $f : X \to Y$ 是有限型的, 是指可以找到 Y 的一个仿射开覆盖 (V_α), 其中每个 V_α 都具有下面的性质:

(P) 可以把 $f^{-1}(V_\alpha)$ 写成有限个仿射开集 $U_{\alpha i}$ 的并集, 使得每个环 $\mathrm{A}(U_{\alpha i})$ 都

是 $A(V_\alpha)$ 上的有限型代数.

此时我们也称 X 在 Y 上是有限型的, 或者 X 是一个有限型 Y 概形.

命题 (6.3.2) — 若 $f: X \to Y$ 是一个有限型态射, 则 Y 的任何仿射开集 W 都具有定义 (6.3.1) 中所说的性质 (P).

我们首先来证明

引理 (6.3.2.1) — 设 $T \subseteq Y$ 是一个具有性质 (P) 的仿射开集, 则对任意 $g \in A(T)$, $D(g)$ 也具有性质 (P).

事实上, 根据前提条件, $f^{-1}(T)$ 是有限个仿射开集 Z_j 的并集, 且每个 $A(Z_j)$ 都是 $A(T)$ 上的有限型代数. 设 $\psi_k : A(T) \to A(Z_j)$ 是 f 在 Z_j 上的限制所对应的环同态 (2.2.4), 再令 $g_j = \psi_j(g)$, 则我们有 $f^{-1}(D(g)) \cap Z_j = D(g_j)$ (1.2.2.2). 现在 $A(D(g_j)) = A(Z_j)_{g_j} = A(Z_j)[1/g_j]$ 在 $A(Z_j)$ 上是有限型的, 自然也在 $A(T)$ 上是有限型的, 从而它在 $A(D(g)) = A(T)[1/g]$ 上是有限型的, 这就证明了引理.

在这个引理的基础上, 由于 W 是拟紧的 (1.1.10), 故可找到 W 的一个有限开覆盖, 由形如 $D(g_i) \subseteq W$ 的开集所组成, 并且每个 g_i 都落在某个环 $A(V_{\alpha(i)})$ 中. 而每个 $D(g_i)$ 也是拟紧的, 因而又都是有限个 $D(h_{ik})$ 的并集, 其中 $h_{ik} \in A(W)$. 若 $\varphi_i : A(W) \to A(D(g_i))$ 是典范映射, 则依照 (1.2.2.2), 我们有 $D(h_{ik}) = D(\varphi_i(h_{ik}))$. 而依照 (6.3.2.1), 每个 $f^{-1}(D(h_{ik}))$ 都具有一个有限仿射开覆盖 (U_{ijk}), 使得每个 $A(U_{ijk})$ 都是 $A(D(h_{ik})) = A(W)[1/h_{ik}]$ 上的有限型代数, 故得命题.

于是我们可以说, 有限型 Y 概形的概念在 Y 上是局部性的.

命题 (6.3.3) — 设 X, Y 是两个仿射概形, 则为了使 X 在 Y 上是有限型的, 必须且只需 $A(X)$ 是 $A(Y)$ 上的有限型代数.

条件显然是充分的, 下面证明它也是必要的. 令 $A = A(Y)$, $B = A(X)$, 依照 (6.3.2), 可以找到 X 的一个有限仿射开覆盖 (V_i), 使得每个环 $A(V_i)$ 都是有限型 A 代数. 进而, 由于 V_i 是拟紧的, 故可用有限个形如 $D(g_{ij}) \subseteq V_i$ $(g_{ij} \in B)$ 的开集把它覆盖住. 设 $\varphi_i : B \to A(V_i)$ 是典范含入 $V_i \to X$ 所对应的同态, 则我们有 $B_{g_{ij}} = (A(V_i))_{\varphi_i(g_{ij})} = A(V_i)[1/\varphi_i(g_{ij})]$, 从而 $B_{g_{ij}}$ 是一个有限型 A 代数. 于是问题归结到了 $V_i = D(g_i)$ $(g_i \in B)$ 的情形. 根据前提条件, 可以找到 B 的一个有限子集 F_i 和一个整数 $n_i \geqslant 0$, 使得 B_{g_i} 可以写成一些元素 $b_i/g_i^{n_i}$ 在 A 上所生成的代数, 其中 b_i 跑遍 F_i. 由于 g_i 只有有限个, 故还可以假设这些 n_i 都等于同一个整数 n. 进而, 由于这些 $D(g_i)$ 构成 X 的一个覆盖, 故这些 g_i 在 B 中所生成的理想就等于 B, 换句话说, 可以找到 $h_i \in B$, 使得 $\sum_i h_i g_i = 1$. 现在设 F 是由各个 F_i 中的元素以及这些 g_i 和 h_i 所组成的 B 的子集, 我们来证明, B 的子环 $B' = A[F]$ 就等于 B.

根据前提条件, 对任意 $b \in B$ 和任意 i, b 在 B_{g_i} 中的典范像都具有 $b_i'/g_i^{m_i}$ $(b_i' \in B)$ 的形状. 给 b_i' 乘以 g_i 的适当方幂之后, 我们还可以假设这些 m_i 都等于同一个整数 m. 从而根据分式环的定义, 可以找到一个整数 $N \geqslant m$ (依赖于 b), 使得对任意 i, 均有 $g_i^N b \in B'$. 于是在环 B' 中由这些 g_i^N 所生成的理想就等于 B', 因为这些 g_i 就可以生成 B' (h_i 都属于 B'), 从而可以找到 $c_i \in B'$, 使得 $\sum_i c_i g_i^N = 1$, 故有 $b = \sum_i c_i g_i^N b \in B'$, 证明完毕.

命题 (6.3.4) — (i) 闭浸入都是有限型的.

(ii) 两个有限型态射的合成也是有限型的.

(iii) 若 $f : X \to X'$, $g : Y \to Y'$ 是两个有限型 S 态射, 则 $f \times_S g$ 也是有限型的.

(iv) 若 $f : X \to Y$ 是一个有限型 S 态射, 则对任意基扩张 $S' \to S$, $f_{(S')}$ 也是有限型的.

(v) 若合成态射 $g \circ f$ 是有限型的, 并且 g 是分离的, 则 f 是有限型的.

(vi) 若态射 f 是有限型的, 则 f_{red} 也是如此.

依照 (5.5.12), 只需证明 (i), (ii) 和 (iv).

为了证明 (i), 可以限于考虑典范含入 $X \to Y$ 的情形, 其中 X 是 Y 的一个闭子概形. 进而 (6.3.2), 可以假设 Y 是仿射的, 环为 A, 此时 X 也一定是仿射的 (4.2.3), 并且 X 的环是某个商环 $A/\mathfrak{J}$, 其中 $\mathfrak{J}$ 是 A 的一个理想. 由于 $A/\mathfrak{J}$ 在 A 上是有限型的, 这就推出了结论.

现在证明 (ii). 设 $f : X \to Y$, $g : Y \to Z$ 是两个有限型态射, 并设 U 是 Z 的一个仿射开集, 则可以把 $g^{-1}(U)$ 用有限个仿射开集 V_i 来覆盖, 并使得 $A(V_i)$ 都是 $A(U)$ 上的有限型代数 (6.3.2). 同样地, 每个 $f^{-1}(V_i)$ 也都可以被有限个仿射开集 W_{ij} 所覆盖, 并使得 $A(W_{ij})$ 都是 $A(V_i)$ 上的有限型代数, 从而也是 $A(U)$ 上的有限型代数, 故得结论.

最后, 为了证明 (iv), 可以限于考虑 $S = Y$ 的情形, 因为 $f_{(S')}$ 就等于 $f_{(Y_{(S')})}$, 即把 f 看作是一个 Y 态射, 并取基扩张为 $Y_{(S')} \to Y$ (3.3.9). 设 p, q 是投影 $X_{(S')} \to X$ 和 $X_{(S')} \to S'$. 设 V 是 S 的一个仿射开集, 则 $f^{-1}(V)$ 能写成有限个仿射开集 W_i 的并集, 使得每个 $A(W_i)$ 都是 $A(V)$ 上的有限型代数 (6.3.2). 设 V' 是 S' 的一个包含在 $g^{-1}(V)$ 中的仿射开集, 由于 $f \circ p = g \circ q$, 故知 $q^{-1}(V')$ 包含在这些 $p^{-1}(W_i)$ 的并集之中. 另一方面, 交集 $p^{-1}(W_i) \cap q^{-1}(V')$ 可以等同于纤维积 $W_i \times_V V'$ (3.2.7), 后者是一个仿射概形, 并且它的环同构于 $A(W_i) \otimes_{A(V)} A(V')$ (3.2.2). 根据前提条件, 这个环是 $A(V')$ 上的有限型代数, 命题于是得证.

推论 (6.3.5) — 设 $f : X \to Y$ 是一个浸入态射. 若 Y (切转: X) 的底空间是局

部 *Noether* 的 (切转: *Noether* 的), 则 f 是有限型的.

我们总可以假设 Y 是仿射的 (6.3.2). 于是若 Y 的底空间是局部 Noether 空间, 则该空间还是 Noether 空间, 从而 X 的底空间 (作为 Noether 空间的子空间) 也是 Noether 空间. 换句话说, 可以假设 Y 是仿射的, 并且 X 的底空间是 Noether 空间. 于是可以找到 X 的一个有限覆盖, 由形如 $D(g_i) \subseteq Y$ $(g_i \in A(Y))$ 的仿射开集所组成, 且使得每个 $X \cap D(g_i)$ 在 $D(g_i)$ 中都是闭的 (从而是仿射概形 (4.2.3)), 因为 X 在 Y 中是局部闭的 (4.1.3). 于是 $A(X \cap D(g_i))$ 是 $A(D(g_i))$ 上的一个有限型代数, 这是根据 (6.3.4, (i)) 和 (6.3.3), 又由于 $A(D(g_i)) = A(Y)_{g_i} = A(Y)[1/g_i]$ 在 $A(Y)$ 上是有限型的, 这就完成了证明.

推论 (6.3.6) —— 设 $f: X \to Y$, $g: Y \to Z$ 是两个态射. 若 $g \circ f$ 是有限型的, 并且 X 是 *Noether* 的或者 $X \times_Z Y$ 是局部 *Noether* 的, 则 f 是有限型的.

这可由 (5.5.12) 的证明过程立得, 只要把 (6.3.5) 应用到浸入态射 Γ_f 上.

命题 (6.3.7) —— 设 $f: X \to Y$ 是一个有限型态射, 若 Y 是 *Noether* 的 (切转: 局部 *Noether* 的), 则 X 也是 *Noether* 的 (切转: 局部 *Noether* 的).

可以限于考虑 Y 是 Noether 概形的情形. 此时 Y 是有限个仿射开集 V_i 的并集, 且每个 $A(V_i)$ 都是 Noether 环. 依照 (6.3.2), 每个 $f^{-1}(V_i)$ 都是有限个仿射开集 W_{ij} 的并集, 并且这些 $A(W_{ij})$ 都是 $A(V_i)$ 上的有限型代数, 从而它们都是 Noether 环, 这就证明了 X 是 Noether 的.

推论 (6.3.8) —— 设 X 是一个有限型 S 概形. 对任意基扩张 $S' \to S$, 只要 S' 是 *Noether* 的 (切转: 局部 *Noether* 的), $X_{(S')}$ 就也是 *Noether* 的 (切转: 局部 *Noether* 的).

这是缘自 (6.3.7), 因为依照 (6.3.4, (iv)), $X_{(S')}$ 在 S' 上是有限型的.

于是我们也可以说, 在 S 概形的纤维积 $X \times_S Y$ 中, 只要在 X, Y 中有一个在 S 上是有限型的, 且另一个是 *Noether* 的 (切转: 局部 *Noether* 的), 那么 $X \times_S Y$ 就是 *Noether* 的 (切转: 局部 *Noether* 的).

推论 (6.3.9) —— 设 S 是一个局部 *Noether* 概形, X 是一个有限型 S 概形. 则任何 S 态射 $f: X \to Y$ 都是有限型的.

事实上, 可以假设 S 是 Noether 的. 于是若 $\varphi: X \to S$, $\psi: Y \to S$ 是结构态射, 则有 $\varphi = \psi \circ f$, 并且依照 (6.3.7), X 是 Noether 的, 从而 f 是有限型的, 这是依据 (6.3.6).

命题 (6.3.10) —— 设 $f: X \to Y$ 是一个有限型态射. 则为了使 f 是映满的, 必须且只需对任意**代数闭**域 Ω, f 所对应的映射 $X(\Omega) \to Y(\Omega)$ (3.4.1) 都是满的.

条件是充分的, 因为对任何点 $y \in Y$, 都可以找到 $k(y)$ 的一个代数闭的扩张 Ω 和一个交换图表

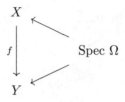

(参考 (3.5.3)). 反过来, 假设 f 是映满的, 并设 $g : \{\xi\} = \operatorname{Spec} \Omega \to Y$ 是一个态射, 其中 Ω 是某个代数闭域. 考虑图表

$$
\begin{array}{ccc}
X & \longleftarrow & X_{(\Omega)} \\
f \downarrow & & \downarrow f_{(\Omega)} \\
Y & \longleftarrow & \operatorname{Spec} \Omega \, ,
\end{array}
$$

则只需证明 $X_{(\Omega)}$ 有一个 Ω 有理点即可 (3.3.14, 3.4.3 和 3.4.4). 由于 f 是映满的, 故知 $X_{(\Omega)}$ 不是空的 (3.5.10), 又因为 f 是有限型的, 故知 $f_{(\Omega)}$ 也是如此 (6.3.4, (iv)), 从而可以找到 $X_{(\Omega)}$ 的一个非空仿射开集 Z, 使得 $\mathrm{A}(Z)$ 是 Ω 上的一个非零有限型代数. 依照 Hilbert 零点定理 [21], 我们总能找到一个 Ω 同态 $\mathrm{A}(Z) \to \Omega$, 从而它就是 $X_{(\Omega)}$ 在 $\operatorname{Spec} \Omega$ 上的一个截面, 这就证明了命题.

6.4 代数概形

定义 (6.4.1) — 给了一个域 K, 所谓代数 K 概形, 就是指有限型 K 概形 X, 我们把 K 称为 X 的基域. 进而若 X 是一个分离概形 (这也相当于说, X 是一个分离 K 概形 (5.5.8)), 则我们也称 X 是分离代数 K 概形.

代数 K 概形都是 *Noether* 的 (6.3.7).

命题 (6.4.2) — 设 X 是一个代数 K 概形. 则为了使一点 $x \in X$ 是闭的, 必须且只需 $k(x)$ 是 K 的一个有限扩张.

可以假设 X 是仿射的, 并且 X 的环 A 是一个有限型 K 代数, 因为 X 的那些使得 $\mathrm{A}(U)$ 是有限型 K 代数的仿射开集 U 构成了 X 的一个覆盖 (6.3.1). 于是 X 的闭点 x 对应着 A 的极大理想 $\mathfrak{j}_x$, 换句话说, 对应着使 $A/\mathfrak{j}_x$ 成为域 (从而必然等于 $k(x)$) 的那些素理想. 由于 $A/\mathfrak{j}_x$ 是一个有限型 K 代数, 故我们看到, 若 x 是闭的, 则 $k(x)$ 既是一个域, 又是一个有限型 K 代数, 从而必然是有限秩的 K 代数 [21]. 反过来, 若 $k(x)$ 在 K 上是有限秩的, 则 $A/\mathfrak{j}_x \subseteq k(x)$ 也是如此, 并且由于有限秩的整 K 代数一定是域, 故知 $A/\mathfrak{j}_x = k(x)$, 从而 x 是闭的.

推论 (6.4.3) — 设 K 是一个代数闭域, X 是一个代数 K 概形, 则 X 的闭点就是 X 的 K 有理点 (3.4.4), 并且可以用典范等同于 X 的 K 值点.

命题 (6.4.4) — 设 X 是域 K 上的一个代数概形. 则以下诸条件是等价的:

a) X 是 *Artin* 的.

b) X 的底空间是离散的.

c) X 的底空间是由有限个闭点所组成的.

c′) X 的底空间是有限的.

d) X 的点都是闭的.

e) X 同构于 $\operatorname{Spec} A$, 其中 A 是一个有限秩 K 代数.

由于 X 是 Noether 的, 故由 (6.2.2) 知, 条件 a), b), d) 都是等价的, 并且蕴涵了 c) 和 c′). 此外, 易见 e) 蕴涵 a), 只需再来证明 c) 蕴涵 d) 和 e). 可以限于考虑 X 是仿射概形的情形, 此时 A(X) 是一个有限型 K 代数 (6.3.3), 从而是一个 Jacobson 环 ([1], p. 3-11 和 3-12), 根据前提条件, 它只有有限个极大理想. 由于有限个素理想的交集不可能是一个素理想, 除非它就等于这些素理想之一, 故知 A(X) 的所有素理想都是极大的, 故得 d). 进而, 我们知道 (6.2.2) A(X) 是一个有限型 Artin K 代数, 从而必定是有限秩的 [21].

(6.4.5) 如果 (6.4.4) 中的条件得到满足, 则我们称 X 在 K 上是有限的(参考 (**II**, 6.1.1)), 或者 X 是有限 K 概形, 它的秩 $[A : K]$ 也被记为 $\operatorname{rg}_K(X)$. 若 X, Y 是两个有限 K 概形, 则有

$$(6.4.5.1) \qquad\qquad \operatorname{rg}_K(X \sqcup Y) = \operatorname{rg}_K(X) + \operatorname{rg}_K(Y),$$

$$(6.4.5.2) \qquad\qquad \operatorname{rg}_K(X \times_K Y) = \operatorname{rg}_K(X)\, \operatorname{rg}_K(Y).$$

这是缘自 (3.2.2).

推论 (6.4.6) — 设 K 是一个域, X 是一个有限 K 概形. 则对于 K 的任意扩张 K', $X \otimes_K K'$ 都是一个有限 K' 概形, 并且它在 K' 上的秩就等于 X 在 K 上的秩.

事实上, 若 $A = \mathrm{A}(X)$, 则有 $[A \otimes_K K' : K'] = [A : K]$.

推论 (6.4.7) — 设 K 是一个域, X 是一个有限 K 概形, 令 $n = \sum_{x \in X} [\boldsymbol{k}(x) : K]_s$ (还记得若 K' 是 K 的一个扩张, 则 $[K' : K]_s$ 是指 K' 在 K 上的可分秩, 也就是 K 的包含在 K' 中的最大可分代数扩张的秩), 则对于 K 的任意代数闭扩张 Ω, $X \otimes_K \Omega$ 的底空间都恰好有 n 个点, 它们也可以等同于 X 的 Ω 值点.

显然可以限于考虑 $A = \mathrm{A}(X)$ 是局部环的情形 (6.2.2). 设 $\mathfrak{m}$ 是它的极大理想, $L = A/\mathfrak{m}$ 是剩余类域, 这是 K 的一个代数扩张. 于是 X 的 Ω 值点与 $X \otimes_K \Omega$ 的 Ω

截面是一一对应的 (3.4.1 和 3.3.14), 并且也一一对应着 L 到 Ω 的 K 同态 (1.6.3), 有见于 (6.4.3), 这就给出了结论 (Bourbaki,《代数学》, V, §7, ⧢ 5, 命题 8).

(6.4.8) 我们把 (6.4.7) 中所定义的整数 n 称为 A (或 X) 在 K 上的可分秩, 也称为 X 的几何点个数, 从而它就等于 $X(\Omega)_K$ 的元素个数. 由这个定义立知, 对于 K 的任意扩张 K', $X \otimes_K K'$ 和 X 都有相同的几何点个数. 若以 $n(X)$ 来记这个数, 则易见对于两个有限 K 概形 X, Y, 我们有

(6.4.8.1) $$n(X \sqcup Y) = n(X) + n(Y).$$

在同样的条件下, 我们还有

(6.4.8.2) $$n(X \times_K Y) = n(X)\, n(Y).$$

这只要把 $n(X)$ 解释成 $X(\Omega)_K$ 的元素个数, 就可由公式 (3.4.3.1) 立得.

命题 (6.4.9) — 设 K 是一个域, X, Y 是两个代数 K 概形, $f : X \to Y$ 是一个 K 态射, Ω 是 K 的一个代数闭扩张, 并且在 K 上具有无限的超越次数. 则为了使 f 是映满的, 必须且只需 f 所对应的映射 $X(\Omega)_K \to Y(\Omega)_K$ (3.4.1) 是满的.

必要性缘自 (6.3.10), 因为 f 必然是有限型的 (6.3.9). 为了证明该条件是充分的, 可以采用 (6.3.10) 的方法, 并注意到对任意 $y \in Y$, $\boldsymbol{k}(y)$ 都是 K 的一个有限型扩张, 从而 K 可以同构于 Ω 的一个子域.

注解 (6.4.10) — 我们将在第四章中看到, (6.4.9) 的结论在去掉关于超越次数的条件后仍然是成立的.

命题 (6.4.11) — 若 $f : X \to Y$ 是一个有限型态射, 则对任意 $y \in Y$, 纤维 $f^{-1}(y)$ 都是剩余类域 $\boldsymbol{k}(y)$ 上的代数概形, 并且对任意 $x \in f^{-1}(y)$, $\boldsymbol{k}(x)$ 都是 $\boldsymbol{k}(y)$ 的有限型扩张.

由于 $f^{-1}(y) = X \otimes_Y \boldsymbol{k}(y)$ (3.6.3), 故命题缘自 (6.3.4, (iv)) 和 (6.3.3).

命题 (6.4.12) — 设 $f : X \to Y$, $g : Y' \to Y$ 是两个态射, 令 $X' = X \times_Y Y'$, 并设 $f' = f_{(Y')} : X' \to Y'$. 设 $y' \in Y'$, $y = g(y')$, 于是若纤维 $f^{-1}(y)$ 是一个有限的代数 $\boldsymbol{k}(y)$ 概形, 则纤维 $f'^{-1}(y')$ 是一个有限的代数 $\boldsymbol{k}(y')$ 概形, 并且它的秩和几何点个数都与 $f^{-1}(y)$ 的相同.

有见于纤维的传递性 (3.6.5), 这可由 (6.4.6) 和 (6.4.8) 立得.

(6.4.13) 命题 (6.4.11) 表明, 有限型态射就对应着直观上的 "代数概形的代数族" 这个概念, Y 中的点起着 "参数" 的作用, 这就给出了此类态射的 "几何" 含义. 非有限型的态射将主要出现在与 "基概形变换" 有关的问题上, 比如说局部化或者完备化.

6.5 态射的局部可确定性

命题 (6.5.1) — 设 X, Y 是两个 S 概形, 其中 Y 在 S 上是有限型的, 设 $x \in X$ 和 $y \in Y$ 位于同一点 $s \in S$ 之上.

(i) 若两个从 X 到 Y 的 S 态射 $f = (\psi, \theta)$, $f' = (\psi', \theta')$ 满足 $\psi(x) = \psi'(x) = y$, 并且这两个从 $\mathscr{O}_y$ 到 $\mathscr{O}_x$ 的 (局部) $\mathscr{O}_s$ 同态是相等的, 则 f 和 f' 在 x 的某个开邻域上是重合的.

(ii) 进而假设 S 是局部 Noether 的. 则对任意局部 $\mathscr{O}_s$ 同态 $\varphi : \mathscr{O}_y \to \mathscr{O}_x$, 均可找到 x 的一个开邻域 U 和一个 S 态射 $f = (\psi, \theta) : U \to Y$, 使得 $\psi(x) = y$ 且 $\theta_x^\sharp = \varphi$.

(i) 问题在 S, X 和 Y 上都是局部性的, 故可假设 S, X, Y 都是仿射的, 环分别是 A, B, C, 于是 f 和 f' 分别具有 $({}^a\varphi, \widetilde{\varphi})$ 和 $({}^a\varphi', \widetilde{\varphi}')$ 的形状, 其中 φ 和 φ' 是 C 到 B 的两个 A 同态, 满足 $\varphi^{-1}(\mathrm{j}_x) = \varphi'^{-1}(\mathrm{j}_x) = \mathrm{j}_y$, 并且由 φ 和 φ' 所导出的两个从 C_y 到 B_x 的同态 φ_x 和 φ'_x 是相等的, 进而可以假设 C 是一个有限型 A 代数. 设 c_i $(1 \leqslant i \leqslant n)$ 是 A 代数 C 的一组生成元, 并且令 $b_i = \varphi(c_i)$, $b'_i = \varphi'(c_i)$. 根据前提条件, 在分式环 B_x 中我们有 $b_i/1 = b'_i/1$ $(1 \leqslant i \leqslant n)$. 这就意味着可以找到元素 $s_i \in B \smallsetminus \mathrm{j}_x$, 使得 $s_i(b_i - b'_i) = 0$ $(1 \leqslant i \leqslant n)$, 并且显然可以假设所有 s_i 都等于同一个元素 $g \in B \smallsetminus \mathrm{j}_x$. 由此可知, 在分式环 B_g 中我们有 $b_i/1 = b'_i/1$ $(1 \leqslant i \leqslant n)$. 从而若 i_g 是典范同态 $B \to B_g$, 则有 $i_g \circ \varphi = i_g \circ \varphi'$, 因而 f 和 f' 在 $D(g)$ 上的限制是相等的.

(ii) 可以归结到和 (i) 相同的情形, 并且进而可以假设环 A 是 Noether 的. 设 c_i $(1 \leqslant i \leqslant n)$ 是 A 代数 C 的一组生成元, 并设 $\alpha : A[X_1, \ldots, X_n] \to C$ 是多项式代数 $A[X_1, \ldots, X_n]$ 到 C 的这样一个同态, 它把 X_i 映到 c_i $(1 \leqslant i \leqslant n)$. 另一方面, 设 i_y 是典范同态 $C \to C_y$, 考虑合成同态

$$\beta : \quad A[X_1, \ldots, X_n] \xrightarrow{\alpha} C \xrightarrow{i_y} C_y \xrightarrow{\varphi} B_x.$$

我们把 β 的核记为 $\mathfrak{a}$, 由于 A 是 Noether 的, 故知 $A[X_1, \ldots, X_n]$ 也是如此, 从而 $\mathfrak{a}$ 可由有限个元素 $Q_j(X_1, \ldots, X_n)$ $(1 \leqslant j \leqslant m)$ 所生成. 另一方面, 每个元素 $\varphi(i_y(c_i))$ 都具有 b_i/s_i 的形状, 其中 $b_i \in B$ 且 $s_i \notin \mathrm{j}_x$, 进而我们可以假设所有 s_i 都等于同一个元素 $g \in B \smallsetminus \mathrm{j}_x$. 在此基础上, 根据前提条件, 在 B_x 中我们有 $Q_j(b_1/g, \ldots, b_n/g) = 0$, 令

$$Q_j(X_1/T, \ldots, X_n/T) = P_j(X_1, \ldots, X_n, T)/T^{k_j},$$

其中 P_j 是 k_j 次齐次的. 现在设 $d_j = P_j(b_1, \ldots, b_n, g) \in B$. 根据前提条件, 可以找到 $t_j \in B \smallsetminus \mathrm{j}_x$, 使得 $t_j d_j = 0$ $(1 \leqslant j \leqslant m)$, 显然还可以假设所有的 t_j 都等于同一个元素 $h \in B \smallsetminus \mathrm{j}_x$, 由此可知 $P_j(hb_1, \ldots, hb_n, hg) = 0$ $(1 \leqslant j \leqslant m)$. 在此基础上, 考虑从 $A[X_1, \ldots, X_n]$ 到分式环 B_{hg} 的这样一个同态 ρ, 它把 X_i 映到 hb_i/hg $(1 \leqslant i \leqslant n)$,

则 $\mathfrak{a}$ 在该同态下的像等于 0, 自然, 核 $\alpha^{-1}(0)$ 在 ρ 下的像也就是 0. 从而 ρ 可以分解为 $A[X_1,\ldots,X_n] \xrightarrow{\alpha} C \xrightarrow{\gamma} B_{hg}$, 其中 $\gamma(c_i) = hb_i/hg$, 并且易见, 若 i_x 是典范同态 $B_{hg} \to B_x$, 则图表

$$(6.5.1.1) \qquad \begin{array}{ccc} C & \xrightarrow{\gamma} & B_{hg} \\ {\scriptstyle i_g}\downarrow & & \downarrow{\scriptstyle i_x} \\ C_y & \xrightarrow{\varphi} & B_x \end{array}$$

是交换的. 从而我们有 $\varphi = \gamma_x$, 且由于 φ 是一个局部同态, 故知 ${}^a\gamma(x) = y$, 从而 $f = ({}^a\gamma, \widetilde{\gamma})$ 是一个从 x 的开邻域 $D(hg)$ 到 Y 的 S 态射, 它就满足我们的要求.

推论 (6.5.2) — 在 (6.5.1, (ii)) 的前提条件下, 若进而假设 X 在 S 上是有限型的, 则可以选取 f 是有限型态射.

这是缘自 (6.3.6).

推论 (6.5.3) — 假设 (6.5.1, (ii)) 的前提条件得到满足, 进而假设 Y 是整的, 并且 φ 是单同态. 则可以选取 $f = ({}^a\gamma, \widetilde{\gamma})$, 使得 γ 是单的.

事实上, 可以假设 C 是整的 (5.1.4), 从而 i_y 是单的, 于是由图表 (6.5.1.1) 知, γ 是单的.

命题 (6.5.4) — 设 $f = (\psi, \theta) : X \to Y$ 是一个有限型态射, x 是 X 的一点, $y = \psi(x)$.

(i) 为了使 f 在点 x 处是一个局部浸入 (4.5.1), 必须且只需 $\theta_x^\natural : \mathscr{O}_y \to \mathscr{O}_x$ 是满的.

(ii) 进而假设 Y 是局部 Noether 的. 则为了使 f 在点 x 处是一个局部同构 (4.5.2), 必须且只需 $\theta_x^\natural$ 是一个同构.

(ii) 依照 (6.5.1), 可以找到 y 的一个开邻域 V 和一个态射 $g : V \to X$, 使得 $g \circ f$ (切转: $f \circ g$) 在 x (切转: y) 的某个邻域上是有定义的, 并且重合于恒同态射, 由此易见 f 是一个局部同构.

(i) 问题在 X 和 Y 上是局部性的, 故可假设 X 和 Y 都是仿射概形, 环分别是 A 和 B. 我们有 $f = ({}^a\varphi, \widetilde{\varphi})$, 其中 φ 是一个环同态 $B \to A$, 并使得 A 成为一个有限型 B 代数. 我们有 $\varphi^{-1}(\mathfrak{j}_x) = \mathfrak{j}_y$, 并且由 φ 所导出的同态 $\varphi_x : B_y \to A_x$ 是满的. 设 $(t_i)_{1 \leqslant i \leqslant n}$ 是 B 代数 A 的一组生成元, 则 φ_x 上的前提条件表明, 可以找到 $b_i \in B$ 和 $c \in B \smallsetminus \mathfrak{j}_x$, 使得 $t_i/1 = \varphi(b_i)/\varphi(c)$ $(1 \leqslant i \leqslant n)$. 从而 (1.3.3) 可以找到 $a \in A \smallsetminus \mathfrak{j}_x$, 使得等式 $t_i/1 = a\varphi(b_i)/g$ 在分式环 A_g 中是成立的, 其中 $g = a\varphi(c)$. 在此基础上, 根据前提条件, 可以找到一个 $\varphi(B)$ 系数的多项式 $Q(X_1,\ldots,X_n)$, 使得 $a = Q(t_1,\ldots,t_n)$. 令 $Q(X_1/T,\ldots,X_n/T) = P(X_1,\ldots,X_n,T)/T^m$, 其中 P 是 m 次齐次的, 则在环 A_g

中我们有

$$a/1 = a^m P(\varphi(b_1), \ldots, \varphi(b_n), \varphi(c))/g^m = a^m \varphi(d)/g^m,$$

其中 $d \in B$. 根据定义, $g/1 = (a/1)(\varphi(c)/1)$ 在 A_g 中是可逆的, 故知 $a/1$ 和 $\varphi(c)/1$ 也是可逆的, 从而上式可以改写成 $a/1 = (\varphi(d)/1)(\varphi(c)/1)^{-m}$ 的形式. 由此可知, $\varphi(d)/1$ 在 A_g 中也是可逆的. 现在令 $h = cd$, 则由于 $\varphi(h)/1$ 在 A_g 中是可逆的, 故知合成同态 $B \xrightarrow{\varphi} A \to A_g$ 可以分解为 $B \to B_h \xrightarrow{\gamma} A_g$ (**0**, 1.2.4). 下面来证明 γ 是满的. 只需验证 B_h 在 A_g 中的像包含 $t_i/1$ 和 $(g/1)^{-1}$, 现在我们有

$$(g/1)^{-1} = (\varphi(c)/1)^{m-1}(\varphi(d)/1)^{-1} = \gamma(c^m/h),$$

并且 $a/1 = \gamma(d^{m+1}/h^m)$, 从而可以得到 $(a\varphi(b_i))/1 = \gamma(b_i d^{m+1}/h^m)$, 又因为 $t_i/1 = (a\varphi(b_i)/1)(g/1)^{-1}$, 这就证明了我们的结论. h 的选择表明 $\psi(D(g)) \subseteq D(h)$, 并且 f 在 $D(g)$ 上的限制等于 $({}^a\gamma, \tilde{\gamma})$. 由于 γ 是满的, 故知该限制是 $D(g)$ 到 $D(h)$ 的一个闭浸入 (4.2.3).

推论 (6.5.5) — 设 $f = (\psi, \theta) : X \to Y$ 是一个有限型态射. 假设 X 是不可约的, 并设 x 是它的一般点, 令 $y = \psi(x)$.

(i) 为了使 f 在 X 的某点处是一个局部浸入, 必须且只需 $\theta_x^{\natural} : \mathscr{O}_y \to \mathscr{O}_x$ 是满的.

(ii) 进而假设 Y 是不可约的, 并且是局部 *Noether* 的. 则为了使 f 在 X 的某点处是一个局部同构, 必须且只需 y 是 Y 的一般点 (这也相当于说 (**0**, 2.1.4), f 是一个笼罩), 并且 $\theta_x^{\natural}$ 是一个同构 (换句话说, f 是双有理的 (2.2.9)).

易见 (i) 缘自 (6.5.4, (i)), 这是有见于下面的事实: X 的任何非空开集都包含 x. 同样地, (ii) 缘自 (6.5.4, (ii)).

6.6 拟紧态射和局部有限型态射

定义 (6.6.1) — 所谓一个态射 $f : X \to Y$ 是拟紧的, 是指 Y 的任何拟紧开集在 f 下的逆像都是拟紧的.

设 $\mathfrak{B}$ 是 Y 的一个拓扑基, 由拟紧开集 (比如仿射开集) 所组成, 则为了使 f 是拟紧的, 必须且只需 $\mathfrak{B}$ 中的任何开集在 f 下的逆像都是拟紧的 (这也相当于说, 是有限个仿射开集的并集), 因为 Y 的任何拟紧开集都是 $\mathfrak{B}$ 中的有限个集合的并集. 举例来说, 若 X 是拟紧的, 并且 Y 是仿射的, 则任何态射 $f : X \to Y$ 都是拟紧的. 事实上, X 是有限个仿射开集 U_i 的并集, 并且对于 Y 的任何仿射开集 V, $U_i \cap f^{-1}(V)$ 都是仿射的 (5.5.10), 从而是拟紧的.

若 $f : X \to Y$ 是一个拟紧态射, 则易见对于 Y 的任意开集 V, f 在 $f^{-1}(V)$ 上的限制都是一个拟紧态射 $f^{-1}(V) \to V$. 反过来, 若 (U_α) 是 Y 的一个开覆盖,

$f : X \to Y$ 是一个态射, 并且它的这些限制态射 $f^{-1}(U_\alpha) \to U_\alpha$ 都是拟紧的, 则 f 是拟紧的.

定义 (6.6.2) — 所谓一个态射 $f : X \to Y$ 是局部有限型的, 是指对任意点 $x \in X$, 均可找到 x 的一个开邻域 U 和 $y = f(x)$ 的一个开邻域 $V \supseteq f(U)$, 使得 f 在 U 上的限制是 U 到 V 的一个有限型态射. 此时我们也称 X 在 Y 上是局部有限型的, 或者 X 是一个局部有限型 Y 概形.

由 (6.3.2) 立知, 若 f 是局部有限型的, 则对于 Y 的任何开集 W, f 在 $f^{-1}(W)$ 上的限制 $f^{-1}(W) \to W$ 也是局部有限型的.

若 Y 是局部 Noether 的, 并且 X 在 Y 上是局部有限型的, 则 X 也是局部 Noether 的, 这是依据 (6.3.7).

命题 (6.6.3) — 为了使一个态射 $f : X \to Y$ 是有限型的, 必须且只需它是拟紧且局部有限型的.

条件显然是必要的, 参照 (6.3.1) 以及 (6.6.1) 后面的注解. 反之, 假设这个条件得到满足, 并设 U 是 Y 的一个仿射开集, 环为 A, 则根据前提条件, 对任意 $x \in f^{-1}(U)$, 均可找到 x 的一个邻域 $V(x) \subseteq f^{-1}(U)$ 和 $y = f(x)$ 的一个邻域 $W(x) \subseteq U$, 使得 $f(V(x)) \subseteq W(x)$, 并且 f 在 $V(x)$ 上的限制是一个有限型态射 $V(x) \to W(x)$. 现在把 $W(x)$ 换成 x 的一个形如 $D(g)$ $(g \in A)$ 的开邻域 $W_1(x) \subseteq W(x)$, 并把 $V(x)$ 换成 $V(x) \cap f^{-1}(W_1(x))$, 则可以假设 $W(x)$ 具有 $D(g)$ 的形状, 从而在 U 上是有限型的 (因为它的环可以写成 $A[1/g]$), 因而 $V(x)$ 在 U 上是有限型的. 进而, 根据前提条件, $f^{-1}(U)$ 是拟紧的, 从而是有限个开集 $V(x_i)$ 的并集, 这就完成了证明.

命题 (6.6.4) — (i) 一个浸入 $X \to Y$ 是拟紧的, 只要它是闭的, 或者 Y 的底空间是局部 Noether 空间, 或者 X 的底空间是 Noether 空间.

(ii) 两个拟紧态射的合成也是拟紧的.

(iii) 若 $f : X \to Y$ 是一个拟紧 S 态射, 则对任意基扩张 $S' \to S$, $f_{(S')} : X_{(S')} \to Y_{(S')}$ 都是拟紧的.

(iv) 若 $f : X \to X'$ 和 $g : Y \to Y'$ 是两个拟紧 S 态射, 则 $f \times_S g$ 也是拟紧的.

(v) 若两个态射 $f : X \to Y$, $g : Y \to Z$ 的合成是拟紧的, 并且 g 是分离的, 或者 X 的底空间是局部 Noether 的, 则 f 是拟紧的.

(vi) 为了使一个态射 f 是拟紧的, 必须且只需 f_{red} 是如此.

(vi) 是显然的, 因为态射的拟紧性只依赖于底空间上的连续映射. 下面证明 (v) 中有关于 X 具有局部 Noether 底空间的情形. 令 $h = g \circ f$, 并设 U 是 Y 的一个拟紧开集. 则 $g(U)$ 在 Z 中是拟紧的 (但未必是开的), 从而包含在有限个拟紧开集 V_i 的并集里 (2.1.3), 因而 $f^{-1}(U)$ 包含在这些 $h^{-1}(V_i)$ 的并集里, 它们都是 X 的拟紧子空间, 从而是 Noether 子空间. 由此可知, $f^{-1}(U)$ 是一个 Noether 空间 (**0**, 2.2.3), 自然也就是拟紧的.

为了证明其余各条, 只需证明 (i), (ii) 和 (iii) (5.5.12). 现在 (ii) 是显然的, (i) 对于闭浸入也是显然的, 并且在 Y 具有局部 Noether 底空间或者 X 具有 Noether 底空间的情形下, (i) 缘自 (6.3.5). 为了证明 (iii), 可以限于考虑 $S = Y$ 的情形 (3.3.11). 令 $f' = f_{(S')}$, 并设 U' 是 S' 的一个拟紧开集. 对于 $s' \in U'$, 设 T 是 $g(s')$ 在 S 中的一个仿射开邻域, W 是 s' 的一个包含在 $U' \cap g^{-1}(T)$ 中的仿射开邻域, 则只需证明 $f'^{-1}(W)$ 是拟紧的. 换句话说, 问题归结为在 S 和 S' 都仿射的情况下证明 $X \times_S S'$ 的底空间是拟紧的. 而根据前提条件, X 是有限个仿射开集 V_j 的并集, 从而 $X \times_S S'$ 是有限个仿射开集 $V_j \times_S S'$ 的并集 (3.2.2 和 3.2.7), 这就证明了命题.

还可以注意到, 若 $X = X' \sqcup X''$ 是两个概形的和, 则一个态射 $f : X \to Y$ 是拟紧的当且仅当它在 X' 和 X'' 上的限制都是如此.

命题 (6.6.5) — *设 $f : X \to Y$ 是一个拟紧态射. 则为了使 f 是一个笼罩, 必须且只需对于 Y 的每个不可约分支的一般点 y, $f^{-1}(y)$ 都包含了 X 的某个不可约分支的一般点.*

条件显然是充分的 (即使不假设 f 是拟紧的). 为了证明它是必要的, 取 y 的一个仿射开邻域 U, 则 $f^{-1}(U)$ 是拟紧的, 从而是有限个仿射开集 V_i 的并集, f 是一个笼罩的条件表明, y 落在某个 $f(V_i)$ 在 U 中的闭包里. 显然可以假设 X 和 Y 都是既约的, 则由于 V_i 的不可约分支在 X 中的闭包都是 X 的不可约分支 (**0**, 2.1.6), 于是可以把 X 换成 V_i, 并把 Y 换成 U 的以 $\overline{f(V_i)} \cap U$ 为底空间的既约闭子概形 (5.2.1), 这样一来问题就归结到了 $X = \operatorname{Spec} A$ 和 $Y = \operatorname{Spec} B$ 都是既约仿射概形的情形. 由于 f 是一个笼罩, 故知 B 是 A 的子环 (1.2.7), 从而命题是缘自下面的事实: B 的任何极小素理想都是 B 和 A 的某个极小素理想的交集 (**0**, 1.5.8).

命题 (6.6.6) — (i) *局部浸入都是局部有限型的.*

(ii) *若两个态射 $f : X \to Y$, $g : Y \to Z$ 都是局部有限型的, 则它们的合成 $g \circ f$ 也是如此.*

(iii) *若 $f : X \to Y$ 是一个局部有限型 S 态射, 则对任意基扩张 $S' \to S$, $f_{(S')} : X_{(S')} \to Y_{(S')}$ 都是局部有限型的.*

(iv) *若 $f : X \to X'$ 和 $g : Y \to Y'$ 是两个局部有限型 S 态射, 则 $f \times_S g$ 也是局部有限型的.*

(v) *若合成态射 $g \circ f$ 是局部有限型的, 则 f 是局部有限型的.*

(vi) *若态射 f 是局部有限型的, 则 f_{red} 也是如此.*

根据 (5.5.12), 只需证明 (i), (ii) 和 (iii). 若 $j : X \to Y$ 是一个局部浸入, 则对任意 $x \in X$, 均可找到 $j(x)$ 在 Y 中的一个开邻域 V 和 x 在 X 中的一个开邻域 U, 使

得 j 在 U 上的限制是一个闭浸入 $U \to V$ (4.5.1), 从而这个限制是有限型的. 为了证明 (ii), 考虑一点 $x \in X$, 根据前提条件, 可以找到 $g(f(x))$ 的一个开邻域 W 和 $f(x)$ 的一个开邻域 V, 满足 $g(V) \subseteq W$, 且使得 V 在 W 上是有限型的. 进而 $f^{-1}(V)$ 在 V 上是局部有限型的 (6.6.2), 从而可以找到 x 的一个开邻域 U, 它包含在 $f^{-1}(V)$ 之中, 并且在 V 上是有限型的, 因而就有 $g(f(U)) \subseteq W$, 并且 U 在 W 上是有限型的 (6.3.4, (ii)). 最后, 为了证明 (iii), 可以限于考虑 $Y = S$ 的情形 (3.3.11). 对于 $x' \in X' = X_{(S')}$, 设 x 是 x' 在 X 中的像, s 是 x 在 S 中的像, T 是 s 的一个开邻域, T' 是 T 在 S' 中的逆像, U 是 x 的这样一个开邻域, 它的像包含在 T 中, 并且它在 T 上是有限型的. 于是 $U \times_S T' = U \times_T T'$ 就是 x' 的一个开邻域 (3.2.7), 并且在 T' 上是有限型的 (6.3.4, (iv)).

推论 (6.6.7) — 设 X, Y 是两个 S 概形, 并且在 S 上都是局部有限型的. 于是若 S 是局部 Noether 的, 则 $X \times_S Y$ 也是局部 Noether 的.

事实上, X 在 S 上是局部有限型的, 从而是局部 Noether 的, 进而 $X \times_S Y$ 在 X 上是局部有限型的, 从而也是局部 Noether 的.

注解 (6.6.8) — 命题 (6.3.10) 及其证明可以很容易地推广到 f 只是局部有限型态射的情形. 同样地, 命题 (6.4.2) 和 (6.4.9) 对于 X, Y 在域 K 上局部有限型的情形也是成立的.

§7. 有理映射

7.1 有理映射和有理函数

(7.1.1) 设 X, Y 是两个概形, U, V 是 X 的两个稠密开集, f (切转: g) 是 U (切转: V) 到 Y 的一个态射. 所谓 f 和 g 是等价的, 是指它们在 $U \cap V$ 的某个稠密开集上是重合的. 由于 X 的有限个稠密开集的交集仍然是 X 的稠密开集, 故知上述关系是一个等价关系.

定义 (7.1.2) — 给了两个概形 X, Y, 所谓 X 到 Y 的一个有理映射, 是指从 X 的稠密开子集到 Y 的态射的一个等价类, 这里的等价关系就是由 (7.1.1) 所定义的. 进而若 X 和 Y 都是 S 概形, 且在某个等价类中有一个元素是 S 态射, 则称该等价类是一个 S 有理映射. X 的 S 有理截面是指从 S 到 X 的 S 有理映射. 概形 X 上的有理函数是指 X 概形 $X \otimes_{\mathbb{Z}} \mathbb{Z}[T]$ 的 X 有理截面 (其中 T 是一个未定元).

如果问题中所涉及的都是 S 概形, 则我们有时也把 " S 有理映射" 简称为 "有理映射", 只要不会造成误解.

设 f 是 X 到 Y 的一个有理映射, U 是 X 的一个开集. 若 f_1, f_2 是类 f 中的

两个态射, 分别定义在 X 的稠密开集 V 和 W 上, 则限制态射 $f_1|_{U \cap V}$, $f_2|_{U \cap W}$ 在 $U \cap V \cap W$ 的某个稠密开集上是重合的, 且后者在 U 中也是稠密的, 从而态射类 f 定义了一个从 U 到 Y 的有理映射, 称为 f 在 U 上的限制, 并记作 $f|_U$.

若把一个 S 态射 $f : X \to Y$ 对应到以 f 为代表元的那个 S 有理映射, 则可以定义出一个从 $\mathrm{Hom}_S(X, Y)$ 到 " X 到 Y 的 S 有理映射" 的集合上的典范映射. 我们用 $\Gamma_{\mathrm{rat}}(X/Y)$ 来记 X 的所有 Y 有理截面的集合, 则有典范映射 $\Gamma(X/Y) \to \Gamma_{\mathrm{rat}}(X/Y)$. 进而易见, 若 X 和 Y 是两个 S 概形, 则 X 到 Y 的 S 有理映射的集合可以典范等同于 $\Gamma_{\mathrm{rat}}((X \times_S Y)/X)$ (3.3.14).

(7.1.3) 由 (7.1.2) 和 (3.3.14) 立知, X 上的有理函数可以典范等同于结构层 $\mathscr{O}_X$ 在稠密开集上的截面的等价类, 这里两个截面等价的含义是, 它们在定义集合的公共部分的某个稠密开集上是重合的. 特别地, 由此可知 X 上的全体有理函数构成一个环 $\mathrm{R}(X)$.

(7.1.4) 如果 X 是一个不可约概形, 则任何非空开集在 X 中都是稠密的. 也可以把 X 的非空开集称为 X 的一般点 x 的开邻域, 从而两个从 X 的非空开子集到 Y 的态射等价的意思就是, 它们在点 x 处有相同的芽. 换句话说, 有理映射 (切转: S 有理映射) $X \to Y$ 可以等同于由 X 的非空开集到 Y 的态射(切转: S 态射) 在一般点 x 处的芽. 特别地:

命题 (7.1.5) — 若 X 是一个不可约概形, 则 X 上的有理函数环 $\mathrm{R}(X)$ 可以典范等同于 X 在一般点 x 处的局部环 $\mathscr{O}_x$. 这是一个零维局部环, 从而若 X 是 Noether 的, 则这个环是 Artin 局部环, 若 X 是整的, 则它是一个域, 进而当 X 是整仿射概形时, 它可以等同于 $\mathrm{A}(X)$ 的分式域.

由上面所述以及有理函数与 $\mathscr{O}_X$ 在稠密开集上的截面的等同性可知, 第一句话刚好就是层在一点处的茎条的定义. 为了证明其余各条阐言, 可以限于考虑 X 是仿射概形的情形, 环为 A. 于是 $\mathfrak{j}_x$ 是 A 的诣零根, 从而 $\mathscr{O}_x$ 是零维的, 若 A 是整的, 则 $\mathfrak{j}_x = (0)$, 从而 $\mathscr{O}_x$ 是 A 的分式域. 最后, 若 A 是 Noether 的, 则我们知道 $\mathfrak{j}_x$ 是幂零的, 因而 $\mathscr{O}_x = A_x$ 是 Artin 的 ([11], p. 127, 推论 4).

若 X 是整的, 则在任意点 $z \in X$ 处, 环 $\mathscr{O}_z$ 都是整的. 由于任何包含 z 的仿射开集 U 也包含 x, 从而 $\mathrm{R}(U)$ 作为环 $\mathrm{A}(U)$ 的分式环可以等同于 $\mathrm{R}(X)$. 由此可知, $\mathrm{R}(X)$ 也可以等同于 $\mathscr{O}_z$ 的分式域. 事实上, 我们有一个从 $\mathscr{O}_z$ 到 $\mathrm{R}(X)$ 的某个子环上的典范等同, 它把截面芽 $s \in \mathscr{O}_z$ 映到了 X 上的这样一个有理函数, 即 $\mathscr{O}_X$ 的在点 z 处具有芽 s 的截面 (它必然定义在一个稠密开集上) 所属的类.

(7.1.6) 现在假设 X 只有有限个不可约分支 X_i $(1 \leqslant i \leqslant n)$ (比如说 X 的底空间是 *Noether* 空间). 设 X_i' 是 X 的这样一个开集, 它是所有 $X_j \cap X_i$ $(j \neq i)$ 的并

集在 X_i 中的补集. X_i' 是不可约的, 它的一般点 x_i 也就是 X_i 的一般点, 并且这些 X_i' 两两不相交, 它们的并集在 X 中是稠密的 (**0**, 2.1.6). 对于 X 的任意稠密开集 U, $U_i = U \cap X_i'$ 都是 X_i' 的非空稠密开集, 并且这些 U_i 两两没有公共点, 从而 $U' = \bigcup\limits_i U_i$ 在 X 中是稠密的. 给出一个从 U' 到 Y 的态射相当于对每个 i 都 (以任意方式) 给出一个从 U_i 到 Y 的态射. 从而:

命题 (7.1.7) — 设 X, Y 是两个概形 (切转: S 概形), 假设 X 只有有限个不可约分支 X_i, 一般点为 x_i $(1 \leqslant i \leqslant n)$. 若 R_i 是从 X 的包含 x_i 的开子集映到 Y 的态射 (切转: S 态射) 在点 x_i 处的芽的集合, 则 X 到 Y 的有理映射 (切转: S 有理映射) 的集合可以等同于这些 R_i $(1 \leqslant i \leqslant n)$ 的积.

推论 (7.1.8) — 设 X 是一个 Noether 概形. 则 X 上的有理函数环是一个 Artin 环, 并且它的局部分量就是那些环 $\mathscr{O}_{x_i}$, 其中 x_i 是 X 的各个不可约分支的一般点.

推论 (7.1.9) — 设 A 是一个 Noether 环, $X = \operatorname{Spec} A$. 若 Q 是 A 的所有极小素理想的并集的补集, 则 X 上的有理函数环可以典范等同于分式环 $Q^{-1}A$.

这是缘自下面的引理:

引理 (7.1.9.1) — 为了使一个元素 $f \in A$ 能够让 $D(f)$ 在 X 中处处稠密, 必须且只需 $f \in Q$. X 的任何稠密开集都包含了一个形如 $D(f)$ $(f \in Q)$ 的开集.

事实上, 先假设这个引理已经得到证明. 截面环 $\Gamma(D(f), \mathscr{O}_X)$ 可以等同于 A_f (1.3.6 和 1.3.7), 由于形如 $D(f)$ $(f \in Q)$ 的开集所组成的集合与 X 的全体稠密开集的有序集 (关于 $\supseteq$) 是共尾的, 故根据定义 (7.1.1), X 上的有理函数环可以等同于这些 A_f $(f \in Q)$ 的归纳极限 (近序关系是 "g 是 f 的倍元"), 也就是说, 可以等同于 $Q^{-1}A$ (**0**, 1.4.5).

为了证明 (7.1.9.1), 仍以 X_i $(1 \leqslant i \leqslant n)$ 来记 X 的各个不可约分支. 若 $D(f)$ 在 X 中是稠密的, 则 $D(f) \cap X_i \neq \varnothing$ $(1 \leqslant i \leqslant n)$, 反之亦然. 而这就意味着 $f \notin \mathfrak{p}_i$ $(1 \leqslant i \leqslant n)$, 其中 $\mathfrak{p}_i = \mathfrak{j}(X_i)$, 且由于这些 $\mathfrak{p}_i$ 就是 A 的所有极小素理想 (1.1.14), 故知 $f \notin \mathfrak{p}_i$ $(1 \leqslant i \leqslant n)$ 等价于 $f \in Q$, 这就证明了引理的第一句话. 另一方面, 若 U 是 X 的一个稠密开集, 则 U 的补集具有 $V(\mathfrak{a})$ 的形状, 并且理想 $\mathfrak{a}$ 不能包含在任何一个 $\mathfrak{p}_i$ 之中, 从而也不能包含在它们的并集之中 ([10], p. 13), 故可找到一个 $f \in \mathfrak{a}$, 它落在 Q 中, 因而 $D(f) \subseteq U$, 这就完成了证明.

(7.1.10) 再次假设 X 是不可约的, 一般点为 x. 则由于 X 的任何非空开集 U 都包含 x, 故知任何态射 $U \to Y$ 都可以与典范态射 $\operatorname{Spec} \mathscr{O}_x \to X$ (2.4.1) 进行合成, 并且对于两个从 X 的非空开集映到 Y 的态射, 只要它们在 X 的某个非空开集上的限制是相同的, 它们与典范态射的合成就会给出同一个态射 $\operatorname{Spec} \mathscr{O}_x \to Y$. 换句话说, X 到 Y 的每个有理映射都对应着唯一确定的一个态射 $\operatorname{Spec} \mathscr{O}_x \to Y$.

命题 (7.1.11) — 设 X, Y 是两个 S 概形, 假设 X 是不可约的, 一般点为 x, 并且 Y 在 S 上是有限型的. 于是若两个从 X 到 Y 的 S 有理映射对应着同一个 S 态射 $\mathrm{Spec}\,\mathscr{O}_x \to Y$, 则它们就是相等的. 若进而假设 S 是局部 *Noether* 的, 则任何 S 态射 $\mathrm{Spec}\,\mathscr{O}_x \to Y$ 都对应着 (唯一) 一个从 X 到 Y 的 S 有理映射.

这可由 (6.5.1) 立得, 只需注意到 X 的任何非空开集都是处处稠密的.

推论 (7.1.12) — 假设 S 是局部 *Noether* 的, 并且 (7.1.11) 中的其余前提条件都得到满足. 则 X 到 Y 的 S 有理映射可以等同于 S 概形 Y 的取值在 S 概形 $\mathrm{Spec}\,\mathscr{O}_x$ 中的点.

这其实就是 (7.1.11), 只是采用了 (3.4.1) 的语言.

推论 (7.1.13) — 假设 (7.1.12) 中的条件都得到满足. 设 s 是 x 在 S 中的像. 则给出一个从 X 到 Y 的 S 有理映射就等价于给出一个位于 s 上的点 $y \in Y$ 和一个局部 $\mathscr{O}_s$ 同态 $\mathscr{O}_y \to \mathscr{O}_x = \mathrm{R}(X)$.

这是缘自 (7.1.11) 和 (2.4.4).

特别地:

推论 (7.1.14) — 在 (7.1.12) 的那些条件下, X 到 Y 的 S 有理映射 (对于给定的 Y) 只依赖于 S 概形 $\mathrm{Spec}\,\mathscr{O}_x$, 特别地, 把 X 换成任何 $\mathrm{Spec}\,\mathscr{O}_z$ ($z \in X$) 都不会改变它们.

事实上, 由于 $z \in \overline{\{x\}}$, 故知 x 是 $Z = \mathrm{Spec}\,\mathscr{O}_z$ 的一般点, 并且 $\mathscr{O}_{X,x} = \mathscr{O}_{Z,x}$.

如果 X 是整的, 则 $\mathrm{R}(X) = \mathscr{O}_x = \boldsymbol{k}(x)$ 是一个域 (7.1.5), 此时上述推论可以转化为:

推论 (7.1.15) — 假设 (7.1.12) 中的条件都得到满足, 进而假设 X 是整的. 设 s 是 x 在 S 中的像. 则从 X 到 Y 的 S 有理映射可以等同于 $Y \otimes_S \boldsymbol{k}(s)$ 的取值在 $\boldsymbol{k}(s)$ 的扩张 $\mathrm{R}(X)$ 中的点, 换句话说, 给出一个 S 有理映射就等价于给出一个位于 s 上的点 $y \in Y$ 和一个 $\boldsymbol{k}(s)$ 嵌入 $\boldsymbol{k}(y) \to \boldsymbol{k}(x) = \mathrm{R}(X)$.

事实上, Y 的位于 s 之上的点可以等同于 $Y \otimes_S \boldsymbol{k}(s)$ 的点 (3.6.3), 并且局部 $\mathscr{O}_s$ 同态 $\mathscr{O}_y \to \mathrm{R}(X)$ 可以等同于 $\boldsymbol{k}(s)$ 嵌入 $\boldsymbol{k}(y) \to \mathrm{R}(X)$.

特别地:

推论 (7.1.16) — 设 k 是一个域, X, Y 是 k 上的两个代数概形 (6.4.1). 进而假设 X 是整的, 则 X 到 Y 的 k 有理映射可以等同于 Y 的取值在 k 的扩张 $\mathrm{R}(X)$ 中的点 (3.4.4).

7.2 有理映射的定义域

(7.2.1) 设 X, Y 是两个概形, f 是 X 到 Y 的一个有理映射. 所谓 f 在点 $x \in X$ 处有定义, 是指能找到一个包含 x 的稠密开集 U 和一个属于等价类 f 的态射 $U \to Y$. 所有使 f 有定义的点 $x \in X$ 组成的集合就是 f 的定义域, 易见这是 X 的一个稠密开集.

命题 (7.2.2) —— 设 X, Y 是两个 S 概形, 假设 X 是既约的, 并且 Y 在 S 上是分离的. 设 f 是 X 到 Y 的一个 S 有理映射, U_0 是它的定义域. 则在类 f 中有唯一一个 S 态射 $U_0 \to Y$.

由于对类 f 中的任意态射 $U \to Y$, 我们都有 $U \subseteq U_0$, 故易见这个命题是缘自下面的引理:

引理 (7.2.2.1) —— 在 (7.2.2) 的前提条件下, 设 U_1, U_2 是 X 的两个稠密开集, $f_i : U_i \to Y \ (i = 1, 2)$ 是两个 S 态射, 并可找到一个在 X 中稠密的开集 $V \subseteq U_1 \cap U_2$, 使得 f_1 和 f_2 在 V 上是重合的. 则 f_1 和 f_2 在 $U_1 \cap U_2$ 上是重合的.

显然可以限于考虑 $X = U_1 = U_2$ 的情形. 由于 X 是既约的 (从而 V 也是既约的), 故知 X 就是遮蔽 V 的最小闭子概形 (5.2.2). 设 $g = (f_1, f_2)_S : X \to Y \times_S Y$, 根据前提条件, 对角线 $T = \Delta_Y(Y)$ 是 $Y \times_S Y$ 的一个闭子概形, 从而 $Z = g^{-1}(T)$ 是 X 的一个闭子概形 (4.4.1). 若 $h : V \to Y$ 是 f_1 和 f_2 在 V 上的公共限制, 则 g 在 V 上的限制就是 $g' = (h, h)_S$, 它可以分解为 $g' = \Delta_Y \circ h$. 由于 $\Delta_Y^{-1}(T) = Y$, 故有 $g'^{-1}(T) = V$, 于是 V 是 Z 的一个开子概形, 从而 Z 可以遮蔽 V, 这就意味着 $Z = X$. 于是由关系式 $g^{-1}(T) = X$ 和 (4.4.1) 可以推出, g 具有分解式 $\Delta_Y \circ f$, 其中 f 是一个态射 $X \to Y$, 根据对角线的定义, 这就蕴涵着 $f_1 = f_2 = f$.

易见 (7.2.2) 中所定义的态射 $U_0 \to Y$ 是等价类 f 中的唯一一个不能再延拓到更大开集上的态射. 从而在 (7.2.2) 的前提条件下, 可以把 X 到 Y 的有理映射等同于从 X 的稠密开集到 Y 上的不可延拓 (到更大开集上) 的态射. 在这个等同下, 命题 (7.2.2) 给出:

推论 (7.2.3) —— X 和 Y 上的前提条件与 (7.2.2) 相同, 设 U 是 X 的一个稠密开集. 则在 U 到 Y 的 S 态射与 X 到 Y 的在 U 上处处有定义的 S 有理映射之间有一个典范的一一对应.

事实上, 依照 (7.2.2), U 到 Y 的任何 S 态射 f 都可以唯一地延拓为 X 到 Y 的一个有理映射 $\bar{f}$.

推论 (7.2.4) —— 设 S 是一个分离概形, X 是一个既约 S 概形, Y 是一个分离 S 概形, $f : U \to Y$ 是一个从 X 的稠密开集 U 到 Y 的 S 态射. 于是若 $\bar{f}$ 是由 f 延拓

而成的那个从 X 到 Y 的 $\mathbb{Z}$ 有理映射, 则 $\overline{f}$ 是一个 S 态射 (从而也是由 f 延拓而成的那个从 X 到 Y 的 S 有理映射).

事实上, 若 $\varphi : X \to S$, $\psi : Y \to S$ 是结构态射, U_0 是 $\overline{f}$ 的定义域, j 是含入 $U_0 \to X$, 则只需证明 $\psi \circ \overline{f} = \varphi \circ j$, 然而这可由 (7.2.2.1) 立得, 因为 f 是一个 S 态射.

推论 (7.2.5) — 设 X, Y 是两个 S 概形, 假设 X 是既约的, 并且 X 和 Y 在 S 上都是分离的. 设 $p : Y \to X$ 是一个 S 态射 (它使 Y 成为一个 X 概形), U 是 X 的一个稠密开集, f 是 Y 的一个 U 截面, 则由 f 延拓而成的那个从 X 到 Y 的有理映射 $\overline{f}$ 是 Y 的一个 X 有理截面.

只需证明 $p \circ \overline{f}$ 在 $\overline{f}$ 的定义域上是恒同, 而因为 X 在 S 上是分离的, 故这仍然是缘自 (7.2.2.1).

推论 (7.2.6) — 设 X 是一个既约概形, U 是 X 的一个稠密开集. 则 $\mathscr{O}_X$ 在 U 上的截面与 X 上的在 U 上处处有定义的有理函数之间有一个典范的一一对应.

只需注意到 X 概形 $X \otimes_{\mathbb{Z}} \mathbb{Z}[T]$ 在 X 上是分离的 (5.5.1, (iv)), 再加上 (7.2.3), (7.1.2) 和 (7.1.3).

推论 (7.2.7) — 设 Y 是一个既约概形, $f : X \to Y$ 是一个分离态射, U 是 Y 的一个稠密开集, $g : U \to f^{-1}(U)$ 是 $f^{-1}(U)$ 的一个 U 截面, Z 是 X 的以 $\overline{g(U)}$ 为底空间的既约子概形 (5.2.1). 则为了使 g 是 X 的某个 Y 截面的限制(换句话说 (7.2.5), 为了使由 g 延拓而成的那个从 Y 到 X 的有理映射是处处有定义的), 必须且只需 f 在 Z 上的限制是一个从 Z 到 Y 的同构.

f 在 $f^{-1}(U)$ 上的限制是一个分离态射 (5.5.1, (i)), 从而 g 是一个闭浸入 (5.4.6), 因而 $g(U) = Z \cap f^{-1}(U)$, 并且 Z 在开集 $g(U)$ 上所诱导的概形与 g 在 $f^{-1}(U)$ 中的伴生闭子概形是相同的 (5.2.1). 由此易见该条件是充分的, 因为如果它得到满足, 并且 $f_Z : Z \to Y$ 是 f 在 Z 上的限制, $\overline{g} : Y \to Z$ 是其逆同构, 则 $\overline{g}$ 就是 g 的延拓. 反过来, 若 g 是 X 的一个 Y 截面 h 在 U 上的限制, 则 h 是一个闭浸入 (5.4.6), 从而 $h(Y)$ 是闭的, 且由于它包含在 Z 中, 从而它就等于 Z, 于是由 (5.2.1) 知, h 必然就是 Y 到 X 的闭子概形 Z 的一个同构.

(7.2.8) 设 X, Y 是两个 S 概形, 假设 X 是既约的, 并且 Y 在 S 上是分离的. 设 f 是 X 到 Y 的一个 S 有理映射, x 是 X 的一点. 如果 f 的定义域与 $\operatorname{Spec} \mathscr{O}_x$ 的交集在 $\operatorname{Spec} \mathscr{O}_x$ (等同于满足 $x \in \overline{\{z\}}$ 的点 $z \in X$ 所组成的集合) 中是稠密的, 则可以把 f 与典范 S 态射 $\operatorname{Spec} \mathscr{O}_x \to X$ (2.4.1) 进行合成. 以下两种情况就满足这个条件:

$1°$　X 是不可约的 (从而是整的), 因为此时 X 的一般点 ξ 也是 $\operatorname{Spec} \mathscr{O}_x$ 的一

般点, 且由于 f 的定义域 U 包含 ξ, 故知 $U \cap \mathrm{Spec}\, \mathscr{O}_x$ 包含 ξ, 从而它在 $\mathrm{Spec}\, \mathscr{O}_x$ 中是稠密的.

2° X 是局部 *Noether* 的. 事实上, 此时上述阐言缘自下面的引理:

引理 (7.2.8.1) — 设 X 是一个概形, 且其底空间是局部 *Noether* 空间, x 是 X 的一点. 则 $\mathrm{Spec}\, \mathscr{O}_x$ 的不可约分支就是 X 的包含 x 的不可约分支与 $\mathrm{Spec}\, \mathscr{O}_x$ 的交集. 为了使一个开集 $U \subseteq X$ 能够让 $U \cap \mathrm{Spec}\, \mathscr{O}_x$ 在 $\mathrm{Spec}\, \mathscr{O}_x$ 中是稠密的, 必须且只需它与 X 的所有包含 x 的不可约分支都有交点 (特别地, 比如当 U 在 X 中稠密时就是如此).

第二句话显然缘自第一句, 从而只需证明第一句话. 由于 $\mathrm{Spec}\, \mathscr{O}_x$ 包含在任何包含 x 的仿射开集 U 之中, 并且 U 的包含 x 的不可约分支刚好就是 X 的包含 x 的不可约分支与 U 的交集 (**0**, 2.1.6), 故可假设 X 是仿射的, 环为 A. 由于 A_x 的素理想与 A 的包含在 j_x 中的素理想是一一对应的 (**0**, 1.2.6), 故知 A_x 的极小素理想对应着 A 的包含在 j_x 中的极小素理想, 这就证明了引理 (1.1.14).

现在假设我们处在上述两个情形之一. 设 U 是 S 有理映射 f 的定义域, 我们用 f' 来记 $\mathrm{Spec}\, \mathscr{O}_x$ 到 Y 的那个在 $U \cap \mathrm{Spec}\, \mathscr{O}_x$ 上与 f 重合的有理映射 (有见于 (2.4.2)), 并把它称为 f 所诱导的有理映射.

命题 (7.2.9) — 设 S 是一个局部 *Noether* 概形, X 是一个既约 S 概形, Y 是一个有限型分离 S 概形. 进而假设 X 是不可约的, 或者局部 *Noether* 的. 现在设 f 是一个从 X 到 Y 的 S 有理映射, x 是 X 的一点. 则为了使 f 在点 x 处有定义, 必须且只需由 f 所诱导的从 $\mathrm{Spec}\, \mathscr{O}_x$ 到 Y 的有理映射 f' (7.2.8) 是一个态射.

条件显然是必要的 (因为 $\mathrm{Spec}\, \mathscr{O}_x$ 包含在所有包含 x 的开集之中), 下面证明它也是充分的. 依照 (6.5.1), 可以找到 x 在 X 中的一个开邻域 U 和一个从 U 到 Y 的 S 态射 g, 它在 $\mathrm{Spec}\, \mathscr{O}_x$ 上诱导了 f'. 若 X 是不可约的, 则 U 在 X 中是稠密的, 并且依照 (7.2.3), 可以假设 g 是一个 S 有理映射. 进而, X 的一般点属于 $\mathrm{Spec}\, \mathscr{O}_x$, 并且属于 f 的定义域, 从而 f 和 g 在这一点处是重合的, 因而它们在 X 的一个非空开集上是重合的 (6.5.1). 而由于 f 和 g 都是 S 有理映射, 故知它们是相等的 (7.2.3), 从而 f 在 x 处有定义.

现在假设 X 是局部 Noether 的, 则可以假设 U 是 Noether 的, 于是 X 只有有限个包含 x 的不可约分支 X_i (7.2.8.1), 并且可以假设只有这些不可约分支与 U 有交点, 因为总可以把 U 换成一个更小的开集 (由于 U 是 Noether 的, 故 X 只有有限个不可约分支与 U 有交点). 于是我们看到, 在每个 X_i 中都有一个非空开集, 使得 f 和 g 在其上是重合的. 有见于每个 X_i 都包含在 $\overline{U}$ 之中, 故有一个态射 f_1, 它定义在 $U \cup (X \smallsetminus \overline{U})$ 的一个稠密开集上, 并且在 U 上与 g 重合, 而在 $X \smallsetminus \overline{U}$ 和 f 的定义域的交集上则与 f 重合. 由于 $U \cup (X \smallsetminus \overline{U})$ 在 X 中是稠密的, 故知 f 和 f_1 在 X 的一个稠密开集上是重合的, 又因为 f 是一个有理映射, 故知 f 是 f_1 的一个延拓 (7.2.3), 从而在点 x 处有定义.

7.3 有理函数层

(7.3.1) 设 X 是一个概形. 对每个开集 $U \subseteq X$, 我们以 R(U) 来记 U 上的有理函数环 (7.1.3), 它是一个 $\Gamma(U, \mathscr{O}_X)$ 代数. 进而, 若 $V \subseteq U$ 是 X 的另一个开集, 则 $\mathscr{O}_X$ 的任何定义在 U 的稠密开子集上的截面限制到 V 上都给出了一个定义在 V 的稠密开子集上的截面, 并且若两个截面在 U 的某个稠密开子集上是重合的, 则它们限制到 V 上也在 V 的某个稠密开子集上是重合的. 从而这就定义了代数之间的一个双重同态 $\rho_{V,U} : \mathrm{R}(U) \to \mathrm{R}(V)$, 且易见若 $U \supseteq V \supseteq W$ 是 X 的三个开集, 则我们有 $\rho_{W,U} = \rho_{W,V} \circ \rho_{V,U}$, 从而这些 R($U$) 定义了 X 上的一个代数预层.

定义 (7.3.2) — 我们把预层 R(U) 的拼续 $\mathscr{O}_X$ 代数层称为概形 X 上的有理函数层, 并记作 $\mathscr{R}(X)$.

对任意概形 X 和任意开集 $U \subseteq X$, 易见稼入层 $\mathscr{R}(X)|_U$ 刚好就是 $\mathscr{R}(U)$.

命题 (7.3.3) — 设 X 是一个概形, 并假设它的不可约分支的族 (X_λ) 是局部有限的 (特别地, 当 X 的底空间是局部 *Noether* 空间时就是这种情况). 则 $\mathscr{O}_X$ 模层 $\mathscr{R}(X)$ 是拟凝聚的, 并且对于每个只与有限个分支 X_λ 有交点的开集 U, R(U) 都等于 $\Gamma(U, \mathscr{R}(X))$, 并且可以典范等同于那些满足 $U \cap X_\lambda \neq \varnothing$ 的 X_λ 在一般点处的局部环的直合.

显然可以限于考虑 X 只有有限个不可约分支 X_i $(1 \leqslant i \leqslant n)$ 的情形, 设它们的一般点分别是 x_i. 则由 (7.1.7) 知, R(U) 可以典范等同于这些 $\mathscr{O}_x = \mathrm{R}(X_i)$ $(U \cap X_i \neq \varnothing)$ 的直合. 下面进而来证明, 预层 $U \mapsto \mathrm{R}(U)$ 满足层的公理, 这也就证明了 $\mathrm{R}(U) = \Gamma(U, \mathscr{R}(X))$. 事实上, 根据前面所述, 它满足 (F 1). 为了证明它也满足 (F 2), 考虑开集 $U \subseteq X$ 的一个开覆盖 $(V_\alpha \subseteq U)$. 若我们有一族 $s_\alpha \in \mathrm{R}(V_\alpha)$, 且对任意一组指标 α, β, s_α 和 s_β 在 $V_\alpha \cap V_\beta$ 上的限制都是重合的, 则对任何一个使得 $U \cap X_i \neq \varnothing$ 的指标 i, 那些 s_α (α 满足 $V_\alpha \cap X_i \neq \varnothing$) 在 $\mathrm{R}(X_i)$ 中的分量都是相等的, 我们把这个分量记作 t_i, 则易见 R(U) 中以这些 t_i 为分量的那个元素限制到每个 V_α 上都等于 s_α. 最后, 为了说明 $\mathscr{R}(X)$ 是拟凝聚的, 可以限于考虑 $X = \mathrm{Spec}\, A$ 是仿射概形的情形. 在上面取 U 是那些形如 $D(f)$ $(f \in A)$ 的仿射开集, 则由上述结果和定义 (1.3.4) 知, 我们有 $\mathscr{R}(X) = \widetilde{M}$, 其中 M 就是那些 A 模 A_{x_i} 的直和.

推论 (7.3.4) — 设 X 是一个只有有限个不可约分支的既约概形, 并设 X_i $(1 \leqslant i \leqslant n)$ 是以 X 的各个不可约分支为底空间的那些既约闭子概形 (5.2.1). 若 h_i 是典范含入 $X_i \to X$, 则 $\mathscr{R}(X)$ 就等于这些 $\mathscr{O}_X$ 代数层 $(h_i)_*(\mathscr{R}(X_i))$ 的直合.

推论 (7.3.5) — 若 X 是不可约的, 则任何拟凝聚 $\mathscr{R}(X)$ 模层 $\mathscr{F}$ 都是常值层.

只需证明, 任何一点 $x \in X$ 都有一个邻域 U 使得 $\mathscr{F}|_U$ 成为常值层 (**0**, 3.6.2), 换句话说, 可以归结到 X 是仿射概形的情形. 进而可以假设 $\mathscr{F}$ 是某个同态 $(\mathscr{R}(X))^{(I)} \to (\mathscr{R}(X))^{(J)}$ 的余核 (**0**, 5.1.3), 于是问题归结为证明 $\mathscr{R}(X)$ 是一个常值层, 然而这是显然的, 因为任何非空开集 U 都包含 X 的一般点, 从而 $\Gamma(U, \mathscr{R}(X)) = \mathrm{R}(X)$.

推论 (7.3.6) — 若 X 是不可约的, 则对任意拟凝聚 $\mathscr{O}_X$ 模层 $\mathscr{F}$, $\mathscr{F} \otimes_{\mathscr{O}_X} \mathscr{R}(X)$ 都是常值层. 进而若 X 是既约的 (从而是整的), 则 $\mathscr{F} \otimes_{\mathscr{O}_X} \mathscr{R}(X)$ 同构于一个形如 $(\mathscr{R}(X))^{(I)}$ 的层.

第二句话是由于此时 $\mathrm{R}(X)$ 是一个域.

命题 (7.3.7) — 假设概形 X 是局部整的, 或者是局部 *Noether* 的, 则 $\mathscr{R}(X)$ 是一个拟凝聚 $\mathscr{O}_X$ 代数层. 进而若 X 是既约的 (在 X 局部整的时候就是如此), 则典范同态 $\mathscr{O}_X \to \mathscr{R}(X)$ 是单的.

问题是局部性的, 第一句话缘自 (7.3.3), 第二句话可由 (7.2.3) 立得.

(7.3.8) 设 X, Y 是两个概形, 且都只有有限个不可约分支, $f : X \to Y$ 是一个态射, 并且它诱导了从 X 的不可约分支的一般点集合到 Y 的不可约分支的一般点集合的一个满映射. 则我们有

$$(7.3.8.1) \qquad f^* \mathscr{R}(Y) = \mathscr{R}(X).$$

事实上, 依照 (7.3.3), 问题可以归结到 X 和 Y 都不可约的情形, 设它们的一般点分别是 x, y, 则有 $f(x) = y$, 从而 $(f^* \mathscr{R}(Y))_x = \mathscr{O}_y \otimes_{\mathscr{O}_y} \mathscr{O}_x = \mathscr{O}_x$ (**0**, 4.3.1), 依照 (7.3.5), 这就证明了 (7.3.8.1).

* 订正 (7.3.8) — 上一段是错误的, 改为下面的陈述:

设 X, Y 是两个整概形, 从而 $\mathscr{R}(X)$ (切转: $\mathscr{R}(Y)$) 是拟凝聚的 $\mathscr{O}_X$ 模层 (切转: 拟凝聚的 $\mathscr{O}_Y$ 模层) (7.3.3). 设 $f : X \to Y$ 是一个笼罩, 则我们有 $\mathscr{O}_X$ 模层的一个典范同态

$$(7.3.8.1) \qquad \tau : \ f^* \mathscr{R}(Y) \longrightarrow \mathscr{R}(X).$$

首先假设 $X = \operatorname{Spec} A$ 和 $Y = \operatorname{Spec} B$ 都是仿射的, 于是环 A 和 B 都是整的, 从而 f 对应着一个单同态 $B \to A$, 并可拓展为 B 的分式域 L 到 A 的分式域 K 的一个嵌入 $L \to K$. 此时同态 (7.3.8.1) 就对应着典范同态 $L \otimes_B A \to K$ (1.6.5). 在一般情形下, 对任意两个满足 $f(U) \subseteq V$ 的非空仿射开集 $U \subseteq X$ 和 $V \subseteq Y$, 按照上述方法都可以定义出一个同态 $\tau_{U,V}$, 并且容易证明, 若 $U' \subseteq U$, $V' \subseteq V$, $f(U') \subseteq V'$,

则 $\tau_{U,V}$ 是 $\tau_{U',V'}$ 的延拓, 这就推出了我们的结论. 若 x,y 分别是 X 和 Y 的一般点, 则有 $f(x) = y$ 和

$$(f^*\mathscr{R}(Y))_x = \mathscr{O}_y \otimes_{\mathscr{O}_y} \mathscr{O}_x = \mathscr{O}_x$$

($\mathbf{0}$, 4.3.1), 从而 τ_x 是一个同构.*

7.4　挠层和无挠层

(7.4.1) 设 X 是一个整概形. 则对任意 $\mathscr{O}_X$ 模层 $\mathscr{F}$, 典范同态 $\mathscr{O}_X \to \mathscr{R}(X)$ 通过取张量积都可以定义出一个同态 $\mathscr{F} \to \mathscr{F} \otimes_{\mathscr{O}_X} \mathscr{R}(X)$ (称为典范同态), 它在每根茎条上刚好就是 $\mathscr{F}_x$ 到 $\mathscr{F}_x \otimes_{\mathscr{O}_X} \mathscr{R}(X)$ 的同态 $z \mapsto z \otimes 1$. 这个同态的核 $\mathscr{T}$ 是 $\mathscr{F}$ 的一个 $\mathscr{O}_X$ 子模层, 称为 $\mathscr{F}$ 的挠层. 若 $\mathscr{F}$ 是拟凝聚的, 则它的挠层也是拟凝聚的 (4.1.1 和 7.3.6). 若 $\mathscr{T} = 0$, 则我们称 $\mathscr{F}$ 是无挠的, 若 $\mathscr{T} = \mathscr{F}$, 则我们称 $\mathscr{F}$ 是一个挠层. 对任意 $\mathscr{O}_X$ 模层 $\mathscr{F}$, $\mathscr{F}/\mathscr{T}$ 总是无挠的. 由 (7.3.5) 可以推出:

命题 (7.4.2) — 若 X 是一个整概形, 则任何无挠的拟凝聚 $\mathscr{O}_X$ 模层 $\mathscr{F}$ 都同构于某个形如 $(\mathscr{R}(X))^{(I)}$ 的常值层的子层 $\mathscr{G}$, 且这个 $\mathscr{G}$ 可以生成 $(\mathscr{R}(X))^{(I)}$ (作为 $\mathscr{R}(X)$ 模层).

我们把 I 的基数称为 $\mathscr{F}$ 的一般秩. 对于 X 的任何非空仿射开集 U, $\mathscr{F}$ 的一般秩都等于 $\Gamma(U, \mathscr{F})$ 作为 $\Gamma(U, \mathscr{O}_X)$ 模的一般秩, 这可以从 X 的一般点处看出来, 这个点总包含在 U 之中. 特别地:

推论 (7.4.3) — 在一个整概形 X 上, 任何一般秩等于 1 的无挠拟凝聚 $\mathscr{O}_X$ 模层 (特别地, 任何可逆 $\mathscr{O}_X$ 模层) 都同构于 $\mathscr{R}(X)$ 的某个 $\mathscr{O}_X$ 子模层, 反之亦然.

推论 (7.4.4) — 设 X 是一个整概形, $\mathscr{L}, \mathscr{L}'$ 是两个无挠 $\mathscr{O}_X$ 模层, f (切转: f') 是 $\mathscr{L}$ (切转: $\mathscr{L}'$) 在 X 上的一个截面. 则为了使 $f \otimes f' = 0$, 必须且只需截面 f, f' 中有一个等于零.

设 x 是 X 的一般点, 根据前提条件, 我们有 $(f \otimes f')_x = f_x \otimes f'_x = 0$. 由于 $\mathscr{L}_x$ 和 $\mathscr{L}'_x$ 都可以等同于域 $\mathscr{O}_x$ 的 $\mathscr{O}_x$ 子模, 故由上述等式可以推出 $f_x = 0$ 或 $f'_x = 0$, 从而 $f = 0$ 或 $f' = 0$, 因为 $\mathscr{L}$ 和 $\mathscr{L}'$ 都是无挠的 (7.3.5).

命题 (7.4.5) — 设 X, Y 是两个整概形, $f: X \to Y$ 是一个笼罩. 则对任意无挠拟凝聚 $\mathscr{O}_X$ 模层 $\mathscr{F}$, $f_*\mathscr{F}$ 都是一个无挠 $\mathscr{O}_Y$ 模层.

由于 f_* 是左正合的 ($\mathbf{0}$, 4.2.1), 故依照 (7.4.2), 只需对 $\mathscr{F} = (\mathscr{R}(X))^{(I)}$ 进行证明即可. 现在 Y 的任何非空开集 U 都包含 Y 的一般点, 从而 $f^{-1}(U)$ 都包含 X 的一般点 ($\mathbf{0}$, 2.1.5), 因而我们有 $\Gamma(U, f_*\mathscr{F}) = \Gamma(f^{-1}(U), \mathscr{F}) = (\mathrm{R}(X))^{(I)}$. 换句话说, $f_*\mathscr{F}$ 是一个常值层, 茎条是 $(\mathrm{R}(X))^{(I)}$, 于是作为 $\mathscr{R}(Y)$ 模层, 它显然是无挠的.

命题 (7.4.6) — 设 X 是一个整概形, x 是它的一般点. 则对于一个有限型拟凝聚 $\mathcal{O}_X$ 模层 $\mathcal{F}$ 来说, 以下诸条件是等价的:

a) $\mathcal{F}$ 是挠层; b) $\mathcal{F}_x = 0$; c) Supp $\mathcal{F} \neq X$.

依照 (7.3.5) 和 (7.4.1), $\mathcal{F}_x = 0$ 和 $\mathcal{F} \otimes_{\mathcal{O}_X} \mathcal{R}(X) = 0$ 是等价的, 从而 a) 和 b) 是等价的. 另一方面, Supp $\mathcal{F}$ 在 X 中是闭的 (**0**, 5.2.2), 且由于 X 的任何非空开集都包含 x, 从而 b) 和 c) 是等价的.

(7.4.7) 可以把定义 (7.4.1) 扩展到 X 是只有有限个不可约分支的既约概形的情形 (将词义略加引申). 于是由 (7.3.4) 知, (7.4.6) 中的 a) 和 c) 的等价性对于这类概形仍然是有效的.

* **(订正 III, 12)** — **(7.4.7)** 上一段应改为: 可以把 (7.4.1) 中的定义推广到 X 是这样一种既约概形上, 即它的每一点都有一个开邻域只含有限个不可约分支 (将词义略加引申). 于是由 (7.3.4) 和 (7.4.6) 知, 对于一个有限型拟凝聚 $\mathcal{O}_X$ 模层 $\mathcal{F}$ 来说, $\mathcal{F}$ 是挠层就等价于 Supp $\mathcal{F}$ 不包含 X 的任何一个不可约分支. *

§8. Chevalley 概形

8.1 同源的局部环

对于一个局部环 A, 我们用 $\mathfrak{m}(A)$ 来记它的极大理想.

引理 (8.1.1) — 设 A, B 是两个局部环, 且满足 $A \subseteq B$, 则以下诸条件是等价的:

(i) $\mathfrak{m}(B) \cap A = \mathfrak{m}(A)$;
(ii) $\mathfrak{m}(A) \subseteq \mathfrak{m}(B)$;
(iii) 1 没有落在 B 的由 $\mathfrak{m}(A)$ 所生成的理想之中.

易见 (i) 蕴涵 (ii) 并且 (ii) 蕴涵 (iii). 最后, 若 (iii) 是成立的, 则 $\mathfrak{m}(B) \cap A$ 包含 $\mathfrak{m}(A)$ 但不包含 1, 从而就等于 $\mathfrak{m}(A)$.

如果 (8.1.1) 中的条件得到满足, 则我们称 B 托举着 A, 这也相当于说, 含入 $A \to B$ 是一个局部同态. 易见在一个环 R 的所有局部子环的集合中, 托举关系是一个序关系.

(8.1.2) 现在设 R 是一个域. 对于 R 的任意子环 A, 我们用 $L(A)$ 来记由全体局部环 $A_\mathfrak{p}$ 所组成的集合, 其中 $\mathfrak{p}$ 跑遍 A 的素谱. 这些局部环可以等同于 R 的一些包含 A 的子环. 由于 $\mathfrak{p} = (\mathfrak{p}A_\mathfrak{p}) \cap A$, 故知 Spec A 到 $L(A)$ 的映射 $\mathfrak{p} \mapsto A_\mathfrak{p}$ 是一一的.

引理 (8.1.3) —— 设 R 是一个域, A 是 R 的一个子环. 则为了使 R 的一个局部子环 M 托举着某个环 $A_{\mathfrak{p}} \in L(A)$, 必须且只需 $A \subseteq M$. 这个被 M 托举着的局部环 $A_{\mathfrak{p}}$ 是唯一的, 并且对应着 $\mathfrak{p} = \mathfrak{m}(M) \cap A$.

事实上, 根据 (8.1.1), 若 M 托举着 $A_{\mathfrak{p}}$, 则有 $\mathfrak{m}(M) \cap A_{\mathfrak{p}} = \mathfrak{p}A_{\mathfrak{p}}$, 故得 $\mathfrak{p}$ 的唯一性. 另一方面, 若 $A \subseteq M$, 则 $\mathfrak{m}(M) \cap A = \mathfrak{p}$ 是 A 的素理想, 且由于 $A \setminus \mathfrak{p} \subseteq M$, 故有 $A_{\mathfrak{p}} \subseteq M$ 和 $\mathfrak{p}A_{\mathfrak{p}} \subseteq \mathfrak{m}(M)$, 从而 M 托举着 $A_{\mathfrak{p}}$.

引理 (8.1.4) —— 设 R 是一个域, M, N 是 R 的两个局部子环, P 是 R 的由 $M \cup N$ 所生成的子环. 则以下诸条件是等价的:

(i) 可以找到 P 的一个素理想 $\mathfrak{p}$, 使得 $\mathfrak{m}(M) = \mathfrak{p} \cap M$, $\mathfrak{m}(N) = \mathfrak{p} \cap N$.

(ii) 在 P 中由 $\mathfrak{m}(M) \cup \mathfrak{m}(N)$ 所生成的理想 $\mathfrak{a}$ 不等于 P.

(iii) 可以找到 R 的一个同时托举着 M 和 N 的局部子环 Q.

易见 (i) 蕴涵 (ii). 反过来, 若 $\mathfrak{a} \neq P$, 则 $\mathfrak{a}$ 包含在 P 的某个极大理想 $\mathfrak{n}$ 之中, 且由于 $1 \notin \mathfrak{n}$, 故知 $\mathfrak{n} \cap M$ 包含 $\mathfrak{m}(M)$, 并且与 M 不同, 从而 $\mathfrak{n} \cap M = \mathfrak{m}(M)$, 同理 $\mathfrak{n} \cap N = \mathfrak{m}(N)$. 易见若 Q 托举着 M 和 N, 则有 $P \subseteq Q$ 和 $\mathfrak{m}(M) = \mathfrak{m}(Q) \cap M = (\mathfrak{m}(Q) \cap P) \cap M$, $\mathfrak{m}(N) = (\mathfrak{m}(Q) \cap P) \cap N$, 从而 (iii) 蕴涵 (i). 逆命题是显然的, 只要取 $Q = P_{\mathfrak{p}}$.

如果 (8.1.4) 中的条件得到满足, 则我们称局部环 M 和 N 是同源的, 这是 C. Chevalley 引入的概念.

命题 (8.1.5) —— 设 A, B 是域 R 的两个子环, C 是 R 的由 $A \cup B$ 所生成的子环. 则以下诸条件是等价的:

(i) 对任何同时包含 A 和 B 的局部环 Q, 均有 $A_{\mathfrak{p}} = B_{\mathfrak{q}}$, 其中 $\mathfrak{p} = \mathfrak{m}(Q) \cap A$, $\mathfrak{q} = \mathfrak{m}(Q) \cap B$.

(ii) 对于 C 的任何素理想 $\mathfrak{r}$, 均有 $A_{\mathfrak{p}} = B_{\mathfrak{q}}$, 其中 $\mathfrak{p} = \mathfrak{r} \cap A$, $\mathfrak{q} = \mathfrak{r} \cap A$.

(iii) 若 $M \in L(A)$ 和 $N \in L(B)$ 是同源的, 则它们相等.

(iv) $L(A) \cap L(B) = L(C)$.

引理 (8.1.3) 和 (8.1.4) 表明, (i) 和 (iii) 是等价的. 易见 (i) 蕴涵 (ii), 只要把 (i) 应用到 $Q = C_{\mathfrak{r}}$ 上即可. 反过来, (ii) 蕴涵 (i), 因为若 Q 包含 $A \cup B$, 则它包含 C, 并且对于 $\mathfrak{r} = \mathfrak{m}(Q) \cap C$, 我们就有 $\mathfrak{p} = \mathfrak{r} \cap A$ 和 $\mathfrak{q} = \mathfrak{r} \cap B$, 这是根据 (8.1.3). 易见 (iv) 蕴涵 (i), 因为若 Q 包含 $A \cup B$, 则根据 (8.1.3), Q 托举着某个局部环 $C_{\mathfrak{r}} \in L(C)$. 根据前提条件, 我们有 $C_{\mathfrak{r}} \in L(A) \cap L(B)$, 于是 (8.1.1) 和 (8.1.3) 就表明 $C_{\mathfrak{r}} = A_{\mathfrak{p}} = B_{\mathfrak{q}}$. 最后我们来证明 (iii) 蕴涵 (iv). 设 $Q \in L(C)$, 则 Q 托举着某个 $M \in L(A)$ 和某个 $N \in L(B)$ (8.1.3), 从而因为 M 和 N 是同源的, 故由前提条件知, 它们是相等的. 由于此时我们有 $C \subseteq M$, 故知 M 托举着某个 $Q' \in L(C)$ (8.1.3), 从而 Q 托举着 Q', 这又 (8.1.3) 必然导致 $Q = Q' = M$, 因而 $Q \in L(A) \cap L(B)$. 反过来, 若 $Q \in L(A) \cap L(B)$, 则有

$C \subseteq Q$, 从而 (8.1.3) Q 托举着某个 $Q'' \in L(C) \subseteq L(A) \cap L(B)$. 因为 Q 和 Q'' 是同源的, 故相等, 从而 $Q'' = Q \in L(C)$, 这就完成了证明.

8.2 整概形的局部环

(8.2.1) 设 X 是一个整概形, R 是它的有理函数域, 也可以等同于 X 在一般点 a 处的局部环. 对于 $x \in X$, 我们知道 $\mathscr{O}_x$ 可以典范等同于 R 的一个子环 (7.1.5), 并且对于一个有理函数 $f \in R$, f 的定义域 $\delta(f)$ 就是由满足 $f \in \mathscr{O}_x$ 的那些点 $x \in X$ 所组成的开集. 由此 (7.2.6) 可以推出, 对任意开集 $U \subseteq X$, 我们都有

(8.2.1.1)
$$\Gamma(U, \mathscr{O}_X) = \bigcap_{x \in U} \mathscr{O}_x.$$

命题 (8.2.2) — 设 X 是一个整概形, R 是它的有理函数域. 则为了使 X 是分离的, 必须且只需它满足下述条件: 若 X 的两个点 x, y 处的局部环 $\mathscr{O}_x$ 和 $\mathscr{O}_y$ 是同源的 (8.1.4), 则必有 $x = y$.

假设该条件得到满足, 我们来证明 X 是分离的. 设 U 和 V 是 X 的两个不同的仿射开集, A 和 B 是它们的环, 都等同于 R 的子环. 从而 U (切转: V) 可以等同于 $L(A)$ (切转: $L(B)$), 并且前提条件表明 (8.1.5), 若 C 是 R 的由 $A \cup B$ 所生成的子环, 则 $W = U \cap V$ 可以等同于 $L(A) \cap L(B) = L(C)$. 进而, 我们知道 ([1], p. 5-03, 命题 $4_\text{改}$) R 的任何子环 E 都等于 $L(E)$ 中的所有局部环的交集, 从而 C 可以等同于这些 $\mathscr{O}_z$ ($z \in W$) 的交集, 换句话说 (8.2.1.1), 它可以等同于 $\Gamma(W, \mathscr{O}_X)$. 考虑 X 在 W 上所诱导的概形, 则恒同同态 $\varphi : C \to \Gamma(W, \mathscr{O}_X)$ 对应着 (2.2.4) 一个态射 $\Phi = (\psi, \theta) : W \to \operatorname{Spec} C$, 我们要说明, Φ 是概形的一个同构, 这就能够推出 W 是仿射开集. W 和 $L(C) = \operatorname{Spec} C$ 之间的等同表明, ψ 是一一的. 另一方面, 对任意 $x \in W$, $\theta_x^\sharp$ 都是含入 $C_\mathfrak{r} \to \mathscr{O}_x$, 其中 $\mathfrak{r} = \mathfrak{m}_x \cap C$, 并且根据定义, $C_\mathfrak{r}$ 可以等同于 $\mathscr{O}_x$, 从而 $\theta_x^\sharp$ 是一一的. 只需再证明 ψ 是同胚, 换句话说, 对任意闭子集 $F \subseteq W$, $\psi(F)$ 在 $\operatorname{Spec} C$ 中都是闭的. 现在 F 是 W 和 U 的某个闭集 $V(\mathfrak{a})$ 的交集, 其中 $\mathfrak{a}$ 是 A 的一个理想, 下面证明 $\psi(F) = V(\mathfrak{a}C)$, 这也就证明了我们的结论. 事实上, C 的包含 $\mathfrak{a}C$ 的素理想就是 C 的包含 $\mathfrak{a}$ 的素理想, 从而就是形如 $\psi(x) = \mathfrak{m}_x \cap C$ 的素理想, 其中 $x \in W$ 满足 $\mathfrak{a} \subseteq \mathfrak{m}_x$, 对于 $x \in U$ 来说, $\mathfrak{a} \subseteq \mathfrak{m}_x$ 就等价于 $x \in V(\mathfrak{a}) = W \cap F$, 从而我们有 $\psi(F) = V(\mathfrak{a}C)$.

这就意味着 X 是分离的, 因为 $U \cap V$ 是仿射的, 并且它的环 C 可由 U 和 V 的环的并集 $A \cup B$ 所生成 (5.5.6).

反过来, 假设 X 是分离的, 并设 x, y 是 X 的两个点, 使得 $\mathscr{O}_x$ 和 $\mathscr{O}_y$ 是同源的. 设 U (切转: V) 是包含 x (切转: y) 的一个仿射开集, 环为 A (切转: B), 则我们知道 $U \cap V$ 是仿射的, 并且它的环 C 可由 $A \cup B$ 所生成 (5.5.6). 若 $\mathfrak{p} = \mathfrak{m}_x \cap A$, $\mathfrak{q} = \mathfrak{m}_y \cap B$,

则有 $A_\mathfrak{p} = \mathscr{O}_x$, $B_\mathfrak{q} = \mathscr{O}_y$, 且由于 $A_\mathfrak{p}$ 和 $B_\mathfrak{q}$ 是同源的, 故可找到 C 的一个素理想 $\mathfrak{r}$, 使得 $\mathfrak{p} = \mathfrak{r} \cap A$, $\mathfrak{q} = \mathfrak{r} \cap B$ (8.1.4). 于是我们能找到一点 $z \in U \cap V$, 使得 $\mathfrak{r} = \mathfrak{m}_z \cap C$, 因为 $U \cap V$ 是仿射的. 易见 $x = z$ 且 $y = z$, 故得 $x = y$.

推论 (8.2.3) — 设 X 是一个整分离概形, x, y 是 X 的两个点. 则为了使 $x \in \overline{\{y\}}$, 必须且只需 $\mathscr{O}_x \subseteq \mathscr{O}_y$, 换句话说, 任何在 x 处有定义的有理函数也在 y 处有定义.

条件显然是必要的, 因为一个有理函数 $f \in R$ 的定义域 $\delta(f)$ 总是开的. 下面证明它也是充分的. 若 $\mathscr{O}_x \subseteq \mathscr{O}_y$, 则可以找到 $\mathscr{O}_x$ 的一个素理想 $\mathfrak{p}$, 使得 $\mathscr{O}_y$ 托举着 $(\mathscr{O}_x)_\mathfrak{p}$ (8.1.3), 此时 (2.4.2) 我们能找到 $z \in X$, 使得 $x \in \overline{\{z\}}$, 并且 $\mathscr{O}_z = (\mathscr{O}_x)_\mathfrak{p}$. 由于 $\mathscr{O}_z$ 和 $\mathscr{O}_y$ 是同源的, 故有 $z = y$ (8.2.2), 这就证明了结论.

推论 (8.2.4) — 设 X 是一个整分离概形, 则映射 $x \mapsto \mathscr{O}_x$ 是单的. 换句话说, 若 x, y 是 X 的两个不同的点, 则可以找到一个有理函数, 它只在其中一点处有定义.

这是缘自 (8.2.3) 和 $(\mathbb{T}_0)$ 公理 (2.1.4).

推论 (8.2.5) — 设 X 是一个整分离概形, 且它的底空间是 Noether 空间, 则当 f 跑遍 X 的有理函数域 R 时, 这些集合 $\delta(f)$ 可以生成 X 的拓扑.

事实上, X 的任何闭集都是有限个不可约闭集的并集, 也就是说, 是有限个形如 $\overline{\{y\}}$ 的闭集 (2.1.5) 的并集. 现在若 $x \notin \overline{\{y\}}$, 则可以找到一个有理函数 f, 它在 x 处有定义, 但在 y 处没有定义 (8.2.3), 换句话说, 我们有 $x \in \delta(f)$, 并且 $\delta(f)$ 与 $\overline{\{y\}}$ 没有交点. 从而 $\overline{\{y\}}$ 的补集是一些形如 $\delta(f)$ 的集合的并集. 因而依照上面所述, X 的任何开集都是有限个形如 $\delta(f)$ 的集合的并集.

(8.2.6) 推论 (8.2.5) 表明, X 的拓扑可以被以 R 为分式域的局部环族 $(\mathscr{O}_x)_{x \in X}$ 所完全确定. 这也相当于说, X 的任何闭集都可以按照下面的方式来定义: 给了 X 的一个有限子集 $\{x_1, \ldots, x_n\}$, 考虑集合 $\{\, y \in X \mid$ 至少有一个指标 i 使得 $\mathscr{O}_y \subseteq \mathscr{O}_{x_i} \,\}$, 则这些集合 (对任意选择的 $\{x_1, \ldots, x_n\}$) 就是 X 的所有闭集. 进而, 一旦确定了 X 的拓扑, 结构层 $\mathscr{O}_X$ 也就可以被 $\mathscr{O}_x$ 的族所完全确定, 因为根据 (8.2.1.1), $\Gamma(U, \mathscr{O}_X) = \bigcap_{x \in U} \mathscr{O}_x$. 从而若 X 是一个整分离概形, 并且底空间是 Noether 空间, 则族 $(\mathscr{O}_x)_{x \in X}$ 可以完全确定概形 X.

命题 (8.2.7) — 设 X, Y 是两个整分离概形, $f : X \to Y$ 是一个笼罩 (2.2.6), K (切转: L) 是 X (切转: Y) 的有理函数域. 则 L 可以等同于 K 的一个子域, 并且对任意 $x \in X$, $\mathscr{O}_{f(x)}$ 都是 Y 的那个唯一的被 $\mathscr{O}_x$ 托举着的局部环.

事实上, 若 $f = (\psi, \theta)$ 并且 a 是 X 的一般点, 则 $\psi(a)$ 是 Y 的一般点 (**0**, 2.1.5), 从而 $\theta_a^\sharp$ 是域 $L = \mathscr{O}_{\psi(a)}$ 到域 $K = \mathscr{O}_a$ 的一个嵌入. 由于 Y 的任何非空仿射开集都包含 $\psi(a)$, 故由 (2.2.4) 知, f 所对应的同态 $\Gamma(U, \mathscr{O}_Y) \to \Gamma(\psi^{-1}(U), \mathscr{O}_X)$ 就是 $\theta_a^\sharp$ 在

$\Gamma(U, \mathscr{O}_Y)$ 上的限制. 从而对任意 $x \in X$, $\theta_x^\natural$ 都是 $\theta_a^\natural$ 在 $\mathscr{O}_{\psi(x)}$ 上的限制, 因而是一个单映射. 进而我们知道, $\theta_x^\natural$ 是一个局部同态, 从而若把 L 通过 $\theta_a^\natural$ 等同于 K 的子域, 则 $\mathscr{O}_{\psi(x)}$ 被 $\mathscr{O}_x$ 托举着 (8.1.1), 并且它是 Y 的局部环中唯一被 $\mathscr{O}_x$ 托举着的局部环, 因为 Y 的两个局部环只要同源就一定相等 (8.2.2).

命题 (8.2.8) — 设 X 是一个**不可约**概形, $f : X \to Y$ 是一个局部浸入 (切转: 局部同构). 进而假设 f 是分离的. 则 f 是一个浸入 (切转: 开浸入).

设 $f = (\psi, \theta)$. 在这两种情况下, 都只需证明 ψ 是 X 到 $\psi(X)$ 的一个同胚 (4.5.3). 把 f 换成 f_{red} (5.1.6 和 5.5.1, (vi)), 则可以假设 X 和 Y 都是既约的. 若 Y' 是 Y 的以 $\overline{\psi(X)}$ 为底空间的既约闭子概形, 则 f 可以分解为 $X \xrightarrow{f'} Y' \xrightarrow{j} Y$, 其中 j 是典范含入 (5.2.2). 由 (5.5.1, (v)) 知, f' 也是一个分离态射, 进而 f' 还是一个局部浸入 (切转: 局部同构), 这是因为, 问题在 X 和 Y 上都是局部性的, 故可限于考虑 f 是闭浸入 (切转: 开浸入) 的情形, 此时上述阐言可由 (4.2.2) 立得.

于是可以假设 f 是一个笼罩, 这就意味着 Y 自身也是不可约的 (**0**, 2.1.5), 从而 X 和 Y 都是整的. 进而, 问题在 Y 上是局部性的, 故可假设 Y 是仿射概形. 由于 f 是分离的, 故知 X 是一个分离概形 (5.5.1, (ii)), 于是 (8.2.7) 的前提条件得到满足. 此时对所有的 $x \in X$, $\theta_x^\natural$ 都是单的, 然而 f 是局部浸入的前提条件又表明 $\theta_x^\natural$ 是满的 (4.2.2), 从而 $\theta_x^\natural$ 是一一的, 换句话说 (在 (8.2.7) 的等同下), 我们有 $\mathscr{O}_{\psi(x)} = \mathscr{O}_x$. 根据 (8.2.4), 这就表明 ψ 是一个单映射, 也就证明了当 f 是局部同构时的结论 (4.5.3). 如果只假设 f 是一个局部浸入, 则对任意 $x \in X$, 均可找到 x 在 X 中的一个开邻域 U 和 $\psi(x)$ 在 Y 中的一个开邻域 V, 使得 ψ 在 U 上的限制是一个从 U 到 V 的某个闭子集的同胚. 现在 U 在 X 中是稠密的, 从而 $\psi(U)$ 在 Y 中是稠密的, 自然也在 V 中是稠密的, 这就证明了 $\psi(U) = V$. 由于 ψ 是单的, 故知 $\psi^{-1}(V) = U$, 这就表明 ψ 是 X 到 $\psi(X)$ 的一个同胚.

8.3 Chevalley 概形

(8.3.1) 设 X 是一个 *Noether* 整分离概形, R 是它的有理函数域. 我们用 X' 来记全体局部子环 $\mathscr{O}_x \subseteq R$ ($x \in X$) 的集合, 则集合 X' 具有下面三个性质:

(Sch. 1) 对任意 $M \in X'$, R 都是 M 的分式域;

(Sch. 2) 可以找到 R 的有限个 *Noether* 子环 A_i, 使得 $X' = \bigcup_i L(A_i)$, 并且对任意一组指标 i, j, R 的由 $A_i \cup A_j$ 所生成的子环 A_{ij} 都是 A_i 上的有限型代数;

(Sch. 3) X' 的两个元素 M, N 若同源则必相等.

事实上, (Sch. 1) 缘自 (8.2.1), (Sch. 3) 缘自 (8.2.2). 为了证明 (Sch. 2), 可以取 X 的一个有限仿射开覆盖 (U_i), 且每个仿射开集的环都是 Noether 的, 再取 $A_i =$

$\Gamma(U_i, \mathscr{O}_X)$, 则 X 是分离概形的前提条件表明, $U_i \cap U_j$ 是仿射的, 并且 $\Gamma(U_i \cap U_j, \mathscr{O}_X)$ $= A_{ij}$ (5.5.6). 进而, 由于空间 U_i 是 Noether 空间, 故知浸入 $U_i \cap U_j \to U_i$ 是有限型的 (6.3.5), 从而 A_{ij} 是一个有限型 A_i 代数 (6.3.5).

(8.3.2) 满足 (Sch. 1), (Sch. 2) 和 (Sch. 3) 三条公理的这种结构就是 C. Chevalley 意义下的 "概形", 只不过他进而假设 R 是域 K 的一个有限型扩张, 并且这些 A_i 都是有限型 K 代数 (这也使 (Sch. 2) 中的一部分成为多余的)[1]. 反过来, 若一个集合 X' 上有一个这样的结构, 则可以使用 (8.2.6) 来定义出一个整分离概形 X, 它的底空间等于 X', 并带有 (8.2.6) 中所定义的拓扑, 而它的结构层 $\mathscr{O}_X$ 则被定义为 $\Gamma(U, \mathscr{O}_X) = \bigcap_{x \in U} \mathscr{O}_x$, 其中 $U \subseteq X$ 是任意开集, 限制同态也有自然的定义. 可以验证 (留给读者), 这的确是一个整分离概形, 并且它的局部环就是 X' 中的元素. 我们在后面不会用到这个结果.

§9. 拟凝聚层的补充

9.1　拟凝聚层的张量积

命题 (9.1.1) — 设 X 是一个概形 (切转: 局部 Noether 概形), $\mathscr{F}, \mathscr{G}$ 是两个拟凝聚 $\mathscr{O}_X$ 模层 (切转: 凝聚 $\mathscr{O}_X$ 模层), 则 $\mathscr{F} \otimes_{\mathscr{O}_X} \mathscr{G}$ 也是拟凝聚的 (切转: 凝聚的), 并且如果 $\mathscr{F}, \mathscr{G}$ 都是有限型的, 则 $\mathscr{F} \otimes_{\mathscr{O}_X} \mathscr{G}$ 也是有限型的. 若 $\mathscr{F}$ 是有限呈示的, 并且 $\mathscr{G}$ 是拟凝聚的 (切转: 凝聚的), 则 $\mathscr{H}om_{\mathscr{O}_X}(\mathscr{F}, \mathscr{G})$ 是拟凝聚的 (切转: 凝聚的).

问题是局部性的, 故可假设 X 是仿射的 (切转: 仿射且 Noether 的). 进而, 若 $\mathscr{F}$ 是凝聚的, 则可以假设它同构于某个同态 $\mathscr{O}_X^m \to \mathscr{O}_X^n$ 的余核. 于是关于拟凝聚层的部分缘自 (1.3.12) 和 (1.3.9), 而关于凝聚层的部分则缘自 (1.5.1) 和下面的事实: 若 M, N 是 Noether 环 A 上的两个有限型模, 则 $M \otimes_A N$ 和 $\mathrm{Hom}_A(M, N)$ 也都是有限型的 A 模.

定义 (9.1.2) — 设 X, Y 是两个 S 概形, p, q 是 $X \times_S Y$ 的投影, $\mathscr{F}$ (切转: $\mathscr{G}$) 是一个拟凝聚 $\mathscr{O}_X$ 模层 (切转: 拟凝聚 $\mathscr{O}_Y$ 模层). 所谓 $\mathscr{F}$ 和 $\mathscr{G}$ 在 $\mathscr{O}_S$ 上 (或者在 S 上) 的张量积, 是指概形 $X \times_S Y$ 上的张量积层 $(p^*\mathscr{F}) \otimes_{\mathscr{O}_{X \times_S Y}} (q^*\mathscr{G})$, 也记作 $\mathscr{F} \otimes_{\mathscr{O}_S} \mathscr{G}$ (或 $\mathscr{F} \otimes_S \mathscr{G}$).

若 X_i $(1 \leqslant i \leqslant n)$ 是一族 S 概形, $\mathscr{F}_i$ 是一个拟凝聚 $\mathscr{O}_{X_i}$ 模层 $(1 \leqslant i \leqslant n)$, 则可以用同样的方式来定义概形 $Z = X_1 \times_S X_2 \times_S \cdots \times_S X_n$ 上的张量积 $\mathscr{F}_1 \otimes_S \mathscr{F}_2 \otimes_S \cdots \otimes_S \mathscr{F}_n$, 依照 (9.1.1) 和 (**0**, 5.3.11), 它是一个拟凝聚 $\mathscr{O}_Z$ 模层. 如果这些 $\mathscr{F}_i$ 都是凝聚的, 并且 Z 是局部 Noether 的, 则该张量积也是凝聚的, 这是依据 (9.1.1), (**0**, 5.3.11) 和 (6.1.1).

注意到若取 $X = Y = S$, 则定义 (9.1.2) 退化为 $\mathscr{O}_S$ 模层的张量积的定义. 进而, 由于 $q^*\mathscr{O}_Y = \mathscr{O}_{X \times_S Y}$ (**0**, 4.3.4), 故知张量积 $\mathscr{F} \otimes_S \mathscr{O}_Y$ 可以典范等同于 $p^*\mathscr{F}$, 同样地, $\mathscr{O}_X \otimes_S \mathscr{G}$ 可以典范等同于 $q^*\mathscr{G}$. 特别地, 若取 $Y = S$, 并以 f 来记结构态射 $X \to Y$, 则我们有 $\mathscr{O}_X \otimes_Y \mathscr{G} = f^*\mathscr{G}$, 从而通常的张量积和逆像都是这种一般的张量积的特殊情形.

由定义 (9.1.2) 立知, 对于固定的 X 和 Y, $\mathscr{F} \otimes_S \mathscr{G}$ 是 $\mathscr{F}$ 和 $\mathscr{G}$ 的一个加性协变二元函子, 并且是右正合的.

命题 (9.1.3) — 设 S, X, Y 是三个仿射概形, 环分别为 A, B, C, 并且 B 和 C 都是 A 代数. 设 M (切转: N) 是一个 B 模 (切转: C 模), $\mathscr{F} = \widetilde{M}$ (切转: $\mathscr{G} = \widetilde{N}$) 是它的伴生拟凝聚层, 则 $\mathscr{F} \otimes_S \mathscr{G}$ 可以典范同构于 $(B \otimes C)$ 模 $M \otimes_A N$ 的伴生层.

事实上, 依照 (1.6.5), $\mathscr{F} \otimes_S \mathscr{G}$ 可以典范同构于 $(B \otimes C)$ 模

$$\left(M \otimes_B (B \otimes_A C)\right) \otimes_{B \otimes_A C} \left((B \otimes_A C) \otimes_C N\right)$$

的伴生层, 并且在张量积的那些典范同构下, 上述张量积可以同构于 $M \otimes_B (B \otimes_A C) \otimes_C N = (M \otimes_B B) \otimes_A (C \otimes_C N) = M \otimes_A N$.

命题 (9.1.4) — 设 $f : T \to X$, $g : T \to Y$ 是两个 S 态射, $\mathscr{F}$ (切转: $\mathscr{G}$) 是一个拟凝聚 $\mathscr{O}_X$ 模层 (切转: 拟凝聚 $\mathscr{O}_Y$ 模层). 则有 $(f,g)_S^*(\mathscr{F} \otimes_S \mathscr{G}) = f^*\mathscr{F} \otimes_{\mathscr{O}_T} g^*\mathscr{G}$.

事实上, 若 p, q 是 $X \times_S Y$ 的投影, 则上述公式缘自关系式 $(f,g)_S^* \circ p^* = f^*$ 和 $(f,g)_S^* \circ q^* = g^*$ (**0**, 3.5.5) 以及层的张量积的逆像就等于它们的逆像的张量积这个事实 (**0**, 4.3.3).

推论 (9.1.5) — 设 $f : X \to X'$, $g : Y \to Y'$ 是两个 S 态射, $\mathscr{F}'$ (切转: $\mathscr{G}'$) 是一个拟凝聚 $\mathscr{O}_{X'}$ 模层 (切转: 拟凝聚 $\mathscr{O}_{Y'}$ 模层). 则有

$$(f \times_S g)^*(\mathscr{F}' \otimes_S \mathscr{G}') = f^*(\mathscr{F}') \otimes_S g^*(\mathscr{G}').$$

这是缘自 (9.1.4) 和公式 $f \times_S g = (f \circ p, g \circ q)_S$, 其中 p 和 q 是 $X \times_S Y$ 的投影.

推论 (9.1.6) — 设 X, Y, Z 是三个 S 概形, $\mathscr{F}$ (切转: $\mathscr{G}, \mathscr{H}$) 是一个拟凝聚 $\mathscr{O}_X$ 模层 (切转: 拟凝聚 $\mathscr{O}_Y$ 模层, 拟凝聚 $\mathscr{O}_Z$ 模层), 则层 $\mathscr{F} \otimes_S \mathscr{G} \otimes_S \mathscr{H}$ 就是 $(\mathscr{F} \otimes_S \mathscr{G}) \otimes_S \mathscr{H}$ 在 $X \times_S Y \times_S Z$ 到 $(X \times_S Y) \times_S Z$ 的典范同构下的逆像.

事实上, 该同构可以写成 $(p_1, p_2)_S \times_S p_3$, 其中 p_1, p_2, p_3 是指 $X \times_S Y \times_S Z$ 的各个投影.

同样地, $\mathscr{G} \otimes_S \mathscr{F}$ 在 $X \times_S Y$ 到 $Y \times_S X$ 的典范同构下的逆像就是 $\mathscr{F} \otimes_S \mathscr{G}$.

推论 (9.1.7) — 若 X 是一个 S 概形, 则任何拟凝聚 $\mathscr{O}_X$ 模层 $\mathscr{F}$ 都是 $\mathscr{F} \otimes_S \mathscr{O}_S$ 在 X 到 $X \times_S S$ 的典范同构下的逆像.

事实上, 这个同构就是 $(1_X, \varphi)_S$, 其中 φ 是结构态射 $X \to S$, 从而结论缘自 (9.1.4) 和 $\varphi^* \mathscr{O}_S = \mathscr{O}_X$ 的事实.

(9.1.8) 设 X 是一个 S 概形, $\mathscr{F}$ 是一个拟凝聚 $\mathscr{O}_X$ 模层, $\varphi : S' \to S$ 是一个态射, 我们用 $\mathscr{F}_{(\varphi)}$ 或 $\mathscr{F}_{(S')}$ 来记 $X \times_S S' = X_{(\varphi)} = X_{(S')}$ 上的拟凝聚层 $\mathscr{F} \otimes_S \mathscr{O}_{S'}$, 从而 $\mathscr{F}_{(S')} = p^* \mathscr{F}$, 其中 p 是投影 $X_{(S')} \to X$.

命题 (9.1.9) — 设 $\varphi' : S'' \to S'$ 是另一个态射. 则对 S 概形 X 上的任意拟凝聚 $\mathscr{O}_X$ 模层 $\mathscr{F}$, $(\mathscr{F}_{(\varphi)})_{(\varphi')}$ 都等于 $\mathscr{F}_{(\varphi \circ \varphi')}$ 在典范同构 $(X_{(\varphi)})_{(\varphi')} \overset{\sim}{\longrightarrow} X_{(\varphi \circ \varphi')}$ (3.3.9) 下的逆像.

这可由定义和 (3.3.9) 立得, 并且可以表达成

(9.1.9.1) $$(\mathscr{F} \otimes_S \mathscr{O}_{S'}) \otimes_{S'} \mathscr{O}_{S''} = \mathscr{F} \otimes_S \mathscr{O}_{S''}.$$

命题 (9.1.10) — 设 Y 是一个 S 概形, $f : X \to Y$ 是一个 S 态射. 则对任意拟凝聚 $\mathscr{O}_Y$ 模层 $\mathscr{G}$ 和任意态射 $S' \to S$, 均有 $(f_{(S')})^*(\mathscr{G}_{(S')}) = (f^* \mathscr{G})_{(S')}$.

这可由下面的交换图表立得:

$$\begin{array}{ccc} X_{(S')} & \xrightarrow{\ f_{(S')}\ } & Y_{(S')} \\ \downarrow & & \downarrow \\ X & \xrightarrow[\ f\ ]{} & Y \end{array} \cdot$$

推论 (9.1.11) — 设 X, Y 是两个 S 概形, $\mathscr{F}$ (切转: $\mathscr{G}$) 是一个拟凝聚 $\mathscr{O}_X$ 模层 (切转: 拟凝聚 $\mathscr{O}_Y$ 模层). 则层 $(\mathscr{F}_{(S')}) \otimes_{S'} (\mathscr{G}_{(S')})$ 在典范同构 $(X \times_S Y)_{(S')} \overset{\sim}{\longrightarrow} (X_{(S')}) \times_{S'} (Y_{(S')})$ (3.3.10) 下的逆像就等于 $(\mathscr{F} \otimes_S \mathscr{G})_{(S')}$.

若 p, q 是 $X \times_S Y$ 的投影, 则上述概形同构刚好就是 $(p_{(S')}, q_{(S')})_{S'}$, 从而命题缘自 (9.1.4) 和 (9.1.10).

命题 (9.1.12) — 在 (9.1.2) 的记号下, 设 z 是 $X \times_S Y$ 的一点, $x = p(z)$, $y = q(z)$, 则茎条 $(\mathscr{F} \otimes_S \mathscr{G})_z$ 同构于 $(\mathscr{F}_x \otimes_{\mathscr{O}_x} \mathscr{O}_z) \otimes_{\mathscr{O}_z} (\mathscr{G}_y \otimes_{\mathscr{O}_y} \mathscr{O}_z) = \mathscr{F}_x \otimes_{\mathscr{O}_x} \mathscr{O}_z \otimes_{\mathscr{O}_y} \mathscr{G}_y$.

问题可以归结到仿射的情形, 从而命题缘自公式 (1.6.5.1).

推论 (9.1.13) — 若 $\mathscr{F}$ 和 $\mathscr{G}$ 都是有限型的, 则有

$$\mathrm{Supp}(\mathscr{F} \otimes_S \mathscr{G}) = p^{-1}(\mathrm{Supp}\, \mathscr{F}) \cap q^{-1}(\mathrm{Supp}\, \mathscr{G}).$$

由于 $p^*\mathscr{F}$ 和 $q^*\mathscr{G}$ 在 $\mathscr{O}_{X\times_S Y}$ 上都是有限型的, 故可利用 (9.1.12) 和 (**0**, 1.7.5) 把问题归结到 $\mathscr{G} = \mathscr{O}_Y$ 的情形, 也就是说, 归结为证明公式

(9.1.13.1) $$\operatorname{Supp} p^*\mathscr{F} = p^{-1}(\operatorname{Supp} \mathscr{F}).$$

使用 (**0**, 1.7.5) 的方法又可以归结为证明: 对任意 $z \in X \times_S Y$, 均有 $\mathscr{O}_z/\mathfrak{m}_x\mathscr{O}_z$ $\neq 0$ (其中 $x = p(z)$), 而这是缘自同态 $\mathscr{O}_x \to \mathscr{O}_z$ 是一个局部同态的前提条件.

这一小节的结果可以推广到任意有限个层的张量积的情形, 细节留给读者.

9.2 拟凝聚层的顺像

命题 (9.2.1) —— 设 $f : X \to Y$ 是一个概形态射. 假设可以找到 Y 的一个仿射开覆盖 (Y_α), 它具有下面的性质: 每个 $f^{-1}(Y_\alpha)$ 都有一个**有限开覆盖** $(X_{\alpha i})$, 由 $f^{-1}(Y_\alpha)$ 的仿射开子集所组成, 并且每个交集 $X_{\alpha i} \cap X_{\alpha j}$ 本身也是**有限个仿射开集**的并集. 在此条件下, 对任意拟凝聚 $\mathscr{O}_X$ 模层 $\mathscr{F}$, $f_*\mathscr{F}$ 都是一个拟凝聚 $\mathscr{O}_Y$ 模层.

问题在 Y 上是局部性的, 故可假设 Y 就等于某个 Y_α, 从而可以省略指标 α.

a) 首先假设这些 $X_i \cap X_j$ 本身都是仿射开集. 令 $\mathscr{F}_i = \mathscr{F}|_{X_i}$, $\mathscr{F}_{ij} = \mathscr{F}|_{X_i\cap X_j}$, 并设 $\mathscr{F}_i'$ 和 $\mathscr{F}_{ij}'$ 是分别把 f 限制到 X_i 和 $X_i\cap X_j$ 上而给出的顺像, 我们知道 $\mathscr{F}_i'$ 和 $\mathscr{F}_{ij}'$ 都是拟凝聚的 (1.6.3). 令 $\mathscr{G} = \bigoplus_i \mathscr{F}_i'$, $\mathscr{H} = \bigoplus_{i,j} \mathscr{F}_{ij}'$, 则 $\mathscr{G}$ 和 $\mathscr{H}$ 都是拟凝聚 $\mathscr{O}_Y$ 模层. 我们要定义一个同态 $u : \mathscr{G} \to \mathscr{H}$, 它使得 $f_*\mathscr{F}$ 就是 u 的核 (由此就可以推出 $f_*\mathscr{F}$ 是拟凝聚的 (1.3.9)). 为此只需定义一个预层同态 u 即可, 有见于 $\mathscr{G}$ 和 $\mathscr{H}$ 的定义, 这只需对任意开集 $W \subseteq Y$ 定义出一个同态

$$u_W : \bigoplus_i \Gamma(f^{-1}(W)\cap X_i, \mathscr{F}) \longrightarrow \bigoplus_{i,j} \Gamma(f^{-1}(W)\cap X_i\cap X_j, \mathscr{F})$$

并验证它们满足通常的相容条件 (对不同的 W). 现在对任意截面 $s_i \in \Gamma(f^{-1}(W)\cap X_i, \mathscr{F})$, 我们以 $s_{i|j}$ 来记它在 $f^{-1}(W)\cap X_i\cap X_j$ 上的限制, 并且令

$$u_W((s_i)) = (s_{i|j} - s_{j|i}),$$

则相容条件显然是成立的. 为了证明 u 的核 $\mathscr{R}$ 就是 $f_*\mathscr{F}$, 我们定义一个从 $f_*\mathscr{F}$ 到 $\mathscr{R}$ 的同态, 它把截面 $s \in \Gamma(f^{-1}(W), \mathscr{F})$ 对应到族 (s_i), 其中 s_i 是 s 在 $f^{-1}(W)\cap X_i$ 上的限制. 于是层的公理 (F 1) 和 (F 2) (G, II, 1.1) 表明, 该同态是一一的, 这就完成了此情形的证明.

b) 在一般情形下, 只要能证明 $\mathscr{F}_{ij}'$ 都是拟凝聚的, 则上述证明方法仍然是适用的. 现在根据前提条件, $X_i \cap X_j$ 是有限个仿射开集 X_{ijk} 的并集, 由于这些 X_{ijk} 都

是分离概形中的仿射开集, 从而它们中的任何两个的交集也都是仿射的 (5.5.6). 这就又归结到了第一种情形, (9.2.1) 于是得证.

推论 (9.2.2) — (9.2.1) 的条件在下面每一种情况下都是成立的:

a) f 是拟紧分离的.

b) f 是有限型分离的.

c) f 是拟紧的, 并且 X 的底空间是局部 Noether 空间.

在情形 a) 中, 各个 $X_{\alpha i} \cap X_{\alpha j}$ 都是仿射的 (5.5.6). b) 是 a) 的特殊情形 (6.6.3). 最后, 在情形 c) 中, 问题可以归结到 Y 是仿射的, 并且 X 的底空间是 Noether 空间的情形, 此时 X 具有一个有限仿射开覆盖 (X_i), 并且每个 $X_i \cap X_j$ 都是拟紧的, 从而是有限个仿射开集的并集 (2.1.3).

9.3 对拟凝聚层的截面进行延拓

定理 (9.3.1) — 设 X 是一个拟紧分离概形, 或者是一个具有 *Noether* 底空间的概形, $\mathscr{L}$ 是一个可逆 $\mathscr{O}_X$ 模层 (**0**, 5.4.1), f 是 $\mathscr{L}$ 的一个整体截面, X_f 是使 $f(x) \neq 0$ 的那些点 $x \in X$ 所组成的开集 (**0**, 5.5.1), $\mathscr{F}$ 是一个拟凝聚 $\mathscr{O}_X$ 模层.

(i) 若 $s \in \Gamma(X, \mathscr{F})$ 满足 $s|_{X_f} = 0$, 则可以找到一个整数 $n > 0$, 使得 $s \otimes f^{\otimes n} = 0$.

(ii) 对任意截面 $s \in \Gamma(X_f, \mathscr{F})$, 均可找到一个整数 $n > 0$, 使得 $s \otimes f^{\otimes n}$ 可以延拓为 $\mathscr{F} \otimes \mathscr{L}^{\otimes n}$ 的一个整体截面.

(i) 由于 X 的底空间是拟紧的, 从而它有一个有限仿射开覆盖 (U_i), 使得各个 $\mathscr{L}|_{U_i}$ 分别同构于 $\mathscr{O}_X|_{U_i}$, 问题于是归结到 X 是仿射的、并且 $\mathscr{L} = \mathscr{O}_X$ 的情形. 此时 f 可以等同于 $A(X)$ 的一个元素, 并且我们有 $X_f = D(f)$. s 可以等同于某个 $A(X)$ 模 M 中的元素, 并且 $s|_{X_f}$ 可以等同于 M_f 中的对应元素, 从而我们由分式模的定义立得结论.

(ii) 再次把 X 写成有限个仿射开集 U_i $(1 \leqslant i \leqslant r)$ 的并集, 使得 $\mathscr{L}|_{U_i} \simeq \mathscr{O}_X|_{U_i}$, 根据上述同构, 对每个 i, $(s \otimes f^{\otimes n})|_{(U_i \cap X_f)}$ 都可以等同于 $(f|_{(U_i \cap X_f)})^n (s|_{(U_i \cap X_f)})$. 因而 (1.4.1) 我们可以找到一个整数 $n > 0$, 使得对每个 i, $(s \otimes f^{\otimes n})|_{(U_i \cap X_f)}$ 都可以延拓为 $\mathscr{F} \otimes \mathscr{L}^{\otimes n}$ 在 U_i 上的一个截面 s_i. 设 $s_{i|j}$ 是 s_i 在 $U_i \cap U_j$ 上的限制, 则根据定义, 在 $X_f \cap U_i \cap U_j$ 上我们有 $s_{i|j} - s_{j|i} = 0$. 现在若 X 具有 Noether 底空间, 则 $U_i \cap U_j$ 是拟紧的; 若 X 是分离概形, 则 $U_i \cap U_j$ 是一个仿射开集 (5.5.6), 从而也是拟紧的. 依照 (i), 可以找到一个整数 m (不依赖于 i, j), 使得 $(s_{i|j} - s_{j|i}) \otimes f^{\otimes m} = 0$. 由此立知, $\mathscr{F} \otimes \mathscr{L}^{\otimes(n+m)}$ 有一个整体截面 s', 它在每个 U_i 上都给出 $s_i \otimes f^{\otimes m}$, 从而它在 X_f 上可以给出 $s \otimes f^{\otimes(n+m)}$.

下面两个推论是定理 (9.3.1) 的更代数化的表达形式:

推论 (9.3.2) — 前提条件与 (9.3.1) 相同, 考虑分次环 $A_* = \Gamma_*(\mathscr{L})$ 和分次 A_* 模 $M_* = \Gamma_*(\mathscr{L}, \mathscr{F})$ (**0**, 5.4.6). 若 $f \in A_n$ $(n \in \mathbb{Z})$, 则我们有一个典范同构 $\Gamma(X_f, \mathscr{F}) \xrightarrow{\sim} ((M_*)_f)_0$ (后者是由分式模 $(M_*)_f$ 中的零次元所组成的子群).

推论 (9.3.3) — 假设 (9.3.1) 的前提条件得到满足, 并进而假设 $\mathscr{L} = \mathscr{O}_X$. 于是若令 $A = \Gamma(X, \mathscr{O}_X)$, $M = \Gamma(X, \mathscr{F})$, 则 A_f 模 $\Gamma(X_f, \mathscr{F})$ 典范同构于 M_f.

命题 (9.3.4) — 设 X 是一个拟紧概形, $\mathscr{F}$ 是一个有限型拟凝聚 $\mathscr{O}_X$ 模层, $\mathscr{J}$ 是 $\mathscr{O}_X$ 的一个有限型拟凝聚理想层(比如说 X 是 Noether 概形, $\mathscr{F}$ 是凝聚 $\mathscr{O}_X$ 模层, $\mathscr{J}$ 是 $\mathscr{O}_X$ 的凝聚理想层), 并且 $\mathscr{F}$ 的支集包含在 $\mathscr{O}_X/\mathscr{J}$ 的支集之中. 则可以找到一个整数 $n > 0$, 使得 $\mathscr{J}^n \mathscr{F} = 0$.

由于 X 可以写成有限个仿射开集的并集, 故可归结到 $X = \mathrm{Spec}\, A$, $\mathscr{F} = \widetilde{M}$, $\mathscr{J} = \widetilde{\mathfrak{I}}$ 的情形, 其中 M 是一个有限型 A 模, $\mathfrak{I}$ 是 A 的一个有限型理想 (1.4.1 和 1.5.1). 于是 $\mathfrak{I}$ 具有一个有限生成元组 f_i $(1 \leqslant i \leqslant m)$. 根据前提条件, $\mathscr{F}$ 的任何整体截面在每个 $D(f_i)$ 上的限制都等于零. 若 s_j $(1 \leqslant j \leqslant q)$ 是 $\mathscr{F}$ 的一组整体截面, 并且可以生成 M, 则可以找到一个不依赖于 i 和 j 的整数 h, 使得 $f_i^h s_j = 0$ (1.4.1), 从而对任意 $s \in M$, 我们都有 $f_i^h s = 0$. 由此可知, 若令 $n = mh$, 则有 $\mathfrak{I}^n M = 0$, 从而对应的 $\mathscr{O}_X$ 模层 $\mathscr{J}^n \mathscr{F} = (\mathfrak{I}^n M)^\sim$ (1.3.13) 等于零.

推论 (9.3.5) — 在 (9.3.4) 的前提条件下, 可以找到 X 的一个以 $\mathrm{Supp}(\mathscr{O}_X/\mathscr{J})$ 为底空间的闭子概形 Y, 使得 $\mathscr{F} = j_* j^* \mathscr{F}$, 其中 $j: Y \to X$ 是典范含入.

首先注意到 $\mathscr{O}_X/\mathscr{J}$ 和 $\mathscr{O}_X/\mathscr{J}^n$ 具有相同的支集, 因为若 $\mathscr{J}_x = \mathscr{O}_x$, 则也有 $\mathscr{J}_x^n = \mathscr{O}_x$, 且另一方面, 对任意 $x \in X$, 我们都有 $\mathscr{J}_x^n \subseteq \mathscr{J}_x$. 从而依照 (9.3.4), 可以假设 $\mathscr{J}\mathscr{F} = 0$. 现在取 Y 是 X 的由 $\mathscr{J}$ 所定义的闭子概形, 则由于 $\mathscr{F}$ 是一个 $(\mathscr{O}_X/\mathscr{J})$ 模层, 故结论是显然的.

* (订正 III, 30) — 把推论 (9.3.5) 改为下面的命题:

命题 (9.3.5) — 设 X 是一个概形, $\mathscr{F}$ 是一个有限型拟凝聚 $\mathscr{O}_X$ 模层. 则可以找到 X 的一个以 $\mathrm{Supp}\, \mathscr{F}$ 为底空间的闭子概形 Y 和一个有限型拟凝聚 $\mathscr{O}_Y$ 模层 $\mathscr{G}$, 使得 $\mathscr{F}$ 同构于 $j_* \mathscr{G}$, 其中 $j: Y \to X$ 是典范含入.

只需证明 $\mathscr{F}$ 的零化子理想层 $\mathscr{J}$ 是拟凝聚的, 因为此时可以取 Y 是由 $\mathscr{J}$ 所定义闭子概形 (4.1.2), 且由于 $\mathscr{J}\mathscr{F} = 0$, 故知 $\mathscr{F}$ 是一个 $(\mathscr{O}_X/\mathscr{J})$ 模层, 从而取 $\mathscr{G} = j^* \mathscr{F}$ 即可满足要求. 为了证明 $\mathscr{J}$ 是拟凝聚的, 可以 (因为问题是局部性的) 限于考虑 $X = \mathrm{Spec}\, A$, $\mathscr{F} = \widetilde{M}$ 的情形, 其中 M 可由有限个元素 x_i $(1 \leqslant i \leqslant r)$ 所生成, 此时理想层 $\mathscr{J}$ 就是这些 x_i 的零化子层的交集. 然而 x_i 的零化子层是 A 到 M 的同态 $s \mapsto s x_i$ 所对应的同态 $\mathscr{O}_X \to \mathscr{F}$ 的核, 从而是一个拟凝聚理想层 (4.1.1), 而且有限个拟凝聚理想层的交集也是拟凝聚理想层 (1.3.10).*

9.4　拟凝聚层的延拓

(9.4.1) 设 X 是一个拓扑空间, $\mathscr{F}$ 是 X 上的一个集合层 (切转: 群层, 环层), U 是 X 的一个开集, $\psi: U \to X$ 是典范含入, $\mathscr{G}$ 是 $\mathscr{F}|_U = \psi^* \mathscr{F}$ 的一个子层. 由于 ψ_* 是左正合的, 故知 $\psi_* \mathscr{G}$ 是 $\psi_* \psi^* \mathscr{F}$ 的一个子层. 考虑典范同态 $\rho: \mathscr{F} \to \psi_* \psi^* \mathscr{F}$ (**0**, 3.5.3), 我们用 $\overline{\mathscr{G}}$ 来记 $\mathscr{F}$ 的子层 $\rho^{-1}(\psi_* \mathscr{G})$. 由定义容易看出, 对于 X 的任意开集 V, $\Gamma(V, \overline{\mathscr{G}})$ 都是由这样一些截面 $s \in \Gamma(V, \mathscr{F})$ 所组成的, 即它在 $V \cap U$ 上的限制是 $\mathscr{G}$ 在 $V \cap U$ 上的一个截面. 从而我们有 $\overline{\mathscr{G}}|_U = \psi^* \overline{\mathscr{G}} = \mathscr{G}$, 并且 $\overline{\mathscr{G}}$ 就是 $\mathscr{F}$ 的能够在 U 上给出 $\mathscr{G}$ 的最大子层. 我们把 $\overline{\mathscr{G}}$ 称为 $\mathscr{F}|_U$ 的子层 $\mathscr{G}$ 在 $\mathscr{F}$ 中的典范延拓.

命题 (9.4.2) — 设 X 是一个概形, U 是 X 的一个开子集, 假设典范含入 $j: U \to X$ 是一个拟紧态射 (若 X 的底空间是局部 *Noether* 空间, 则该条件对于任意开集 U 都成立). 则有:

(i) 对任意拟凝聚 $\mathscr{O}_X|_U$ 模层 $\mathscr{G}$, $j_* \mathscr{G}$ 都是一个拟凝聚 $\mathscr{O}_X$ 模层, 并且我们有 $j_* \mathscr{G}|_U = j^* j_* \mathscr{G} = \mathscr{G}$.

(ii) 对任意拟凝聚 $\mathscr{O}_X$ 模层 $\mathscr{F}$ 和 $\mathscr{F}|_U$ 的任意拟凝聚 $\mathscr{O}_X|_U$ 子模层 $\mathscr{G}$, $\mathscr{G}$ 的典范延拓 $\overline{\mathscr{G}}$ (9.4.1) 都是 $\mathscr{F}$ 的一个拟凝聚 $\mathscr{O}_X$ 子模层.

设 $j = (\psi, \theta)$ (ψ 是底空间的含入 $U \to X$), 则根据定义, 对任意 $\mathscr{O}_X|_U$ 模层 $\mathscr{G}$, 我们都有 $j_* \mathscr{G} = \psi_* \mathscr{G}$, 进而, 基于开集上的诱导概形的定义, 对任意 $\mathscr{O}_X$ 模层 $\mathscr{H}$, 我们都有 $j^* \mathscr{H} = \psi^* \mathscr{H} = \mathscr{H}|_U$, 从而 (i) 是 (9.2.2, a)) 的一个特殊情形. 同理可知, $j_* j^* \mathscr{F}$ 是拟凝聚的, 且由于 $\overline{\mathscr{G}}$ 就是 $j_* \mathscr{G}$ 在同态 $\rho: \mathscr{F} \to j_* j^* \mathscr{F}$ 下的逆像, 故知 (ii) 缘自 (4.1.1).

注意到如果开集 U 是拟紧的, 并且 X 是分离概形, 则态射 $j: U \to X$ 总是拟紧的, 事实上, 此时 U 可以写成有限个仿射开集 U_i 的并集, 并且对于 X 的任意仿射开集 V, $V \cap U_i$ 都是仿射开集 (5.5.6), 从而是拟紧的.

推论 (9.4.3) — 设 X 是一个概形, U 是 X 的一个拟紧开集, 并且含入态射 $j: U \to X$ 是拟紧的. 进而假设任何拟凝聚 $\mathscr{O}_X$ 模层都是它的有限型拟凝聚 $\mathscr{O}_X$ 子模层的归纳极限 (比如当 X 是仿射概形的时候就是如此). 设 $\mathscr{F}$ 是一个拟凝聚 $\mathscr{O}_X$ 模层, $\mathscr{G}$ 是 $\mathscr{F}|_U$ 的一个**有限型**拟凝聚 $\mathscr{O}_X|_U$ 子模层. 则可以找到 $\mathscr{F}$ 的一个**有限型**拟凝聚 $\mathscr{O}_X$ 子模层 $\mathscr{G}'$, 使得 $\mathscr{G}'|_U = \mathscr{G}$.

事实上, 我们有 $\mathscr{G} = \overline{\mathscr{G}}|_U$, 并且 $\overline{\mathscr{G}}$ 是拟凝聚的, 这是根据 (9.4.2), 从而它可以写成有限型拟凝聚 $\mathscr{O}_X$ 子模层 $\mathscr{H}_\lambda$ 的归纳极限. 此时 $\mathscr{G}$ 就是那些 $\mathscr{H}_\lambda|_U$ 的归纳极限, 从而就等于某个 $\mathscr{H}_\lambda|_U$, 因为它是有限型的 (**0**, 5.2.3).

注解 (9.4.4) — 假设对任意仿射开集 $U \subseteq X$, 含入态射 $U \to X$ 都是拟紧的. 于是若 (9.4.3) 的结论对所有仿射开集 U 和 $\mathscr{F}|_U$ 的所有有限型拟凝聚 $\mathscr{O}_X|_U$ 子模

层 $\mathscr{G}$ 都成立, 则 $\mathscr{F}$ 本身就是它的有限型拟凝聚 $\mathscr{O}_X$ 子模层的归纳极限. 事实上, 对任意仿射开集 $U \subseteq X$, 我们都有 $\mathscr{F}|_U = \widetilde{M}$, 其中 M 是一个 A(U) 模, 且由于后者是它的有限型子模的归纳极限, 故知 $\mathscr{F}|_U$ 是它的有限型拟凝聚 $\mathscr{O}_X|_U$ 子模层的归纳极限 (1.3.9). 现在根据前提条件, 每一个这样的子模层都是由 $\mathscr{F}$ 的某个有限型拟凝聚 $\mathscr{O}_X$ 子模层 $\mathscr{G}_{\lambda,U}$ 在 U 上所稼入的. 这些 $\mathscr{G}_{\lambda,U}$ 的有限和仍然是有限型拟凝聚 $\mathscr{O}_X$ 模层, 因为问题是局部性的, 并且 X 是仿射概形的情形已经在 (1.3.10) 中得到了证明. 于是易见 $\mathscr{F}$ 就是这些有限和的归纳极限, 故得我们的结论.

推论 (9.4.5) — 在 (9.4.3) 的前提条件下, 对任意有限型拟凝聚 $\mathscr{O}_X|_U$ 模层 $\mathscr{G}$, 均可找到一个有限型拟凝聚 $\mathscr{O}_X$ 模层 $\mathscr{G}'$, 使得 $\mathscr{G}'|_U = \mathscr{G}$.

由于 $\mathscr{F} = j_* \mathscr{G}$ 是拟凝聚的 (9.4.2), 并且 $\mathscr{F}|_U = \mathscr{G}$, 故只需把 (9.4.3) 应用到 $\mathscr{F}$ 上.

引理 (9.4.6) — 设 X 是一个概形, L 是一个良序集, $(V_\lambda)_{\lambda \in L}$ 是 X 的一个仿射开覆盖, U 是 X 的一个开集. 对任意 $\lambda \in L$, 令 $W_\lambda = \bigcup_{\mu < \lambda} V_\mu$. 假设: $1°$ 对任意 $\lambda \in L$, $V_\lambda \cap W_\lambda$ 都是拟紧的; $2°$ 浸入态射 $U \to X$ 是拟紧的. 则对任意拟凝聚 $\mathscr{O}_X$ 模层 $\mathscr{F}$ 和 $\mathscr{F}|_U$ 的任意**有限型**拟凝聚 $\mathscr{O}_X|_U$ 子模层 $\mathscr{G}$, 均可找到 $\mathscr{F}$ 的一个**有限型**拟凝聚 $\mathscr{O}_X$ 子模层 $\mathscr{G}'$, 使得 $\mathscr{G}'|_U = \mathscr{G}$.

令 $U_\lambda = U \cup W_\lambda$. 我们使用超限归纳法来定义一个族 $(\mathscr{G}'_\lambda)$, 其中 $\mathscr{G}'_\lambda$ 是 $\mathscr{F}|_{U_\lambda}$ 的一个有限型拟凝聚 $(\mathscr{O}_X|_{U_\lambda})$ 子模层, 并且对于 $\mu < \lambda$, 均有 $\mathscr{G}'_\lambda|_{U_\mu} = \mathscr{G}'_\mu$, 而 $\mathscr{G}'_\lambda|_U = \mathscr{G}$. 此时 $\mathscr{F}$ 的那个满足 "对任意 $\lambda \in L$ 均有 $\mathscr{G}'|_{U_\lambda} = \mathscr{G}'_\lambda$" 的 $\mathscr{O}_X$ 子模层 $\mathscr{G}'$ (唯一) 就满足我们的要求. 现在我们假设对所有 $\mu < \lambda$ 都已经定义了 $\mathscr{G}'_\mu$, 并满足上面所说的条件. 若 λ 没有前导, 则取 $\mathscr{G}'_\lambda$ 是 $\mathscr{F}|_{U_\lambda}$ 的那个满足 "对任意 $\mu < \lambda$ 均有 $\mathscr{G}'_\lambda|_{U_\mu} = \mathscr{G}'_\mu$" 的 $(\mathscr{O}_X|_{U_\lambda})$ 子模层 (唯一), 这是合理的, 因为这些 U_μ $(\mu < \lambda)$ 构成 U_λ 的一个覆盖. 相反地, 若 $\lambda = \mu + 1$, 则有 $U_\lambda = U_\mu \cup V_\mu$, 于是只需定义出 $\mathscr{F}|_{V_\mu}$ 的一个有限型拟凝聚 $(\mathscr{O}_X|_{V_\mu})$ 子模层 $\mathscr{G}''_\mu$, 使之满足

$$\mathscr{G}''_\mu|_{(U_\mu \cap V_\mu)} = \mathscr{G}'_\mu|_{(U_\mu \cap V_\mu)},$$

然后取 $\mathscr{G}'_\lambda$ 就是 $\mathscr{F}|_{U_\lambda}$ 的那个满足 "$\mathscr{G}'_\lambda|_{U_\mu} = \mathscr{G}'_\mu$ 且 $\mathscr{G}'_\lambda|_{V_\mu} = \mathscr{G}'''_\mu$" 的 $(\mathscr{O}_X|_{U_\lambda})$ 子模层即可 $(0, 3.3.1)$. 现在由于 V_μ 是仿射的, 故 $\mathscr{G}''_\mu$ 的存在性可由 (9.4.3) 所证实, 只要我们能证明 $U_\mu \cap V_\mu$ 是拟紧的, 然而 $U_\mu \cap V_\mu$ 就是 $U \cap V_\mu$ 和 $W_\mu \cap V_\mu$ 的并集, 并且根据前提条件, 这两个集合都是拟紧的.

定理 (9.4.7) — 设 X 是一个概形, U 是 X 的一个开集. 假设下面两个条件之一得到满足:

a) X 的底空间是局部 *Noether* 空间.

b) X 是拟紧分离概形, U 是拟紧开集.

　　则对任意的拟凝聚 $\mathscr{O}_X$ 模层 $\mathscr{F}$ 和 $\mathscr{F}|_U$ 的任意**有限型**拟凝聚 $\mathscr{O}_X|_U$ 子模层 $\mathscr{G}$, 均可找到 $\mathscr{F}$ 的一个**有限型**拟凝聚 $\mathscr{O}_X$ 子模层 $\mathscr{G}'$, 使得 $\mathscr{G}'|_U = \mathscr{G}$.

　　设 $(V_\lambda)_{\lambda \in L}$ 是 X 的一个仿射开覆盖, 在情形 b) 中, 可以假设 L 是有限的. L 上有一个良序集的结构, 故只需验证引理 (9.4.6) 中的条件可以得到满足. 在情形 a) 中这是显然的, 因为空间 V_λ 都是 Noether 空间. 在情形 b) 中, 这些 $V_\lambda \cap V_\mu$ 都是仿射的 (5.5.6), 从而是拟紧的, 又因为 L 是有限的, 故知 $V_\lambda \cap W_\lambda$ 是拟紧的. 这就证明了定理.

　　推论 (9.4.8) —— 在 (9.4.7) 的前提条件下, 对任意的有限型拟凝聚 $\mathscr{O}_X|_U$ 模层 $\mathscr{G}$, 均可找到一个有限型拟凝聚 $\mathscr{O}_X$ 模层 $\mathscr{G}'$, 使得 $\mathscr{G}'|_U = \mathscr{G}$.

　　只需把 (9.4.7) 应用到 $\mathscr{F} = j_*\mathscr{G}$ 上, 因为它是拟凝聚的 (9.4.2), 并且满足 $\mathscr{F}|_U = \mathscr{G}$.

　　推论 (9.4.9) —— 设 X 是一个拟紧分离概形, 或者是一个具有局部 *Noether* 底空间的概形. 则任何拟凝聚 $\mathscr{O}_X$ 模层都是它的有限型拟凝聚 $\mathscr{O}_X$ 子模层的归纳极限.

　　这是缘自 (9.4.7) 和注解 (9.4.4).

　　推论 (9.4.10) —— 在 (9.4.9) 的前提条件下, 若 $\mathscr{F}$ 是一个拟凝聚 $\mathscr{O}_X$ 模层, 并且它的任何有限型拟凝聚 $\mathscr{O}_X$ 子模层都可由整体截面所生成, 则 $\mathscr{F}$ 也可由整体截面所生成.

　　事实上, 设 U 是点 $x \in X$ 的一个仿射开邻域, 并设 s 是 $\mathscr{F}$ 在 U 上的一个截面, 则 s 生成了 $\mathscr{F}|_U$ 的一个 $\mathscr{O}_X|_U$ 子模层 $\mathscr{G}$, 它是有限型且拟凝聚的, 从而可以找到 $\mathscr{F}$ 的一个有限型拟凝聚 $\mathscr{O}_X$ 模层 $\mathscr{G}'$, 使得 $\mathscr{G}'|_U = \mathscr{G}$ (9.4.7). 根据前提条件, 可以找到 $\mathscr{G}'$ 的有限个整体截面 t_i 和 $\mathscr{O}_X$ 在 x 的某邻域 $V \subseteq U$ 上的有限个截面 a_i, 使得 $s|_V = \sum_i a_i.(t_i|_V)$, 这就证明了推论.

9.5　概形的概像; 子概形的概闭包

　　命题 (9.5.1) —— 设 $f : X \to Y$ 是一个概形态射, 并使得 $f_*\mathscr{O}_X$ 是一个拟凝聚 $\mathscr{O}_Y$ 模层 (比如 f 是拟紧分离的, 或者 f 是拟紧的并且 X 是局部 *Noether* 的 (9.2.2)). 于是在 Y 的那些使得典范含入 $j : Y' \to Y$ 能够遮蔽 f (这也相当于说 (4.4.1), 使得 X 的子概形 $f^{-1}(Y')$ 与 X 相等) 的闭子概形 Y' 中有一个最小的.

　　更确切地说:

　　推论 (9.5.2) —— 在 (9.5.1) 的前提条件下, 设 $f = (\psi, \theta)$, 并设 $\mathscr{J}$ 是同态 $\theta : \mathscr{O}_Y \to f_*\mathscr{O}_X$ 的核 (拟凝聚). 则由 $\mathscr{J}$ 所定义的 Y 的闭子概形 Y' 就是 (9.5.1) 中的最小闭子概形.

由于函子 ψ^* 是正合的, 从而典范分解 $\theta : \mathscr{O}_Y \to \mathscr{O}_Y / \mathscr{J} \xrightarrow{\theta'} \psi_* \mathscr{O}_X$ 可以给出一个分解 $\theta^\sharp : \psi^* \mathscr{O}_Y \to \psi^* \mathscr{O}_Y / \psi^* \mathscr{J} \xrightarrow{\theta'^\sharp} \mathscr{O}_X$ (**0**, 3.5.4.3). 由于在任何点 $x \in X$ 处, $\theta_x^\sharp$ 都是一个局部同态, 故知 $\theta_x'^\sharp$ 也是局部同态. 若以 ψ_0 来记 X 到 Y' 的连续映射 ψ, 并以 θ_0 来记限制 $\theta'|_{Y'} : (\mathscr{O}_Y / \mathscr{J})|_{Y'} \to (\psi_* \mathscr{O}_X)|_{Y'} = (\psi_0)_*(\mathscr{O}_X)$, 则我们看到 $f_0 = (\psi_0, \theta_0)$ 是一个概形态射 $X \to Y'$ (2.2.1), 且满足 $f = j \circ f_0$. 现在若 Y'' 是 Y 的另一个闭子概形, 由 $\mathscr{O}_Y$ 的一个拟凝聚理想层 $\mathscr{J}'$ 所定义, 并使得含入 $j' : Y'' \to Y$ 能够遮蔽 f, 则我们首先有 $Y'' \supseteq \psi(X)$, 从而 $Y' \subseteq Y''$, 因为 Y'' 是闭的. 进而, 对任意 $y \in Y''$, θ_y 都能够分解为 $\mathscr{O}_y \to \mathscr{O}_y / \mathscr{J}'_y \to (\psi_* \mathscr{O}_X)_y$, 故由定义就可以推出 $\mathscr{J}'_y \subseteq \mathscr{J}_y$, 从而 Y' 是 Y'' 的一个闭子概形 (4.1.10).

定义 (9.5.3) — 如果 Y 有一个闭子概形 Y' 使得典范含入 $j : Y' \to Y$ 能够遮蔽 f, 并且 Y' 是满足此条件的闭子概形中的最小者, 则我们把 Y' 称为 X 在态射 f 下的**概像**.

命题 (9.5.4) — 若 $f_* \mathscr{O}_X$ 是一个拟凝聚 $\mathscr{O}_Y$ 模层, 则 X 在 f 下的概像的底空间就是 $f(X)$ 在 Y 中的闭包 $\overline{f(X)}$.

由于 $f_* \mathscr{O}_X$ 的支集包含在 $\overline{f(X)}$ 中, 故 (在 (9.5.2) 的记号下) 对任意 $y \notin \overline{f(X)}$, 我们都有 $\mathscr{J}_y = \mathscr{O}_y$, 从而 $\mathscr{O}_Y / \mathscr{J}$ 的支集包含在 $\overline{f(X)}$ 中. 进而, 这个支集是闭的, 并且包含 $f(X)$. 事实上, 若 $y \in f(X)$, 则环 $(\psi_* \mathscr{O}_X)_y$ 的单位元不是零, 因为它就是截面

$$1 \in \Gamma(X, \mathscr{O}_X) = \Gamma(Y, \psi_* \mathscr{O}_X)$$

在 y 处的芽, 又因为它是 $\mathscr{O}_y$ 的单位元在 θ 下的像, 且后者不属于 $\mathscr{J}_y$, 从而 $\mathscr{O}_y / \mathscr{J}_y \neq 0$, 这就证明了命题.

命题 (9.5.5) (概像的传递性) — 设 $f : X \to Y$ 和 $g : Y \to Z$ 是两个概形态射. 假设 X 在 f 下的概像 Y' 是存在的, 并且若 g' 是 g 在 Y' 上的限制, 则 Y' 在 g' 下的概像 Z' 也是存在的. 则 X 在 $g \circ f$ 下的概像是存在的, 并且就等于 Z'.

只需 (9.5.1) 证明, Z' 就是 Z 的那些满足下述条件的闭子概形 Z_1 中的最小者: 它使得 X 的闭子概形 $(g \circ f)^{-1}(Z_1)$ (等于 $f^{-1}(g^{-1}(Z_1))$ (4.4.2)) 与 X 相等, 这也相当于说, Z' 是 Z 的那些使得 f 可被含入 $g^{-1}(Z_1) \to Y$ 所遮蔽的闭子概形 Z_1 中的最小者 (4.4.1). 现在概像 Y' 的存在性表明, 任何这样的 Z_1 都能使 $g^{-1}(Z_1)$ 遮蔽 Y', 这也等价于 $j^{-1}(g^{-1}(Z_1)) = g'^{-1}(Z_1) = Y'$, 其中 j 是含入 $Y' \to Y$. 根据 Z' 的定义, 这就可以推出 Z' 是 Z 的满足上述条件的最小闭子概形.

推论 (9.5.6) — 设 $f : X \to Y$ 是一个 S 态射, 并使得 Y 就是 X 在 f 下的概像. 设 Z 是一个分离 S 概形, 于是若 Y 到 Z 的两个 S 态射 g_1, g_2 满足 $g_1 \circ f = g_2 \circ f$, 则必有 $g_1 = g_2$.

设 $h = (g_1, g_2)_S : Y \to Z \times_S Z$. 由于对角线 $T = \Delta_Z(Z)$ 是 $Z \times_S Z$ 的一个闭子概形, 故知 $Y' = h^{-1}(T)$ 是 Y 的一个闭子概形 (4.4.1). 令 $u = g_1 \circ f = g_2 \circ f$, 则由纤维积的定义知, $h' = h \circ f = (u, u)_S$, 从而 $h \circ f = \Delta_Z \circ u$. 由于 $\Delta_Z^{-1}(T) = Z$, 故有 $h'^{-1}(T) = u^{-1}(Z) = X$, 从而 $f^{-1}(Y') = X$. 于是由此可知 (4.4.1), 典范含入 $Y' \to Y$ 能够遮蔽 f, 从而根据前提条件, $Y' = Y$. 因而 (4.4.1) h 可以分解为 $\Delta_Z \circ v$, 其中 v 是一个态射 $Y \to Z$, 这就表明 $g_1 = g_2 = v$.

注解 (9.5.7) — 若 X 和 Y 都是分离 S 概形, 则命题 (9.5.6) 意味着, 如果 Y 是 X 在 f 下的概像, 则 f 是分离 S 概形范畴中的一个满态射 (T, 1.1). 我们将在第五章证明, 反之, 若 X 在 f 下的概像 Y' 是存在的, 并且 f 是分离 S 概形之间的一个满态射, 则必有 $Y' = Y$.

命题 (9.5.8) — 假设 (9.5.1) 的前提条件得到满足, 并设 Y' 是 X 在 f 下的概像. 对于 Y 的一个开集 V, 设 $f_V : f^{-1}(V) \to V$ 是 f 的限制, 则 $f^{-1}(V)$ 在 f_V 下的概像是存在的 (在 V 中), 并且就等于 Y' 在开集 $V \cap Y'$ 上所诱导的概形(换句话说, 就等于 Y 的子概形 $\inf(V, Y')$ (4.4.3)).

令 $X' = f^{-1}(V)$, 则由于 $\mathscr{O}_{X'}$ 在 f_V 下的顺像刚好就是 $f_* \mathscr{O}_X$ 在 V 上的限制, 故易见同态 $\mathscr{O}_V \to (f_V)_*(\mathscr{O}_{X'})$ 的核就是 $\mathscr{J}$ 在 V 上的限制, 由此立得结论.

注意到这个结果也可以解释成: 若 $Y_1 \to Y$ 是一个开浸入, 则概像与基扩张 $Y_1 \to Y$ 是可交换的. 我们将在第四章证明, 这对于 $Y_1 \to Y$ 是平坦态射的情形也是成立的, 只要 f 是拟紧分离的.

命题 (9.5.9) — 设 $f : X \to Y$ 是一个态射, 并设 X 在 f 下的概像 Y' 是存在的.

(i) 若 X 是既约的, 则 Y' 也是如此.

(ii) 若 (9.5.1) 的前提条件得到满足, 并且 X 是不可约的 (切转: 整的), 则 Y' 也是如此.

根据前提条件, 态射 f 可以分解为 $X \xrightarrow{g} Y' \xrightarrow{j} Y$, 其中 j 是典范含入. 由于 X 是既约的, 故知 g 可以分解为 $X \xrightarrow{h} Y'_{\mathrm{red}} \xrightarrow{j'} Y'$, 其中 j' 是典范含入 (5.2.2), 从而由 Y' 的定义知, $Y'_{\mathrm{red}} = Y'$. 进而若 (9.5.1) 的条件得到满足, 则由 (9.5.4) 知, $f(X)$ 在 Y' 中是稠密的. 从而若 X 是不可约的, 则 Y' 也是不可约的 (**0**, 2.1.5). 结合以上两个方面, 就可以得到整概形部分的结论.

命题 (9.5.10) — 设 Y 是概形 X 的一个子概形, 并设典范含入 $i : Y \to X$ 是一个拟紧态射. 则 X 有一个遮蔽 Y 的最小闭子概形 $\overline{Y}$, 它的底空间就是 Y 的底空间的闭包. Y 的底空间在它的闭包中是开的, 并且概形 Y 就是 $\overline{Y}$ 在这个开集上所诱导的概形.

只需把 (9.5.1) 应用到含入 j 上, 因为根据前提条件, j 是分离 (5.5.1) 且拟紧的, 从而 (9.5.1) 就证明了 $\overline{Y}$ 的存在性, 并且 (9.5.4) 表明, 它的底空间就是 Y 在 X 中的闭包. 由于 Y 在 X 中是局部闭的, 从而它在 $\overline{Y}$ 中是开的, 再把 (9.5.8) 应用到 X 的一个使得 Y 在其中是闭集的开集 V 上就可以得到最后一句话.

在这些记号下, 若含入 $V \to X$ 是拟紧的, 并且 $\mathscr{J}$ 是 $\mathscr{O}_X|_V$ 的那个定义了 V 的闭子概形 Y 的拟凝聚理想层, 则由 (9.5.1) 知, $\mathscr{O}_X$ 的那个定义了 $\overline{Y}$ 的拟凝聚理想层就是 $\mathscr{J}$ 的典范延拓 $\overline{\mathscr{J}}$ (9.4.1), 因为它显然是 $\mathscr{O}_X$ 的那个能够在 V 上给出 $\mathscr{J}$ 的最大拟凝聚理想层.

推论 (9.5.11) — 在 (9.5.10) 的前提条件下, 若 $\mathscr{O}_{\overline{Y}}$ 在 $\overline{Y}$ 的开集 V 上的一个截面限制到 $V \cap Y$ 上等于零, 则它本身也是零.

依照 (9.5.8), 问题可以归结到 $V = \overline{Y}$ 的情形. 有见于 $\mathscr{O}_{\overline{Y}}$ 在 $\overline{Y}$ 上的截面与 $\overline{Y} \otimes_{\mathbb{Z}} \mathbb{Z}[T]$ 的 $\overline{Y}$ 截面是典范对应的 (3.3.15), 并且 $\overline{Y} \otimes_{\mathbb{Z}} \mathbb{Z}[T]$ 在 $\overline{Y}$ 上是分离的, 故知这个推论是 (9.5.6) 的一个特殊情形.

对于 X 的一个子概形 Y, 如果 X 有一个遮蔽它的最小闭子概形 Y', 则我们把 Y' 称为 Y 在 X 中的概闭包.

9.6 拟凝聚代数层; 改变结构层

命题 (9.6.1) — 设 X 是一个概形, $\mathscr{B}$ 是一个拟凝聚 $\mathscr{O}_X$ 代数层 (**0**, 5.1.3). 则为了使一个 $\mathscr{B}$ 模层 $\mathscr{F}$ 是拟凝聚的 (在环积空间 $(X, \mathscr{B})$ 上), 必须且只需 $\mathscr{F}$ 是一个拟凝聚 $\mathscr{O}_X$ 模层.

由于问题是局部性的, 故可假设 X 是仿射的, 环为 A, 从而 $\mathscr{B} = \widetilde{B}$, 其中 B 是一个 A 代数 (1.4.3). 若 $\mathscr{F}$ 在环积空间 $(X, \mathscr{B})$ 上是拟凝聚的, 则还可以假设 $\mathscr{F}$ 是某个 $\mathscr{B}$ 同态 $\mathscr{B}^{(I)} \to \mathscr{B}^{(J)}$ 的余核, 由于这个同态也是一个 $\mathscr{O}_X$ 模层同态, 并且 $\mathscr{B}^{(I)}$ 和 $\mathscr{B}^{(J)}$ 都是拟凝聚的 $\mathscr{O}_X$ 模层 (1.3.9, (ii)), 从而 $\mathscr{F}$ 也是一个拟凝聚 $\mathscr{O}_X$ 模层 (1.3.9, (i)).

反过来, 若 $\mathscr{F}$ 是一个拟凝聚 $\mathscr{O}_X$ 模层, 则有 $\mathscr{F} = \widetilde{M}$, 其中 M 是一个 B 模 (1.4.3). M 同构于某个 B 同态 $B^{(I)} \to B^{(J)}$ 的余核, 从而 $\mathscr{F}$ 作为 $\mathscr{B}$ 模层也就同构于对应同态 $\mathscr{B}^{(I)} \to \mathscr{B}^{(J)}$ 的余核 (1.3.13), 这就完成了证明.

特别地, 若 $\mathscr{F}$ 和 $\mathscr{G}$ 是两个拟凝聚 $\mathscr{B}$ 模层, 则 $\mathscr{F} \otimes_{\mathscr{B}} \mathscr{G}$ 也是一个拟凝聚 $\mathscr{B}$ 模层, 如果进而假设 $\mathscr{F}$ 是有限呈示的, 则 $\mathscr{H}om_{\mathscr{B}}(\mathscr{F}, \mathscr{G})$ 也是拟凝聚的 (1.3.13).

(9.6.2) 给了一个概形 X, 所谓一个拟凝聚 $\mathscr{O}_X$ 代数层 $\mathscr{B}$ 是有限型的, 是指对任意 $x \in X$, 均可找到 x 的一个仿射开邻域 U, 使得 $\Gamma(U, \mathscr{B}) = B$ 是 $\Gamma(U, \mathscr{O}_X) = A$ 上的一个有限型代数. 于是我们有 $\mathscr{B}|_U = \widetilde{B}$, 并且对任意 $f \in A$, 稍入 $(\mathscr{O}_X|_{D(f)})$ 代

数层 $\mathscr{B}|_{D(f)}$ 也都是有限型的, 因为它同构于 $(B_f)^\sim$, 而且 $B_f = B \otimes_A A_f$ 显然是 A_f 上的有限型代数. 由于这些 $D(f)$ 构成 U 的一个拓扑基, 故知若 $\mathscr{B}$ 是有限型拟凝聚 $\mathscr{O}_X$ 代数层, 则对于 X 的任何开集 V, $\mathscr{B}|_V$ 都是有限型拟凝聚 $(\mathscr{O}_X|_V)$ 代数层.

命题 (9.6.3) — 设 X 是一个局部 *Noether* 概形. 则有限型拟凝聚 $\mathscr{O}_X$ 代数层 $\mathscr{B}$ 都是凝聚环层 (**0**, 5.3.7).

可以限于考虑 X 是仿射概形的情形, 则它的环 A 是 Noether 的, 并且 $\mathscr{B} = \widetilde{B}$, 其中 B 是一个有限型 A 代数, 从而 B 是一个 Noether 环. 在此基础上, 只需证明任何 $\mathscr{B}$ 同态 $\mathscr{B}^m \to \mathscr{B}$ 的核 $\mathscr{N}$ 都是有限型 $\mathscr{B}$ 模层. 现在 $\mathscr{N}$ (作为 $\mathscr{B}$ 模层) 同构于 $\widetilde{N}$, 其中 N 是对应的 B 模同态 $B^m \to B$ 的核 (1.3.13). 由于 B 是 Noether 的, 故知 B^m 的子模 N 是一个有限型 B 模, 从而可以找到一个同态 $B^p \to B^m$, 它的像就是 N. 由于序列 $B^p \to B^m \to B$ 是正合的, 故知对应的序列 $\mathscr{B}^p \to \mathscr{B}^m \to \mathscr{B}$ 也是正合的 (1.3.5), 且由于 $\mathscr{N}$ 就是 $\mathscr{B}^p \to \mathscr{B}^m$ 的像 (1.3.9, (i)), 故命题得证.

推论 (9.6.4) — 在 (9.6.3) 的前提条件下, 为了使一个 $\mathscr{B}$ 模层 $\mathscr{F}$ 是凝聚的, 必须且只需它既是拟凝聚的 $\mathscr{O}_X$ 模层又是有限型的 $\mathscr{B}$ 模层. 在这种情况下, 若 $\mathscr{G}$ 是 $\mathscr{F}$ 的一个 $\mathscr{B}$ 子模层或 $\mathscr{B}$ 商模层, 则为了使 $\mathscr{G}$ 是一个凝聚 $\mathscr{B}$ 模层, 必须且只需它是一个拟凝聚 $\mathscr{O}_X$ 模层.

有见于 (9.6.1), $\mathscr{F}$ 上的这个条件显然是必要的, 下面证明它也是充分的. 可以限于考虑 X 是仿射概形的情形, 则它的环 A 是 Noether 的, $\mathscr{B} = \widetilde{B}$, 其中 B 是一个有限型 A 代数, $\mathscr{F} = \widetilde{M}$, 其中 M 是一个 B 模, 并且我们有一个 $\mathscr{B}$ 满同态 $\mathscr{B}^m \to \mathscr{F} \to 0$. 于是得到一个对应的正合序列 $B^m \to M \to 0$, 从而 M 是有限型 B 模. 进而, 同态 $B^m \to M$ 的核 P 也是一个有限型 B 模, 因为 B 是 Noether 的. 由此可知 (1.3.13), $\mathscr{F}$ 是某个 $\mathscr{B}$ 同态 $\mathscr{B}^n \to \mathscr{B}^m$ 的余核, 从而是凝聚的, 因为 $\mathscr{B}$ 是凝聚环层 (**0**, 5.3.4). 同理可知, $\mathscr{F}$ 的拟凝聚 $\mathscr{B}$ 子模层 (切转: $\mathscr{B}$ 商模层) 也都是有限型的, 这就证明了推论的第二部分.

命题 (9.6.5) — 设 X 是一个拟紧分离概形, 或者是一个具有 *Noether* 底空间的概形. 则对任意的有限型拟凝聚 $\mathscr{O}_X$ 代数层 $\mathscr{B}$, 均可找到 $\mathscr{B}$ 的一个有限型拟凝聚 $\mathscr{O}_X$ 模层 $\mathscr{E}$, 使得 $\mathscr{E}$ 可以生成 $\mathscr{O}_X$ 代数层 $\mathscr{B}$ (**0**, 4.1.3).

事实上, 根据前提条件, 可以找到 X 的一个有限仿射开覆盖 (U_i), 使得这些 $\Gamma(U_i, \mathscr{B}) = B_i$ 都是 $\Gamma(U_i, \mathscr{O}_X) = A_i$ 上的有限型代数. 设 E_i 是 B_i 的一个能够生成 A_i 代数 B_i 的有限型 A_i 子模, 依照 (9.4.7), 可以找到 $\mathscr{B}$ 的一个有限型拟凝聚 $\mathscr{O}_X$ 子模层 $\mathscr{E}_i$, 使得 $\mathscr{E}_i|_{U_i} = \widetilde{E}_i$. 易见这些 $\mathscr{E}_i$ 之和 $\mathscr{E}$ 就满足我们的要求.

命题 (9.6.6) — 设 X 是一个拟紧分离概形, 或者是一个具有局部 *Noether* 底空间的概形. 则任何拟凝聚 $\mathscr{O}_X$ 代数层 $\mathscr{B}$ 都是它的有限型拟凝聚 $\mathscr{O}_X$ 子代数层的归纳极限.

事实上, 由 (9.4.9) 知, $\mathscr{B}$ 是它的有限型拟凝聚 $\mathscr{O}_X$ 子模层的归纳极限 (作为 $\mathscr{O}_X$ 模层). 这些有限型 $\mathscr{O}_X$ 模层可以生成 $\mathscr{B}$ 的一些有限型拟凝聚 $\mathscr{O}_X$ 子代数层 (1.3.14), 自然 $\mathscr{B}$ 也是后者的归纳极限.

§10. 形式概形

10.1 仿射形式概形

(10.1.1) 设 A 是一个可容拓扑环 (**0**, 7.1.2), 对于 A 的任何一个定义理想 $\mathfrak{I}$, $\mathrm{Spec}(A/\mathfrak{I})$ 都可以等同于 $\mathrm{Spec}\, A$ 的闭子空间 $V(\mathfrak{I})$ (1.1.11), 它也是 A 的全体开素理想的集合, 这个拓扑空间其实并不依赖于定义理想 $\mathfrak{I}$ 的选择, 我们记之为 $\mathfrak{X}$. 设 $(\mathfrak{I}_\lambda)$ 是 0 在 A 中的一个由定义理想所组成的基本邻域组, 并且对每个 λ, 设 $\mathscr{O}_\lambda$ 是 $\mathrm{Spec}(A/\mathfrak{I}_\lambda)$ 的结构层, 则它是层 $\widetilde{A/\mathfrak{I}_\lambda}$ 在 $\mathfrak{X}$ 上的稼入层 (该层在 $\mathfrak{X}$ 之外等于零). 从而对于 $\mathfrak{I}_\mu \subseteq \mathfrak{I}_\lambda$, 典范同态 $A/\mathfrak{I}_\mu \to A/\mathfrak{I}_\lambda$ 定义了一个环层同态 $u_{\lambda\mu} : \mathscr{O}_\mu \to \mathscr{O}_\lambda$ (1.6.1), 并且 $(\mathscr{O}_\lambda)$ 在这些同态下成为一个环层投影系. 由于 $\mathfrak{X}$ 上的拓扑具有一个由拟紧开集所组成的拓扑基, 故可把每个 $\mathscr{O}_\lambda$ 都拼续成一个伪离散拓扑环层 (**0**, 3.8.1), 它的底环层就是不带拓扑的 $\mathscr{O}_\lambda$, 我们把它仍记作 $\mathscr{O}_\lambda$. 于是这些 $\mathscr{O}_\lambda$ 也构成一个拓扑环层的投影系 (**0**, 3.8.2). 我们把投影系 $(\mathscr{O}_\lambda)$ 的投影极限记作 $\mathscr{O}_\mathfrak{X}$, 它是 $\mathfrak{X}$ 上的一个拓扑环层. 从而对于 $\mathfrak{X}$ 的任何拟紧开集 U, $\Gamma(U, \mathscr{O}_\mathfrak{X})$ 都等于离散环投影系 $(\Gamma(U, \mathscr{O}_\lambda))$ 的投影极限拓扑环 (**0**, 3.2.6).

定义 (10.1.2) — 给了一个可容拓扑环 A, 所谓 A 的形式谱, 是指由 $\mathrm{Spec}\, A$ 中的开素理想所组成的闭子空间 $\mathfrak{X}$, 记作 $\mathrm{Spf}\, A$. 所谓一个拓扑环积空间是仿射形式概形, 是指它同构于这样一个环积空间, 它的底空间是一个形式谱 $\mathrm{Spf}\, A = \mathfrak{X}$, 结构层 $\mathscr{O}_\mathfrak{X}$ 则是伪离散环层族 $(\widetilde{A/\mathfrak{I}_\lambda})|_\mathfrak{X}$ 的投影极限拓扑环层, 其中 $\mathfrak{I}_\lambda$ 跑遍由 A 的定义理想所组成的滤相集.

以后只要我们说到形式谱 $\mathfrak{X} = \mathrm{Spf}\, A$ 是一个仿射形式概形, 都是指按照上面的方法定义出来的拓扑环积空间 $(\mathfrak{X}, \mathscr{O}_\mathfrak{X})$.

可以把任何仿射概形 $X = \mathrm{Spec}\, A$ 都 (以唯一的方式) 看作是一个仿射形式概形, 即把 A 看作是离散拓扑环. 于是如果 U 是一个拟紧开集, 则拓扑环 $\Gamma(U, \mathscr{O}_X)$ 是离散的 (然而对于 X 的任意开集, 情况未必如此).

命题 (10.1.3) — 若 $\mathfrak{X} = \mathrm{Spf}\, A$, 其中 A 是一个可容环, 则 $\Gamma(\mathfrak{X}, \mathscr{O}_\mathfrak{X})$ 可以拓扑同构于 A.

事实上, 由于 $\mathfrak{X}$ 在 $\mathrm{Spec}\, A$ 中是闭的, 从而它是拟紧的, 故知 $\Gamma(\mathfrak{X}, \mathscr{O}_\mathfrak{X})$ 拓扑同构

于这些离散环 $\Gamma(\mathfrak{X}, \mathscr{O}_\lambda)$ 的投影极限, 但是 $\Gamma(\mathfrak{X}, \mathscr{O}_\lambda)$ 就同构于 $A/\mathfrak{I}_\lambda$ (1.3.7). 由于 A 是分离且完备的, 故它拓扑同构于 $\varprojlim A/\mathfrak{I}_\lambda$ (**0**, 7.2.1), 这就证明了命题.

命题 (10.1.4) — 设 A 是一个可容环, $\mathfrak{X} = \mathrm{Spf}\, A$, 并且对任意 $f \in A$, 设 $\mathfrak{D}(f) = D(f) \cap \mathfrak{X}$, 则拓扑环积空间 $(\mathfrak{D}(f), \mathscr{O}_\mathfrak{X}|_{\mathfrak{D}(f)})$ 可以同构于仿射形式概形 $\mathrm{Spf}\, A_{\{f\}}$ (**0**, 7.6.15).

对于 A 的任何定义理想 $\mathfrak{I}$, 离散环 $S_f^{-1}A/S_f^{-1}\mathfrak{I}$ 都可以典范等同于 $A_{\{f\}}/\mathfrak{I}_{\{f\}}$ (**0**, 7.6.9), 从而 (1.2.5 和 1.2.6) 拓扑空间 $\mathrm{Spf}\, A_{\{f\}}$ 可以典范等同于 $\mathfrak{D}(f)$. 进而, 对于 $\mathfrak{X}$ 的任何包含在 $\mathfrak{D}(f)$ 中的拟紧开集 U, $\Gamma(U, \mathscr{O}_\lambda)$ 都可以等同于 $\mathrm{Spec}(S_f^{-1}A/S_f^{-1}\mathfrak{I}_\lambda)$ 的结构层在 U 上的截面模 (1.3.6), 从而, 若令 $\mathfrak{Y} = \mathrm{Spf}\, A_{\{f\}}$, 则 $\Gamma(U, \mathscr{O}_\mathfrak{X})$ 可以等同于截面模 $\Gamma(U, \mathscr{O}_\mathfrak{Y})$, 这就证明了命题.

(10.1.5) 作为忽略拓扑的环层, 依照 (10.1.4), $\mathrm{Spf}\, A$ 的结构层 $\mathscr{O}_\mathfrak{X}$ 具有下面的性质: 在任意点 $x \in \mathfrak{X}$ 处, 它的茎条都可以等同于归纳极限 $\varinjlim A_{\{f\}}$, 其中 $f \notin \mathfrak{j}_x$. 从而 (**0**, 7.6.17 和 7.6.18) 我们有:

命题 (10.1.6) — 对任意 $x \in \mathfrak{X} = \mathrm{Spf}\, A$, 茎条 $\mathscr{O}_x$ 都是局部环, 并且它的剩余类域同构于 $\boldsymbol{k}(x) = A_x/\mathfrak{j}_x A_x$. 进而若 A 是 Noether 进制环, 则这些 $\mathscr{O}_x$ 都是 Noether 环.

由于 $\boldsymbol{k}(x)$ 不是 0, 故由这个结果可知, 环层 $\mathscr{O}_\mathfrak{X}$ 的支集等于 $\mathfrak{X}$.

10.2 仿射形式概形的态射

(10.2.1) 设 A, B 是两个可容环, $\varphi : B \to A$ 是一个连续同态. 则连续映射 $^a\varphi : \mathrm{Spec}\, A \to \mathrm{Spec}\, B$ (1.2.1) 把 $\mathfrak{X} = \mathrm{Spf}\, A$ 映到 $\mathfrak{Y} = \mathrm{Spf}\, B$ 之中, 因为 A 的开素理想在 φ 下的逆像也是 B 的开素理想. 另一方面, 对任意 $g \in B$, φ 都定义了一个连续同态 $\Gamma(\mathfrak{D}(g), \mathscr{O}_\mathfrak{Y}) \to \Gamma(\mathfrak{D}(\varphi(g)), \mathscr{O}_\mathfrak{X})$, 这是依据 (10.1.4), (10.1.3) 和 (**0**, 7.6.7). 由于这些同态与把 g 换成 g 的因子时所给出的限制映射是相容的, 并且 $\mathfrak{D}(\varphi(g)) = {}^a\varphi^{-1}(\mathfrak{D}(g))$, 故它们定义了一个拓扑环层的连续同态 $\mathscr{O}_\mathfrak{Y} \to {}^a\varphi_* \mathscr{O}_\mathfrak{X}$ (**0**, 3.2.5), 我们把它仍记作 $\tilde{\varphi}$. 由此得到了一个拓扑环积空间的态射 $\Phi = ({}^a\varphi, \tilde{\varphi}) : \mathfrak{X} \to \mathfrak{Y}$. 注意到作为忽略拓扑的环层同态, $\tilde{\varphi}$ 在任何点 $x \in \mathfrak{X}$ 处都定义了茎条之间的一个同态 $\tilde{\varphi}_x^\sharp : \mathscr{O}_{^a\varphi(x)} \to \mathscr{O}_x$.

命题 (10.2.2) — 设 A, B 是两个可容环, 并设 $\mathfrak{X} = \mathrm{Spf}\, A$, $\mathfrak{Y} = \mathrm{Spf}\, B$. 则为了使一个拓扑环积空间的态射 $u = (\psi, \theta) : \mathfrak{X} \to \mathfrak{Y}$ 具有 $({}^a\varphi, \tilde{\varphi})$ 的形状, 其中 φ 是一个拓扑环的连续同态 $B \to A$, 必须且只需在任何点 $x \in \mathfrak{X}$ 处, $\theta_x^\sharp : \mathscr{O}_{\psi(x)} \to \mathscr{O}_x$ 都是一个局部同态.

条件是必要的. 事实上, 设 $\mathfrak{p} = \mathfrak{j}_x \in \mathrm{Spf}\, A$, 并设 $\mathfrak{q} = \varphi^{-1}(\mathfrak{j}_x)$, 从而若 $g \notin \mathfrak{q}$, 则有 $\varphi(g) \notin \mathfrak{p}$, 并且易见由 φ 所导出的同态 $B_{\{g\}} \to A_{\{\varphi(g)\}}$ (**0**, 7.6.7) 把 $\mathfrak{q}_{\{g\}}$ 映到 $\mathfrak{p}_{\{\varphi(g)\}}$

之中. 从而通过取归纳极限, 我们看到 (有见于 (10.1.5) 和 $(\mathbf{0}, 7.6.17)$) $\widetilde{\varphi}_x^{\natural}$ 是一个局部同态.

反之, 设 (ψ, θ) 是一个满足上述条件的态射, 则依照 (10.1.3), θ 定义了一个拓扑环的连续同态

$$\varphi = \Gamma(\theta) : \quad B = \Gamma(\mathfrak{Y}, \mathscr{O}_{\mathfrak{Y}}) \longrightarrow \Gamma(\mathfrak{X}, \mathscr{O}_{\mathfrak{X}}) = A.$$

根据 θ 上的前提条件, 为了使 $\mathscr{O}_{\mathfrak{X}}$ 在 $\mathfrak{X}$ 上的截面 $\varphi(g)$ 在点 x 处具有可逆的芽, 必须且只需 g 在点 $\psi(x)$ 处具有可逆的芽. 然而依照 $(\mathbf{0}, 7.6.17)$, $\mathscr{O}_{\mathfrak{X}}$ (切转: $\mathscr{O}_{\mathfrak{Y}}$) 在 $\mathfrak{X}$ (切转: $\mathfrak{Y}$) 上的那些在点 x (切转: $\psi(x)$) 处具有不可逆芽的截面刚好就是 j_x 中的元素 (切转: $j_{\psi(x)}$ 中的元素), 从而上述注解表明 ${}^a\varphi = \psi$. 最后, 对任意 $g \in B$, 图表

$$
\begin{array}{ccc}
B = \Gamma(\mathfrak{Y}, \mathscr{O}_{\mathfrak{Y}}) & \xrightarrow{\ \varphi\ } & \Gamma(\mathfrak{X}, \mathscr{O}_{\mathfrak{X}}) = A \\
\downarrow & & \downarrow \\
B_{\{g\}} = \Gamma(\mathfrak{D}(g), \mathscr{O}_{\mathfrak{Y}}) & \xrightarrow[\Gamma(\theta_{\mathfrak{D}(g)})]{} & \Gamma(\mathfrak{D}(\varphi(g)), \mathscr{O}_{\mathfrak{X}}) = A_{\{\varphi(g)\}}
\end{array}
$$

都是交换的, 故根据完备分式环的普适性质 $(\mathbf{0}, 7.6.6)$, 对任意 $g \in B$, $\theta_{\mathfrak{D}(g)}$ 都等于 $\widetilde{\varphi}_{\mathfrak{D}(g)}$, 从而 $(\mathbf{0}, 3.2.5)$ 我们有 $\theta = \widetilde{\varphi}$.

我们把满足 (10.2.2) 中条件的态射 (ψ, θ) 称为仿射形式概形的态射. 于是可以说, A 的函子 $\operatorname{Spf} A$ 与 $\mathfrak{X}$ 的函子 $\Gamma(\mathfrak{X}, \mathscr{O}_{\mathfrak{X}})$ 定义了可容环范畴和仿射形式概形范畴的反接范畴之间的一个等价 (T, I, 1.2).

(10.2.3) 注意到作为 (10.2.2) 的一个特殊情形, 对于 $f \in A$, 从诱导形式概形 $\mathfrak{D}(f)$ 到 $\mathfrak{X}$ 的典范含入就对应着典范连续同态 $A \to A_{\{f\}}$. 在 (10.2.2) 的前提条件下, 设 h 是 B 的一个元素, g 是 A 的一个元素, 并且是 $\varphi(h)$ 的倍元, 则我们有 $\psi(\mathfrak{D}(g)) \subseteq \mathfrak{D}(h)$. 把 u 在 $\mathfrak{D}(g)$ 上的限制看作是 $\mathfrak{D}(g)$ 到 $\mathfrak{D}(h)$ 的一个态射, 则它就是使得下述图表交换的那个唯一的态射 v:

$$
\begin{array}{ccc}
\mathfrak{D}(g) & \xrightarrow{\ v\ } & \mathfrak{D}(h) \\
\downarrow & & \downarrow \\
\mathfrak{X} & \xrightarrow[u]{} & \mathfrak{Y}
\end{array},
$$

这个态射又对应着使得下述图表交换的那个唯一的连续同态 $\varphi' : B_{\{h\}} \to A_{\{g\}}$ $(\mathbf{0}, 7.6.7)$:

$$
\begin{array}{ccc}
A & \xleftarrow{\ \varphi\ } & B \\
\downarrow & & \downarrow \\
A_{\{g\}} & \xleftarrow[\varphi']{} & B_{\{h\}}
\end{array}.
$$

10.3 仿射形式概形的定义理想层

(10.3.1) 设 A 是一个可容环, $\mathfrak{I}$ 是 A 的一个开理想, $\mathfrak{X}$ 是仿射形式概形 Spf A. 设 $(\mathfrak{I}_\lambda)$ 是由 A 的所有包含在 $\mathfrak{I}$ 中的定义理想所组成的集合, 则 $\widetilde{\mathfrak{I}}/\widetilde{\mathfrak{I}}_\lambda$ 是 $\widetilde{A}/\widetilde{\mathfrak{I}}_\lambda$ 的一个理想层. 我们用 $\mathfrak{I}^\Delta$ 来记这些 $\widetilde{\mathfrak{I}}/\widetilde{\mathfrak{I}}_\lambda$ 在 $\mathfrak{X}$ 上的稼入层的投影极限, 则它可以等同于 $\mathscr{O}_\mathfrak{X}$ 的一个理想层 (**0**, 3.2.6). 对任意 $f \in A$, $\Gamma(\mathfrak{D}(f), \mathfrak{I}^\Delta)$ 都是这些 $S_f^{-1}\mathfrak{I}/S_f^{-1}\mathfrak{I}_\lambda$ 的投影极限, 换句话说, 可以把它等同于 $A_{\{f\}}$ 的开理想 $\mathfrak{I}_{\{f\}}$ (**0**, 7.6.9), 特别地, $\Gamma(\mathfrak{X}, \mathfrak{I}^\Delta)$ $= \mathfrak{I}$. 由此可知 (因为这些 $\mathfrak{D}(f)$ 构成 $\mathfrak{X}$ 的一个拓扑基), 我们有

(10.3.1.1) $$\mathfrak{I}^\Delta|_{\mathfrak{D}(f)} = (\mathfrak{I}_{\{f\}})^\Delta.$$

(10.3.2) 在 (10.3.1) 的记号下, 对任意 $f \in A$, 从 $A_{\{f\}} = \Gamma(\mathfrak{D}(f), \mathscr{O}_\mathfrak{X})$ 到 $\Gamma(\mathfrak{D}(f),$ $(\widetilde{A}/\widetilde{\mathfrak{I}})|_\mathfrak{X}) = S_f^{-1}A/S_f^{-1}\mathfrak{I}$ 的典范映射都是满的, 并且它的核就是 $\Gamma(\mathfrak{D}(f), \mathfrak{I}^\Delta) = \mathfrak{I}_{\{f\}}$ (**0**, 7.6.9). 从而这些映射定义了从拓扑环层 $\mathscr{O}_\mathfrak{X}$ 到离散环层 $(\widetilde{A}/\widetilde{\mathfrak{I}})|_\mathfrak{X}$ 的一个连续满同态, 称之为典范同态, 它的核就是 $\mathfrak{I}^\Delta$, 而且这个同态刚好就是 $\widetilde{\varphi}$, 其中 φ 是指连续同态 $A \to A/\mathfrak{I}$ (10.2.1). 仿射形式概形的态射 $(\mathbf{\psi}, \widetilde{\varphi}) : \mathrm{Spec}(A/\mathfrak{I}) \to \mathfrak{X}$ (其中 $\mathbf{\psi}$ 就是 $\mathfrak{X}$ 到自身的恒同同胚) 也被称为典范态射. 从而根据上面所述, 我们有一个典范同构

(10.3.2.1) $$\mathscr{O}_\mathfrak{X}/\mathfrak{I}^\Delta \xrightarrow{\sim} (\widetilde{A}/\widetilde{\mathfrak{I}})|_\mathfrak{X}.$$

易见 (依据 $\Gamma(\mathfrak{X}, \mathfrak{I}^\Delta) = \mathfrak{I}$) 映射 $\mathfrak{I} \mapsto \mathfrak{I}^\Delta$ 是严格递增的. 根据上面所述, 对于 $\mathfrak{I} \subseteq \mathfrak{I}'$, 层 $\mathfrak{I}'^\Delta/\mathfrak{I}^\Delta$ 可以典范同构于 $\widetilde{\mathfrak{I}'}/\widetilde{\mathfrak{I}} = (\mathfrak{I}'/\mathfrak{I})^\sim$.

(10.3.3) 前提条件和记号仍与 (10.3.1) 相同, 所谓 $\mathscr{O}_\mathfrak{X}$ 的一个理想层 $\mathscr{J}$ 是 $\mathfrak{X}$ 的一个定义理想层, 或称 $\mathscr{O}_\mathfrak{X}$ 定义理想层, 是指对任意点 $x \in \mathfrak{X}$, 均可找到 x 的一个形如 $\mathfrak{D}(f)$ 的开邻域, 其中 $f \in A$, 使得 $\mathscr{J}_{\mathfrak{D}(f)}$ 具有 $\mathfrak{H}^\Delta$ 的形状, 其中 $\mathfrak{H}$ 是 $A_{\{f\}}$ 的一个定义理想.

命题 (10.3.4) — 对任意 $f \in A$, $\mathfrak{X}$ 的任何定义理想层在 $\mathfrak{D}(f)$ 上的稼入层都是 $\mathfrak{D}(f)$ 的一个定义理想层.

这是缘自 (10.3.1.1).

命题 (10.3.5) — 若 A 是一个可容环, 则 $\mathfrak{X} = \mathrm{Spf}\, A$ 的任何定义理想层都具有 $\mathfrak{I}^\Delta$ 的形状, 其中 $\mathfrak{I}$ 是 A 的一个定义理想, 并且是唯一确定的.

事实上, 设 $\mathscr{J}$ 是 $\mathfrak{X}$ 的一个定义理想层. 根据前提条件和 $\mathfrak{X}$ 的拟紧性, 可以找到有限个元素 $f_i \in A$, 使得这些 $\mathfrak{D}(f_i)$ 可以覆盖 $\mathfrak{X}$, 并且 $\mathscr{J}|_{\mathfrak{D}(f_i)} = \mathfrak{H}_i^\Delta$, 其中 $\mathfrak{H}_i$ 是 $A_{\{f_i\}}$ 的一个定义理想. 从而对任意 i, 均可找到 A 的一个开理想 $\mathfrak{K}_i$, 使得 $(\mathfrak{K}_i)_{\{f_i\}} = \mathfrak{H}_i$ (**0**, 7.6.9). 设 $\mathfrak{K}$ 是 A 的一个定义理想, 且包含在所有 $\mathfrak{K}_i$ 之中. 于是 $\mathscr{J}/\mathfrak{K}^\Delta$ 在 $\mathrm{Spec}(A/\mathfrak{K})$ 的结构层 $(A/\mathfrak{K})^\sim$ 中的典范像 (10.3.2) 在每个 $\mathfrak{D}(f_i)$ 上的限

制都与 $(\mathfrak{K}_i/\mathfrak{K})^{\sim}$ 的限制是相等的. 由此可知, 这个典范像是 $\mathrm{Spec}(A/\mathfrak{K})$ 上的一个拟凝聚层, 从而具有 $(\mathfrak{I}/\mathfrak{K})^{\sim}$ 的形状, 其中 $\mathfrak{I}$ 是 A 的一个包含 $\mathfrak{K}$ 的理想 (1.4.1), 故得 $\mathscr{J} = \mathfrak{I}^{\Delta}$ (10.3.2). 进而, 由于对任意 i, 均可找到一个整数 $n_i > 0$, 使得 $\mathfrak{K}_i^{n_i} \subseteq \mathfrak{K}_{\{f_i\}}$, 从而若令 n 是这些 n_i 中的最大者, 则有 $(\mathscr{J}/\mathfrak{K}^{\Delta})^n = 0$, 故知 $((\mathfrak{I}/\mathfrak{K})^{\sim})^n = 0$ (10.3.2), 由此得知 $(\mathfrak{I}/\mathfrak{K})^n = 0$ (1.3.13), 这就证明了 $\mathfrak{I}$ 是 A 的一个定义理想 (**0**, 7.1.4).

命题 (10.3.6) — 设 A 是一个进制环, $\mathfrak{I}$ 是 A 的一个定义理想, 并假设 $\mathfrak{I}/\mathfrak{I}^2$ 是有限型 $A/\mathfrak{I}$ 模. 则对任意整数 $n > 0$, 均有 $(\mathfrak{I}^{\Delta})^n = (\mathfrak{I}^n)^{\Delta}$.

事实上, 对任意 $f \in A$, 我们都有 (因为 $\mathfrak{I}^n$ 是开理想)

$$(\Gamma(D(f), \mathfrak{I}^{\Delta}))^n = (\mathfrak{I}_{\{f\}})^n = (\mathfrak{I}^n)_{\{f\}} = \Gamma(\mathfrak{D}(f), (\mathfrak{I}^n)^{\Delta}),$$

这是依据 (10.3.1.1) 和 (**0**, 7.6.12). 由于 $(\mathfrak{I}^{\Delta})^n$ 就是预层 $U \mapsto (\Gamma(U, \mathfrak{I}^{\Delta}))^n$ 的拼续层 (**0**, 4.1.6), 并且这些 $\mathfrak{D}(f)$ 构成 $\mathfrak{X}$ 的一个拓扑基, 故得结论.

(10.3.7) 所谓 $\mathfrak{X}$ 的一族定义理想层 $(\mathscr{J}_\lambda)$ 是一个基本定义理想层组, 是指 $\mathfrak{X}$ 的任何定义理想层都包含着某个 $\mathscr{J}_\lambda$. 由于 $\mathscr{J}_\lambda = \mathfrak{I}_\lambda^{\Delta}$, 从而这也相当于说, $(\mathfrak{I}_\lambda)$ 构成 0 在 A 中的一个基本邻域组. 设 (f_α) 是 A 的一族元素, 且使得这些 $\mathfrak{D}(f_\alpha)$ 可以覆盖 $\mathfrak{X}$. 于是若 $(\mathscr{J}_\lambda)$ 是 $\mathcal{O}_{\mathfrak{X}}$ 的理想层的一个递减滤相族, 并且对任意 α, 族 $(\mathscr{J}_\lambda|_{\mathfrak{D}(f_\alpha)})$ 都是 $\mathfrak{D}(f_\alpha)$ 的一个基本定义理想层组, 则 $(\mathscr{J}_\lambda)$ 就是 $\mathfrak{X}$ 的一个基本定义理想层组. 事实上, 对于 $\mathfrak{X}$ 的任意定义理想层 $\mathscr{J}$, 我们都可以找到 $\mathfrak{X}$ 的一个由形如 $\mathfrak{D}(f_i)$ 的开集所组成的有限覆盖, 使得对每个 i, $\mathscr{J}_{\lambda_i}|_{\mathfrak{D}(f_i)}$ 都是 $\mathfrak{D}(f_i)$ 的一个包含在 $\mathscr{J}|_{\mathfrak{D}(f_i)}$ 中的定义理想层. 于是若 μ 是一个使得 $\mathscr{J}_\mu \subseteq \mathscr{J}_{\lambda_i}$ 对所有 i 都成立的指标, 则由 (10.3.3) 知, $\mathscr{J}_\mu$ 是 $\mathfrak{X}$ 的一个定义理想层, 且易见它包含在 $\mathscr{J}$ 之中, 故得我们的结论.

10.4 形式概形和态射

(10.4.1) 给了一个拓扑环积空间 $\mathfrak{X}$, 所谓一个开集 $U \subseteq \mathfrak{X}$ 是 $\mathfrak{X}$ 的一个仿射形式开集(切转:进制仿射形式开集, *Noether* 仿射形式开集), 是指 $\mathfrak{X}$ 在 U 上所诱导的拓扑环积空间是一个仿射形式概形 (切转: 具有进制环的仿射形式概形, 具有 Noether 进制环的仿射形式概形).

定义 (10.4.2) — 形式概形是指这样的一个拓扑环积空间 $\mathfrak{X}$, 它的每一点都有一个仿射形式开邻域. 所谓一个形式概形 $\mathfrak{X}$ 是进制的 (切转: 局部 *Noether* 的), 是指 $\mathfrak{X}$ 的每一点都有一个进制仿射形式开邻域 (切转: *Noether* 仿射形式开邻域). 所谓 $\mathfrak{X}$ 是 *Noether* 的, 是指它是局部 *Noether* 的, 并且它的底空间是拟紧的 (从而是 *Noether* 空间).

命题 (10.4.3) — 若 $\mathfrak{X}$ 是一个形式概形 (切转: 局部 Noether 形式概形), 则它的仿射形式开集 (切转: Noether 仿射形式开集) 构成 $\mathfrak{X}$ 的一个拓扑基.

这是缘自 (10.4.2) 和 (10.1.4), 只需注意到下面这个事实: 若 A 是一个 Noether 进制环, 则对任意 $f \in A$, $A_{\{f\}}$ 都是如此 (**0**, 7.6.11).

推论 (10.4.4) — 若 $\mathfrak{X}$ 是一个形式概形 (切转: 局部 Noether 形式概形, Noether 形式概形), 则它在每个开集上所诱导的拓扑环积空间都是一个形式概形 (切转: 局部 Noether 形式概形, Noether 形式概形).

定义 (10.4.5) — 给了两个形式概形 $\mathfrak{X}, \mathfrak{Y}$, 所谓 $\mathfrak{X}$ 到 $\mathfrak{Y}$ 的一个 (形式概形) 态射, 就是这样一个拓扑环积空间的态射 (ψ, θ), 即在任意点 $x \in \mathfrak{X}$ 处, $\theta_x^{\sharp} : \mathscr{O}_{\psi(x)} \to \mathscr{O}_x$ 都是一个局部同态.

易见形式概形的两个态射的合成也是一个态射, 从而全体形式概形构成一个范畴, 我们用 $\mathrm{Hom}(\mathfrak{X}, \mathfrak{Y})$ 来记从形式概形 $\mathfrak{X}$ 到形式概形 $\mathfrak{Y}$ 的全体态射的集合.

若 U 是 $\mathfrak{X}$ 的一个开子集, 则 $\mathfrak{X}$ 在 U 上所诱导的形式概形到 $\mathfrak{X}$ 的典范含入就是一个形式概形的态射 (而且是拓扑环积空间的单态射 (**0**, 4.1.1)).

命题 (10.4.6) — 设 $\mathfrak{X}$ 是一个形式概形, $\mathfrak{S} = \mathrm{Spf}\, A$ 是一个仿射形式概形. 则在形式概形 $\mathfrak{X}$ 到形式概形 $\mathfrak{S}$ 的态射与环 A 到拓扑环 $\Gamma(\mathfrak{X}, \mathscr{O}_{\mathfrak{X}})$ 的连续同态之间有一个一一对应.

证明方法与 (2.2.4) 相同, 只需把同态都换成连续同态, 把仿射开集都换成仿射形式开集, 并且用 (10.2.2) 替换 (1.7.3) 即可, 细节留给读者.

(10.4.7) 给了一个形式概形 $\mathfrak{S}$, 所谓 $\mathfrak{S}$ 上的一个形式概形 $\mathfrak{X}$, 是指一个形式概形 $\mathfrak{X}$ 连同一个态射 $\varphi : \mathfrak{X} \to \mathfrak{S}$, 此时我们也称 $\mathfrak{X}$ 是一个 $\mathfrak{S}$ 形式概形, 并且称 φ 是 $\mathfrak{S}$ 形式概形 $\mathfrak{X}$ 的结构态射. 若 $\mathfrak{S} = \mathrm{Spf}\, A$, 其中 A 是一个可容环, 则我们也把 $\mathfrak{S}$ 形式概形称为 A 形式概形或 A 上的形式概形. 任何形式概形都可以看作是 $\mathbb{Z}$ (带有离散拓扑) 上的形式概形.

设 $\mathfrak{X}, \mathfrak{Y}$ 是两个 $\mathfrak{S}$ 形式概形, 所谓一个态射 $u : \mathfrak{X} \to \mathfrak{Y}$ 是 $\mathfrak{S}$ 态射, 是指它使图表

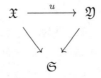

成为交换的, 这里的斜箭头都是结构态射. 根据这个定义, 全体 $\mathfrak{S}$ 形式概形 (固定 $\mathfrak{S}$) 构成一个范畴. 我们用 $\mathrm{Hom}_{\mathfrak{S}}(\mathfrak{X}, \mathfrak{Y})$ 来记 $\mathfrak{S}$ 形式概形 $\mathfrak{X}$ 到 $\mathfrak{S}$ 形式概形 $\mathfrak{Y}$ 的 $\mathfrak{S}$ 态射的集合. 如果 $\mathfrak{S} = \mathrm{Spf}\, A$, 则我们也把 $\mathfrak{S}$ 态射称为 A 态射.

(10.4.8) 由于任何仿射概形都可以被看作是仿射形式概形 (10.1.2), 故知任何 (通常) 概形都可以被看作是形式概形. 进而由 (10.4.5) 知, 对于通常概形来说, 它们作为形式概形的态射 (切转: S 态射) 与 §2 中所定义的通常态射 (切转: S 态射) 是一致的.

10.5　形式概形的定义理想层

(10.5.1) 设 $\mathfrak{X}$ 是一个形式概形. 所谓一个 $\mathscr{O}_{\mathfrak{X}}$ 理想层 $\mathscr{J}$ 是 $\mathfrak{X}$ 的一个定义理想层, 或称 $\mathscr{O}_{\mathfrak{X}}$ 定义理想层, 是指任何点 $x \in \mathfrak{X}$ 都具有一个仿射形式开邻域 U, 使得 $\mathscr{J}|_U$ 是仿射形式概形 U 的一个定义理想层 (10.3.3). 于是依照 (10.3.1.1) 和 (10.4.3), 对任意开集 $V \subseteq \mathfrak{X}$, $\mathscr{J}|_V$ 都是诱导形式概形 V 的一个定义理想层.

所谓 $\mathfrak{X}$ 的一族定义理想层 $(\mathscr{J}_\lambda)$ 是一个基本定义理想层组, 是指可以找到 $\mathfrak{X}$ 的一个由仿射形式开集所组成的覆盖 (U_α), 使得在每个仿射形式概形 U_α 上, 这些 $\mathscr{J}_\lambda|_{U_\alpha}$ 都是一个基本定义理想层组 (10.3.7). 由 (10.3.7) 末尾的注解可知, 如果 $\mathfrak{X}$ 是一个仿射形式概形, 则这个定义与 (10.3.7) 中的定义是一致的. 于是对任意开集 $V \subseteq \mathfrak{X}$, 这些限制层 $\mathscr{J}_\lambda|_V$ 都构成诱导形式概形 V 的一个基本定义理想层组 (10.3.1.1). 若 $\mathfrak{X}$ 是一个局部 *Noether* 形式概形, 并且 $\mathscr{J}$ 是 $\mathfrak{X}$ 的一个定义理想层, 则由 (10.3.6) 知, 全体方幂 $\mathscr{J}^n$ 构成 $\mathfrak{X}$ 的一个基本定义理想层组.

(10.5.2) 设 $\mathfrak{X}$ 是一个形式概形, $\mathscr{J}$ 是 $\mathfrak{X}$ 的一个定义理想层. 则环积空间 $(\mathfrak{X}, \mathscr{O}_{\mathfrak{X}}/\mathscr{J})$ 是一个 (通常)概形, 并且当 $\mathfrak{X}$ 是仿射形式概形 (切转: 局部 Noether 形式概形, Noether 形式概形) 时, 这个概形是仿射的 (切转: 局部 Noether 的, Noether 的). 事实上, 问题可以归结到仿射的情形, 此时我们在 (10.3.2) 中已经给出了证明. 进而, 若 $\theta : \mathscr{O}_{\mathfrak{X}} \to \mathscr{O}_{\mathfrak{X}}/\mathscr{J}$ 是典范同态, 则 $u = (1_{\mathfrak{X}}, \theta)$ 是一个形式概形的态射(称为典范态射), 因为同样可以立即归结到仿射的情形, 此时 (10.3.2) 已经给出了证明.

命题 (10.5.3) — 设 $\mathfrak{X}$ 是一个形式概形, $(\mathscr{J}_\lambda)$ 是 $\mathfrak{X}$ 的一个基本定义理想层组. 则拓扑环层 $\mathscr{O}_{\mathfrak{X}}$ 就是这些伪离散环层 (0, 3.8.1) $\mathscr{O}_{\mathfrak{X}}/\mathscr{J}_\lambda$ 的投影极限.

由于 $\mathfrak{X}$ 上的拓扑具有一个由拟紧的仿射形式开集所组成的拓扑基 (10.4.3), 故问题可以归结到仿射的情形, 此时命题可由 (10.3.5), (10.3.2) 和定义 (10.1.1) 推出.

虽然不能确定是否任意的形式概形都有定义理想层, 但我们有

命题 (10.5.4) — 设 $\mathfrak{X}$ 是一个局部 *Noether* 形式概形. 则 $\mathfrak{X}$ 具有一个最大的定义理想层 $\mathscr{T}$, 它就是使概形 $(\mathfrak{X}, \mathscr{O}_{\mathfrak{X}}/\mathscr{T})$ 成为既约概形的那个唯一的定义理想层 $\mathscr{T}$. 若 $\mathscr{J}$ 是 $\mathfrak{X}$ 的任何一个定义理想层, 则 $\mathscr{T}$ 也是 $\mathscr{O}_{\mathfrak{X}}/\mathscr{J}$ 的诣零根在 $\mathscr{O}_{\mathfrak{X}} \to \mathscr{O}_{\mathfrak{X}}/\mathscr{J}$ 下的逆像.

首先假设 $\mathfrak{X} = \mathrm{Spf}\, A$, 其中 A 是一个 Noether 进制环. 则 $\mathscr{T}$ 的存在性及其性质

均可由 (10.3.5) 和 (5.1.1) 立得, 只需注意到 A 具有一个满足上述性质的最大定义理想 $(\mathbf{0}, 7.1.6$ 和 $7.1.7)$.

为了在一般情况下建立 $\mathscr{T}$ 的存在性及其性质, 只需证明若 $U \supseteq V$ 是 $\mathfrak{X}$ 的两个 Noether 仿射形式开集, 则 U 上的最大定义理想层 $\mathscr{T}_U$ 在 V 上的稼入层就是 V 上的最大定义理想层 $\mathscr{T}_V$. 然而 $(V, (\mathscr{O}_{\mathfrak{X}}|_V)/(\mathscr{T}_U|_V))$ 是既约的, 故由上面所述就可以推出结论.

我们用 $\mathfrak{X}_{\mathrm{red}}$ 来记这个既约 (通常) 概形 $(\mathfrak{X}, \mathscr{O}_{\mathfrak{X}}/\mathscr{T})$.

推论 (10.5.5) — 设 $\mathfrak{X}$ 是一个局部 *Noether* 形式概形, $\mathscr{T}$ 是 $\mathfrak{X}$ 的最大定义理想层, 则对于 $\mathfrak{X}$ 的任意开集 V, $\mathscr{T}|_V$ 都是诱导形式概形 V 的最大定义理想层.

命题 (10.5.6) — 设 $\mathfrak{X}, \mathfrak{Y}$ 是两个形式概形, $\mathscr{J}$ (切转: $\mathscr{K}$) 是 $\mathfrak{X}$ (切转: $\mathfrak{Y}$) 的一个定义理想层, $f : \mathfrak{X} \to \mathfrak{Y}$ 是一个形式概形的态射.

(i) 若 $(f^*\mathscr{K})\mathscr{O}_{\mathfrak{X}} \subseteq \mathscr{J}$, 则我们有唯一一个通常概形的态射 $f' : (\mathfrak{X}, \mathscr{O}_{\mathfrak{X}}/\mathscr{J}) \to (\mathfrak{Y}, \mathscr{O}_{\mathfrak{Y}}/\mathscr{K})$, 能使得图表

$$\begin{array}{ccc} (\mathfrak{X}, \mathscr{O}_{\mathfrak{X}}) & \xrightarrow{\ \ f\ \ } & (\mathfrak{Y}, \mathscr{O}_{\mathfrak{Y}}) \\ \big\uparrow & & \big\uparrow \\ (\mathfrak{X}, \mathscr{O}_{\mathfrak{X}}/\mathscr{J}) & \xrightarrow{\ \ f'\ \ } & (\mathfrak{Y}, \mathscr{O}_{\mathfrak{Y}}/\mathscr{K}) \end{array}$$

(10.5.6.1)

成为交换的, 其中的竖直箭头都是典范态射.

(ii) 假设 $\mathfrak{X} = \operatorname{Spf} A$, $\mathfrak{Y} = \operatorname{Spf} B$ 都是仿射形式概形, $\mathscr{J} = \mathfrak{I}^\triangle$, $\mathscr{K} = \mathfrak{K}^\triangle$, 其中 $\mathfrak{I}$ (切转: $\mathfrak{K}$) 是 A (切转: B) 的一个定义理想, 并且 $f = ({}^a\varphi, \tilde{\varphi})$, 其中 $\varphi : B \to A$ 是一个连续同态, 则为了使 $(f^*\mathscr{K})\mathscr{O}_{\mathfrak{X}} \subseteq \mathscr{J}$, 必须且只需 $\varphi(\mathfrak{K}) \subseteq \mathfrak{I}$, 此时 f' 就是态射 $({}^a\varphi', \tilde{\varphi'})$, 其中 $\varphi' : B/\mathfrak{K} \to A/\mathfrak{I}$ 是由 φ 通过取商而导出的同态.

(i) 设 $f = (\psi, \theta)$, 则由前提条件知, $\psi^*\mathscr{O}_{\mathfrak{Y}}$ 的理想层 $\psi^*\mathscr{K}$ 在 $\theta^\sharp : \psi^*\mathscr{O}_{\mathfrak{Y}} \to \mathscr{O}_{\mathfrak{X}}$ 下的像包含在 $\mathscr{J}$ 之中 $(\mathbf{0}, 4.3.5)$. 从而由 $\theta^\sharp$ 通过取商可以导出一个环层同态

$$\omega : \ \psi^*(\mathscr{O}_{\mathfrak{Y}}/\mathscr{K}) = \psi^*\mathscr{O}_{\mathfrak{Y}}/\psi^*\mathscr{K} \ \longrightarrow \ \mathscr{O}_{\mathfrak{X}}/\mathscr{J}.$$

进而, 对任意 $x \in \mathfrak{X}$, $\theta_x^\sharp$ 都是一个局部同态, 故知 ω_x 也是如此. 从而环积空间态射 $(\psi, \omega^\flat)$ 就是我们所要找的那个唯一的态射 f' (2.2.1).

(ii) 仿射形式概形的态射与连续环同态之间有一个函子性的典范对应 (10.2.2), 于是在我们所考虑的情形中, 由 $(f^*\mathscr{K})\mathscr{O}_{\mathfrak{X}} \subseteq \mathscr{J}$ 就可以推出 $f' = ({}^a\varphi', \tilde{\varphi'})$, 其中 $\varphi' : B/\mathfrak{K} \to A/\mathfrak{I}$ 是使图表

$$
\begin{array}{ccc}
B & \xrightarrow{\varphi} & A \\
\downarrow & & \downarrow \\
B/\mathfrak{K} & \xrightarrow{\varphi'} & A/\mathfrak{I}
\end{array}
$$

(10.5.6.2)

交换的那个唯一的同态, 从而 φ' 的存在性就表明 $\varphi(\mathfrak{K}) \subseteq \mathfrak{I}$. 反过来, 若这个条件得到满足, 并且我们用 φ' 来记使图表 (10.5.6.2) 交换的唯一同态, 再令 $f' = (\varphi', \widetilde{\varphi'})$, 则易见图表 (10.5.6.1) 是交换的. 从而只要分别考虑 f 和 f' 所对应的同态 $\varphi^*\mathscr{O}_\mathfrak{Y} \to \mathscr{O}_\mathfrak{X}$ 和 $\varphi'^*(\mathscr{O}_\mathfrak{Y}/\mathscr{K}) \to \mathscr{O}_\mathfrak{X}/\mathscr{J}$ 就可以证明关系式 $(f^*\mathscr{K})\mathscr{O}_\mathfrak{X} \subseteq \mathscr{J}$.

易见上面所定义的对应 $f \mapsto f'$ 是函子性的.

10.6 形式概形作为通常概形的归纳极限

(10.6.1) 设 $\mathfrak{X}$ 是一个形式概形, $(\mathscr{J}_\lambda)$ 是 $\mathfrak{X}$ 的一个基本定义理想层组. 对每个 λ, 设 f_λ 是典范态射 $(\mathfrak{X}, \mathscr{O}_\mathfrak{X}/\mathscr{J}_\lambda) \to \mathfrak{X}$ (10.5.2). 若 $\mathscr{J}_\mu \subseteq \mathscr{J}_\lambda$, 则典范同态 $\mathscr{O}_\mathfrak{X}/\mathscr{J}_\mu \to \mathscr{O}_\mathfrak{X}/\mathscr{J}_\lambda$ 定义了 (通常) 概形的一个典范态射 $f_{\mu\lambda} : (\mathfrak{X}, \mathscr{O}_\mathfrak{X}/\mathscr{J}_\lambda) \to (\mathfrak{X}, \mathscr{O}_\mathfrak{X}/\mathscr{J}_\mu)$, 并且我们有 $f_\lambda = f_\mu \circ f_{\mu\lambda}$. 从而这些概形 $X_\lambda = (\mathfrak{X}, \mathscr{O}_\mathfrak{X}/\mathscr{J}_\lambda)$ 和态射 $f_{\mu\lambda}$ (依照 (10.4.8)) 构成了形式概形范畴中的一个归纳系.

命题 (10.6.2) — 在 (10.6.1) 的记号下, 形式概形 $\mathfrak{X}$ 和这些态射 f_λ 构成形式概形范畴中的归纳系 $(X_\lambda, f_{\mu\lambda})$ 的归纳极限 (T, I, 1.8).

设 $\mathfrak{Y}$ 是一个形式概形, 且对每个指标 λ, 设

$$
g_\lambda = (\psi_\lambda, \theta_\lambda) : \quad X_\lambda \longrightarrow \mathfrak{Y}
$$

是一个态射, 假设对于 $\mathscr{J}_\mu \subseteq \mathscr{J}_\lambda$, 均有 $g_\lambda = g_\mu \circ f_{\mu\lambda}$. 最后这个条件和 X_λ 的定义表明, 所有 ψ_λ 都给出了底空间上的同一个连续映射 $\psi : \mathfrak{X} \to \mathfrak{Y}$. 进而, 这些同态 $\theta_\lambda^\sharp : \psi^*\mathscr{O}_\mathfrak{Y} \to \mathscr{O}_{X_\lambda} = \mathscr{O}_\mathfrak{X}/\mathscr{J}_\lambda$ 构成环层同态的一个投影系. 从而通过取投影极限, 可以得到一个同态 $\omega : \psi^*\mathscr{O}_\mathfrak{Y} \to \varprojlim \mathscr{O}_\mathfrak{X}/\mathscr{J}_\lambda = \mathscr{O}_\mathfrak{X}$, 且易见环积空间的态射 $g = (\psi, \omega^\flat)$ 就是使图表

$$
\begin{array}{ccc}
X_\lambda & \xrightarrow{\;\;g_\lambda\;\;} & \mathfrak{Y} \\
& {\scriptstyle f_\lambda}\searrow \quad \swarrow{\scriptstyle g} & \\
& \mathfrak{X} &
\end{array}
$$

(10.6.2.1)

都交换的那个唯一的态射, 从而只需再来证明 g 是一个形式概形的态射. 问题在 $\mathfrak{X}$ 和 $\mathfrak{Y}$ 上都是局部性的, 故可假设 $\mathfrak{X} = \mathrm{Spf}\,A$, $\mathfrak{Y} = \mathrm{Spf}\,B$, 其中 A, B 都是可容环, 并且 $\mathscr{J}_\lambda = \mathfrak{I}_\lambda^\Delta$, 其中 $(\mathfrak{I}_\lambda)$ 是 A 的一个由定义理想所组成的基本邻域组 (10.3.5). 由于

$A = \varprojlim A/\mathfrak{I}_\lambda$, 故知使图表 (10.6.2.1) 交换的形式概形态射 g 的存在性就是缘自仿射形式概形的态射和连续环同态之间的一一对应 (10.2.2) 以及投影极限的定义. 然而 g 作为环积空间态射的唯一性又表明, 它与前面出现的环积空间态射是重合的, 这就证明了命题.

下面的命题表明, 在适当的条件下, (通常) 概形的一个归纳系在形式概形范畴中确实可以找到归纳极限.

命题 (10.6.3) — 设 $\mathfrak{X}$ 是一个拓扑空间, $(\mathscr{O}_i, u_{ji})$ 是 $\mathfrak{X}$ 上的一个环层投影系, 指标集为 N. 设 $\mathscr{J}_i$ 是 $u_{0i} : \mathscr{O}_i \to \mathscr{O}_0$ 的核. 假设:

a) 环积空间 $(\mathfrak{X}, \mathscr{O}_i)$ 都是概形, 记为 X_i;

b) 对任意点 $x \in \mathfrak{X}$ 和任意 i, 均可找到 x 的一个开邻域 U_i, 使得限制层 $\mathscr{J}_i|_{U_i}$ 是幂零的;

c) 同态 u_{ji} 都是满的.

于是若定义 $\mathscr{O}_{\mathfrak{X}}$ 是这些伪离散环层 $\mathscr{O}_i$ 的投影极限拓扑环层, 并设 $u_i : \mathscr{O}_{\mathfrak{X}} \to \mathscr{O}_i$ 是典范同态, 则拓扑环积空间 $(\mathfrak{X}, \mathscr{O}_{\mathfrak{X}})$ 是一个形式概形. 这些同态 u_i 都是满的, 它们的核 $\mathscr{J}^{(i)}$ 构成 $\mathfrak{X}$ 的一个基本定义理想层组, 并且 $\mathscr{J}^{(0)}$ 就是这些理想层 $\mathscr{J}_i$ 的投影极限.

首先注意到 u_{ji} 在每根茎条上都是满同态, 自然也是局部同态, 从而 $v_{ji} = (1_{\mathfrak{X}}, u_{ji})$ 是一个概形态射 $X_j \to X_i$ $(i \geqslant j)$ (2.2.1). 首先假设这些 X_i 都是仿射概形, 环为 A_i. 则有一个环同态 $\varphi_{ji} : A_i \to A_j$, 使得 $u_{ji} = \widetilde{\varphi}_{ji}$ (1.7.3), 从而 (1.6.3) 层 $\mathscr{O}_j$ 是 X_i 上的一个拟凝聚 $\mathscr{O}_i$ 模层 (在 u_{ji} 所定义的外部运算法则下), 并且就是 A_j 作为 A_i 模 (借助 φ_{ji}) 的伴生模层. 对于 $f \in A_i$, 设 $f' = \varphi_{ji}(f)$. 根据前提条件, 开集 $D(f)$ 和 $D(f')$ 在 $\mathfrak{X}$ 中是相等的, 并且 u_{ji} 所对应的那个从 $\Gamma(D(f), \mathscr{O}_i) = (A_i)_f$ 到 $\Gamma(D(f'), \mathscr{O}_j) = (A_j)_{f'}$ 的同态刚好就是 $(\varphi_{ji})_f$ (1.6.1). 然而如果把 A_j 看作是 A_i 模, 则 $(A_j)_{f'}$ 就是 $(A_i)_f$ 模 $(A_j)_f$, 从而我们还有 $u_{ji} = \widetilde{\varphi}_{ji}$, 这一次是把 φ_{ji} 看作是 A_i 模的同态. 于是由于 u_{ji} 是满的, 故知 φ_{ji} 也是满的 (1.3.9), 并且若 $\mathfrak{I}_{ji}$ 是 φ_{ji} 的核, 则 u_{ji} 的核是一个拟凝聚 $\mathscr{O}_i$ 模层, 且等于 $\widetilde{\mathfrak{I}}_{ji}$. 特别地, 我们有 $\mathscr{J}_i = \widetilde{\mathfrak{I}}_i$, 其中 $\mathfrak{I}_i$ 是 $\varphi_{0i} : A_i \to A_0$ 的核. 前提条件 b) 意味着 $\mathscr{J}_i$ 是幂零的. 事实上, 由于 X 是拟紧的, 故可找到 X 的一个有限开覆盖 (U_k), 使得 $(\mathscr{J}_i|_{U_k})^{n_k} = 0$, 取 n 是这些 n_k 中的最大者, 就有 $\mathscr{J}_i^n = 0$. 由此可知 $\mathfrak{I}_i$ 是幂零的 (1.3.13). 于是环 $A = \varprojlim A_i$ 是可容的 (**0**, 7.2.2), 典范同态 $\varphi_i : A \to A_i$ 是满的, 并且它的核 $\mathfrak{I}^{(i)}$ 就等于这些 $\mathfrak{I}_{ik}$ $(k \geqslant i)$ 的投影极限. 全体 $\mathfrak{I}^{(i)}$ 构成 0 在 A 中的一个基本邻域组, 于是 (10.6.3) 中的各条阐言在这个情形下都是缘自 (10.1.1) 和 (10.3.2), 因为此时 $(\mathfrak{X}, \mathscr{O}_{\mathfrak{X}})$ 就是 Spf A.

还是在这个特殊情形下, 注意到若 $f = (f_i)$ 是投影极限 $A = \varprojlim A_i$ 中的一个元素, 则任何开集 $D(f_i)$ (X_i 的仿射开集) 都可以等同于 $\mathfrak{X}$ 的开集 $\mathfrak{D}(f)$, 从而 X_i 在 $\mathfrak{D}(f)$ 上所诱导的概形可以等同于仿射概形 Spec $(A_i)_{f_i}$.

在一般情形下, 首先注意到对于 $\mathfrak{X}$ 的任何拟紧开集 U, 每个 $\mathscr{J}_i|_U$ 都是幂零的, 证明方法与上面相同. 我们现在要证明, 对任意 $x \in \mathfrak{X}$, 均可找到 x 在 $\mathfrak{X}$ 中的一个开邻域 U, 使得它在所有 X_i 中都是仿射开集. 事实上, 取 U 是 X_0 的一个仿射开集, 并注意到 $\mathscr{O}_{X_0} = \mathscr{O}_{X_i}/\mathscr{J}_i$. 则由于 $\mathscr{J}_i|_U$ 是幂零的 (依据上面所述), 故知 U 也是每个 X_i 的仿射开集, 这是依据 (5.1.9). 在此基础上, 对于任何一个满足此条件的 U, 仿射情形下的前述结果都表明, $(U, \mathscr{O}_X|_U)$ 是一个形式概形, 并且 $\mathscr{J}^{(i)}|_U$ 构成它的一个基本定义理想层组, 进而 $\mathscr{J}^{(0)}|_U$ 是这些 $\mathscr{J}_i|_U$ 的投影极限, 故得结论.

推论 (10.6.4) — 假设对于 $i \geqslant j$, u_{ji} 的核就是 $\mathscr{J}_i^{j+1}$, 并且 $\mathscr{J}_1/\mathscr{J}_1^2$ 在 $\mathscr{O}_0 = \mathscr{O}_1/\mathscr{J}_1$ 上是有限型的. 则 $\mathfrak{X}$ 是一个进制形式概形, 并且若 $\mathscr{J}^{(n)}$ 是 $\mathscr{O}_{\mathfrak{X}} \to \mathscr{O}_n$ 的核, 则有 $\mathscr{J}^{(n)} = \mathscr{J}^{n+1}$, 并且 $\mathscr{J}/\mathscr{J}^2$ 同构于 $\mathscr{J}_1$. 进而若 X_0 是局部 Noether 的 (切转: Noether 的), 则 $\mathfrak{X}$ 是局部 Noether 的 (切转: Noether 的).

由于 $\mathfrak{X}$ 和 X_0 具有相同的底空间, 故问题是局部性的, 从而可以假设这些 X_i 都是仿射的. 有见于关系式 $\mathscr{J}_{ij} = \widetilde{\mathfrak{J}}_{ji}$ (记号取自 (10.6.3)), 问题可以立即归结到 (**0**, 7.2.7 和 7.2.8) 中的相应结果, 只要注意到 $\mathfrak{J}_1/\mathfrak{J}_1^2$ 是一个有限型 A_0 模 (1.3.9).

特别地, 任何局部 Noether 形式概形 $\mathfrak{X}$ 都是满足 (10.6.3) 和 (10.6.4) 中那些条件的一列局部 Noether (通常) 概形 (X_n) 的归纳极限, 只需取定 $\mathfrak{X}$ 的一个定义理想层 $\mathscr{J}$ (10.5.4), 再取 $X_n = (\mathfrak{X}, \mathscr{O}_{\mathfrak{X}}/\mathscr{J}^{n+1})$ 即可 ((10.5.1) 和 (10.6.2)).

推论 (10.6.5) — 设 A 是一个可容环. 则为了使仿射形式概形 $\mathfrak{X} = \mathrm{Spf}\, A$ 是 *Noether 的, 必须且只需 A 是一个 Noether 进制环*.

条件显然是充分的. 反过来, 假设 $\mathfrak{X}$ 是 Noether 的, 并设 $\mathfrak{J}$ 是 A 的一个定义理想, $\mathscr{J} = \mathfrak{J}^{\triangle}$ 是与之对应的 $\mathfrak{X}$ 上的定义理想层. 则 (通常) 概形 $X_n = (\mathfrak{X}, \mathscr{O}_{\mathfrak{X}}/\mathscr{J}^{n+1})$ 都是 Noether 且仿射的, 从而环 $A_n = A/\mathfrak{J}^{n+1}$ 都是 Noether 的 (6.1.3), 由此可知, $\mathfrak{J}/\mathfrak{J}^2$ 是一个有限型 $A/\mathfrak{J}$ 模. 由于这些 $\mathscr{J}^n$ 构成 $\mathfrak{X}$ 的一个基本定义理想层组 (10.5.1), 故有 $\mathscr{O}_{\mathfrak{X}} = \varprojlim(\mathscr{O}_{\mathfrak{X}}/\mathscr{J}^{n+1})$ (10.5.3), 由此就可以 (10.1.3) 推出 A 拓扑同构于 $\varprojlim A/\mathfrak{J}^n$, 从而是一个 Noether 进制环 (**0**, 7.2.8).

注解 (10.6.6) — 在 (10.6.3) 的记号下, 设 $\mathscr{F}_i$ 是一个 $\mathscr{O}_i$ 模层, 并假设对于 $i \geqslant j$, 都给了一个 v_{ij} 态射 $\theta_{ji} : \mathscr{F}_i \to \mathscr{F}_j$, 且使得当 $k \leqslant j \leqslant i$ 时, $\theta_{kj} \circ \theta_{ji} = \theta_{ki}$. 由于 v_{ij} 的底层连续映射是恒同, 故知 θ_{ji} 是空间 $\mathfrak{X}$ 上的一个 Abel 群层同态. 进而, 若 $\mathscr{F}$ 是 Abel 群层投影系 $(\mathscr{F}_i)$ 的投影极限, 则由于 θ_{ji} 是 v_{ij} 态射, 从而通过取投影极限, 就可以在 $\mathscr{F}$ 上定义出一个 $\mathscr{O}_{\mathfrak{X}}$ 模层的结构. 我们把 $\mathscr{F}$ 连同这个结构称为 $\mathscr{O}_i$ 模层投影系 $(\mathscr{F}_i)$ 的投影极限(关于 θ_{ji}). 作为一个特殊情形, 若 $v_{ij}^* \mathscr{F}_i = \mathscr{F}_j$ 并且 θ_{ji} 是恒同, 则为了简单起见, 我们也把 $\mathscr{F}$ 称为这种投影系 $(\mathscr{F}_i)$ 的投影极限 (不再提及 θ_{ji}).

(10.6.7) 设 $\mathfrak{X}, \mathfrak{Y}$ 是两个形式概形, $\mathscr{J}$ (切转: $\mathscr{K}$) 是 $\mathfrak{X}$ (切转: $\mathfrak{Y}$) 的一个定义理想层, $f : \mathfrak{X} \to \mathfrak{Y}$ 是一个态射, 且满足 $(f^*\mathscr{K})\mathscr{O}_{\mathfrak{X}} \subseteq \mathscr{J}$. 于是对任意整数 $n > 0$, 均有 $f^*(\mathscr{K}^n)\mathscr{O}_{\mathfrak{X}} = (f^*(\mathscr{K})\mathscr{O}_{\mathfrak{X}})^n \subseteq \mathscr{J}^n$. 从而可以 (10.5.6) 由 f 导出一个 (通常的) 概形态射 $f_n : X_n \to Y_n$, 这里 $X_n = (\mathfrak{X}, \mathscr{O}_{\mathfrak{X}}/\mathscr{J}^{n+1})$, $Y_n = (\mathfrak{Y}, \mathscr{O}_{\mathfrak{Y}}/\mathscr{K}^{n+1})$, 并且由定义易见, 图表

(10.6.7.1)

$$
\begin{array}{ccc}
X_m & \xrightarrow{\ f_m\ } & Y_m \\
\downarrow & & \downarrow \\
X_n & \xrightarrow{\ f_n\ } & Y_n
\end{array}
$$

对所有 $m \leqslant n$ 都是交换的. 换句话说, (f_n) 是一个态射的归纳系.

(10.6.8) 反过来, 设 (X_n) (切转: (Y_n)) 是 (通常) 概形的一个归纳系, 并且满足 (10.6.3) 中的条件 b) 和 c), 再设 $\mathfrak{X}$ (切转: $\mathfrak{Y}$) 是它的归纳极限. 则根据归纳极限的定义, 任何一列态射 $f_n : X_n \to Y_n$ 只要能组成归纳系就有一个归纳极限 $f : \mathfrak{X} \to \mathfrak{Y}$, 它就是使得图表

$$
\begin{array}{ccc}
X_n & \xrightarrow{\ f_n\ } & Y_n \\
\downarrow & & \downarrow \\
\mathfrak{X} & \xrightarrow{\ f\ } & \mathfrak{Y}
\end{array}
$$

都交换的那个唯一的形式概形态射.

命题 (10.6.9) — 设 $\mathfrak{X}, \mathfrak{Y}$ 是两个局部 *Noether* 形式概形, $\mathscr{J}$ (切转: $\mathscr{K}$) 是 $\mathfrak{X}$ (切转: $\mathfrak{Y}$) 的一个定义理想层, 则 (10.6.7) 中所定义的映射 $f \mapsto (f_n)$ 是一个从满足 $(f^*\mathscr{K})\mathscr{O}_{\mathfrak{X}} \subseteq \mathscr{J}$ 的态射 $f : \mathfrak{X} \to \mathfrak{Y}$ 的集合到使得图表 (10.6.7.1) 都交换的态射列 (f_n) 的集合的一一映射.

设 f 是这样一个态射列 (f_n) 的归纳极限, 则只需证明 $f^*(\mathscr{K})\mathscr{O}_{\mathfrak{X}} \subseteq \mathscr{J}$. 问题在 $\mathfrak{X}$ 和 $\mathfrak{Y}$ 上都是局部性的, 故可限于考虑 $\mathfrak{X} = \operatorname{Spf} A$, $\mathfrak{Y} = \operatorname{Spf} B$ 都是仿射形式概形的情形, 此时 A 和 B 都是 Noether 进制环, $\mathscr{J} = \mathfrak{I}^{\triangle}$, $\mathscr{K} = \mathfrak{K}^{\triangle}$, 其中 $\mathfrak{I}$ (切转: $\mathfrak{K}$) 是 A (切转: B) 的一个定义理想. 依照 (10.3.6) 和 (10.3.2), 我们有 $X_n = \operatorname{Spec} A_n$, $Y_n = \operatorname{Spec} B_n$, 其中 $A_n = A/\mathfrak{I}^{n+1}$ 且 $B_n = B/\mathfrak{K}^{n+1}$. 设 $f_n = (^{\mathrm{a}}\varphi_n, \widetilde{\varphi_n})$, 这些同态 $\varphi_n : B_n \to A_n$ 构成一个投影系, 从而 $f = (^{\mathrm{a}}\varphi, \widetilde{\varphi})$, 其中 $\varphi = \varprojlim \varphi_n$. 于是图表 (10.6.7.1) 对于 $m = 0$ 的交换性就给出条件 $\varphi_n(\mathfrak{K}/\mathfrak{K}^{n+1}) \subseteq \mathfrak{I}/\mathfrak{I}^{n+1}$, 这对任意 n 都成立, 从而取投影极限可得 $\varphi(\mathfrak{K}) \subseteq \mathfrak{I}$, 这就意味着 $(f^*\mathscr{K})\mathscr{O}_{\mathfrak{X}} \subseteq \mathscr{J}$ (10.5.6, (ii)).

推论 (10.6.10) — 设 $\mathfrak{X}, \mathfrak{Y}$ 是两个局部 *Noether* 形式概形, $\mathscr{T}$ 是 $\mathfrak{X}$ 的最大定义理想层 (10.5.4).

(i) 对于 $\mathfrak{Y}$ 的任意定义理想层 $\mathscr{K}$ 和任意态射 $f : \mathfrak{X} \to \mathfrak{Y}$, 我们都有 $(f^*\mathscr{K})\mathscr{O}_{\mathfrak{X}} \subseteq \mathscr{T}$.

(ii) 在 $\mathrm{Hom}(\mathfrak{X}, \mathfrak{Y})$ 中的元素和使得图表 (10.6.7.1) 都交换的态射列 (f_n) 之间有一个典范的一一对应, 这里 $X_n = (\mathfrak{X}, \mathscr{O}_{\mathfrak{X}}/\mathscr{T}^{n+1})$, $Y_n = (\mathfrak{Y}, \mathscr{O}_{\mathfrak{Y}}/\mathscr{K}^{n+1})$.

(ii) 可由 (i) 和 (10.6.9) 立得. 为了证明 (i), 可以限于考虑 $\mathfrak{X} = \mathrm{Spf}\, A$, $\mathfrak{Y} = \mathrm{Spf}\, B$ 的情形, 此时 A 和 B 都是 Noether 的, $\mathscr{T} = \mathfrak{T}^{\triangle}$, $\mathscr{K} = \mathfrak{K}^{\triangle}$, 其中 $\mathfrak{T}$ 是 A 的最大定义理想, 而 $\mathfrak{K}$ 是 B 的一个定义理想. 设 $f = ({}^a\varphi, \widetilde{\varphi})$, 其中 $\varphi : B \to A$ 是一个连续同态, 则由于 $\mathfrak{K}$ 中的元素都是拓扑幂零的 ($\mathbf{0}$, 7.1.4, (ii)), 故知 $\varphi(\mathfrak{K})$ 中的元素也是如此, 从而 $\varphi(\mathfrak{K}) \subseteq \mathfrak{T}$, 因为 $\mathfrak{T}$ 就是 A 的所有拓扑幂零元的集合 ($\mathbf{0}$, 7.1.6), 故从 (10.5.6, (ii)) 就可以得到结论.

推论 (10.6.11) — 设 $\mathfrak{S}, \mathfrak{X}, \mathfrak{Y}$ 是三个局部 *Noether* 形式概形, $f : \mathfrak{X} \to \mathfrak{S}$, $g : \mathfrak{Y} \to \mathfrak{S}$ 是两个态射, 它们使 $\mathfrak{X}$ 和 $\mathfrak{Y}$ 成为 $\mathfrak{S}$ 形式概形. 设 $\mathscr{J}$ (切转: $\mathscr{K}, \mathscr{L}$) 是 $\mathfrak{S}$ (切转: $\mathfrak{X}, \mathfrak{Y}$) 的一个定义理想层, 并假设 $(f^*\mathscr{J})\mathscr{O}_{\mathfrak{X}} \subseteq \mathscr{K}$, $(g^*\mathscr{J})\mathscr{O}_{\mathfrak{Y}} = \mathscr{L}$. 令 $S_n = (\mathfrak{S}, \mathscr{O}_{\mathfrak{S}}/\mathscr{J}^{n+1})$, $X_n = (\mathfrak{X}, \mathscr{O}_{\mathfrak{X}}/\mathscr{K}^{n+1})$, $Y_n = (\mathfrak{Y}, \mathscr{O}_{\mathfrak{Y}}/\mathscr{L}^{n+1})$, 则在 $\mathrm{Hom}_{\mathfrak{S}}(\mathfrak{X}, \mathfrak{Y})$ 中的元素和使得图表 (10.6.7.1) 都交换的 S_n 态射 $u_n : X_n \to Y_n$ 的序列 (u_n) 之间有一个典范的一一对应.

根据定义, 对任意 $\mathfrak{S}$ 态射 $u : \mathfrak{X} \to \mathfrak{Y}$, 我们都有 $f = g \circ u$, 因而

$$(u^*\mathscr{L})\mathscr{O}_{\mathfrak{X}} = ((u^*g^*\mathscr{J})\mathscr{O}_{\mathfrak{Y}})\mathscr{O}_{\mathfrak{X}} = (f^*\mathscr{J})\mathscr{O}_{\mathfrak{X}} \subseteq \mathscr{K},$$

从而命题缘自 (10.6.9).

注意到对于 $m \leqslant n$, 给出一个态射 $f_n : X_n \to Y_n$ 就可以唯一地确定出一个使得图表 (10.6.7.1) 交换的态射 $f_m : X_m \to Y_m$, 因为可以立即归结到仿射的情形. 这就定义了一个映射 $\varphi_{mn} : \mathrm{Hom}_{S_n}(X_n, Y_n) \to \mathrm{Hom}_{S_m}(X_m, Y_m)$, 并且全体 $\mathrm{Hom}_{S_n}(X_n, Y_n)$ 在这些 φ_{mn} 下构成一个集合投影系. (10.6.11) 也相当于说, 我们有一个典范的一一映射

$$\mathrm{Hom}_{\mathfrak{S}}(\mathfrak{X}, \mathfrak{Y}) \xrightarrow{\sim} \varprojlim \mathrm{Hom}_{S_n}(X_n, Y_n).$$

10.7 形式概形的纤维积

(10.7.1) 设 $\mathfrak{S}$ 是一个形式概形, 则全体 $\mathfrak{S}$ 形式概形构成一个范畴, 故可定义 $\mathfrak{S}$ 形式概形的纤维积的概念.

命题 (10.7.2) — 设 $\mathfrak{X} = \mathrm{Spf}\, B$, $\mathfrak{Y} = \mathrm{Spf}\, C$ 是仿射形式概形 $\mathfrak{S} = \mathrm{Spf}\, A$ 上的两个仿射形式概形. 设 $\mathfrak{Z} = \mathrm{Spf}(B \widehat{\otimes}_A C)$, 并设 p_1, p_2 是与 B, C 到 $B \widehat{\otimes}_A C$ 的典范 (连续) 同态 ρ, σ 相对应的 $\mathfrak{S}$ 态射 (10.2.2), 则 $(\mathfrak{Z}, p_1, p_2)$ 是 $\mathfrak{S}$ 概形 $\mathfrak{X}$ 和 $\mathfrak{Y}$ 的一个纤维积.

依照 (10.4.6), 问题归结为验证, 对每个可容拓扑 A 代数 D, 若把一个连续 A 同态 $\varphi : B\widehat{\otimes}_A C \to D$ 对应到二元组 $(\varphi \circ \rho, \varphi \circ \sigma)$, 则这给出了一个一一映射

$$\mathrm{Hom}_A(B\widehat{\otimes}_A C, D) \ \xrightarrow{\sim} \ \mathrm{Hom}_A(B, D) \times \mathrm{Hom}_A(C, D),$$

但这刚好就是完备张量积的普适性质 (**0**, 7.7.6).

命题 (10.7.3) — 任给两个 $\mathfrak{S}$ 形式概形 $\mathfrak{X}, \mathfrak{Y}$, 纤维积 $\mathfrak{X} \times_{\mathfrak{S}} \mathfrak{Y}$ 总是存在的.

证明方法与 (3.2.6) 完全相同, 只要把仿射概形 (切转: 仿射开集) 都换成仿射形式概形 (切转: 仿射形式开集), 并且用 (10.7.2) 来替换 (3.2.2) 即可.

概形纤维积的所有标准性质 (3.2.7 和 3.2.8, 3.3.1 至 3.3.12) 对于形式概形的纤维积也完全有效.

(10.7.4) 设 $\mathfrak{S}, \mathfrak{X}, \mathfrak{Y}$ 是三个形式概形, $f : \mathfrak{X} \to \mathfrak{S}$, $g : \mathfrak{Y} \to \mathfrak{S}$ 是两个态射. 假设在 $\mathfrak{S}, \mathfrak{X}, \mathfrak{Y}$ 上分别都有基本定义理想层组 $(\mathscr{J}_\lambda)$, $(\mathscr{K}_\lambda)$, $(\mathscr{L}_\lambda)$, 且具有相同的指标集 I, 进而对任意 λ, 均有 $(f^* \mathscr{J}_\lambda)\mathscr{O}_{\mathfrak{X}} \subseteq \mathscr{K}_\lambda$ 和 $(g^* \mathscr{J}_\lambda)\mathscr{O}_{\mathfrak{Y}} \subseteq \mathscr{L}_\lambda$. 令 $S_\lambda = (\mathfrak{S}, \mathscr{O}_{\mathfrak{S}}/\mathscr{J}_\lambda)$, $X_\lambda = (\mathfrak{X}, \mathscr{O}_{\mathfrak{X}}/\mathscr{K}_\lambda)$, $Y_\lambda = (\mathfrak{Y}, \mathscr{O}_{\mathfrak{Y}}/\mathscr{L}_\lambda)$, 对于 $\mathscr{J}_\mu \subseteq \mathscr{J}_\lambda$, $\mathscr{K}_\mu \subseteq \mathscr{K}_\lambda$, $\mathscr{L}_\mu \subseteq \mathscr{L}_\lambda$, 我们知道 S_λ (切转: X_λ, Y_λ) 是 S_μ (切转: X_μ, Y_μ) 的一个闭子概形, 且具有相同的底空间 (10.6.1). 由于 $S_\lambda \to S_\mu$ 是概形的单态射, 故我们看到纤维积 $X_\lambda \times_{S_\lambda} Y_\lambda$ 和 $X_\lambda \times_{S_\mu} Y_\lambda$ 是相等的 (3.2.4), 进而 $X_\lambda \times_{S_\lambda} Y_\lambda$ 可以等同于 $X_\mu \times_{S_\mu} Y_\mu$ 的一个闭子概形, 且具有相同的底空间 (4.3.1). 在此基础上, 纤维积 $\mathfrak{X} \times_{\mathfrak{S}} \mathfrak{Y}$ 就是这些通常概形 $X_\lambda \times_{S_\lambda} Y_\lambda$ 的归纳极限. 事实上, 可以像 (10.6.2) 那样把问题归结到 $\mathfrak{S}$, $\mathfrak{X}$, $\mathfrak{Y}$ 都是仿射形式概形的情形. 有见于 (10.5.6) 以及 $\mathfrak{S}, \mathfrak{X}, \mathfrak{Y}$ 的基本定义理想层组上的前提条件, 易见上述阐言就是缘自完备张量积的定义 (**0**, 7.7.1).

进而, 设 $\mathfrak{Z}$ 是一个 $\mathfrak{S}$ 形式概形, $(\mathscr{M}_\lambda)$ 是 $\mathfrak{Z}$ 的一个基本定义理想层组, 指标集也是 I, $u : \mathfrak{Z} \to \mathfrak{X}$, $v : \mathfrak{Z} \to \mathfrak{Y}$ 是两个 $\mathfrak{S}$ 态射, 并满足 $(u^* \mathscr{K}_\lambda)\mathscr{O}_{\mathfrak{Z}} \subseteq \mathscr{M}_\lambda$ 和 $(v^* \mathscr{L}_\lambda)\mathscr{O}_{\mathfrak{Z}} \subseteq \mathscr{M}_\lambda$. 于是若令 $Z_\lambda = (\mathfrak{Z}, \mathscr{O}_{\mathfrak{Z}}/\mathscr{M}_\lambda)$, 并设 $u_\lambda : Z_\lambda \to X_\lambda$ 和 $v_\lambda : Z_\lambda \to Y_\lambda$ 分别是 u 和 v 所对应的 S_λ 态射 (10.5.6), 则易见 $(u, v)_{\mathfrak{S}}$ 就是这些 S_λ 态射 $(u_\lambda, v_\lambda)_{S_\lambda}$ 的归纳极限.

特别地, 这一小节中的考虑方法可以应用到 $\mathfrak{S}, \mathfrak{X}, \mathfrak{Y}$ 都是局部 Noether 形式概形的情形, 只要取某个定义理想层的诸方幂作为基本定义理想层组 (10.5.1) 即可. 但要注意 $\mathfrak{X} \times_{\mathfrak{S}} \mathfrak{Y}$ 未必是局部 Noether 的 (然而可以参考 (10.13.5)).

10.8 概形沿着一个闭子集的形式完备化

(10.8.1) 设 X 是一个局部 *Noether* (通常) 概形, X' 是 X 的底空间的一个闭子集. 我们用 Φ 来记由 $\mathscr{O}_X$ 的这样一些凝聚理想层 $\mathscr{J}$ 所组成的集合, 它使得 $\mathscr{O}_X/\mathscr{J}$

的支集就等于 X'. 则 Φ 不是空的 (5.2.1, 4.1.4 和 6.1.1), 我们再用包含关系 $\supseteq$ 来给它定义序关系.

引理 (10.8.2) — 有序集 Φ 是滤相的. 进而若 X 是 *Noether* 的, 则对任意 $\mathscr{J}_0 \in \Phi$, 这些方幂 $\mathscr{J}_0^n$ $(n > 0)$ 的集合与 Φ 都是共尾的.

事实上, 若 $\mathscr{J}_1$ 和 $\mathscr{J}_2$ 都属于 Φ, 并且令 $\mathscr{J} = \mathscr{J}_1 \cap \mathscr{J}_2$, 则 $\mathscr{J}$ 是凝聚的, 因为 $\mathscr{O}_X$ 是凝聚的 (6.1.1 和 **0**, 5.3.4), 且在任何点 $x \in X$ 处我们都有 $\mathscr{J}_x = (\mathscr{J}_1)_x \cap (\mathscr{J}_2)_x$, 从而当 $x \notin X'$ 时 $\mathscr{J}_x = \mathscr{O}_x$, 而当 $x \in X'$ 时 $\mathscr{J}_x \neq \mathscr{O}_x$, 这就证明了 $\mathscr{J}$ 也属于 Φ. 另一方面, 若 X 是 Noether 的, 并且 $\mathscr{J}_0$ 和 $\mathscr{J}$ 都属于 Φ, 则可以找到一个整数 $n > 0$, 使得 $\mathscr{J}_0^n(\mathscr{O}_X/\mathscr{J}) = 0$ (9.3.4), 这就意味着 $\mathscr{J}_0^n \subseteq \mathscr{J}$.

(10.8.3) 现在设 $\mathscr{F}$ 是一个凝聚 $\mathscr{O}_X$ 模层, 则对任意 $\mathscr{J} \in \Phi$, $\mathscr{F} \otimes_{\mathscr{O}_X} (\mathscr{O}_X/\mathscr{J})$ 都是凝聚 $\mathscr{O}_X$ 模层 (9.1.1), 且支集包含在 X' 中, 我们通常也把它等同于它在 X' 上的限制. 当 $\mathscr{J}$ 跑遍 Φ 时, 这些层构成 Abel 群层的一个投影系.

定义 (10.8.4) — 给了局部 *Noether* 概形 X 的一个闭子集 X' 和一个凝聚 $\mathscr{O}_X$ 模层 $\mathscr{F}$, 所谓 $\mathscr{F}$ 沿着 X' 的完备化, 是指层 $\varprojlim_{\Phi}(\mathscr{F} \otimes_{\mathscr{O}_X} (\mathscr{O}_X/\mathscr{J}))$ 在 X' 上的限制, 记作 $\mathscr{F}_{/X'}$ 或者 $\widehat{\mathscr{F}}$ (只要不会造成误解). 这个层在 X' 上的截面也被称为 $\mathscr{F}$ 沿着 X' 的形式截面.

易见对任意开集 $U \in X$, 我们都有 $(\mathscr{F}|_U)_{/(U \cap X')} = (\mathscr{F}_{/X'})|_{(U \cap X')}$.

取投影极限, 则易见 $(\mathscr{O}_X)_{/X'}$ 是一个环层, 并且我们可以把 $\mathscr{F}_{/X'}$ 看作是一个 $(\mathscr{O}_X)_{/X'}$ 模层. 进而, 由于 X 具有一个由拟紧开集所组成的拓扑基, 故可把 $(\mathscr{O}_X)_{/X'}$ (切转: $\mathscr{F}_{/X'}$) 看作是这些伪离散环层 $\mathscr{O}_X/\mathscr{J}$ (切转:伪离散 群层 $\mathscr{F} \otimes_{\mathscr{O}_X} (\mathscr{O}_X/\mathscr{J}) = \mathscr{F}/\mathscr{J}\mathscr{F}$) 的投影极限拓扑环层 (切转: 拓扑群层), 并且通过取投影极限, $\mathscr{F}_{/X'}$ 成为一个拓扑 $(\mathscr{O}_X)_{/X'}$ 模层 (**0**, 3.8.1 和 3.8.2). 还记得此时对任何拟紧开集 $U \subseteq X$, $\Gamma(U \cap X', (\mathscr{O}_X)_{/X'})$ (切转: $\Gamma(U \cap X', \mathscr{F}_{/X'})$) 都是这些离散环 $\Gamma(U, \mathscr{O}_X/\mathscr{J})$ (切转: 离散模 $\Gamma(U, \mathscr{F}/\mathscr{J}\mathscr{F})$) 的投影极限.

现在设 $u : \mathscr{F} \to \mathscr{G}$ 是一个 $\mathscr{O}_X$ 模层同态, 则对任意 $\mathscr{J} \in \Phi$, 都可以从 u 典范地导出一个同态 $u_{\mathscr{J}} : \mathscr{F} \otimes_{\mathscr{O}_X} (\mathscr{O}_X/\mathscr{J}) \to \mathscr{G} \otimes_{\mathscr{O}_X} (\mathscr{O}_X/\mathscr{J})$, 并且这些同态构成一个投影系. 从而通过取投影极限并限制到 X' 上, 就可以给出一个连续 $(\mathscr{O}_X)_{/X'}$ 同态 $\mathscr{F}_{/X'} \to \mathscr{G}_{/X'}$, 记作 $u_{/X'}$ 或 $\widehat{u}$, 并且称之为同态 u 沿着 X' 的完备化. 易见若 $v : \mathscr{G} \to \mathscr{H}$ 是另一个 $\mathscr{O}_X$ 模层同态, 则有 $(v \circ u)_{/X'} = (v_{/X'}) \circ (u_{/X'})$, 从而 $\mathscr{F}$ 的函子 $\mathscr{F}_{/X'}$ 是一个从凝聚 $\mathscr{O}_X$ 模层范畴映到拓扑 $(\mathscr{O}_X)_{/X'}$ 模层范畴的协变加性函子.

命题 (10.8.5) — $(\mathscr{O}_X)_{/X'}$ 的支集就是 X'. 拓扑环积空间 $(X', (\mathscr{O}_X)_{/X'})$ 是一个局部 *Noether* 形式概形, 并且若 $\mathscr{J} \in \Phi$, 则 $\mathscr{J}_{/X'}$ 就是该形式概形的一个定义理想层. 若 $X = \operatorname{Spec} A$ 是一个 *Noether* 仿射概形, $\mathscr{J} = \widetilde{\mathfrak{I}}$, 其中 $\mathfrak{I}$ 是 A 的一个理想,

并且 $X' = V(\mathfrak{I})$, 则 $(X', (\mathscr{O}_X)_{/X'})$ 可以典范等同于 $\mathrm{Spf}(\widehat{A})$, 其中 $\widehat{A}$ 是 A 在 $\mathfrak{I}$ 预进
拓扑下的分离完备化.

问题显然归结为证明最后一句话. 我们知道 $(\mathbf{0}, 7.3.3)$ $\mathfrak{I}$ 在 $\mathfrak{I}$ 预进拓扑下的分
离完备化 $\widehat{\mathfrak{I}}$ 可以等同于 $\widehat{A}$ 的理想 $\mathfrak{I}\widehat{A}$, 并且 $\widehat{A}$ 是一个 Noether 进制环, 以 $\widehat{\mathfrak{I}}$ 为定
义理想, 满足 $\widehat{A}/\widehat{\mathfrak{I}}^n = A/\mathfrak{I}^n$ $(\mathbf{0}, 7.2.6)$. 最后这个关系式表明, $\widehat{A}$ 的开素理想都具有
$\widehat{\mathfrak{p}} = \mathfrak{p}\widehat{\mathfrak{I}}$ 的形状, 其中 $\mathfrak{p}$ 是 A 的一个包含 $\mathfrak{I}$ 的素理想, 并且我们有 $\widehat{\mathfrak{p}} \cap A = \mathfrak{p}$, 故得
$\mathrm{Spf}\,\widehat{A} = X'$. 又因为 $\mathscr{O}_X/\mathscr{J} = (A/\mathfrak{I}^n)^{\sim}$, 故由定义立得结论.

我们把上面定义的这个形式概形称为 X 沿着 X' 的完备化, 并记作 $X_{/X'}$ 或 $\widehat{X}$,
只要不会造成误解. 如果 $X' = X$, 则可以取 $\mathscr{J} = 0$, 从而有 $X_{/X'} = X$.

易见若 U 是 X 的一个开子概形, 则 $U_{/(U \cap X')}$ 可以典范等同于 $X_{/X'}$ 在 X' 的
开子集 $U \cap X'$ 上所诱导的形式子概形.

推论 (10.8.6) — (通常) 概形 $\widehat{X}_{\mathrm{red}}$ 就是 X 的那个以 X' 为底空间的唯一的既
约子概形 (5.2.1). 为了使 $\widehat{X}$ 是 Noether 的, 必须且只需 $\widehat{X}_{\mathrm{red}}$ 是如此, 而且只需 X
是如此.

$\widehat{X}_{\mathrm{red}}$ 的定义是局部性的 (10.5.4), 故可假设 X 是一个 Noether 仿射概形. 在
(10.8.5) 的记号下, 由 $\widehat{A}$ 的全体拓扑幂零元所组成的理想 $\mathfrak{T}$ 就是 $A/\mathfrak{I}$ 的诣零根在典
范映射 $\widehat{A} \to \widehat{A}/\widehat{\mathfrak{I}} = A/\mathfrak{I}$ 下的逆像 $(\mathbf{0}, 7.1.3)$, 从而 $\widehat{A}/\mathfrak{T}$ 同构于 $A/\mathfrak{I}$ 除以它的诣零
根后的商环. 从而第一句话缘自 (10.5.4) 和 (5.1.1). 若 $\widehat{X}_{\mathrm{red}}$ 是 Noether 的, 则它的
底空间 X' 也是如此, 从而这些 $X'_n = \mathrm{Spec}(\mathscr{O}_X/\mathscr{J}^n)$ 都是 Noether 的 (6.1.2), 进而
$\widehat{X}$ 也是如此 (10.6.4). 逆命题是显然的, 也是依据 (6.1.2).

(10.8.7) 这些典范同态 $\mathscr{O}_X \to \mathscr{O}_X/\mathscr{J}$ $(\mathscr{J} \in \Phi)$ 构成一个投影系, 从而通过取
投影极限可以给出一个环层同态 $\theta : \mathscr{O}_X \to \psi_*((\mathscr{O}_X)_{/X'}) = \varprojlim_{\Phi}(\mathscr{O}_X/\mathscr{J})$, 这里的 ψ
是指底空间的典范含入 $X' \to X$. 我们用 i (或 i_X) 来记环积空间的态射

$$(\psi, \theta) : \quad X_{/X'} \longrightarrow X$$

(称为典范态射).

对任意凝聚 $\mathscr{O}_X$ 模层 $\mathscr{F}$, 通过取张量积, 典范同态 $\mathscr{O}_X \to \mathscr{O}_X/\mathscr{J}$ 都给出一个
$\mathscr{O}_X$ 模层同态 $\mathscr{F} \to \mathscr{F} \otimes_{\mathscr{O}_X} (\mathscr{O}_X/\mathscr{J})$, 它们也构成投影系, 从而通过取投影极限就可
以给出一个函子性的典范 $\mathscr{O}_X$ 模层同态 $\gamma : \mathscr{F} \to \psi_*(\mathscr{F}_{/X'})$.

命题 (10.8.8) — (i) 函子 $\mathscr{F}_{/X'}$ (关于 $\mathscr{F}$) 是正合的.
(ii) 函子性的 $(\mathscr{O}_X)_{/X'}$ 模层同态 $\gamma^{\sharp} : i^*\mathscr{F} \to \mathscr{F}_{/X'}$ 是一个同构.

(i) 只需证明若 $0 \to \mathscr{F}' \to \mathscr{F} \to \mathscr{F}'' \to 0$ 是凝聚 $\mathscr{O}_X$ 模层的一个正合序列, 并

且 $U = \operatorname{Spec} A$ 是 X 的一个仿射开集, 其中 A 是 Noether 的, 则序列

$$0 \longrightarrow \Gamma(U \cap X', \mathscr{F}'_{/X'}) \longrightarrow \Gamma(U \cap X', \mathscr{F}_{/X'}) \longrightarrow \Gamma(U \cap X', \mathscr{F}''_{/X'}) \longrightarrow 0$$

是正合的. 现在我们有 $\mathscr{F}|_U = \widetilde{M}$, $\mathscr{F}'|_U = \widetilde{M'}$, $\mathscr{F}''|_U = \widetilde{M''}$, 其中 M, M', M'' 是三个有限型 A 模, 并且 $0 \to M' \to M \to M'' \to 0$ 是正合的 (1.5.1 和 1.3.11). 设 $\mathscr{J} \in \Phi$, 并设 $\mathfrak{I}$ 是 A 的一个理想, 满足 $\mathscr{J}|_U = \widetilde{\mathfrak{I}}$, 则有

$$\Gamma(U \cap X', \mathscr{F} \otimes_{\mathscr{O}_X} \mathscr{O}_X / \mathscr{J}^n) = M \otimes_A (A/\mathfrak{I}^n)$$

(1.3.12). 从而根据投影极限的定义, 我们有

$$\Gamma(U \cap X', \mathscr{F}_{/X'}) = \varprojlim (M \otimes_A (A/\mathfrak{I}^n)) = \widehat{M},$$

后者是 M 在 $\mathfrak{I}$ 预进拓扑下的分离完备化, 同样地,

$$\Gamma(U \cap X', \mathscr{F}'_{/X'}) = \widehat{M'}, \quad \Gamma(U \cap X', \mathscr{F}''_{/X'}) = \widehat{M''},$$

于是上述阐言就是缘自下面的事实: 若 A 是 Noether 的, 则 M 的函子 $\widehat{M}$ 在有限型 A 模的范畴上是正合的 ($\mathbf{0}$, 7.3.3).

(ii) 问题是局部性的, 故可假设我们有一个正合序列 $\mathscr{O}_X^m \to \mathscr{O}_X^n \to \mathscr{F} \to 0$ ($\mathbf{0}$, 5.3.2). 由于 $\gamma^\sharp$ 是函子性的, 并且 (根据 (i) 和 ($\mathbf{0}$, 4.3.1)) 函子 $i^* \mathscr{F}$ 和 $\mathscr{F}_{/X'}$ 都是右正合的, 故有交换图表

(10.8.8.1)
$$
\begin{array}{ccccccc}
i^*(\mathscr{O}_X^m) & \longrightarrow & i^*(\mathscr{O}_X^n) & \longrightarrow & i^*\mathscr{F} & \longrightarrow & 0 \\
\gamma^\sharp \downarrow & & \gamma^\sharp \downarrow & & \gamma^\sharp \downarrow & & \\
(\mathscr{O}_X^m)_{/X'} & \longrightarrow & (\mathscr{O}_X^n)_{/X'} & \longrightarrow & \mathscr{F}_{/X'} & \longrightarrow & 0 \ ,
\end{array}
$$

且它的两行都是正合的. 进而, 函子 $i^*\mathscr{F}$ 和 $\mathscr{F}_{/X'}$ 都与有限直和可交换 ($\mathbf{0}$, 3.2.6 和 4.3.2), 从而问题归结到了 $\mathscr{F} = \mathscr{O}_X$ 的情形. 此时我们有 $i^*\mathscr{O}_X = (\mathscr{O}_X)_{/X'} = \mathscr{O}_{\widehat{X}}$ ($\mathbf{0}$, 4.3.4), 并且 $\gamma^\sharp$ 是一个 $\mathscr{O}_{\widehat{X}}$ 模层同态. 从而只需验证 $\gamma^\sharp$ 把 $\mathscr{O}_{\widehat{X}}$ 在 X' 的任何开集上的单位元截面都映到它本身即可, 但这是显然的, 从而我们就证明了 $\gamma^\sharp$ 在这个情形下是恒同.

推论 (10.8.9) — 环积空间态射 $i : X_{/X'} \to X$ 是平坦的.

事实上, 这是缘自 ($\mathbf{0}$, 6.7.3) 和 (0.8.8, (i)).

推论 (10.8.10) — 若 $\mathscr{F}$ 和 $\mathscr{G}$ 是两个凝聚 $\mathscr{O}_X$ 模层, 则我们有下面的函子性 (关于 $\mathscr{F}$ 和 $\mathscr{G}$) 典范同构

(10.8.10.1) $$(\mathscr{F}_{/X'}) \otimes_{(\mathscr{O}_X)_{/X'}} (\mathscr{G}_{/X'}) \overset{\sim}{\longrightarrow} (\mathscr{F} \otimes_{\mathscr{O}_X} \mathscr{G})_{/X'},$$

(10.8.10.2) $\qquad\qquad (\mathrm{Hom}_{\mathscr{O}_X}(\mathscr{F},\mathscr{G}))_{/X'} \xrightarrow{\ \sim\ } \mathrm{Hom}_{(\mathscr{O}_X)_{/X'}}(\mathscr{F}_{/X'}, \mathscr{G}_{/X'}).$

这是缘自 $i^*\mathscr{F}$ 和 $\mathscr{F}_{/X'}$ 的典范等同. 第一个同构的存在性对于所有的环积空间态射都是有效的 (**0**, 4.3.3.1), 第二个则对于所有的平坦态射 (**0**, 6.7.6) 都是有效的, 从而可以从 (10.8.9) 导出.

命题 (10.8.11) — 对任意凝聚 $\mathscr{O}_X$ 模层 $\mathscr{F}$, 由 $\mathscr{F} \to \mathscr{F}_{/X'}$ 所导出的典范同态 $\Gamma(X, \mathscr{F}) \to \Gamma(X', \mathscr{F}_{/X'})$ 的核都是由那些在 X' 的某个邻域上等于零的截面所组成的.

由 $\mathscr{F}_{/X'}$ 的定义知, 这种截面的典范像是零. 反之, 若 $s \in \Gamma(X, \mathscr{F})$ 是一个像为零的截面, 则只需证明, 对任意点 $x \in X'$, 都可以找到它在 X 中的一个邻域, 使得 s 在该邻域上等于零, 于是问题归结到 $X = \mathrm{Spec}\, A$ 是仿射概形的情形, 并且 A 是 Noether 的, 此时 $X' = V(\mathfrak{I})$, 其中 $\mathfrak{I}$ 是 A 的一个理想, 并且 $\mathscr{F} = \widetilde{M}$, 其中 M 是一个有限型 A 模. 从而 $\Gamma(X', \mathscr{F}_{/X'})$ 就是 M 在 $\mathfrak{I}$ 预进拓扑下的分离完备化 $\widehat{M}$, 而同态 $\Gamma(X, \mathscr{F}) \to \Gamma(X', \mathscr{F}_{/X'})$ 就是典范同态 $M \to \widehat{M}$. 我们知道 (**0**, 7.3.7) 这个同态的核是由所有可被 $1 + \mathfrak{I}$ 中的某个元素零化的那些 $z \in M$ 所组成的集合. 从而可以找到一个 $f \in \mathfrak{I}$, 使得 $(1 + f)s = 0$. 由此可知, 对任意 $x \in X'$, 均有 $(1_x + f_x)s_x = 0$, 且由于 $1_x + f_x$ 在 $\mathscr{O}_x$ 中是可逆的 ($\mathfrak{I}_x\mathscr{O}_x$ 包含在 $\mathscr{O}_x$ 的极大理想之中), 故有 $s_x = 0$, 这就证明了命题.

推论 (10.8.12) — $\mathscr{F}_{/X'}$ 的支集就等于 $\mathrm{Supp}\, \mathscr{F} \cap X'$.

易见 $\mathscr{F}_{/X'}$ 是一个有限型 $(\mathscr{O}_X)_{/X'}$ 模层 ((10.8.8, (ii)) 和 (**0**, 5.2.4)), 从而它的支集是闭的 (**0**, 5.2.2), 并且显然包含在 $\mathrm{Supp}\, \mathscr{F} \cap X'$ 之中. 为了证明这两个集合是相等的, 可以立即归结为证明, $\Gamma(X', \mathscr{F}_{/X'}) = 0$ 就蕴涵着 $\mathrm{Supp}\, \mathscr{F} \cap X' = \varnothing$, 而这是缘自 (10.8.11) 和 (1.4.1).

推论 (10.8.13) — 设 $u : \mathscr{F} \to \mathscr{G}$ 是凝聚 $\mathscr{O}_X$ 模层的一个同态. 则为了使 $u_{/X'} : \mathscr{F}_{/X'} \to \mathscr{G}_{/X'}$ 是零, 必须且只需 u 在 X' 的某个邻域上是零.

事实上, 根据 (10.8.8, (ii)), $u_{/X'}$ 可以等同于 $i^*(u)$, 从而若把 u 看作是层 $\mathscr{H} = \mathrm{Hom}_{\mathscr{O}_X}(\mathscr{F}, \mathscr{G})$ 在 X 上的一个截面, 则 $u_{/X'}$ 就是 $i^*\mathscr{H} = \mathscr{H}_{/X'}$ 在 X' 上的那个与 u 典范对应着的截面 ((10.8.10.2) 和 (**0**, 4.4.6)). 从而只需把 (10.8.11) 应用到凝聚 $\mathscr{O}_X$ 模层 $\mathscr{H}$ 上.

推论 (10.8.14) — 设 $u : \mathscr{F} \to \mathscr{G}$ 是凝聚 $\mathscr{O}_X$ 模层的一个同态. 则为了使 $u_{/X'}$ 是一个单态射 (切转: 满态射), 必须且只需 u 在 X' 的某个邻域上是一个单态射 (切转: 满态射).

设 $\mathscr{P}$ 和 $\mathscr{N}$ 分别是 u 的余核与核, 则我们有正合序列 $0 \to \mathscr{N} \xrightarrow{\ v\ } \mathscr{F} \xrightarrow{\ u\ } \mathscr{G} \xrightarrow{\ w\ }$

$\mathscr{P} \to 0$, 这又给出了正合序列 (10.8.8, (i))

$$0 \longrightarrow \mathscr{N}_{/X'} \xrightarrow{v_{/X'}} \mathscr{F}_{/X'} \xrightarrow{u_{/X'}} \mathscr{G}_{/X'} \xrightarrow{w_{/X'}} \mathscr{P}_{/X'} \longrightarrow 0.$$

若 $u_{/X'}$ 是一个单态射 (切转: 满态射), 则 $v_{/X'} = 0$ (切转: $w_{/X'} = 0$), 从而依照 (10.8.13), 可以找到 X' 的一个邻域, 使得在它上面 $v = 0$ (切转: $w = 0$).

10.9 把态射延拓到完备化上

(10.9.1) 设 X, Y 是两个局部 Noether (通常) 概形, $f : X \to Y$ 是一个态射, X' (切转: Y') 是 X (切转: Y) 的底空间的一个闭子集, 且满足 $f(X') \subseteq Y'$. 设 $\mathscr{J}$ (切转: $\mathscr{K}$) 是 $\mathscr{O}_X$ (切转: $\mathscr{O}_Y$) 的一个理想层, 它使得 $\mathscr{O}_X / \mathscr{J}$ (切转: $\mathscr{O}_Y / \mathscr{K}$) 的支集等于 X' (切转: Y'), 并且 $(f^*\mathscr{K})\mathscr{O}_X \subseteq \mathscr{J}$. 注意到满足这些条件的理想层总是存在的, 比如可以取 $\mathscr{J}$ 就是能在 X' 上定义出子概形结构的那个最大的理想层 (5.2.1), 此时由前提条件 $f(X') \subseteq Y'$ 就能推出 $(f^*\mathscr{K})\mathscr{O}_X \subseteq \mathscr{J}$ (5.2.4). 从而对任意整数 $n > 0$, 我们都有 $f^*(\mathscr{K}^n)\mathscr{O}_X \subseteq \mathscr{J}^n$ (**0**, 4.3.5). 因而 (4.4.6) 若令 $X'_n = (X', \mathscr{O}_X / \mathscr{J}^{n+1})$, $Y'_n = (Y', \mathscr{O}_Y / \mathscr{K}^{n+1})$, 则由 f 可以导出一个态射 $f_n : X'_n \to Y'_n$, 并且易见这些 f_n 构成一个归纳系. 我们把它的归纳极限 (10.6.8) 记作 $\hat{f} : X_{/X'} \to Y_{/X'}$, 并且 (将词义略加引申) 把 $\hat{f}$ 称为 f 在 X 和 Y 沿着 X' 和 Y' 的完备化上的延拓. 易见这个态射并不依赖于理想层 $\mathscr{J}, \mathscr{K}$ 的选择. 事实上, 只需考虑 X 和 Y 都是 Noether 仿射概形的情形, 设它们的环是 A 和 B, 则有 $\mathscr{J} = \tilde{\mathfrak{I}}$, $\mathscr{K} = \tilde{\mathfrak{K}}$, 其中 $\mathfrak{I}$ (切转: $\mathfrak{K}$) 是 A (切转: B) 的一个理想, f 对应着一个环同态 $\varphi : B \to A$, 且满足 $\varphi(\mathfrak{K}) \subseteq \mathfrak{I}$ (4.4.6 和 1.7.4). 此时 $\hat{f}$ 就是对应着连续同态 $\hat{\varphi} : \hat{B} \to \hat{A}$ 的那个态射 (10.2.2) , 这里 $\hat{A}$ (切转: $\hat{B}$) 就是 A (切转: B) 在 $\mathfrak{I}$ 预进拓扑 (切转: $\mathfrak{K}$ 预进拓扑) 下的分离完备化 (10.6.8). 且我们知道若把 $\mathscr{J}$ 换成另一个理想层 $\mathscr{J}' = \tilde{\mathfrak{I}}'$, 仍使得 $\mathscr{O}_X / \mathscr{J}'$ 具有支集 X', 则 A 上的 $\mathfrak{I}$ 预进拓扑与 $\mathfrak{I}'$ 预进拓扑是重合的 (10.8.2).

注意到在这个定义下, $\hat{f}$ 在 $X_{/X'}$ 和 $Y_{/Y'}$ 的底空间上所给出的连续映射 $X' \to Y'$ 刚好就是 f 在 X' 上的限制.

(10.9.2) 由上面的定义易见, 环积空间态射的图表

$$\begin{array}{ccc} \hat{X} & \xrightarrow{\hat{f}} & \hat{Y} \\ {\scriptstyle i_X}\downarrow & & \downarrow{\scriptstyle i_Y} \\ X & \xrightarrow{f} & Y \end{array}$$

是交换的, 其中竖直箭头都是典范态射 (10.8.7).

(10.9.3) 设 Z 是第三个概形, $g : Y \to Z$ 是一个态射, Z' 是 Z 的一个闭子集,

且满足 $g(Y') \subseteq Z'$. 于是若 $\widehat{g}$ 是态射 g 沿着 Y' 和 Z' 的完备化, 则由 (10.9.1) 易见 $(g \circ f)^{\widehat{}} = \widehat{g} \circ \widehat{f}$.

命题 (10.9.4) — 设 X, Y 是两个局部 *Noether* S 概形, 并且 Y 在 S 上是有限型的. 设 f, g 是 X 到 Y 的两个 S 态射, 满足 $f(X') \subseteq Y'$, $g(X') \subseteq Y'$. 则为了使 $\widehat{f} = \widehat{g}$, 必须且只需 f 和 g 在 X' 的某个邻域上是重合的.

条件显然是充分的 (甚至无须假设 Y 是有限型的). 为了证明它也是必要的, 首先注意到 $\widehat{f} = \widehat{g}$ 的前提条件表明, 对任意 $x \in X'$, 均有 $f(x) = g(x)$. 另一方面, 由于问题是局部性的, 故可假设 X 和 Y 分别是 x 和 $y = f(x) = g(x)$ 的仿射开邻域, 环都是 Noether 的, S 也是仿射的, 并且 $\Gamma(Y, \mathscr{O}_Y)$ 是一个有限型 $\Gamma(S, \mathscr{O}_S)$ 代数 (6.3.3). 于是 f 和 g 对应着 $\Gamma(Y, \mathscr{O}_Y)$ 到 $\Gamma(X, \mathscr{O}_X)$ 的两个 $\Gamma(S, \mathscr{O}_S)$ 同态 ρ 和 σ (1.7.3), 并且根据前提条件, 这两个同态在 $\Gamma(Y, \mathscr{O}_Y)$ 的分离完备化上的连续延拓是重合的. 由此可知 (10.8.11), 对任意截面 $s \in \Gamma(Y, \mathscr{O}_Y)$, 截面 $\rho(s)$ 和 $\sigma(s)$ 都在 X' 的某个邻域 (依赖于 s) 上是重合的. 由于 $\Gamma(Y, \mathscr{O}_Y)$ 是 $\Gamma(S, \mathscr{O}_S)$ 上的有限型代数, 故可找到 X' 的一个邻域 V, 使得对任意截面 $s \in \Gamma(Y, \mathscr{O}_Y)$, $\rho(s)$ 和 $\sigma(s)$ 在 V 上都是重合的. 取 $h \in \Gamma(Y, \mathscr{O}_Y)$ 使得 $D(h)$ 是 x 的一个包含在 V 中的邻域, 则由上面所述和 (1.4.1, d)) 可知, f 和 g 在 $D(h)$ 上是重合的.

命题 (10.9.5) — 在 (10.9.1) 的前提条件下, 对任意凝聚 $\mathscr{O}_X$ 模层 $\mathscr{G}$, 我们都有一个函子性的典范 $(\mathscr{O}_X)_{/X'}$ 模层同构

$$(f^* \mathscr{G})_{/X'} \xrightarrow{\ \sim\ } \widehat{f}^*(\mathscr{G}_{/X'}).$$

若把 $(f^* \mathscr{G})_{/X'}$ 典范等同于 $i_X^*(f^* \mathscr{G})$, 并把 $\widehat{f}^*(\mathscr{G}_{/X'})$ 典范等同于 $\widehat{f}^* i_X^* \mathscr{G}$ (10.8.8), 则命题可由 (10.9.2) 中的交换图表立得.

(10.9.6) 现在设 $\mathscr{F}$ 是一个凝聚 $\mathscr{O}_X$ 模层, $\mathscr{G}$ 是一个凝聚 $\mathscr{O}_Y$ 模层. 若 $u : \mathscr{G} \to \mathscr{F}$ 是 $\mathscr{G}$ 到 $\mathscr{F}$ 的一个 f 态射, 则它对应着一个 $\mathscr{O}_X$ 同态 $u^\sharp : f^* \mathscr{G} \to \mathscr{F}$, 从而取完备化可以得到一个连续 $(\mathscr{O}_X)_{/X'}$ 同态 $(u^\sharp)_{/X'} : (f^* \mathscr{G})_{/X'} \to \mathscr{F}_{/X'}$, 并且依照 (10.9.5), 我们有唯一一个 $\widehat{f}$ 同态 $v : \mathscr{G}_{/Y'} \to \mathscr{F}_{/X'}$, 使得 $v^\sharp = (u^\sharp)_{/X'}$. 考虑三元组 $(\mathscr{F}, X, X')$ (其中 $\mathscr{F}$ 是一个凝聚 $\mathscr{O}_X$ 模层, X' 是 X 的一个闭子集) 所构成的范畴, 其态射 $(\mathscr{F}, X, X') \to (\mathscr{G}, Y, Y')$ 是由一个满足 $f(X') \subseteq Y'$ 的概形态射 $f : X \to Y$ 和一个 f 态射 $u : \mathscr{G} \to \mathscr{F}$ 所组成的, 从而可以说 $(X_{/X'}, \mathscr{F}_{/X'})$ 是 $(\mathscr{F}, X, X')$ 的一个函子, 取值在二元组 $(\mathfrak{Z}, \mathscr{H})$ 的范畴中, 其中 $\mathfrak{Z}$ 是一个局部 Noether 形式概形, $\mathscr{H}$ 是一个 $\mathscr{O}_{\mathfrak{Z}}$ 模层, 这里的态射是由一个形式概形的态射 g 加上一个 g 态射所组成的.

命题 (10.9.7) — 设 S, X, Y 是三个局部 *Noether* 概形, $g : X \to S$, $h : Y \to S$ 是两个态射, S' 是 S 的一个闭子集, X' (切转: Y') 是 X (切转: Y) 的一个闭子集, 且满足 $g(X') \subseteq S'$ (切转: $h(Y') \subseteq S'$). 设 $Z = X \times_S Y$, 假设 Z 是局部 *Noether* 的, 并

设 $Z' = p^{-1}(X') \cap q^{-1}(Y')$, 其中 p 和 q 是 $X \times_S Y$ 的两个投影. 则在这些条件下, $(X_{/X'})$ 和 $(Y_{/Y'})$ 到 $S_{/S'}$ 的结构态射可以等同于 $\widehat{g}$ 和 $\widehat{h}$, 完备化 $Z_{/Z'}$ 可以等同于 $S_{/S'}$ 形式概形的纤维积 $(X_{/X'}) \times_{S_{/S'}} (Y_{/Y'})$, 并且投影可以等同于 $\widehat{p}$ 和 $\widehat{q}$.

易见问题对于 S, X 和 Y 都是局部性的, 从而可以归结到 $S = \mathrm{Spec}\, A$, $X = \mathrm{Spec}\, B$, $Y = \mathrm{Spec}\, C$, $S' = V(\mathfrak{I})$, $X' = V(\mathfrak{K})$, $Y' = V(\mathfrak{L})$ 的情形, 其中 $\mathfrak{I}, \mathfrak{K}, \mathfrak{L}$ 是三个理想, 满足 $\varphi(\mathfrak{I}) \subseteq \mathfrak{K}$ 和 $\psi(\mathfrak{I}) \subseteq \mathfrak{L}$, φ 和 ψ 是 g 和 h 所对应的环同态 $A \to B$ 和 $A \to C$. 此时我们知道 $Z = \mathrm{Spec}(B \otimes_A C)$, 并且 $Z' = V(\mathfrak{M})$, 其中 $\mathfrak{M}$ 是理想 $\mathrm{Im}(\mathfrak{K} \otimes_A C) + \mathrm{Im}(B \otimes_A \mathfrak{L})$. 从而命题缘自 (10.7.2) 和下面的事实: 完备张量积 $(\widehat{B} \otimes_{\widehat{A}} \widehat{C})^{\widehat{\ }}$ (其中 $\widehat{A}$, $\widehat{B}$, $\widehat{C}$ 分别是 A, B, C 在 $\mathfrak{I}, \mathfrak{K}, \mathfrak{L}$ 预进拓扑下的分离完备化) 就是张量积 $B \otimes_A C$ 在 $\mathfrak{M}$ 预进拓扑下的分离完备化 ($\mathbf{0}$, 7.7.2).

进而注意到, 若 T 是另一个局部 Noether S 概形, $u : T \to X$, $v : T \to Y$ 是两个 S 态射, T' 是 T 的一个闭子集, 且满足 $u(T') \subseteq X'$, $v(T') \subseteq Y'$, 则 $(u, v)_S$ 在完备化上的延拓 $((u, v)_S)^{\widehat{\ }}$ 可以等同于 $(\widehat{u}, \widehat{v})_{S_{/S'}}$.

推论 (10.9.8) — 设 X, Y 是两个局部 *Noether* S 概形, 并假设 $X \times_S Y$ 也是局部 *Noether* 的. 设 S' 是 S 的一个闭子集, X' (切转: Y') 是 X (切转: Y) 的一个闭子集, 并且它们的像都包含在 S' 中. 则对任何满足 $f(X') \subseteq Y'$ 的 S 态射 $f : X \to Y$, 图像态射 $\Gamma_{\widehat{f}}$ 都可以等同于 f 的图像态射的延拓 $(\Gamma_f)^{\widehat{\ }}$.

推论 (10.9.9) — 设 X, Y 是两个局部 *Noether* 概形, $f : X \to Y$ 是一个态射, Y' 是 Y 的一个闭子集, $X' = f^{-1}(Y')$. 则形式概形 $X_{/X'}$ 可以通过交换图表

$$
\begin{array}{ccc}
X & \longleftarrow & X_{/X'} \\
{\scriptstyle f}\downarrow & & \downarrow{\scriptstyle \widehat{f}} \\
Y & \longleftarrow & Y_{/Y'}
\end{array}
$$

等同于形式概形的纤维积 $X \times_Y (Y_{/Y'})$.

只需应用 (10.9.7), 并把 S 和 S' 分别换成 Y 和 X, 而把 X' 换成 X.

注解 (10.9.10) — 若 X 是概形的和 $X_1 \sqcup X_2$ (3.1), X' 是并集 $X_1' \cup X_2'$, 其中 X_i' 是 X_i 的一个闭子集 ($i = 1, 2$), 则易见 $X_{/X'} = X_{1/X_1'} \sqcup X_{2/X_2'}$.

10.10 应用到仿射形式概形上的凝聚层上

(10.10.1) 在这一小节中, A 是一个 *Noether* 进制环, $\mathfrak{I}$ 是 A 的一个定义理想. 设 $X = \mathrm{Spec}\, A$, $\mathfrak{X} = \mathrm{Spf}\, A$, 后者可以等同于 X 的闭子集 $V(\mathfrak{I})$ (10.1.2). 进而, 定义 (10.1.2) 和定义 (10.8.4) 表明, 仿射形式概形 $\mathfrak{X}$ 可以等同于仿射概形 X 沿着底空间

的闭子集 $\mathfrak{x}$ 的完备化 $X_{/\mathfrak{x}}$. 从而任何凝聚 $\mathscr{O}_X$ 模层 $\mathscr{F}$ 都对应着一个有限型 $\mathscr{O}_{\mathfrak{x}}$ 模层 $\mathscr{F}_{/\mathfrak{x}}$, 后者也是拓扑环层 $\mathscr{O}_{\mathfrak{x}}$ 上的拓扑模层. 所有凝聚 $\mathscr{O}_X$ 模层 $\mathscr{F}$ 都具有 $\widetilde{M}$ 的形状, 其中 M 是一个有限型 A 模 (1.5.1). 我们令 $(\widetilde{M})_{/X} = M^\Delta$. 进而, 若 $u : M \to N$ 是有限型 A 模的一个 A 同态, 则它对应着一个同态 $\widetilde{u} : \widetilde{M} \to \widetilde{N}$, 从而也对应着一个连续同态 $\widetilde{u}_{/X'} : (\widetilde{M})_{/X'} \to (\widetilde{N})_{/X'}$, 我们把它记为 u^Δ. 易见 $(v \circ u)^\Delta = v^\Delta \circ u^\Delta$, 这就定义了一个从有限型 A 模范畴到有限型 $\mathscr{O}_{\mathfrak{x}}$ 模层范畴的协变加性函子 M^Δ. 如果 A 是离散环, 则我们有 $M^\Delta = \widetilde{M}$.

命题 (10.10.2) — (i) M^Δ 是 M 的正合函子, 并且我们有一个函子性的典范 A 模同构 $\Gamma(\mathfrak{x}, M^\Delta) \overset{\sim}{\longrightarrow} M$.

(ii) 若 M 和 N 是两个有限型 A 模, 则我们有下面的函子性典范同构

(10.10.2.1) $$(M \otimes_A N)^\Delta \overset{\sim}{\longrightarrow} M^\Delta \otimes_{\mathscr{O}_{\mathfrak{x}}} N^\Delta,$$

(10.10.2.2) $$(\mathrm{Hom}_A(M, N))^\Delta \overset{\sim}{\longrightarrow} \mathrm{Hom}_{\mathscr{O}_{\mathfrak{x}}}(M^\Delta, N^\Delta).$$

(iii) 映射 $u \mapsto u^\Delta$ 是一个函子性同构

(10.10.2.3) $$\mathrm{Hom}_A(M, N) \overset{\sim}{\longrightarrow} \mathrm{Hom}_{\mathscr{O}_X}(M^\Delta, N^\Delta).$$

M^Δ 的正合性是缘自函子 $\widetilde{M}$ (1.3.5) 和 $\mathscr{F}_{/X'}$ (10.8.8) 的正合性. 根据定义, $\Gamma(X, M^\Delta)$ 是 A 模 $\Gamma(X, \widetilde{M}) = M$ 在 $\mathfrak{I}$ 预进拓扑下的分离完备化. 然而由于 A 是完备的, 并且 M 是有限型的, 故我们知道 M 是分离且完备的 (**0**, 7.3.6), 这就证明了 (i). 同构 (10.10.2.1) (切转:(10.10.2.2)) 来自于同构 (1.3.12, (i)) 和 (10.8.10.1) (切转:(1.3.12, (ii)) 和 (10.8.10.2)) 的合成. 最后, 由于 $\mathrm{Hom}_A(M, N)$ 是一个有限型 A 模, 故可利用 (i) 把 $\Gamma(\mathfrak{x}, (\mathrm{Hom}_A(M, N))^\Delta)$ 等同于 $\mathrm{Hom}_A(M, N)$, 再使用 (10.10.2.2) 就可以证明同态 (10.10.2.3) 是一个同构.

由 (10.10.2) 可以导出一系列推论, 方法类似于 (1.3.7) 和 (1.3.12) 的情形, 细节的叙述留给读者.

注意到把 M^Δ 的正合性应用到正合序列 $0 \to \mathfrak{I} \to A \to A/\mathfrak{I} \to 0$ 上就可以说明, 这里出现的 $\mathscr{O}_{\mathfrak{x}}$ 理想层 $\mathfrak{I}^\Delta$ 与 (10.3.1) 中具有同样记号的那个层是一致的, 这是依据 (10.3.2).

命题 (10.10.3) — 在 (10.10.1) 的前提条件下, $\mathscr{O}_{\mathfrak{x}}$ 是一个凝聚环层.

若 $f \in A$, 则 $A_{\{f\}}$ 是一个 Noether 进制环 (**0**, 7.6.11). 由于问题是局部性的, 故可归结为 (10.1.4) 证明, 任何同态 $v : \mathscr{O}_{\mathfrak{x}}^n \to \mathscr{O}_{\mathfrak{x}}$ 的核总是一个有限型 $\mathscr{O}_{\mathfrak{x}}$ 模层. 此时我们有 $v = u^\Delta$, 其中 u 是一个 A 同态 $A^n \to A$ (10.10.2). 由于 A 是 Noether 的, 故知 u 的核是有限型的, 换句话说, 我们有一个同态 $A^m \overset{w}{\longrightarrow} A^n$, 使得序列

$A^m \xrightarrow{w} A^n \xrightarrow{u} A$ 是正合的. 由此可知 (10.10.2), 序列 $\mathscr{O}_{\mathfrak{X}}^m \xrightarrow{w^\triangle} \mathscr{O}_{\mathfrak{X}}^n \xrightarrow{v} \mathscr{O}_{\mathfrak{X}}$ 是正合的, 这就证明了 v 的核是有限型的.

(10.10.4) 在同样的记号下, 令 $A_n = A/\mathfrak{J}^{n+1}$, 并设 X_n 是仿射概形 Spec $A_n = (\mathfrak{X}, \mathscr{O}_{\mathfrak{X}}/\mathscr{J}^{n+1})$, 其中 $\mathscr{J} = \mathfrak{J}^\triangle$ 是 $\mathscr{O}_{\mathfrak{X}}$ 的那个对应着理想 $\mathfrak{J}$ 的定义理想层. 设 u_{mn} 是对应着典范同态 $A_n \to A_m$ ($m \leqslant n$) 的概形态射 $X_m \to X_n$, 则形式概形 $\mathfrak{X}$ 就是这些 X_n 在 u_{mn} 下的归纳极限 (10.6.3).

命题 (10.10.5) —— 在 (10.10.1) 的前提条件下, 设 $\mathscr{F}$ 是一个 $\mathscr{O}_{\mathfrak{X}}$ 模层. 则以下诸条件是等价的:

a) $\mathscr{F}$ 是凝聚 $\mathscr{O}_{\mathfrak{X}}$ 模层;

b) $\mathscr{F}$ 同构于一个满足 $u_{mn}^* \mathscr{F}_n = \mathscr{F}_m$ 的凝聚 $\mathscr{O}_{X_n}$ 模层序列 $(\mathscr{F}_n)$ 的投影极限 (10.6.6);

c) 可以找到一个有限型 A 模 M (确定到只差一个典范同构 (10.10.2, (i))), 使得 $\mathscr{F}$ 同构于 $M^\triangle$.

首先证明 b) 蕴涵 c). 我们有 $\mathscr{F}_n = \widetilde{M_n}$, 其中 M_n 是一个有限型 A_n 模, 且前提条件表明 $M_m = M_n \otimes_{A_n} A_m$ ($m \leqslant n$) (1.6.5). 从而这些 M_n 在典范双重同态 $M_n \to M_m$ ($m \leqslant n$) 下构成一个投影系, 并且由 A_n 的定义立知, 这个投影系满足 (**0**, 7.2.9) 中的条件, 从而它的投影极限 M 是一个有限型 A 模, 且对任意 n, 我们都有 $M_n = M \otimes_A A_n$. 由此可知, $\mathscr{F}_n$ 就是 $\widetilde{M} \otimes_{\mathscr{O}_X} (\mathscr{O}_X/\widetilde{\mathfrak{J}^{n+1}})$ 在 X_n 上的稼入层, 从而根据定义 (10.8.4), $\mathscr{F} = M^\triangle$.

反过来, c) 蕴涵 b). 事实上, 若 u_n 是浸入态射 $X_n \to X$, 则 $u_n^* \widetilde{M} = (M \otimes_A A_n)^{\sim}$ 就是 $\widetilde{M} \otimes_{\mathscr{O}_X} (\mathscr{O}_X/\widetilde{\mathfrak{J}^{n+1}})$ 在 X_n 上的稼入层, 并且根据定义 (10.8.4), $M^\triangle = \varprojlim u_n^* \widetilde{M}$. 由于 $u_m = u_n \circ u_{mn}$ ($m \leqslant n$), 故知 $\mathscr{F}_n = u_n^* \widetilde{M}$ 就满足条件 b), 因而得到结论.

现在证明 c) 蕴涵 a). 事实上, 根据定义, 我们有 $\mathscr{O}_{\mathfrak{X}} = A^\triangle$. 由于 M 是某个同态 $A^m \to A^n$ 的余核, 故由 (10.10.2) 知, $M^\triangle$ 就是同态 $\mathscr{O}_{\mathfrak{X}}^m \to \mathscr{O}_{\mathfrak{X}}^n$ 的余核, 又因为环层 $\mathscr{O}_{\mathfrak{X}}$ 是凝聚的 (10.10.3), 故知 $M^\triangle$ 也是凝聚的 (**0**, 5.3.4).

最后证明 a) 蕴涵 b). 作为 $\mathscr{O}_{\mathfrak{X}}$ 模层, 我们有 $\mathscr{O}_{X_n} = \mathscr{O}_{\mathfrak{X}}/\mathscr{J}^{n+1} = A_n^\triangle$. $\mathscr{F}_n = \mathscr{F} \otimes_{\mathscr{O}_{\mathfrak{X}}} \mathscr{O}_{X_n}$ 是一个凝聚 $\mathscr{O}_{\mathfrak{X}}$ 模层 (**0**, 5.3.5), 且由于它也是一个 $\mathscr{O}_{X_n}$ 模层, 并且 $\mathscr{J}^{n+1}$ 是凝聚的, 故知 $\mathscr{F}_n$ 是一个凝聚 $\mathscr{O}_{X_n}$ 模层 (**0**, 5.3.10), 并且易见对于 $m \leqslant n$, 我们都有 $u_{mn}^* \mathscr{F}_n = \mathscr{F}_m$ (底空间上的连续映射 $X_m \to X_n$ 都是 $\mathfrak{X}$ 上的恒同). 从而层 $\mathscr{G} = \varprojlim \mathscr{F}_n$ 是一个凝聚 $\mathscr{O}_{\mathfrak{X}}$ 模层, 因为我们已经知道 b) 蕴涵 a). 这些典范同态 $\mathscr{F} \to \mathscr{F}_n$ 构成一个投影系, 通过取极限可以给出一个典范同态 $w : \mathscr{F} \to \mathscr{G}$, 从而问题归结为证明 w 是一一的. 现在由于问题是局部性的, 故可限于考虑 $\mathscr{F}$ 是某个同态 $\mathscr{O}_{\mathfrak{X}}^p \to \mathscr{O}_{\mathfrak{X}}^q$ 的余核的情形. 这个同态具有 $v^\triangle$ 的形状, 其中 v 是一个同态 $A^p \to A^q$ (10.10.2), 故知 $\mathscr{F}$ 同构于 $M^\triangle$, 其中 $M = \operatorname{Coker} v$ (10.10.2). 于是依照 (10.10.2), 我

们有 $\mathscr{F}_n = M^\Delta \otimes_{\mathscr{O}_x} A_n^\Delta = M^\Delta \otimes_{\mathscr{O}_x} A_n^\Delta$, 且由于 $M \otimes_A A_n$ 上的 $\mathfrak{I}$ 进拓扑是离散的, 故有 $M^\Delta \otimes_{\mathscr{O}_x} A_n^\Delta = (M \otimes_A A_n)^\sim$ (作为 $\mathscr{O}_{X_n}$ 模层). 从而由上面的结果可知, $M^\Delta = \varprojlim \mathscr{F}_n$, 并且 w 在这个情形下就是恒同. 证明完毕.

推论 (10.10.6) — 若 $\mathscr{F}$ 满足 (10.10.5) 中的条件 b), 则投影系 $(\mathscr{F}_n)$ 同构于这些 $\mathscr{F} \otimes_{\mathscr{O}_x} \mathscr{O}_{X_n}$ 所组成的系.

(10.10.7) 现在设 A, B 是两个 Noether 进制环, $\varphi : B \to A$ 是一个连续同态. 设 $\mathfrak{I}$ (切转: $\mathfrak{K}$) 是 A (切转: B) 的一个定义理想, 且满足 $\varphi(\mathfrak{K}) \subseteq \mathfrak{I}$, 再令 $X = \mathrm{Spec}\, A$, $Y = \mathrm{Spec}\, B$, $\mathfrak{X} = \mathrm{Spf}\, A$, $\mathfrak{Y} = \mathrm{Spf}\, B$. 设 $f : X \to Y$ 是 φ 所对应的概形态射 (1.6.1), $\widehat{f} : \mathfrak{X} \to \mathfrak{Y}$ 是它在完备化上的延拓 (10.9.1), 这也是 φ 所对应的形式概形态射 (10.2.2).

命题 (10.10.8) — 对每个有限型 B 模 N, 我们都有一个函子性的典范 $\mathscr{O}_{\mathfrak{X}}$ 模层同构

$$\widehat{f}^*(N^\Delta) \overset{\sim}{\longrightarrow} (N \otimes_B A)^\Delta.$$

事实上, 如果用 $i_X : \mathfrak{X} \to X$ 和 $i_Y : \mathfrak{Y} \to Y$ 来记典范态射, 则 (10.8.8) 在只差一个函子性典范同构的意义下, 我们有 $N^\Delta = i_Y^* \widetilde{N}$ 和

$$(N \otimes_B A)^\Delta = i_X^*((N \otimes_B A)^\sim) = i_X^* f^* \widetilde{N}$$

(1.6.5), 从而命题缘自图表 (10.9.2) 的交换性.

推论 (10.10.9) — 对于 B 的任何理想 $\mathfrak{b}$, 我们都有 $\widehat{f}^*(\mathfrak{b}^\Delta)\mathscr{O}_{\mathfrak{X}} = (\mathfrak{b}A)^\Delta$.

事实上, 设 j 是典范含入 $\mathfrak{b} \to B$, 则它对应着 $\mathscr{O}_{\mathfrak{Y}}$ 模层的典范含入 $j^\Delta : \mathfrak{b}^\Delta \to \mathscr{O}_{\mathfrak{Y}}$. 根据定义, $\widehat{f}^*(\mathfrak{b}^\Delta)\mathscr{O}_{\mathfrak{X}}$ 是同态 $\widehat{f}^*(j^\Delta) : \widehat{f}^*(\mathfrak{b}^\Delta) \to \mathscr{O}_{\mathfrak{X}} = \widehat{f}^*\mathscr{O}_{\mathfrak{Y}}$ 的像, 然而这个同态可以等同于 $(j \otimes 1)^\Delta : (\mathfrak{b} \otimes_B A)^\Delta \to \mathscr{O}_{\mathfrak{X}} = (B \otimes_B A)^\Delta$ (10.10.8). 由于 $j \otimes 1$ 的像是 A 的理想 $\mathfrak{b}A$, 故知 $(j \otimes 1)^\Delta$ 的像是 $(\mathfrak{b}A)^\Delta$, 这是依据 (10.10.2), 因而就得出了结论.

10.11 形式概形上的凝聚层

命题 (10.11.1) — 若 $\mathfrak{X}$ 是一个局部 Noether 形式概形, 则环层 $\mathscr{O}_{\mathfrak{X}}$ 是凝聚的, 并且 $\mathfrak{X}$ 的任何定义理想层都是凝聚的.

问题是局部性的, 从而可以归结到 Noether 仿射形式概形的情形, 此时命题缘自 (10.10.3) 和 (10.10.5).

(10.11.2) 设 $\mathfrak{X}$ 是一个局部 Noether 形式概形, $\mathscr{J}$ 是 $\mathfrak{X}$ 的一个定义理想层, X_n 是局部 Noether (通常) 概形 $(\mathfrak{X}, \mathscr{O}_{\mathfrak{X}}/\mathscr{J}^{n+1})$, 从而 $\mathfrak{X}$ 是序列 (X_n) 在典范态射 $u_{mn} : X_m \to X_n$ 下的归纳极限 (10.6.3). 在这些记号下:

定理 (10.11.3) — 为了使一个 $\mathscr{O}_{\mathfrak{X}}$ 模层 $\mathscr{F}$ 是凝聚的, 必须且只需它同构于这样一个序列 $(\mathscr{F}_n)$ 的投影极限, 其中 $\mathscr{F}_n$ 是凝聚 $\mathscr{O}_{X_n}$ 模层, 并且当 $m \leqslant n$ 时 $u_{mn}^* \mathscr{F}_n = \mathscr{F}_m$ (10.6.6). 此时投影系 $(\mathscr{F}_n)$ 也同构于这些 $u_n^* \mathscr{F} = \mathscr{F} \otimes_{\mathscr{O}_{\mathfrak{X}}} \mathscr{O}_{X_n}$ 所组成的系, 其中 u_n 是指典范态射 $X_n \to \mathfrak{X}$.

问题是局部性的, 从而可以归结到 $\mathfrak{X}$ 是 Noether 仿射形式概形的情形, 此时定理缘自 (10.10.5) 和 (10.10.6).

从而可以说, 给出一个凝聚 $\mathscr{O}_{\mathfrak{X}}$ 模层就等价于给出一个满足 $u_{mn}^* \mathscr{F}_n = \mathscr{F}_m$ ($m \leqslant n$) 的凝聚 $\mathscr{O}_{X_n}$ 模层投影系 $(\mathscr{F}_n)$.

推论 (10.11.4) — 若 $\mathscr{F}$ 和 $\mathscr{G}$ 是两个凝聚 $\mathscr{O}_{\mathfrak{X}}$ 模层, 则可以 (在 (10.11.3) 的记号下)定义出一个函子性的典范同构

(10.11.4.1) $$\mathrm{Hom}_{\mathscr{O}_{\mathfrak{X}}}(\mathscr{F}, \mathscr{G}) \xrightarrow{\sim} \varprojlim_n \mathrm{Hom}_{\mathscr{O}_{X_n}}(\mathscr{F}_n, \mathscr{G}_n).$$

右边的投影极限应被理解为是对于那些从 $\mathrm{Hom}_{\mathscr{O}_{X_n}}(\mathscr{F}_n, \mathscr{G}_n)$ 到 $\mathrm{Hom}_{\mathscr{O}_{X_m}}(\mathscr{F}_m, \mathscr{G}_m)$ 的映射 $\theta_n \mapsto u_{mn}^*(\theta_n)$ ($m \leqslant n$) 来取的. 同态 (10.11.4.1) 把元素 $\theta \in \mathrm{Hom}_{\mathscr{O}_{\mathfrak{X}}}(\mathscr{F}, \mathscr{G})$ 对应到序列 $(u_n^*(\theta))$, 由此立知, 上述同态的逆同态可以这样来定义, 即把投影系 $(\theta_n) \in \varprojlim_n \mathrm{Hom}_{\mathscr{O}_{X_n}}(\mathscr{F}_n, \mathscr{G}_n)$ 对应到它在 $\mathrm{Hom}_{\mathscr{O}_{\mathfrak{X}}}(\mathscr{F}, \mathscr{G})$ 中的投影极限, 并利用 (10.11.3).

推论 (10.11.5) — 为了使一个同态 $\theta: \mathscr{F} \to \mathscr{G}$ 是满的, 必须且只需它所对应的同态 $\theta_0 = u_0^*(\theta): \mathscr{F}_0 \to \mathscr{G}_0$ 是如此.

问题是局部性的, 故可归结到 $\mathfrak{X} = \mathrm{Spf}\, A$ 的情形, 其中 A 是一个 Noether 进制环, 此时 $\mathscr{F} = M^{\triangle}$, $\mathscr{G} = N^{\triangle}$, $\theta = u^{\triangle}$, 其中 M 和 N 都是有限型 A 模, 且 u 是一个同态 $M \to N$. 进而我们有 $\theta_0 = \tilde{u}_0$, 其中 u_0 是同态 $u \otimes 1: M \otimes_A A/\mathfrak{I} \to N \otimes_A A/\mathfrak{I}$. 于是结论缘自下面的事实: θ 和 u (切转: θ_0 和 u_0) 总是同时成为满的 (1.3.9 和 10.10.2), 而且 u 和 u_0 也总是同时成为满的 (**0**, 7.1.14).

(10.11.6) 定理 (10.11.3) 表明, 可以把任何凝聚 $\mathscr{O}_{\mathfrak{X}}$ 模层 $\mathscr{F}$ 都看作是一个拓扑 $\mathscr{O}_{\mathfrak{X}}$ 模层, 即把它理解为伪离散群层 $\mathscr{F}_n$ (**0**, 3.8.1) 的投影极限. 于是由 (10.11.4) 知, 凝聚 $\mathscr{O}_{\mathfrak{X}}$ 模层的任何同态 $u: \mathscr{F} \to \mathscr{G}$ 都自动成为连续的 (**0**, 3.8.2). 进而, 若 $\mathscr{H}$ 是凝聚 $\mathscr{O}_{\mathfrak{X}}$ 模层 $\mathscr{F}$ 的一个凝聚 $\mathscr{O}_{\mathfrak{X}}$ 子模层, 则对任意开集 $U \subseteq \mathfrak{X}$, $\Gamma(U, \mathscr{H})$ 都是拓扑群 $\Gamma(U, \mathscr{F})$ 的一个闭子群. 事实上, 函子 Γ 是左正合的, 从而 $\Gamma(U, \mathscr{H})$ 就是同态 $\Gamma(U, \mathscr{F}) \to \Gamma(U, \mathscr{F}/\mathscr{H})$ 的核, 且根据上面所述, 这个同态是连续的, 因为 $\mathscr{F}/\mathscr{H}$ 是凝聚的 (**0**, 3.3.4). 于是上述阐言缘自下面的事实: $\Gamma(U, \mathscr{F}/\mathscr{H})$ 是一个分离拓扑群.

命题 (10.11.7) — 设 $\mathscr{F}$ 和 $\mathscr{G}$ 是两个凝聚 $\mathscr{O}_{\mathfrak{X}}$ 模层. 则可以 (在 (10.11.3) 的记号下)定义出拓扑 $\mathscr{O}_{\mathfrak{X}}$ 模层的下述函子性典范同构 (10.11.6)

(10.11.7.1) $$\mathscr{F} \otimes_{\mathscr{O}_{\mathfrak{X}}} \mathscr{G} \xrightarrow{\sim} \varprojlim(\mathscr{F}_n \otimes_{\mathscr{O}_{X_n}} \mathscr{G}_n),$$

(10.11.7.2)　　　　　　　$\mathscr{H}om_{\mathscr{O}_{\mathfrak{X}}}(\mathscr{F},\mathscr{G}) \overset{\sim}{\longrightarrow} \varprojlim \mathscr{H}om_{\mathscr{O}_{X_n}}(\mathscr{F}_n,\mathscr{G}_n).$

同构 (10.11.7.1) 是缘自公式

$$\mathscr{F}_n \otimes_{\mathscr{O}_{X_n}} \mathscr{G}_n = (\mathscr{F} \otimes_{\mathscr{O}_{\mathfrak{X}}} \mathscr{O}_{X_n}) \otimes_{\mathscr{O}_{X_n}} (\mathscr{G} \otimes_{\mathscr{O}_{\mathfrak{X}}} \mathscr{O}_{X_n}) = (\mathscr{F} \otimes_{\mathscr{O}_{\mathfrak{X}}} \mathscr{G}) \otimes_{\mathscr{O}_{\mathfrak{X}}} \mathscr{O}_{X_n}$$

和 (10.11.3). 在把 (10.11.7.2) 中的两项都看作是忽略拓扑的模层时, 这个同构是缘自 $\mathscr{H}om_{\mathscr{O}_{\mathfrak{X}}}(\mathscr{F},\mathscr{G})$ 和 $\mathscr{H}om_{\mathscr{O}_{X_n}}(\mathscr{F}_n,\mathscr{G}_n)$ 的截面的定义以及同构 (10.11.4.1), 即只要把后者应用到 $\mathfrak{X}$ 在仿射形式开集上所诱导的概形上.(* **(订正** $_{\mathrm{III}}$**, 13)** — 这以下的证明是不需要的, 只需使用 (10.11.6) 即可, 因为根据 (**0**, 5.3.5), 这些层都是凝聚的 *.) 只需再证明同构 (10.11.7.2) 在拟紧开集上是双向连续的, 从而可以归结到 $\mathfrak{X} = \mathrm{Spf}\, A$ 的情形, 其中 A 是一个 Noether 进制环, 故有 (10.10.5) $\mathscr{F} = M^{\triangle}$, $\mathscr{G} = N^{\triangle}$, 其中 M, N 都是有限型 A 模. 有见于 (10.10.2.1), (10.10.2.3) 和 (1.3.12, (ii)), 问题归结为证明典范同构 $\mathrm{Hom}_A(M, N) \overset{\sim}{\longrightarrow} \varprojlim \mathrm{Hom}_{A_n}(M_n, N_n)$ (这里 $M_n = M \otimes_A A_n$, $N_n = N \otimes_A A_n$) 是连续的, 而这已在 (**0**, 7.8.2) 中获得了证明.

　　(10.11.8) 由于 $\mathrm{Hom}_{\mathscr{O}_{\mathfrak{X}}}(\mathscr{F},\mathscr{G})$ 是拓扑群层 $\mathscr{H}om_{\mathscr{O}_{\mathfrak{X}}}(\mathscr{F},\mathscr{G})$ 的截面群, 从而它也是一个拓扑群. 若 $\mathfrak{X}$ 是 *Noether* 的, 则由 (10.11.7.2) 知, 在这个群中, 这些子群 $\mathrm{Hom}_{\mathscr{O}_{\mathfrak{X}}}(\mathscr{F}, \mathscr{J}^n \mathscr{G})$ (n 任意) 构成了 0 的一个基本邻域组.

　　命题 (10.11.9) — 设 $\mathfrak{X}$ 是一个 *Noether* 形式概形, $\mathscr{F}$ 和 $\mathscr{G}$ 是两个凝聚 $\mathscr{O}_{\mathfrak{X}}$ 模层. 则在拓扑群 $\mathrm{Hom}_{\mathscr{O}_{\mathfrak{X}}}(\mathscr{F},\mathscr{G})$ 中, 全体满同态 (切转: 单同态, 一一同态) 构成一个开子集.

　　依照 (10.11.5), $\mathrm{Hom}_{\mathscr{O}_{\mathfrak{X}}}(\mathscr{F},\mathscr{G})$ 中的全体满同态的集合是离散群 $\mathrm{Hom}_{\mathscr{O}_{X_0}}(\mathscr{F}_0,\mathscr{G}_0)$ 的一个子集在连续映射 $\mathrm{Hom}_{\mathscr{O}_{\mathfrak{X}}}(\mathscr{F},\mathscr{G}) \to \mathrm{Hom}_{\mathscr{O}_{X_0}}(\mathscr{F}_0,\mathscr{G}_0)$ 下的逆像, 这就证明了第一句话. 为了证明第二句话, 取 $\mathfrak{X}$ 的一个由 Noether 仿射形式开集 U_i 所组成的有限覆盖. 则为了使 $\theta \in \mathrm{Hom}_{\mathscr{O}_{\mathfrak{X}}}(\mathscr{F},\mathscr{G})$ 是单的, 必须且只需它在所有限制映射 (连续) $\mathrm{Hom}_{\mathscr{O}_{\mathfrak{X}}}(\mathscr{F},\mathscr{G}) \to \mathrm{Hom}_{\mathscr{O}_{\mathfrak{X}|U_i}}(\mathscr{F}|_{U_i}, \mathscr{G}|_{U_i})$ 下的像都是单的. 从而这可以归结到仿射的情形, 此时这件事在 (**0**, 7.8.3) 中已经得到了证明.

10.12　形式概形间的进制态射

　　(10.12.1) 设 $\mathfrak{X}, \mathfrak{G}$ 是两个局部 *Noether* 形式概形. 所谓一个态射 $f : \mathfrak{X} \to \mathfrak{G}$ 是进制的, 是指可以找到 $\mathfrak{G}$ 的一个定义理想层 $\mathscr{J}$, 使得 $\mathscr{K} = (f^* \mathscr{J})\mathscr{O}_{\mathfrak{X}}$ 是 $\mathfrak{X}$ 的一个定义理想层. 此时我们也称 $\mathfrak{X}$ (在 f 下) 是一个进制 $\mathfrak{G}$ 概形. 在这种情况下, 对于 $\mathfrak{G}$ 的任何定义理想层 $\mathscr{J}_1$, $\mathscr{K}_1 = (f^* \mathscr{J}_1)\mathscr{O}_{\mathfrak{X}}$ 都是 $\mathfrak{X}$ 的一个定义理想层. 事实上, 问题是局部性的, 故可假设 $\mathfrak{X}$ 和 $\mathfrak{G}$ 都是 Noether 且仿射的, 于是可以找到一个整数 $n > 0$, 使得 $\mathscr{J}^n \subseteq \mathscr{J}_1$ 且 $\mathscr{J}_1^n \subseteq \mathscr{J}$ (10.3.6 和 **0**, 7.1.4), 故有 $\mathscr{K}^n \subseteq \mathscr{K}_1$ 且 $\mathscr{K}_1^n \subseteq \mathscr{K}$. 第

一个关系式表明 $\mathscr{K}_1 = \mathfrak{K}_1^{\triangle}$, 其中 $\mathfrak{K}_1$ 是 $A = \Gamma(\mathfrak{X}, \mathscr{O}_{\mathfrak{X}})$ 的一个开理想, 第二个关系式表明 $\mathfrak{K}_1$ 是 A 的一个定义理想 (**0**, 7.1.4), 这就推出了我们的结论.

由上面所述立知, 若 $\mathfrak{X}$ 和 $\mathfrak{Y}$ 是两个进制 $\mathfrak{S}$ 概形, 则任何 $\mathfrak{S}$ 态射 $u : \mathfrak{X} \to \mathfrak{Y}$ 都是进制的. 事实上, 若 $f : \mathfrak{X} \to \mathfrak{S}$, $g : \mathfrak{Y} \to \mathfrak{S}$ 是结构态射, 并设 $\mathscr{J}$ 是 $\mathfrak{S}$ 的一个定义理想层, 则我们有 $f = g \circ u$, 从而 $((u^* g^* \mathscr{J}) \mathscr{O}_{\mathfrak{Y}}) \mathscr{O}_{\mathfrak{X}} = (f^* \mathscr{J}) \mathscr{O}_{\mathfrak{X}}$ 是 $\mathfrak{X}$ 的一个定义理想层, 并且根据前提条件, $(g^* \mathscr{J}) \mathscr{O}_{\mathfrak{Y}}$ 是 $\mathfrak{Y}$ 的一个定义理想层.

(10.12.2) 以下我们将取定一个局部 Noether 形式概形 $\mathfrak{S}$ 和 $\mathfrak{S}$ 的一个定义理想层 $\mathscr{J}$, 并且令 $S_n = (\mathfrak{S}, \mathscr{O}_{\mathfrak{S}} / \mathscr{J}^{n+1})$. 则全体进制 $\mathfrak{S}$ 概形 (切转: 局部 Noether $\mathfrak{S}$ 概形) 显然构成一个范畴. 所谓一个局部 Noether (通常) S_n 概形的归纳系 (X_n) 是一个进制 (S_n) 归纳系, 是指这些结构态射 $f_n : X_n \to S_n$ 使得图表

$$(10.12.2.1) \qquad \begin{array}{ccc} X_n & \longleftarrow & X_m \\ {\scriptstyle f_n} \downarrow & & \downarrow {\scriptstyle f_m} \\ S_n & \longleftarrow & S_m \end{array}$$

都成为交换的 $(m \leqslant n)$, 并且可以把 X_m 等同于纤维积 $X_n \times_{S_n} S_m = (X_n)_{(S_m)}$. 这些进制归纳系也构成一个范畴. 事实上, 只需定义态射 $(X_n) \to (Y_n)$ 就是这样一个 S_n 态射 $u_n : X_n \to Y_n$ 的归纳系, 它使得 u_m 可以等同于 $(u_n)_{(S_m)}$ $(m \leqslant n)$. 在此基础上:

定理 (10.12.3) —— 在进制 $\mathfrak{S}$ 概形的范畴与进制 (S_n) 归纳系的范畴之间有一个典范等价.

这个等价可以通过下面的方法来获得: 若 $\mathfrak{X}$ 是一个进制 $\mathfrak{S}$ 概形, $f : \mathfrak{X} \to \mathfrak{S}$ 是结构态射, $\mathscr{K} = (f^* \mathscr{J}) \mathscr{O}_{\mathfrak{X}}$ 是 $\mathfrak{X}$ 的一个定义理想层, 则我们把它对应到这些 $X_n = (\mathfrak{X}, \mathscr{O}_{\mathfrak{X}} / \mathscr{K}^{n+1})$ 的归纳系, 结构态射 $f_n : X_n \to S_n$ 就是 f 所对应的态射 (10.5.6). 首先证明 (X_n) 是一个进制归纳系. 若 $f = (\psi, \theta)$, 则有 $(\psi^* \mathscr{J}) \mathscr{O}_{\mathfrak{X}} = \mathscr{K}$, 从而对任意 n, 我们都有 $\psi^* (\mathscr{J}^n) \mathscr{O}_{\mathfrak{X}} = \mathscr{K}^n$, 并且 (根据函子 ψ^* 的正合性) 对于 $m \leqslant n$, 还有 $\mathscr{K}^{m+1} / \mathscr{K}^{n+1} = \psi^* (\mathscr{J}^{m+1} / \mathscr{J}^{n+1})(\mathscr{O}_{\mathfrak{X}} / \mathscr{K}^{n+1})$, 从而我们的结论缘自 (4.4.5). 进而容易验证, 进制 $\mathfrak{S}$ 概形间的一个 $\mathfrak{S}$ 态射 $u : \mathfrak{X} \to \mathfrak{Y}$ 就对应着 (在自明的记号下) 这样一列 S_n 态射 $u_n : X_n \to Y_n$ 的归纳系, 在其中只要 $m \leqslant n$, u_m 就可以等同于 $(u_n)_{(S_m)}$.

上述定义方法确实给出了一个范畴等价, 因为我们下面这个更确切的结果:

命题 (10.12.3.1) —— 设 (X_n) 是 S_n 概形的一个归纳系. 假设这些结构态射 $f_n : X_n \to S_n$ 使得图表 (10.12.2.1) 都成为交换的, 并使得 X_m 都可以等同于 $X_n \times_{S_n} S_m$ $(m \leqslant n)$, 则归纳系 (X_n) 就满足 (10.6.3) 中的条件 b) 和 c). 设 $\mathfrak{X}$ 是它的归纳极限,

$f : \mathfrak{X} \to \mathfrak{S}$ 是归纳系 (f_n) 的归纳极限态射. 于是若 X_0 是局部 $Noether$ 的, 则 $\mathfrak{X}$ 也是局部 $Noether$ 的, 并且 f 是一个进制态射.

由于定义了 S_n 的子概形 S_m 的理想层 ($\subseteq \mathscr{O}_{S_n}$) 是幂零的, 故依照 (4.4.5), 定义了 X_n 的子概形 X_m 的理想层 ($\subseteq \mathscr{O}_{X_n}$) 也是幂零的, 从而 (10.6.3) 中的条件得到满足. 因而问题在 $\mathfrak{X}$ 和 $\mathfrak{S}$ 上都是局部性的, 故可假设 $\mathfrak{S} = \mathrm{Spf}\, A$, $\mathscr{J} = \mathfrak{I}^{\Delta}$, 其中 A 是一个 Noether 进制环, 以 $\mathfrak{I}$ 为定义理想, 并且 $X_n = \mathrm{Spec}\, B_n$. 若 $A_n = A/\mathfrak{I}^{n+1}$, 则由前提条件知, B_0 是 Noether 的, 并且若令 $\mathfrak{I}_n = \mathfrak{I}/\mathfrak{I}^{n+1}$, 则 $B_m = B_n/\mathfrak{I}_n^{m+1} B_n$. 从而 $B_n \to B_0$ 的核就是 $\mathfrak{K}_n = \mathfrak{I}_n B_n$, 并且 $B_n \to B_m$ 的核就是 $\mathfrak{K}_n^{m+1}$ $(m \leqslant n)$. 进而, 由于 A_1 是 Noether 的, 故知 $\mathfrak{I}_1$ 在 A_1 上是有限型的, 从而 $\mathfrak{K}_1 = \mathfrak{K}_1/\mathfrak{I}_1^2$ 在 B_1 上是有限型的, 自然在 $B_0 = B_1/\mathfrak{K}_1$ 上也是有限型的, 于是由 (10.6.4) 就可以推出 $\mathfrak{X}$ 是 Noether 的. 若 $B = \varprojlim B_n$, 则我们有 $\mathfrak{X} = \mathrm{Spf}\, B$, 并且若 $\mathfrak{K}$ 是 $B \to B_0$ 的核, 则 $B_n = B/\mathfrak{K}^{n+1}$. 从而若 $\rho_n : A/\mathfrak{I}^{n+1} \to B/\mathfrak{K}^{n+1}$ 是 f_n 所对应的同态, 则有

$$\mathfrak{K}/\mathfrak{K}^{n+1} = (B/\mathfrak{K}^{n+1})\, \rho_n(\mathfrak{I}/\mathfrak{I}^{n+1}),$$

由于 f 所对应的同态 $\rho : A \to B$ 就等于 $\varprojlim \rho_n$, 故知 B 的理想 $\mathfrak{I}B$ 在 $\mathfrak{K}$ 中是稠密的, 又因为 B 的所有理想都是闭的 (**0**, 7.3.5), 故有 $\mathfrak{K} = \mathfrak{I}B$. 若 $\mathscr{K} = \mathfrak{K}^{\Delta}$, 则关系式 $(f^*\mathscr{J})\mathscr{O}_{\mathfrak{X}} = \mathscr{K}$ 缘自 (10.10.9), 这就完成了证明.

(10.12.3.2) 若 $\mathfrak{X}, \mathfrak{Y}$ 是两个进制 $\mathfrak{S}$ 概形, 则上述等价给出了一个典范——映射

$$\mathrm{Hom}_{\mathfrak{S}}(\mathfrak{X}, \mathfrak{Y}) \xrightarrow{\sim} \varprojlim_n \mathrm{Hom}_{S_n}(X_n, Y_n),$$

其中的投影极限是对于映射 $u_n \mapsto (u_n)_{(S_m)}$ $(m \leqslant n)$ 来取的.

10.13 有限型态射

命题 (10.13.1) — 设 $\mathfrak{Y}$ 是一个局部 $Noether$ 形式概形, $\mathscr{K}$ 是 $\mathfrak{Y}$ 的一个定义理想层, $f : \mathfrak{X} \to \mathfrak{Y}$ 是一个形式概形的态射. 则以下诸条件是等价的:

a) $\mathfrak{X}$ 是局部 $Noether$ 的, f 是一个进制态射 (10.12.1), 并且若令 $\mathscr{J} = (f^*\mathscr{K})\mathscr{O}_{\mathfrak{X}}$, 则由 f 所导出的态射 $f_0 : (\mathfrak{X}, \mathscr{O}_{\mathfrak{X}}/\mathscr{J}) \to (\mathfrak{Y}, \mathscr{O}_{\mathfrak{Y}}/\mathscr{K})$ 是有限型的.

b) $\mathfrak{X}$ 是局部 $Noether$ 的, 并且是某个进制 (Y_n) 归纳系 (X_n) 的归纳极限, 其中的态射 $X_0 \to Y_0$ 是有限型的.

c) $\mathfrak{Y}$ 的每个点都有一个 $Noether$ 仿射形式开邻域 V 具有下面的性质:

(Q) $f^{-1}(V)$ 是有限个 $Noether$ 仿射形式开集 U_i 的并集, 并且每个 $Noether$ 进制环 $\Gamma(U_i, \mathscr{O}_{\mathfrak{X}})$ 都拓扑同构于 $\Gamma(V, \mathscr{O}_{\mathfrak{Y}})$ 上的一个设限形式幂级数代数 (**0**, 7.5.1) 除以某个理想 (必然是闭的) 后的商代数.

由 (10.12.3) 立知 a) 蕴涵 b). 下面证明 b) 蕴涵 c), 由于问题在 $\mathfrak{Y}$ 上是局部性的, 故可假设 $\mathfrak{Y} = \mathrm{Spf}\, B$, 其中 B 是一个 Noether 进制环. 设 $\mathscr{K} = \mathfrak{K}^{\Delta}$, 则 $\mathfrak{K}$ 是 B

的一个定义理想. 根据前提条件, X_0 在 Y_0 上是有限型的, 从而 X_0 可以被有限个仿射开集 U_i 所覆盖, 并使得 X_0 在每个 U_i 上所诱导的仿射概形的环 A_{i0} 都是 Y_0 的环 $B/\mathfrak{K}$ 上的一个有限型代数 (6.3.2). 依照 (5.1.9), U_i 也是每个 Noether 概形 X_n 的仿射开集, 并且若 A_{in} 是 X_n 在 U_i 上所诱导的仿射概形的环, 则条件 b) 表明, 对于 $m \leqslant n$, A_{im} 同构于 $A_{in}/\mathfrak{K}^{m+1}A_{in}$. 从而 $\mathfrak{X}$ 在 U_i 上所诱导的形式概形就同构于 Spf A_i, 其中 $A_i = \varprojlim_n A_{in}$ (10.6.4). A_i 是一个进制环, 以 $\mathfrak{K}A_i$ 为定义理想, 并且 $A_i/\mathfrak{K}A_i$ (同构于 A_{i0}) 是 $B/\mathfrak{K}$ 上的一个有限型代数. 由此可知 (**0**, 7.5.5), A_i 拓扑同构于 B 上的一个设限形式幂级数代数除以某个理想后的商代数 (该理想必然是闭的, 因为这样的代数是 Noether 的 (**0**, 7.5.4)).

为了证明 c) 蕴涵 a), 可以限于考虑 $\mathfrak{X} = \text{Spf } A$ 的情形, 其中 A 是一个 Noether 进制环, 并且同构于 B 上的一个设限形式幂级数代数除以某个闭理想后的商代数. 此时 (**0**, 7.5.5) $A/\mathfrak{K}A$ 是 $B/\mathfrak{K}$ 上的一个有限型代数, 并且 $\mathfrak{K}A = \mathfrak{I}$ 是 A 的一个定义理想, 从而依照 (10.10.9), 条件 a) 得到满足.

注意到若命题 (10.13.1) 中的条件得到满足, 则性质 a) 对于 $\mathfrak{Y}$ 的任何定义理想层 $\mathfrak{K}$ 都是成立的 (依据 c)), 从而在性质 b) 中, 所有的 f_n 都是有限型态射.

推论 (10.13.2) — 若 (10.13.1) 中的那些等价条件得到满足, 则 $\mathfrak{Y}$ 的任何 *Noether* 仿射形式开集 V 都具有性质 (Q), 并且若 $\mathfrak{Y}$ 是 *Noether* 的, 则 $\mathfrak{X}$ 也是 *Noether* 的.

这可由 (10.13.1) 和 (6.3.2) 立得.

定义 (10.13.3) — 若 (10.13.1) 中的等价条件 a), b), c) 得到满足, 则我们称态射 f 是有限型的, 或者称 $\mathfrak{X}$ 是一个有限型 $\mathfrak{Y}$ 形式概形, 或者称 $\mathfrak{X}$ 在 $\mathfrak{Y}$ 上是有限型的.

推论 (10.13.4) — 设 $\mathfrak{X} = \text{Spf } A$, $\mathfrak{Y} = \text{Spf } B$ 是两个 *Noether* 仿射形式概形, 则为了使 $\mathfrak{X}$ 在 $\mathfrak{Y}$ 上是有限型的, 必须且只需 *Noether* 进制环 A 同构于 B 上的一个设限形式幂级数代数除以某个闭理想后的商代数.

事实上, 在 (10.13.1) 的记号下, 若 $\mathfrak{X}$ 在 $\mathfrak{Y}$ 上是有限型的, 则 $A/\mathfrak{K}A$ 是一个有限型 $B/\mathfrak{K}$ 代数 (6.3.3), 并且 $\mathfrak{K}A$ 是 A 的一个定义理想 (10.10.9). 从而由 (**0**, 7.5.5) 立得结论.

命题 (10.13.5) — (i) 形式概形的两个有限型态射的合成也是有限型的.

(ii) 设 $\mathfrak{X}, \mathfrak{S}, \mathfrak{S}'$ 是三个局部 *Noether* 形式概形 (切转: *Noether* 形式概形), $f: \mathfrak{X} \to \mathfrak{S}$, $g: \mathfrak{S}' \to \mathfrak{S}$ 是两个态射. 若 f 是有限型的, 则 $\mathfrak{X} \times_{\mathfrak{S}} \mathfrak{S}'$ 是局部 *Noether* 的 (切转: *Noether* 的), 并且在 $\mathfrak{S}'$ 上是有限型的.

(iii) 设 $\mathfrak{S}$ 是一个局部 *Noether* 形式概形, $\mathfrak{X}', \mathfrak{Y}'$ 是两个局部 *Noether* $\mathfrak{S}$ 形式概形, 并设 $\mathfrak{X}' \times_{\mathfrak{S}} \mathfrak{Y}'$ 也是局部 *Noether* 的. 若 $\mathfrak{X}, \mathfrak{Y}$ 是两个局部 *Noether* $\mathfrak{S}$ 形式概形,

$f : \mathfrak{X} \to \mathfrak{X}'$, $g : \mathfrak{Y} \to \mathfrak{Y}'$ 是两个有限型 $\mathfrak{S}$ 态射, 则 $\mathfrak{X} \times_{\mathfrak{S}} \mathfrak{Y}$ 是局部 *Noether* 的, 并且 $f \times_{\mathfrak{S}} g$ 是一个有限型 $\mathfrak{S}$ 态射.

(iii) 可由 (i) 和 (ii) 得出 (使用 (3.5.1) 的方法), 从而只需证明 (i) 和 (ii).

设 $\mathfrak{X}, \mathfrak{Y}, \mathfrak{Z}$ 是三个局部 Noether 形式概形, $f : \mathfrak{X} \to \mathfrak{Y}$, $g : \mathfrak{Y} \to \mathfrak{Z}$ 是两个有限型态射. 若 $\mathscr{L}$ 是 $\mathfrak{Z}$ 的一个定义理想层, 则 $\mathscr{K} = (g^* \mathscr{L}) \mathcal{O}_{\mathfrak{Y}}$ 是 $\mathfrak{Y}$ 的一个定义理想层, 并且 $\mathscr{J} = (f^* g^* \mathscr{L}) \mathcal{O}_{\mathfrak{X}}$ 是 $\mathfrak{X}$ 的一个定义理想层. 令 $X_0 = (\mathfrak{X}, \mathcal{O}_{\mathfrak{X}} / \mathscr{J})$, $Y_0 = (\mathfrak{Y}, \mathcal{O}_{\mathfrak{Y}} / \mathscr{K})$, $Z_0 = (\mathfrak{Z}, \mathcal{O}_{\mathfrak{Z}} / \mathscr{L})$, 并设 $f_0 : X_0 \to Y_0$ 和 $g_0 : Y_0 \to Z_0$ 是 f 和 g 所对应的态射. 根据前提条件, f_0 和 g_0 都是有限型的, 于是 $g_0 \circ f_0$ 也是如此 (6.3.4), 而它对应着 $g \circ f$, 从而 $g \circ f$ 是有限型的, 这是根据 (10.13.1).

在 (ii) 的条件下, $\mathfrak{S}$ (切转: $\mathfrak{X}, \mathfrak{S}'$) 是局部 Noether 概形的序列 (S_n) (切转: (X_n), (S_n')) 的归纳极限, 并且可以假设对于 $m \leqslant n$, 我们都有 $X_m = X_n \times_{S_n} S_m$ (10.13.1). 此时形式概形 $\mathfrak{X} \times_{\mathfrak{S}} \mathfrak{S}'$ 就是这些概形 $X_n \times_{S_n} S_n'$ 的归纳极限 (10.7.4), 并且我们有

$$X_m \times_{S_m} S_m' = (X_n \times_{S_n} S_m) \times_{S_m} S_m' = (X_n \times_{S_n} S_n') \times_{S_n'} S_m'.$$

进而, $X_0 \times_{S_0} S_0'$ 是局部 Noether 的, 因为 X_0 在 S_0 上是有限型的 (6.3.8). 从而由此 (10.12.3.1) 首先推出 $\mathfrak{X} \times_{\mathfrak{S}} \mathfrak{S}'$ 是局部 Noether 的. 进而, 由于 $X_0 \times_{S_0} S_0'$ 在 S_0' 上是有限型的 (6.3.8), 故由 (10.12.3.1) 和 (10.13.1) 知, $\mathfrak{X} \times_{\mathfrak{S}} \mathfrak{S}'$ 在 $\mathfrak{S}'$ 上是有限型的, 这就证明了 (ii) (与 Noether 部分有关的结果可由 (6.3.8) 立得).

推论 (10.13.6) — 在 (10.9.9) 的前提条件下, 若 f 是一个有限型态射, 则它在完备化上的延拓 $\hat{f}$ 也是如此.

10.14 形式概形的闭子概形

命题 (10.14.1) — 设 $\mathfrak{X}$ 是一个局部 *Noether* 形式概形, $\mathscr{A}$ 是 $\mathcal{O}_{\mathfrak{X}}$ 的一个凝聚理想层. 若 $\mathfrak{Y}$ 是 $\mathcal{O}_{\mathfrak{X}} / \mathscr{A}$ 的支集 (闭), 则拓扑环积空间 $(\mathfrak{Y}, (\mathcal{O}_{\mathfrak{X}} / \mathscr{A})|_{\mathfrak{Y}})$ 是一个局部 *Noether* 形式概形, 并且若 $\mathfrak{X}$ 是 *Noether* 的, 则 $\mathfrak{Y}$ 也是如此.

注意到依照 (10.10.3) 和 (0, 5.3.4), $\mathcal{O}_{\mathfrak{X}} / \mathscr{A}$ 是凝聚的, 从而它的支集 $\mathfrak{Y}$ 是闭的 (0, 5.2.2). 设 $\mathscr{J}$ 是 $\mathfrak{X}$ 的一个定义理想层, 并设 $X_n = (\mathfrak{X}, \mathcal{O}_{\mathfrak{X}} / \mathscr{J}^{n+1})$, 则环层 $\mathcal{O}_{\mathfrak{X}} / \mathscr{A}$ 就是这些层 $\mathcal{O}_{\mathfrak{X}} / (\mathscr{A} + \mathscr{J}^{n+1}) = (\mathcal{O}_{\mathfrak{X}} / \mathscr{A}) \otimes_{\mathcal{O}_{\mathfrak{X}}} (\mathcal{O}_{\mathfrak{X}} / \mathscr{J}^{n+1})$ 的投影极限 (10.11.3), 且这些层的支集都是 $\mathfrak{Y}$. 层 $(\mathscr{A} + \mathscr{J}^{n+1}) / \mathscr{J}^{n+1}$ 是一个凝聚 $\mathcal{O}_{\mathfrak{X}}$ 模层 (因为 $\mathscr{J}^{n+1}$ 是凝聚的), 从而 $(\mathscr{A} + \mathscr{J}^{n+1}) / \mathscr{J}^{n+1}$ 也是一个凝聚 $(\mathcal{O}_{\mathfrak{X}} / \mathscr{J}^{n+1})$ 模层 (0, 5.3.10). 设 Y_n 是 X_n 的由这个理想层所定义的闭子概形, 则易见 $(\mathfrak{Y}, (\mathcal{O}_{\mathfrak{X}} / \mathscr{A})|_{\mathfrak{Y}})$ 就是这些 Y_n 的归纳极限形式概形, 且由于 (10.6.4) 的条件得到满足, 故知这个形式概形是局部 Noether 的, 进而当 $\mathfrak{X}$ 是 Noether 形式概形时, 该形式概形也是 Noether 的 (因为此时 Y_0 是 Noether 的, 这是依据 (6.1.4)).

定义 (10.14.2) — 形式概形 $\mathfrak{X}$ 的闭子概形就是指这样的形式概形, 它具有 $(\mathfrak{Y}, (\mathscr{O}_{\mathfrak{X}}/\mathscr{A})|_{\mathfrak{Y}})$ 的形状, 其中 $\mathscr{A}$ 是 $\mathscr{O}_{\mathfrak{X}}$ 的一个凝聚理想层. 我们也把它称为由 $\mathscr{A}$ 所定义的闭子概形.

易见这给出了 $\mathscr{O}_{\mathfrak{X}}$ 的凝聚理想层和 $\mathfrak{X}$ 的闭子概形之间的一一对应.

考虑拓扑环积空间的态射 $j = (\psi, \theta) : \mathfrak{Y} \to \mathfrak{X}$, 其中 ψ 是含入 $\mathfrak{Y} \to \mathfrak{X}$, $\theta^{\sharp}$ 是典范同态 $\mathscr{O}_{\mathfrak{X}} \to \mathscr{O}_{\mathfrak{X}}/\mathscr{A}$, 它显然是一个形式概形的态射 (10.4.5), 称为 $\mathfrak{Y}$ 到 $\mathfrak{X}$ 的典范含入. 注意到若 $\mathfrak{X} = \operatorname{Spf} A$, 并且 A 是一个 Noether 进制环, 则我们有 $\mathscr{A} = \mathfrak{a}^{\triangle}$, 其中 $\mathfrak{a}$ 是 A 的一个理想 (10.10.5), 于是由上面所述立知, 此时 $\mathfrak{Y} = \operatorname{Spf}(A/\mathfrak{a})$ (只差一个同构), 并且 j 就对应着典范同态 $A \to A/\mathfrak{a}$ (10.2.2).

所谓局部 Noether 形式概形之间的一个态射 $f : \mathfrak{Z} \to \mathfrak{X}$ 是一个闭浸入, 是指它可以分解为 $\mathfrak{Z} \xrightarrow{g} \mathfrak{Y} \xrightarrow{j} \mathfrak{X}$, 其中 g 是 $\mathfrak{Z}$ 到 $\mathfrak{X}$ 的闭子概形 $\mathfrak{Y}$ 的一个同构, 并且 j 是典范含入. 由于 j 是环积空间的单态射, 故知 g 和 $\mathfrak{Y}$ 都是唯一的.

命题 (10.14.3) — 闭浸入都是有限型态射.

可以立即归结到 $\mathfrak{X}$ 是仿射形式概形 $\operatorname{Spf} A$ 并且 $\mathfrak{Y} = \operatorname{Spf}(A/\mathfrak{a})$ 的情形, 于是命题缘自 (10.13.1, c)).

引理 (10.14.4) — 设 $f : \mathfrak{Y} \to \mathfrak{X}$ 是局部 *Noether* 形式概形之间的一个态射, 并设 (U_{α}) 是 $\mathfrak{X}$ 的一族 *Noether* 仿射形式开集, 它们覆盖了 $f(\mathfrak{Y})$, 且使得 $f^{-1}(U_{\alpha})$ 都是 $\mathfrak{Y}$ 的 *Noether* 仿射形式开集. 则为了使 f 是一个闭浸入, 必须且只需 $f(\mathfrak{Y})$ 是 $\mathfrak{X}$ 的闭子集, 并且对任意 α, f 在 $f^{-1}(U_{\alpha})$ 上的限制都对应着一个满同态 $\Gamma(U_{\alpha}, \mathscr{O}_{\mathfrak{X}}) \to \Gamma(f^{-1}(U_{\alpha}), \mathscr{O}_{\mathfrak{Y}})$ (10.4.6).

条件显然是必要的. 反过来, 假设该条件得到满足, 并设 $\mathfrak{a}_{\alpha}$ 是 $\Gamma(U_{\alpha}, \mathscr{O}_{\mathfrak{X}}) \to \Gamma(f^{-1}(U_{\alpha}), \mathscr{O}_{\mathfrak{Y}})$ 的核, 我们来定义 $\mathscr{O}_{\mathfrak{X}}$ 的一个凝聚理想层 $\mathscr{A}$, 使得在每个 U_{α} 上都有 $\mathscr{A}|_{U_{\alpha}} = \mathfrak{a}_{\alpha}^{\triangle}$, 并且在这些 U_{α} 的并集的补集上 $\mathscr{A}$ 等于零. 事实上, 由于 $f(\mathfrak{Y})$ 是闭的, 并且 $\mathfrak{a}_{\alpha}^{\triangle}$ 的支集是 $U_{\alpha} \cap f(\mathfrak{Y})$, 故问题归结为验证 $\mathfrak{a}_{\alpha}^{\triangle}$ 和 $\mathfrak{a}_{\beta}^{\triangle}$ 在任何 Noether 仿射形式开集 $V \subseteq U_{\alpha} \cap U_{\beta}$ 上的稼入层都是相同的. 现在 f 在 $f^{-1}(U_{\alpha})$ 上的限制是该形式概形到 U_{α} 的闭浸入, 从而 $f^{-1}(V)$ 是 $f^{-1}(U_{\alpha})$ 的一个 Noether 仿射形式开集, 并且 f 在 $f^{-1}(V)$ 上的限制是一个闭浸入. 设 $\mathfrak{b}$ 是该限制所对应的满同态 $\Gamma(V, \mathscr{O}_{\mathfrak{X}}) \to \Gamma(f^{-1}(V), \mathscr{O}_{\mathfrak{Y}})$ 的核, 则易见 (10.10.2) $\mathfrak{a}_{\alpha}^{\triangle}$ 在 V 上的稼入层是 $\mathfrak{b}^{\triangle}$. 这就定义出了理想层 $\mathscr{A}$, 并且易见 $f = g \circ j$, 其中 $j : \mathfrak{Z} \to \mathfrak{X}$ 是从由 $\mathscr{A}$ 所定义的闭子概形 $\mathfrak{Z}$ 到 $\mathfrak{X}$ 的典范含入, 并且 g 是 $\mathfrak{Y}$ 到 $\mathfrak{Z}$ 的一个同构.

命题 (10.14.5) — (i) 若 $f : \mathfrak{Z} \to \mathfrak{Y}$, $g : \mathfrak{Y} \to \mathfrak{X}$ 是局部 *Noether* 形式概形的两个闭浸入, 则 $g \circ f$ 也是闭浸入.

(ii) 设 $\mathfrak{X}, \mathfrak{Y}, \mathfrak{G}$ 是三个局部 *Noether* 形式概形, $f : \mathfrak{X} \to \mathfrak{G}$ 是一个闭浸入, $g : \mathfrak{Y} \to$

$\mathfrak{S}$ 是一个态射. 则态射 $\mathfrak{X} \times_{\mathfrak{S}} \mathfrak{Y} \to \mathfrak{Y}$ 也是一个闭浸入.

(iii) 设 $\mathfrak{S}$ 是一个局部 *Noether* 形式概形, $\mathfrak{X}'$, $\mathfrak{Y}'$ 是两个局部 *Noether* $\mathfrak{S}$ 形式概形, 并使得 $\mathfrak{X}' \times_{\mathfrak{S}} \mathfrak{Y}'$ 也是局部 *Noether* 的. 于是若 $\mathfrak{X}, \mathfrak{Y}$ 是两个局部 *Noether* $\mathfrak{S}$ 形式概形, $f : \mathfrak{X} \to \mathfrak{X}'$, $g : \mathfrak{Y} \to \mathfrak{Y}'$ 是两个 $\mathfrak{S}$ 态射, 并且都是闭浸入, 则 $f \times_{\mathfrak{S}} g$ 也是闭浸入.

依照 (3.5.1), 仍然只需证明 (i) 和 (ii).

为了证明 (i), 可以假设 $\mathfrak{Y}$ (切转: $\mathfrak{Z}$) 是 $\mathfrak{X}$ (切转: $\mathfrak{Y}$) 的一个闭子概形, 由 $\mathscr{O}_{\mathfrak{X}}$ (切转: $\mathscr{O}_{\mathfrak{Y}}$) 的凝聚理想层 $\mathscr{J}$ (切转: $\mathscr{K}$) 所定义. 若 ψ 是底空间的含入 $\mathfrak{Y} \to \mathfrak{X}$, 则 $\psi_* \mathscr{K}$ 是 $\psi_* \mathscr{O}_{\mathfrak{Y}} = \mathscr{O}_{\mathfrak{X}}/\mathscr{J}$ 的一个凝聚理想层 (**0**, 5.3.12), 从而也是一个凝聚 $\mathscr{O}_{\mathfrak{X}}$ 模层 (**0**, 5.3.10). 于是 $\mathscr{O}_{\mathfrak{X}} \to (\mathscr{O}_{\mathfrak{X}}/\mathscr{J})/(\psi_* \mathscr{K})$ 的核 $\mathscr{K}_1$ 就是 $\mathscr{O}_{\mathfrak{X}}$ 的一个凝聚理想层 (**0**, 5.3.4), 并且 $\mathscr{O}_{\mathfrak{X}}/\mathscr{K}_1$ 同构于 $\psi_* (\mathscr{O}_{\mathfrak{Y}}/\mathscr{K})$, 这就证明了 $\mathfrak{Z}$ 同构于 $\mathfrak{X}$ 的一个闭子概形.

为了证明 (ii), 易见可以限于考虑 $\mathfrak{S} = \mathrm{Spf}\, A$, $\mathfrak{X} = \mathrm{Spf}\, B$, $\mathfrak{Y} = \mathrm{Spf}\, C$ 的情形, 其中 A 是一个 Noether 进制环, 以 $\mathfrak{I}$ 为定义理想, $B = A/\mathfrak{a}$, 其中 $\mathfrak{a}$ 是 A 的一个理想, 并且 C 是一个 Noether 进制拓扑 A 代数. 问题归结为证明同态 $C \to C \widehat{\otimes}_A (A/\mathfrak{a})$ 是满的. 现在 $A/\mathfrak{a}$ 是一个有限型 A 模, 且它的拓扑是 $\mathfrak{I}$ 进拓扑, 故由 (**0**, 7.7.8) 知, $C \widehat{\otimes}_A (A/\mathfrak{a})$ 可以等同于 $C \otimes_A (A/\mathfrak{a}) = C/\mathfrak{a}C$, 这就证明了我们的结论.

推论 (10.14.6) — 在 (10.14.5, (ii)) 的前提条件下, 设 $p : \mathfrak{X} \times_{\mathfrak{S}} \mathfrak{Y} \to \mathfrak{X}$, $q : \mathfrak{X} \times_{\mathfrak{S}} \mathfrak{Y} \to \mathfrak{Y}$ 是投影, 它们给出交换图表

$$
\begin{array}{ccc}
\mathfrak{X} & \xleftarrow{\ p\ } & \mathfrak{X} \times_{\mathfrak{S}} \mathfrak{Y} \\
{\scriptstyle f} \downarrow & & \downarrow {\scriptstyle q} \\
\mathfrak{S} & \xleftarrow[\ g\ ]{} & \mathfrak{Y}
\end{array}\ .
$$

则对任意凝聚 $\mathscr{O}_{\mathfrak{X}}$ 模层 $\mathscr{F}$, 我们都有一个典范 $\mathscr{O}_{\mathfrak{Y}}$ 模层同构

$$(10.14.6.1) \qquad\qquad u : g^* f_* \mathscr{F} \xrightarrow{\ \sim\ } q_* p^* \mathscr{F}.$$

我们知道, 定义一个同态 $g^* f_* \mathscr{F} \to q_* p^* \mathscr{F}$ 就相当于定义一个同态

$$f_* \mathscr{F} \longrightarrow g_* q_* p^* \mathscr{F} = f_* p_* p^* \mathscr{F} \quad (\mathbf{0}, 4.4.3).$$

在后一形式下, 我们取 $u = f_*(\rho)$, 其中 ρ 是典范同态 $\mathscr{F} \to p_* p^* \mathscr{F}$ (**0**, 4.4.3). 为了证明 u 是一个同构, 可以立即归结到下面的情形: $\mathfrak{S}, \mathfrak{X}, \mathfrak{Y}$ 分别是 Noether 进制环 A, B, C 的形式谱, 并且满足 (10.14.5, (ii)) 中的条件. 此时我们有 $\mathscr{F} = M^{\triangle}$, 其中 M 是一个有限型 $A/\mathfrak{a}$ 模 (10.10.5), 并且 (10.14.6.1) 的两边可以分别等同于 $(C \otimes_A M)^{\triangle}$ 和 $((C/\mathfrak{a}C) \otimes_{A/\mathfrak{a}} M)^{\triangle}$, 这是依据 (10.10.8), 由此就可以推出结论, 因为 $(C/\mathfrak{a}C) \otimes_{A/\mathfrak{a}} M = (C \otimes_A (A/\mathfrak{a})) \otimes_{A/\mathfrak{a}} M$ 可以典范等同于 $C \otimes_A M$.

推论 (10.14.7) — 设 X 是一个局部 *Noether* 通常概形, Y 是 X 的一个闭子概形, j 是典范含入 $Y \to X$, X' 是 X 的一个闭子集, $Y' = Y \cap X'$. 则 $\hat{j} : Y_{/Y'} \to X_{/X'}$ 是一个闭浸入, 并且对任意凝聚 $\mathscr{O}_Y$ 模层 $\mathscr{F}$, 我们都有

$$\hat{j}_*(\mathscr{F}_{/Y'}) = (j_*\mathscr{F})_{/X'}.$$

由于 $Y' = j^{-1}(X')$, 故只需使用 (10.9.9), (10.14.5) 和 (10.14.6).

10.15 分离的形式概形

定义 (10.15.1) — 设 $\mathfrak{S}$ 是一个形式概形, $\mathfrak{X}$ 是一个 $\mathfrak{S}$ 形式概形, $f : \mathfrak{X} \to \mathfrak{S}$ 是结构态射. 则对角线态射 $\Delta_{\mathfrak{X}|\mathfrak{S}} : \mathfrak{X} \to \mathfrak{X} \times_{\mathfrak{S}} \mathfrak{X}$ (也记作 $\Delta_{\mathfrak{X}}$) 就是指态射 $(1_{\mathfrak{X}}, 1_{\mathfrak{X}})_{\mathfrak{S}}$. 所谓 $\mathfrak{X}$ 在 $\mathfrak{S}$ 上是分离的, 或称 $\mathfrak{X}$ 是一个分离 $\mathfrak{S}$ 形式概形, 或称 f 是一个分离态射, 是指 $\mathfrak{X}$ 的底空间在 $\Delta_{\mathfrak{X}}$ 下的像是 $\mathfrak{X} \times_{\mathfrak{S}} \mathfrak{X}$ 的底空间中的一个闭子集. 所谓一个形式概形 $\mathfrak{X}$ 是分离的, 是指它在 $\mathbb{Z}$ 上是分离的.

命题 (10.15.2) — 假设形式概形 $\mathfrak{S}, \mathfrak{X}$ 分别是通常概形的序列 (S_n), (X_n) 的归纳极限, 并且态射 $f : \mathfrak{X} \to \mathfrak{S}$ 是态射列 $(f_n : X_n \to S_n)$ 的归纳极限. 则为了使 f 是分离的, 必须且只需态射 $f_0 : X_0 \to S_0$ 是如此.

事实上, $\Delta_{\mathfrak{X}|\mathfrak{S}}$ 就是态射列 $(\Delta_{X_n|S_n})$ 的归纳极限 (10.7.4), 并且 $\mathfrak{X}$ 的底空间在 $\Delta_{\mathfrak{X}|\mathfrak{S}}$ 下的像 (切转: $\mathfrak{X} \times_{\mathfrak{S}} \mathfrak{X}$ 的底空间) 可以等同于 X_0 的底空间在 $\Delta_{X_0|S_0}$ 下的像 (切转: $X_0 \times_{S_0} X_0$ 的底空间), 由此立得结论.

命题 (10.15.3) — 假设下面出现的所有形式概形 (切转: 形式概形的态射) 都是通常概形 (切转: 通常概形态射) 的序列的归纳极限.

(i) 两个分离态射的合成也是分离的.

(ii) 若 $f : \mathfrak{X} \to \mathfrak{X}'$, $g : \mathfrak{Y} \to \mathfrak{Y}'$ 是两个分离的 $\mathfrak{S}$ 态射, 则 $f \times_{\mathfrak{S}} g$ 也是分离的.

(iii) 若 $f : \mathfrak{X} \to \mathfrak{Y}$ 是分离的 $\mathfrak{S}$ 态射, 则对任意基扩张 $\mathfrak{S}' \to \mathfrak{S}$, $\mathfrak{S}'$ 态射 $f_{(\mathfrak{S}')}$ 也都是分离的.

(iv) 若两个态射的合成 $g \circ f$ 是分离的, 则 f 也是分离的.

(前提条件的另一层含意是: 若一个形式概形 $\mathfrak{Z}$ 在同一个命题中多次出现, 则我们总认为它是同一个通常概形序列 (Z_n) 的归纳极限, 并且 $\mathfrak{Z}$ 到其他形式概形 (切转: 其他形式概形到 $\mathfrak{Z}$) 的态射总是指 Z_n 到第 n 个通常概形 (切转: 第 n 个通常概形到 Z_n) 的态射的归纳极限.)

在 (10.15.2) 的记号下, 事实上, 我们有 $(g \circ f)_0 = g_0 \circ f_0$ 和 $(f \times_{\mathfrak{S}} g)_0 = f_0 \times_{S_0} g_0$, 于是 (10.15.3) 中的各条阐言都可由 (10.15.2) 以及通常概形上的结果 (5.5.1) 立得.

对于 (10.15.3) 中的这一类形式概形和态射来说, 相应于 (5.5.5), (5.5.9) 和 (5.5.10) 的陈述仍然是有效的 (只要把 "仿射开集" 都换成 "满足 (10.6.3) 中的条件 b) 的仿

射形式开集" 即可), 细节留给读者.

类似的方法还表明, Noether 仿射形式概形都是分离的.

命题 (10.15.4) — 设 $\mathfrak{S}$ 是一个局部 *Noether* 形式概形, $\mathfrak{X}, \mathfrak{Y}$ 是两个局部 *Noether* $\mathfrak{S}$ 形式概形, 并且 $\mathfrak{X}$ 或者 $\mathfrak{Y}$ 在 $\mathfrak{S}$ 上是有限型的 (从而 $\mathfrak{X} \times_{\mathfrak{S}} \mathfrak{Y}$ 是局部 *Noether* 的), 再假设 $\mathfrak{Y}$ 在 $\mathfrak{S}$ 上是分离的. 设 $f : \mathfrak{X} \to \mathfrak{Y}$ 是一个 $\mathfrak{S}$ 态射, 则图像态射 $\Gamma_f = (1_{\mathfrak{X}}, f)_{\mathfrak{S}} : \mathfrak{X} \to \mathfrak{X} \times_{\mathfrak{S}} \mathfrak{Y}$ 是一个闭浸入.

可以假设 $\mathfrak{S}$ 是局部 Noether 概形序列 (S_n) 的归纳极限, $\mathfrak{X}$ (切转: $\mathfrak{Y}$) 是 S_n 概形序列 (X_n) (切转: (Y_n)) 的归纳极限, f 是 S_n 态射列 $(f_n : X_n \to Y_n)$ 的归纳极限. 于是 $\mathfrak{X} \times_{\mathfrak{S}} \mathfrak{Y}$ 就是序列 $(X_n \times_{S_n} Y_n)$ 的归纳极限, 并且 Γ_f 是序列 (Γ_{f_n}) 的归纳极限 (10.7.4). 根据前提条件, Y_0 在 S_0 上是分离的 (10.15.2), 从而空间 $\Gamma_{f_0}(X_0)$ 是 $X_0 \times_{S_0} Y_0$ 的一个闭子空间. 由于 $\mathfrak{X} \times_{\mathfrak{S}} \mathfrak{Y}$ (切转: $\Gamma_f(\mathfrak{X})$) 和 $X_0 \times_{S_0} Y_0$ (切转: $\Gamma_{f_0}(X_0)$) 具有相同的底空间, 故知 $\Gamma_f(\mathfrak{X})$ 是 $\mathfrak{X} \times_{\mathfrak{S}} \mathfrak{Y}$ 的一个闭子空间. 现在注意到当 (U, V) 跑遍由 $\mathfrak{X}$ (切转: $\mathfrak{Y}$) 的 Noether 仿射形式开集 U (切转: V) 所组成的满足 $f(U) \subseteq V$ 的开集对的时候, 这些开集 $U \times_S V$ 构成了 $\Gamma_f(\mathfrak{X})$ 在 $\mathfrak{X} \times_{\mathfrak{S}} \mathfrak{Y}$ 中的一个覆盖, 并且若 $f_U : U \to V$ 是 f 在 U 上的限制, 则 $\Gamma_{f_U} : U \to U \times_{\mathfrak{S}} V$ 就是 Γ_f 在 U 上的限制. 从而只要能证明 Γ_{f_U} 是闭浸入, 就可以推出 Γ_f 也是闭浸入 (10.14.4), 换句话说, 问题归结到了 $\mathfrak{S} = \mathrm{Spf}\, A$, $\mathfrak{X} = \mathrm{Spf}\, B$, $\mathfrak{Y} = \mathrm{Spf}\, C$ (A, B, C 都是 Noether 进制环) 并且 f 对应着一个连续 A 同态 $\varphi : C \to B$ 的情形. 此时 Γ_f 就对应着下面这个唯一的连续同态 $\omega : B \widehat{\otimes}_A C \to B$, 即它与典范同态 $B \to B \widehat{\otimes}_A C$ 和 $C \to B \widehat{\otimes}_A C$ 的合成分别给出恒同和 φ. 现在易见 ω 是满的, 这就推出了我们的结论.

推论 (10.15.5) — 设 $\mathfrak{S}$ 是一个局部 *Noether* 形式概形, $\mathfrak{X}$ 是一个有限型 $\mathfrak{S}$ 形式概形, 则为了使 $\mathfrak{X}$ 在 $\mathfrak{S}$ 上是分离的, 必须且只需对角线态射 $\mathfrak{X} \to \mathfrak{X} \times_{\mathfrak{S}} \mathfrak{X}$ 是一个闭浸入.

命题 (10.15.6) — 局部 *Noether* 形式概形的闭浸入 $j : \mathfrak{Y} \to \mathfrak{X}$ 都是分离态射.

在 (10.14.2) 的记号下, $j_0 : Y_0 \to X_0$ 是一个闭浸入, 从而是分离态射, 故只需应用 (10.15.2).

命题 (10.15.7) — 设 X 是一个局部 *Noether* (通常) 概形, X' 是 X 的一个闭子集, $\widehat{X} = X_{/X'}$. 则为了使 $\widehat{X}$ 是分离的, 必须且只需 $\widehat{X}_{\mathrm{red}}$ 是如此, 而且只需 X 是如此.

事实上, 在 (10.8.5) 的记号下, 为了使 $\widehat{X}$ 是分离的, 必须且只需 X_0' 是如此 (10.15.2), 而由于 $\widehat{X}_{\mathrm{red}} = (X_0')_{\mathrm{red}}$, 这又等价于 $\widehat{X}_{\mathrm{red}}$ 是分离的 (5.5.1, (vi)).

参考文献

[1] H. Cartan et C. Chevalley, Séminaire de l'École Normale Supérieure, 8e année (1955-56), *Géométrie algébrique*.

[2] H. Cartan and S. Eilenberg, *Homological Algebra*, Princeton Math. Series (Princeton University Press), 1956.

[3] W. L. Chow and J. Igusa, Cohomology theory of varieties over rings, *Proc. Nat. Acad. Sci. U.S.A.*, t. XLIV (1958), p. 1244-1248.

[4] R. Godement, *Topologie algébrique et théorie des faisceaux*, Paris (Hermann) 1958.

[5] H. Grauert, Ein Theorem der analytischen Garbentheorie und die Modulräume komplexer Strukturen, *Publ. Math. Inst. Hautes Études Scient.*, n° 5, 1960.

[6] A. Grothendieck, Sur quelques points d'algèbre homologique, *Tôhoku Math. Journ.*, t. IX (1957), p. 119-221.

[7] A. Grothendieck, Cohomology theory of abstract algebraic varieties, *Proc. Intern. Congress of Math.*, p. 103-118, Edinburgh (1958).

[8] A. Grothendieck, Géométrie formelle et géométrie algébrique, *Séminaire Bourbaki*, 11e année (1958-59), exposé 182.

[9] M. Nagata, A general theory of algebraic geometry over Dedekind domains, *Amer. Math. Journ.*: I, t. LXXVIII, p. 78-116 (1956); II, t. LXXX, p. 382-420 (1958).

[10] D. G. Northcott, *Ideal theory*, Cambridge Univ. Press, 1953.

[11] P. Samuel, *Commutative algebra* (Notes by D. Herzig), Cornell Univ., 1953.

[12] P. Samuel, *Algèbre locale*, Mém. Sci. Math., n° 123, Paris, 1953.

[13] P. Samuel and O. Zariski, *Commutative algebra*, 2 vol., New York (Van Nostrand), 1958-60.

[14] J.-P. Serre, Faisceaux algébriques cohérents, *Ann. of Math.*, t. LXI (1955), p. 197-278.

[15] J.-P. Serre, Sur la cohomologie des variétés algébriques, *Journ. de Math.* (9), t. XXXVI (1957), p. 1-16.

[16] J.-P. Serre, Géométrie algébrique et géométrie analytique, *Ann. Inst. Fourier*, t. VI (1955-56), p. 1-42.

[17] J.-P. Serre, Sur la dimension homologique des anneaux et des modules noethériens, *Proc. Intern. Symp. on Alg. Number theory*, p. 176-189, Tokyo-Nikko, 1955.

[18] A. Weil, *Foundations of algebraic geometry*, Amer. Math. Soc. Coll. Publ., n° 29, 1946.

[19] A. Weil, Numbers of solutions of equations in finite fields, *Bull. Amer. Math. Soc.*, t. LV (1949), p. 497-508.

[20] O. Zariski, *Theory and applications of holomorphic functions on algebraic varieties over arbitrary ground fields*, Mem. Amer. Math. Soc., n° 5 (1951).

[21] O. Zariski, A new proof of Hilbert's Nullstellensatz, *Bull. Amer. Math. Soc.*, t. LIII (1947), p. 362-368.

[22] E. Kähler, Geometria Arithmetica, *Ann. di Mat.* (4), t. XLV (1958), p. 1-368.

索　引

A 代数 [*A-algèbre* / *A*-algebra],

　　(**0**, 1.0.4), 2

— 有限 *A* 代数, 在 *A* 上有限的代数 [*A-algèbre finie, algèbre finie sur A* / finite *A*-algebra, algebra finite over *A*],

　　(**0**, 1.0.5), 2

— 有限整型 *A* 代数, 在 *A* 上有限整型的代数 [*A-algèbre entière finie, algèbre entière finie sur A* / algebra finite (integral) over *A*],

　　(**0**, 1.0.5), 2

— 整型 *A* 代数, 在 *A* 上整型的代数 [*A-algèbre entière, algèbre entière sur A* / algebra integral over *A*],

　　(**0**, 1.0.5), 2

A 概形, *A* 上的概形 (其中 *A* 是环) [*A-schéma, schéma au-dessus de A* / *A*-scheme, scheme over *A*],

　　(**I**, 2.5.1), 100

A 概形的取值在 *A* 代数中的点 [*point d'un A-schéma à valeurs dans un A-algèbre* / point of an *A*-scheme with values in an *A*-algebra],

　　(**I**, 3.4.4), 110

A 概形的态射, *A* 态射 [*morphisme de A-schémas, A-morphisme* / morphism of *A*-schemes, *A*-morphism],

　　(**I**, 2.5.2), 100

A 模在 Spec *A* 上的伴生层 [*faisceau associé à un A-module sur* Spec *A* / sheaf over Spec *A* associated to an *A*-module],

　　(**I**, 1.3.4), 77

A 平坦模 ［*module A-plat* / A-flat module］,
　　　$(\mathbf{0}, 6.2)$, 46

A 上的形式概形, A 形式概形 (其中 A 是可容环) ［*schéma formel au-dessus de A, A-schéma formel* / formal scheme over A, formal A-scheme］,
　　　$(\mathbf{I}, 10.4.7)$, 188

$\mathscr{A}$ 代数层 (其中 $\mathscr{A}$ 是交换环层) ［*$\mathscr{A}$-Algèbre* / $\mathscr{A}$-algebra］,
　　　$(\mathbf{0}, 4.1.3)$, 27

$\mathscr{A}$ 理想层 (其中 $\mathscr{A}$ 是环层) ［*$\mathscr{A}$-Idéaux* / $\mathscr{A}$-ideal］,
　　　$(\mathbf{0}, 4.1.3)$, 27

$\mathscr{A}$ 模层 (其中 $\mathscr{A}$ 是环层) ［*$\mathscr{A}$-Module* / $\mathscr{A}$-module］,
　　　$(\mathbf{0}, 4.1.3)$, 27

　— $\mathscr{A}$ 模层的对偶 ［*dual d'un $\mathscr{A}$-Module* / dual of an $\mathscr{A}$-module］,
　　　$(\mathbf{0}, 4.1.5)$, 28

$\mathscr{A}$ 模层的 p 次外幂 (其中 $\mathscr{A}$ 是交换环层) ［*puissance extérieur p-ème d'un $\mathscr{A}$-Module* / p-th exterior power of an $\mathscr{A}$-module］,
　　　$(\mathbf{0}, 4.1.5)$, 28

$\mathscr{A}$ 子模层所生成的 $\mathscr{A}$ 子代数层 ［*sous-$\mathscr{A}$-Algèbre engendrée par un sou-$\mathscr{A}$-Module* / sub-$\mathscr{A}$-algebra generated by a sub-$\mathscr{A}$-module］,
　　　$(\mathbf{0}, 4.1.3)$, 27

$\mathscr{B}$ 模层到 $\mathscr{A}$ 模层的 Ψ 态射 ［*Ψ-morphisme d'un $\mathscr{B}$-Module dans un $\mathscr{A}$-Module* / Ψ-morphism of a $\mathscr{B}$-Module to an $\mathscr{A}$-module］,
　　　$(\mathbf{0}, 4.4.1)$, 32

$\mathfrak{I}$ 进制拓扑 ($\mathfrak{I}$ 进拓扑) [1], $\mathfrak{I}$ 预进制拓扑 ($\mathfrak{I}$ 预进拓扑) ［*topologie $\mathfrak{I}$-adique, topologie $\mathfrak{I}$-préadique* / $\mathfrak{I}$-adic topology, $\mathfrak{I}$-preadic topology］,
　　　$(\mathbf{0}, 7.1.9)$, 53

K 有理点 ［*point rationnel sur K* / rational point over K］,
　　　$(\mathbf{I}, 3.4.5)$, 111

$\mathscr{O}_X$ 代数层 (其中 $(X, \mathscr{O}_X)$ 是环积空间) ［*$\mathscr{O}_X$-Algèbre* / $\mathscr{O}_X$-algebra］
　— 拟凝聚 $\mathscr{O}_X$ 代数层 ［*$\mathscr{O}_X$-Algèbre quasi-cohérent* / quasi-coherent $\mathscr{O}_X$-algebra］,
　　　$(\mathbf{0}, 5.1.3)$, 35
　— 凝聚 $\mathscr{O}_X$ 代数层 ［*$\mathscr{O}_X$-Algèbre cohérent* / coherent $\mathscr{O}_X$-algebra］,
　　　$(\mathbf{0}, 5.3.7)$, 38
　— $\mathscr{O}_X$ 代数层的诣零根 ［*Nilradical d'une $\mathscr{O}_X$-Algèbre* / nilradical of an $\mathscr{O}_X$-algebra］,
　　　$(\mathbf{I}, 5.1.1)$, 126

---

[1]注意, 我们在使用 "进制拓扑" 这个词的时候, 总假设该环或模是分离且完备的. 这与通常的用法不太一样.

$\mathscr{O}_X$ 的单位元截面 [*section unité de $\mathscr{O}_X$* / unity section of $\mathscr{O}_X$],
　　$(\mathbf{0}, 4.1.1)$, 26

$\mathscr{O}_X$ 模层 (其中 $(X, \mathscr{O}_X)$ 是环积空间) [$\mathscr{O}_X$-*Module* / $\mathscr{O}_X$-module]

— f 平坦的 $\mathscr{O}_X$ 模层 [$\mathscr{O}_X$-*Module f-plat* / f-flat $\mathscr{O}_X$-module],
　　$(\mathbf{I}, 6.7.1)$, 50

— $\mathscr{O}_X$ 模层的零化子 [*annulateur d'un $\mathscr{O}_X$-Module* / annihilator of an $\mathscr{O}_X$-module],
　　$(\mathbf{0}, 5.3.7)$, 38

— 局部自由 $\mathscr{O}_X$ 模层 [$\mathscr{O}_X$-*Module localement libre* / locally free $\mathscr{O}_X$-module],
　　$(\mathbf{0}, 5.4.1)$, 39

— 可逆 $\mathscr{O}_X$ 模层 [$\mathscr{O}_X$-*Module inversible* / invertible $\mathscr{O}_X$-module],
　　$(\mathbf{0}, 5.4.1)$, 39

— 可逆 $\mathscr{O}_X$ 模层的逆 [*inverse d'un $\mathscr{O}_X$-Module inversible* / inverse of an invertible $\mathscr{O}_X$-module],
　　$(\mathbf{0}, 5.4.3)$, 40

— 拟凝聚 $\mathscr{O}_X$ 模层 [$\mathscr{O}_X$-*Module quasi-cohérent* / quasi-coherent $\mathscr{O}_X$-module],
　　$(\mathbf{0}, 5.1.3)$, 35

— 凝聚 $\mathscr{O}_X$ 模层 [$\mathscr{O}_X$-*Module cohérent* / coherent $\mathscr{O}_X$-module],
　　$(\mathbf{0}, 5.3.1)$, 37

— 平凡的可逆 $\mathscr{O}_X$ 模层 [$\mathscr{O}_X$-*Module inversible trivial* / trivial invertible $\mathscr{O}_X$-module],
　　$(\mathbf{I}, 2.4.8)$, 99

— 由一族整体截面所生成的 $\mathscr{O}_X$ 模层 [$\mathscr{O}_X$-*Module engendré par une famille de sections globales* / $\mathscr{O}_X$-module generated by a family of global sections],
　　$(\mathbf{0}, 5.1.1)$, 35

— 有限呈示 $\mathscr{O}_X$ 模层 [$\mathscr{O}_X$-*Module admet une présentation finie* / $\mathscr{O}_X$-module of finite presentation],
　　$(\mathbf{0}, 5.2.5)$, 37

— 有限型 $\mathscr{O}_X$ 模层 [$\mathscr{O}_X$-*Module de type fini* / $\mathscr{O}_X$-module of finite type],
　　$(\mathbf{0}, 5.2.1)$, 36

$\mathscr{O}_{X_i}$ 模层的投影极限 [*limite projective de $\mathscr{O}_{X_i}$-Modules* / projective limit of $\mathscr{O}_{X_i}$-module],
　　$(\mathbf{I}, 10.6.6)$, 193

S 概形, S 上的概形 (其中 S 是概形) [*S-schéma, schéma au-dessus de S* / S-scheme, scheme over S],
　　$(\mathbf{I}, 2.5.1)$, 100

— S 概形的结构态射 [*morphisme structural d'un S-schéma* / structure morphism of an S-scheme],
　　$(\mathbf{I}, 2.5.1)$, 100

— S 概形的态射, S 态射 [*morphisme de S-schémas, S-morphisme* / morphism of S-schemes, S-morphism],
　　$(\mathbf{I}, 2.5.2)$, 100

S 概形的取值在 S 概形中的点 [*point d'un S-schéma à valeurs dans un S-schéma* / point of an S-scheme with values in an S-scheme],

　　　　($\mathbf{I}$, 3.4.3), 109

S 概形的 S 截面 [*S-section d'un S-schéma* / S-section of an S-scheme],

　　　　($\mathbf{I}$, 2.5.5 和 5.3.11), 101, 132

S 概形的 S 有理截面 [*S-section rationnelle d'un S-schéma* / rational S-section of an S-scheme],

　　　　($\mathbf{I}$, 7.1.2), 155

S 概形的位于点 $s \in S$ 之上的点 [*point d'un S-schéma au-dessus d'un point $s \in S$* / point of an S-scheme above a point $s \in S$],

　　　　($\mathbf{I}$, 2.5.1), 100

S 概形的位于 $s \in S$ 之上的 K 值点 [*point d'un S-schéma à valeurs dans K au-dessus de $s \in S$* / point of an S-scheme with values in K above $s \in S$],

　　　　($\mathbf{I}$, 3.4.5), 110

S 概形的纤维积 [*produit fibré de S-schémas* / fibred product of S-schemes],

　　　　($\mathbf{I}$, 3.2.1), 101

S 截面的像 [*image d'une S-section* / image of an S-section],

　　　　($\mathbf{I}$, 5.3.11), 132

$\mathfrak{S}$ 上的形式概形, $\mathfrak{S}$ 形式概形 (其中 $\mathfrak{S}$ 是形式概形) [*schéma formel au-dessus de $\mathfrak{S}$, $\mathfrak{S}$-schéma formel* / formal scheme over $\mathfrak{S}$, formal $\mathfrak{S}$-scheme],

　　　　($\mathbf{I}$, 10.4.7), 188

—— $\mathfrak{S}$ 形式概形的结构态射 [*morphisme structural d'un $\mathfrak{S}$-schéma formel* / structure morphism of formal $\mathfrak{S}$-scheme],

　　　　($\mathbf{I}$, 10.4.7), 188

—— 在 $\mathfrak{S}$ 上分离的形式概形, 分离 $\mathfrak{S}$ 形式概形 [*schéma formel séparé au-dessus de $\mathfrak{S}$* / formal scheme that is separated over $\mathfrak{S}$],

　　　　($\mathbf{I}$, 10.15.1), 215

—— 在 $\mathfrak{S}$ 上有限型的形式概形, 有限型 $\mathfrak{S}$ 形式概形 [*schéma formel de type fini sur $\mathfrak{S}$, $\mathfrak{S}$-schéma formel de type fini* / formal scheme of finite type over $\mathfrak{S}$, formal $\mathfrak{S}$-scheme of finite type],

　　　　($\mathbf{I}$, 10.13.3), 211

$\mathfrak{S}$ 形式概形的纤维积 [*produit fibré de $\mathfrak{S}$-schémas formels* / fibred product of formal $\mathfrak{S}$-schemes],

　　　　($\mathbf{I}$, 10.7.1), 195

$X \times_S X$ 的对角线 [*diagonale de $X \times_S X$* / diagonal of $X \times_S X$],

　　　　($\mathbf{I}$, 5.3.9), 132

Noether 归纳法 [*principe de récurrence noethérienne* / noetherian induction principle],

　　　　($\mathbf{0}$, 2.2.2), 13

Zariski 拓扑 (谱拓扑) [*topologie de Zariski* / Zariski topology],
　　(**I**, 1.1.2), 73

B

闭点 [*point fermé* / closed point],
　　(**0**, 2.1.3), 12
闭形式子概形 [*sous-schéma formel fermé* / closed formal subscheme],
　　(**I**, 10.14.2), 213
不可约分支 [*composante irréductible* / irreducible component],
　　(**0**, 2.1.6), 12
不同概形上的层的张量积 [*produit tensoriel de faisceaux sur des schémas distincts* / tensor
　　product of sheaves over distinct schemes],
　　(**I**, 9.1.2), 170

C

层的截面 [*section d'un faisceau* / section of a sheaf],
　　(**0**, 3.1.6), 16
层的茎条 [*fibre d'un faisceau* / stalk of a sheaf],
　　(**0**, 3.1.6), 16
常值层 [*faisceau constant* / constant sheaf],
　　(**0**, 3.6.1), 24
常值预层 [*préfaisceau constant* / constant presheaf],
　　(**0**, 3.6.1), 24

D

代数 K 概形 (其中 K 是域) [*K-schéma algébrique* / algebraic K-scheme],
　　(**I**, 6.4.1), 147
　— 代数概形的基域 [*corps de base d'un schéma algébrique* / base field of an algebraic
　　scheme],
　　(**I**, 6.4.1), 147
　— 分离代数 K 概形 [*K-schéma algébrique séparé* / separated algebraic K-scheme],
　　(**I**, 6.4.1), 147
　— 在 K 上有限的概形, 有限 K 概形 [*schéma fini sur K, K-schéma fini* / scheme finite
　　over K, finite K-scheme],
　　(**I**, 6.4.5), 148
代数的完备张量积 [*produit tensoriel complété d'algèbres* / complete tensor product of alge-
　　bras],
　　(**0**, 7.7.5), 68
等价的态射 [*morphismes équivalents* / equivalent morphisms],

$(\mathbf{I}, 7.1.1)$, 155

点的特殊化 [*spécialisation d'un point* / specialization of a point],
　　$(\mathbf{0}, 2.1.2)$, 12

点的一般化 [*générisation d'un point* / generization of a point],
　　$(\mathbf{0}, 2.1.2)$, 12

典范含入 [*injection canonique* / canonical injection]

　— **形式子概形的典范含入** [*injection canonique d'un sous-schéma formel* / canonical injection of a formal subscheme],
　　$(\mathbf{I}, 10.14.2)$, 213

　— **子概形的典范含入** [*injection canonique d'un sous-schéma* / canonical injection of a subscheme],
　　$(\mathbf{I}, 4.1.7)$, 119

　— **子空间上的诱导环积空间的典范含入** [*injection canonique d'un espace annelé induit sur un partie* / canonical injection of an induced ringed space on a subspace],
　　$(\mathbf{0}, 4.1.2)$, 27

定义理想层 [*faisceau d'idéaux de définition* / sheaf of definition ideals],
　　$(\mathbf{I}, 10.3.3$ 和 $10.5.1)$, 186, 189

F

仿射概形的结构层 [*faisceau structural d'un schéma affine* / structure sheaf of an affine scheme],
　　$(\mathbf{I}, 1.3.4)$, 77

仿射开集 [*ouvert affine* / affine open set],
　　$(\mathbf{I}, 2.1.1)$, 94

仿射形式开集, 进制仿射形式开集, Noether 仿射形式开集 [*ouvert formel affine, ouvert formel affine adique, ouvert formel affine noethérien* / affine formal open set, adic affine formal open set, noetherian affine formal open set],
　　$(\mathbf{I}, 10.4.1)$, 187

分次 $\mathscr{A}$ 模层 (其中 $\mathscr{A}$ 是分次环层) [*$\mathscr{A}$-Module gradué* / graded $\mathscr{A}$-module],
　　$(\mathbf{0}, 4.1.4)$, 28

分次环层 [*faisceau d'anneaux gradués* / sheaf of graded rings],
　　$(\mathbf{0}, 4.1.4)$, 28

分式环 [*anneau de fractions* / ring of fractions],
　　$(\mathbf{0}, 1.2.2)$, 3

　— **完备分式环** [*anneau complet de fractions* / complete ring of fractions],
　　$(\mathbf{0}, 7.6.5)$, 64

分式模 [*module des fractions* / module of fractions],

$(\mathbf{0}, 1.2.2)$, 3

G

概形 [*schéma* / scheme],

$\qquad$ $(\mathbf{I}, 2.1.2)$, 94

—— Artin 概形 [*schéma artinien* / artinian scheme],

$\qquad$ $(\mathbf{I}, 6.2.1)$, 143

—— Noether 概形 [*schéma noethérien* / noetherian scheme],

$\qquad$ $(\mathbf{I}, 6.1.1)$, 140

—— 不可约概形 [*schéma irréductible* / irreducible scheme],

$\qquad$ $(\mathbf{I}, 2.1.8)$, 95

—— 仿射概形 [*schéma affine* / affine scheme],

$\qquad$ $(\mathbf{I}, 1.7.1)$, 89

—— 仿射概形的环 [*anneau d'un schéma affine* / ring of an affine scheme],

$\qquad$ $(\mathbf{I}, 1.7.1)$, 89

—— 分离概形 [*schéma séparé* / separated scheme],

$\qquad$ $(\mathbf{I}, 5.4.1)$, 134

—— 概形的既约化概形 [*schéma reduit associé à un schéma* / reduced scheme associated to a scheme],

$\qquad$ $(\mathbf{I}, 5.1.3)$, 126

—— 概形在一点处的局部概形 [*schéma local en un point d'un schéma* / local scheme at a point of a scheme],

$\qquad$ $(\mathbf{I}, 2.1.8)$, 98

—— 基概形 [*schéma de base* / base scheme],

$\qquad$ $(\mathbf{I}, 2.5.1)$, 100

—— 局部概形 [*schéma local* / local scheme],

$\qquad$ $(\mathbf{I}, 2.1.8)$, 98

—— 局部 Noether 概形 [*schéma localement noethérien* / locally noetherian scheme],

$\qquad$ $(\mathbf{I}, 6.1.1)$, 140

—— 局部整概形 [*schéma localement intègre* / locally integral scheme],

$\qquad$ $(\mathbf{I}, 2.1.8)$, 95

—— 连通概形 [*schéma connexe* / connected scheme],

$\qquad$ $(\mathbf{I}, 2.1.8)$, 95

—— 在开集上所诱导的概形 [*schéma induit sur un ouvert* / induced scheme on an open set],

$\qquad$ $(\mathbf{I}, 2.1.7)$, 95

—— 整概形 [*schéma intègre* / integral scheme],

$\qquad$ $(\mathbf{I}, 2.1.8)$, 95

概形的 K 值点的取值域 (其中 K 是域) [*corps des valeurs d'un point d'un schéma à valeurs dans K* / value field of a point of a scheme with values in K],

$(\mathbf{I}, 3.4.5)$, 110

概形的和 [*somme de schémas* / sum of schemes],
　　　$(\mathbf{I}, 3.1)$, 101

概形的几何点 [*point géométrique d'un schéma* / geometric point of a scheme],
　　　$(\mathbf{I}, 3.4.5)$, 110

概形的几何点个数 [*nombre géométrique de points d'un schéma* / geometric number of points
　　　of a scheme],
　　　$(\mathbf{I}, 6.4.8)$, 149

概形的进制归纳系 [*système inductif adique de schémas* / adic inductive system of schemes],
　　　$(\mathbf{I}, 10.12.2)$, 209

概形的局部同构 [*isomorphisme local de schémas* / local isomorphism of schemes],
　　　$(\mathbf{I}, 4.5.2)$, 125

概形的取值在概形中的点 [*point d'un schéma à valeurs dans un schéma* / point of a scheme
　　　with values in a scheme],
　　　$(\mathbf{I}, 3.4.1)$, 109

概形的取值在环中的点 [*point d'un schéma à valeurs dans un anneau* / point of a scheme
　　　with values in a ring],
　　　$(\mathbf{I}, 3.4.4)$, 110

概形的位于 $x \in X$ 处的 K 值点 (其中 K 是域) [*point d'un schéma à valeurs dans K localisé
　　　en $x \in X$* / point of a scheme with values in K located at $x \in X$],
　　　$(\mathbf{I}, 3.4.5)$, 110

概形态射 [*morphisme de schémas* / morphism of schemes],
　　　$(\mathbf{I}, 2.2.1)$, 95

—— 闭态射 [*morphisme fermée* / closed morphism],
　　　$(\mathbf{I}, 2.2.6)$, 96

—— 对角线态射 [*morphisme diagonal* / diagonal morphism],
　　　$(\mathbf{I}, 5.3.1)$, 130

—— 分离态射 [*morphisme séparé* / separated morphism],
　　　$(\mathbf{I}, 5.4.1)$, 134

—— 广泛含容态射 [*morphisme universellement injectif* / universally injective morphism],
　　　$(\mathbf{I}, 3.5.4)$, 113

—— 既约化态射 [*morphisme reduit* / reduced morphism],
　　　$(\mathbf{I}, 5.1.5)$, 127

—— 紧贴态射 [*morphisme radiciel* / radicial morphism],
　　　$(\mathbf{I}, 3.5.4)$, 113

—— 局部有限型态射 [*morphisme localement de type fini* / morphism locally of finite type],
　　　$(\mathbf{I}, 6.6.2)$, 153

—— 开态射 [*morphisme ouvert* / open morphism],
　　　$(\mathbf{I}, 2.2.6)$, 96

— 笼罩性态射　[*morphisme dominant* / dominant morphism],
　　　(**I**, 2.2.6), 96

— 拟紧态射　[*morphisme quasi-compact* / quasi-compact morphism],
　　　(**I**, 6.6.1), 152

— 双有理态射　[*morphisme birationnel* / birational morphism],
　　　(**I**, 2.2.9), 97

— 态射被遮蔽　[*morphisme majoré par un autre* / morphism bounded by another],
　　　(**I**, 4.1.8), 119

— 态射的图像态射　[*morphisme graphe d'un morphisme* / graph morphism of a morphism],
　　　(**I**, 3.3.14), 109

— 映满的态射　[*morphisme surjectif* / surjective morphism],
　　　(**I**, 2.2.6), 96

— 有限型态射　[*morphisme de type fini* / morphism of finite type],
　　　(**I**, 6.3.1), 143

概形态射的纤维　[*fibre d'un morphisme de schémas* / fiber of a morphism of schemes],
　　　(**I**, 3.6.2), 115

概形在态射下的概像　[*image schématique d'un pr'eschéma par un morphisme* / schematic image of a scheme under a morphism],
　　　(**I**, 9.5.3), 179

H

合成　[*composé* / composition]

— Ψ 态射与 Ψ' 态射的合成　[*composé d'un Ψ-morphisme et d'un Ψ'-morphisme* / composition of a Ψ-morphism and a Ψ'-morphism],
　　　(**0**, 4.4.2), 33

— ψ 态射与 ψ' 态射的合成　[*composé d'un ψ-morphisme et d'un ψ'-morphisme* / composition of a ψ-morphism and a ψ'-morphism],
　　　(**0**, 3.5.2), 22

环的乘性子集　[*partie multiplicative d'un anneau* / multiplicative subset of a ring],
　　　(**0**, 1.2.1), 3

— 饱和乘性子集　[*partie multiplicative saturée* / saturated multiplicative subset],
　　　(**0**, 1.4.3), 6

环的根　[*radical d'un anneau* / radical of a ring],
　　　(**0**, 1.1.2), 3

环的谱　[*spectre d'un anneau* / spectrum of a ring],
　　　(**I**, 1.1.1), 72

环积空间　[*espace annelé* / ringed space],
　　　(**0**, 4.1.1), 26

— 环积空间的底空间　[*espace sous-jacent à un espace annelé* / underlying space of a ringed space],

　　$(\mathbf{0}, 4.1.1)$, 26

—— 环积空间的结构层 ［*faisceau structural d'un espace annelé* / structure sheaf of a ringed space ］,

　　$(\mathbf{0}, 4.1.1)$, 26

—— 环积空间的平坦态射 ［*morphisme plat d'espaces annelés* / flat morphism of ringed spaces ］,

　　$(\mathbf{0}, 6.7.1)$, 51

—— 环积空间的态射, 拓扑环积空间的态射 ［*morphisme d'espaces annelés, d'espaces topologiquement annelés* / morphism of ringed spaces, of topologically ringed spaces ］,

　　$(\mathbf{0}, 4.1.1)$, 26

—— 环积空间的忠实平坦态射 ［*morphisme fidèlement plat d'espaces annelés* / faithfully flat morphism of ringed spaces ］,

　　$(\mathbf{0}, 6.7.1)$, 52

—— 环积空间上的代数性层 ［*faisceau algébrique sur un espace annelé* / algebraic sheaf over a ringed space ］,

　　$(\mathbf{0}, 4.1.3)$, 27

—— 局部环积空间 ［*espace annelé en anneaux locaux* / locally ringed space ］,

　　$(\mathbf{0}, 4.1.1)$, 44

—— 黏合环积空间 ［*espace annelé obtenu par recollement* / ringed space obtained by glueing ］,

　　$(\mathbf{0}, 4.1.7)$, 29

—— 拓扑环积空间 ［*espace topologiquement annelé* / topologically ringed space ］,

　　$(\mathbf{0}, 4.1.1)$, 26

—— 在子空间上所诱导的环积空间 ［*espace annelé induit sur un partie* / induced ringed space on a subspace ］,

　　$(\mathbf{0}, 4.1.2)$, 27

—— 正规环积空间, 既约环积空间, 正则环积空间 ［*espace annelé normal, espace annelé réduit, espace annelé régulier* / normal ringed space, reduced ringed space, regular ringed space ］,

　　$(\mathbf{0}, 4.1.4)$, 28

环同态的伴生谱映射 ［*application de spectre d'anneaux associée à un homomorphisme d'anneaux* / map of spectra of rings associated to a ring homomorphism ］,

　　$(\mathbf{I}, 1.2.1)$, 75

J

基本定义理想层组 ［*système fondamental d'Idéaux de définition* / fundamental system of ideal sheaves of definition ］,

　　$(\mathbf{I}, 10.3.7$ 和 $10.5.1)$, 187, 189

集合的纤维积 ［*produit fibré d'ensembles* / fibred product of sets ］,

　　$(\mathbf{I}, 3.4.2)$, 109

既约环　[*anneau réduit* / reduced ring],

　　　　(**0**, 1.1.1), 3

既约环层, 在一点处既约的环层　[*faisceau d'anneaux réduit, faisceau d'anneaux réduit en un point* / sheaf of reduced rings, sheaf of rings reduced at a point],

　　　　(**0**, 4.1.4), 28

稼入层　[*faisceau induit* / induced sheaf],

　　　　(**0**, 3.7.1), 25

截面在一点处的值　[*valeur d'une section en un point* / value of a section at a point],

　　　　(**0**, 5.5.1), 44

浸入　[*immersion* / immersion]

　— 概形的浸入, 闭浸入, 开浸入　[*immersion, immersion fermée, immersion ouvert de schémas* / immersion, closed immersion, open immersion of schemes],

　　　　(**I**, 4.2.1), 120

　— 概形的局部浸入　[*immersion locale de schémas* / local immersion of schemes],

　　　　(**I**, 4.5.1), 125

　— 浸入的伴生同构　[*isomorphisme associé à une immersion* / isomorphism associated to an immersion],

　　　　(**I**, 4.2.1), 120

　— 浸入的伴生子概形　[*sous-schéma associé à une immersion* / subscheme associated to an immersion],

　　　　(**I**, 4.2.1), 120

进制环, Ɔ 进制环　[*anneau adique, anneau Ɔ-adique* / adic ring, Ɔ-adic ring],

　　　　(**0**, 7.1.9), 53

经过基概形扩张而得到的概形　[*schéma obtenu par extension du schéma de base* / scheme obtained by extension of base scheme],

　　　　(**I**, 3.3.6), 106

局部常值层　[*faisceau localement constant* / locally constant sheaf],

　　　　(**0**, 3.6.1), 24

局部环　[*anneau local* / local ring],

　　　　(**0**, 1.0.7), 2

　— 同源的局部环　[*anneaux locaux apparentés* / allied local rings],

　　　　(**I**, 8.1.4), 166

　— X 沿着 Y 的局部环, Y 在 X 中的局部环 (其中 Y 是概形 X 的不可约闭子集)　[*anneau local de X le long de Y, anneau local de Y dans X* / local ring of X along Y, local ring of Y in X],

　　　　(**I**, 2.1.6), 94

局部环的托举关系　[*anneau local dominant* / dominating local ring],

　　　　(**I**, 8.1.1), 165

局部环之间的局部同态　[*homomorphisme local d'anneaux locaux* / local homomorphism of

local rings],
(**0**, 1.0.7), 2

K

可容环 [*anneau admissible* / admissible ring],
(**0**, 7.1.2), 52

可容环的定义理想 [*idéal de définition d'un anneau admissible* / definition ideal of an admissible ring],
(**0**, 7.1.2), 52

可容环的形式谱 [*spectre formel d'un anneau admissible* / formal spectrum of an admissible ring],
(**I**, 10.1.2), 183

空间 [*espace* / space]

— Kolmogoroff 空间 [*espace de Kolmogoroff* / Kolmogoroff space],
(**0**, 2.1.3), 12

— Noether 空间 [*espace noethérien* / noetherian space],
(**0**, 2.2.1), 13

— 不可约空间 [*espace irréductible* / irreducible space],
(**0**, 2.1.1), 11

— 局部 Noether 空间 [*espace localement noethérien* / locally noetherian space],
(**0**, 2.2.1), 13

— 拟紧空间 [*espace quasi-compact* / quasi-compact space],
(**0**, 2.1.3), 12

L

理想 [*idéal* / ideal]

— 根式理想 [*idéal qui éqal à sa racine* / radical ideal, ideal that equals to its radical],
(**0**, 1.1.1), 2

— 理想的根 [*racine d'un idéal* / radical of an ideal],
(**0**, 1.1.1), 2

理想层 [*faisceau d'idéaux* / sheaf of ideals],
(**0**, 4.1.3), 27

— 理想层所定义的闭子概形 [*sous-schéma fermé défini par un faisceau d'idéaux* / closed subscheme defined by an ideal sheaf],
(**I**, 4.1.2), 118

笼罩 *S* 概形 [*S-schéma dominant* / dominant *S*-scheme],

($\mathbf{I}$, 2.5.1), 100

M

模 [*module* / module]

— 平坦模 [*module plat* / flat module],
($\mathbf{0}$, 6.1.1), 46

模 $\mathfrak{J}$ 约化概形 [*schéma déduit par réduction* mod $\mathfrak{J}$ / scheme deduced by mod $\mathfrak{J}$ reduction],
($\mathbf{I}$, 3.7.1), 116

模的 φ 同态 [*φ-homomorphisme de modules* / φ-homomorphism of modules],
($\mathbf{0}$, 1.0.2), 1

模的完备张量积 [*produit tensoriel complété de modules* / complete tensor product of modules],
($\mathbf{0}$, 7.7.1), 67

模的支集 [*support d'un module* / support of a module],
($\mathbf{0}$, 1.7.1), 10

N

挠层 [*faisceau de torsion* / torsion sheaf],
($\mathbf{I}$, 7.4.1), 164

拟有限模 [*module quasi-fini* / quasi-finite module],
($\mathbf{0}$, 7.4.1), 60

逆像 [*image réciproque* / inverse image]

— $\mathscr{B}$ 模层的逆像 [*image réciproque d'un $\mathscr{B}$-Module* / inverse image of a $\mathscr{B}$-module],
($\mathbf{0}$, 4.3.1), 31

— S 概形的逆像 [*image réciproque d'un S-schéma* / inverse image of an S-scheme],
($\mathbf{I}$, 3.3.6), 106

— S 态射的逆像 [*image réciproque d'un S-morphisme* / inverse image of an S-morphism],
($\mathbf{I}$, 3.3.7), 106

— 预层的逆像 [*image réciproque d'un préfaisceau* / inverse image of a presheaf],
($\mathbf{0}$, 3.5.3), 22

— 子概形的逆像 [*image réciproque d'un sous-schéma* / inverse image of a subscheme],
($\mathbf{I}$, 4.4.1), 124

黏合层 [*faisceau obtenu par recollement* / sheaf obtained by glueing],
($\mathbf{0}$, 3.3.1), 19

黏合条件 [*condition de recollement* / glueing condition],
($\mathbf{0}$, 3.3.1 和 4.1.7), 18, 29

凝聚环层 [*faisceau cohérent d'anneaux* / coherent sheaf of rings],

$(\mathbf{0}, 5.3.7)$, 38

Q

取值在范畴中的层 [*faisceau à valeurs dans une catégorie* / sheaf with values in a category],
 $(\mathbf{0}, 3.1.2)$, 14

取值在局部环中的点的位所 [*localité d'un point à valeurs dans un anneau local* / location of a point with values in a local ring],
 $(\mathbf{I}, 3.4.5)$, 110

群层的支集 [*support d'un faisceau de groupes* / support of a sheaf of groups],
 $(\mathbf{0}, 3.1.6)$, 16

S

设限形式幂级数 [*séries formelles restreintes* / restricted formal power series],
 $(\mathbf{0}, 7.5.1)$, 61

使截面取零值的点集 [*ensemble òu s'annule une section* / set where a section is annihilated],
 $(\mathbf{0}, 5.5.1)$, 44

双重同态 [*di-homomorphisme* / di-homomorphism],
 $(\mathbf{0}, 1.0.2)$, 1

顺像 [*image directe* / direct image]
 — $\mathscr{A}$ 模层的顺像 [*image directe d'un $\mathscr{A}$-Module* / direct image of an $\mathscr{A}$-module],
 $(\mathbf{0}, 4.2.1)$, 29
 — 预层的顺像 [*image directe d'un préfaisceau* / direct image of a presheaf],
 $(\mathbf{0}, 3.4.1)$, 20

素理想 [*idéal premier* / prime ideal],
 $(\mathbf{0}, 1.0.6)$, 2

T

态射的图像 [*graphe d'un morphisme* / graph of a morphism],
 $(\mathbf{I}, 5.3.11)$, 132

态射在完备化上的延拓 [*prolongement d'un morphisme aux complétés* / extension of a morphism to completions],
 $(\mathbf{I}, 10.9.1)$, 201

拓扑环层之间的连续同态 [*homomorphisme continu de faisceaux d'anneaux topologiques* / continuous homomorphism of sheaves of topological rings],
 $(\mathbf{0}, 3.1.4)$, 15

拓扑基上的预层 [*préfaisceau sur une base d'ouverts* / presheaf on a base of open sets],
 $(\mathbf{0}, 3.2.1)$, 16
 — 拓扑基上的预层的态射 [*morphisme de préfaisceaux définis sur une base d'ouverts* / morphism of presheaves defined on a base of open sets],

$(\mathbf{0}, 3.2.3)$, 18

拓扑幂零元　[*élément topologiquement nilpotent* / topologically nilpotent element],

　　$(\mathbf{0}, 7.1.1)$, 52

W

完备化　[*complété* / completion]

　— $\mathscr{O}_X$ 模层同态沿着闭子集的完备化　[*complété d'un homomorphisme de $\mathscr{O}_X$-Modules le long d'une partie fermée* / completion of a homomorphism of $\mathscr{O}_X$-modules along a closed subset],

　　$(\mathbf{I}, 10.8.4)$, 197

　— $\mathscr{O}_X$ 模层沿着闭子集的完备化　[*complété d'un $\mathscr{O}_X$-Module le long d'une partie fermée* / completion of an $\mathscr{O}_X$-module along a closed subset],

　　$(\mathbf{I}, 10.8.4)$, 197

　— 概形沿着闭子集的完备化　[*compété d'un schéma le long d'une partie fermée* / completion of a scheme along a closed subset],

　　$(\mathbf{I}, 10.8.5)$, 198

伪离散层　[*faisceau pseudo-discret* / pseudo-discrete sheaf],

　　$(\mathbf{0}, 3.8.1)$, 26

X

纤维积的典范投影　[*projections canoniques d'un produit fibré* / canonical projections of a fibred product],

　　$(\mathbf{I}, 3.2.1)$, 102

线性拓扑环　[*anneau linéarement topologisé* / linearly topologized ring],

　　$(\mathbf{0}, 7.1.1)$, 52

限制　[*restriction* / restriction]

　— 概形态射在子概形上的限制　[*restriction d'un morphisme de schémas à un sous-schéma* / restriction of a morphism of schemes onto a subscheme],

　　$(\mathbf{I}, 4.1.7)$, 119

　— 概形在开集上的限制　[*restriction d'un schéma à un ouvert* / restriction of a scheme onto an open set],

　　$(\mathbf{I}, 2.1.7)$, 95

　— 环积空间态射在子空间上的限制　[*restriction d'un morphisme d'espaces annelés à un partie* / restriction of a morphism of ringed spaces onto a subspace],

　　$(\mathbf{0}, 4.1.2)$, 27

　— 环积空间在子空间上的限制　[*restriction d'un espace annelé á un partie* / restriction of a ringed space onto a subspace],

　　$(\mathbf{0}, 4.1.2)$, 27

　— 有理映射在开集上的限制, 在开集上诱导的有理映射　[*application rationnelle induite sur un ouvert* / induced rational map on an open set],

    (**I**, 7.1.2), 156

形式概形 [*schéma formel* / formal scheme],

    (**I**, 10.4.2), 187

— Noether 形式概形 [*schéma formel noethérien* / noetherian formal scheme],

    (**I**, 10.4.2), 187

— 仿射形式概形 [*schéma formal affine* / affine formal scheme],

    (**I**, 10.1.2), 183

— 进制形式概形 [*schéma formel adique* / adic formal scheme],

    (**I**, 10.4.2), 187

— 局部 Noether 形式概形 [*schéma formel localement noethérien* / locally noetherian formal scheme],

    (**I**, 10.4.2), 187

形式概形 $\mathfrak{X}$ 的 $\mathscr{O}_{\mathfrak{X}}$ 定义理想层 [$\mathscr{O}_{\mathfrak{X}}$-*Idéal de définition d'un schéma formel* $\mathfrak{X}$ / $\mathscr{O}_{\mathfrak{X}}$-ideal of definition of a formal scheme $\mathfrak{X}$],

    (**I**, 10.3.3 和 10.5.1), 186, 189

形式概形的 A 态射 (其中 A 是可容环) [A-*morphisme de schémas formels* / A-morphism of formal schemes],

    (**I**, 10.4.7), 188

形式概形的 $\mathfrak{S}$ 态射 (其中 $\mathfrak{S}$ 是形式概形) [$\mathfrak{S}$-*morphisme de schémas formels* / $\mathfrak{S}$-morphism of formal schemes],

    (**I**, 10.4.7), 188

形式概形的态射 [*morphisme de schémas formels* / morphism of formal schemes],

    (**I**, 10.4.5), 188

— 形式概形的对角线态射 [*morphisme diagonal de schémas formels* / diagonal morphism of formal schemes],

    (**I**, 10.15.1), 215

— 形式概形的分离态射 [*morphisme séparé de schémas formels* / separated morphism of formal schemes],

    (**I**, 10.15.1), 215

— 形式概形的进制态射 [*morphisme adique de schémas formels* / adic morphism of formal schemes],

    (**I**, 10.12.1), 208

— 形式概形的有限型态射 [*morphisme de typel fini de schémas formels* / morphism of finite type of formal schemes],

    (**I**, 10.13.3), 211

Y

一般点 [*point générique* / generic point],

$(\mathbf{0}, 2.1.2)$, 12

诣零根 [nilradical / nilradical]

— $\mathscr{O}_X$ 代数层的诣零根 [Nilradical d'une $\mathscr{O}_X$-Algèbre / nilradical of an $\mathscr{O}_X$-algebra],
$(\mathbf{I}, 5.1.1)$, 126

— 环的诣零根 [nilradical d'un anneau / nilradical of a ring],
$(\mathbf{0}, 1.1.1)$, 3

有理函数环 [anneau des fonctions rationnelles / ring of rational functions],
$(\mathbf{I}, 2.1.6$ 和 $7.1.3)$, 95, 156

有理映射, S 有理映射 [application rationnelle, S-application rationnelle / rational map, S-rational map],
$(\mathbf{I}, 7.1.2)$, 155

— 有理映射的定义域 [domaine de définition d'une application rationnelle / domain of definition of a rational map],
$(\mathbf{I}, 7.2.1)$, 159

— 有理映射在开集上的限制, 在开集上诱导的有理映射 [application rationnelle induite sur un ouvert / induced rational map on an open set],
$(\mathbf{I}, 7.1.2)$, 156

— 有理映射在一点处有定义 [application rationnelle définie en un point / rational map defined at a point],
$(\mathbf{I}, 7.2.1)$, 159

— 在 Spec $\mathscr{O}_x$ 上诱导的有理映射 [application rationnelle induite sur Spec $\mathscr{O}_x$ / induced raional map on Spec $\mathscr{O}_x$],
$(\mathbf{I}, 7.2.8)$, 161

有限呈示模 [module admet une présentation finie / module of finite presentation],
$(\mathbf{0}, 1.0.5)$, 2

预层的 ψ 态射 [ψ-morphisme de préfaisceaux / ψ-morphism of presheaves],
$(\mathbf{0}, 3.5.1)$, 21

预层的拼续层 [faisceau associé à un préfaisceau / sheaf associated to a presheaf],
$(\mathbf{0}, 3.5.6)$, 23

预进制环, $\mathfrak{J}$ 预进制环 [anneau préadique, anneau $\mathfrak{J}$-préadique / preadic ring, $\mathfrak{J}$-preadic ring],
$(\mathbf{0}, 7.1.9)$, 53

预可容环 [anneau préadmissible / preadmissible ring],
$(\mathbf{0}, 7.1.2)$, 52

Z

在 S 上分离的概形, 分离 S 概形 [schéma séparé au-dessus de S / scheme separated over S],
$(\mathbf{I}, 5.4.1)$, 134

在 S 上有限型的概形, 有限型 S 概形 [schéma de type fini sur S, S-schéma de type fini / scheme of finite type over S, S-scheme of finite type],

($\mathbf{I}$, 6.3.1), 144

秩 [*rang* / rank]

— 局部自由 $\mathscr{O}_X$ 模层的秩 [*rang d'un $\mathscr{O}_X$-Module localement libre* / rank of a locally free $\mathscr{O}_X$-module],

($\mathbf{0}$, 5.4.1), 39

— 无挠 $\mathscr{O}_X$ 模层的一般秩 [*rang d'un $\mathscr{O}_X$-Module sans torsion* / rank of a torsion-free $\mathscr{O}_X$-module],

($\mathbf{I}$, 7.4.2), 164

— 有限 K 概形的可分秩 [*rang séparable d'un K-schéma fini* / separable rank of a finite K-scheme],

($\mathbf{I}$, 6.4.8), 149

— 有限 K 概形的秩 [*rang d'un K-schéma fini* / rank of a finite K-scheme],

($\mathbf{I}$, 6.4.5), 148

整环 [*anneau intègre* / domain or integral domain],

($\mathbf{0}$, 1.0.6), 2

整体截面所定义的同态 [*homomorphisme défini par une section globale* / homomorphism defined by a global section],

($\mathbf{0}$, 5.1.1), 35

正规环层, 在一点处正规的环层 [*faisceau d'anneaux normal, faisceau d'anneaux normal en un point* / sheaf of normal rings, sheaf of rings normal at a point],

($\mathbf{0}$, 4.1.4), 28

正则环 [*anneau régulier* / regular ring],

($\mathbf{0}$, 4.1.4), 28

正则环层, 在一点处正则的环层 [*faisceau d'anneaux régulier, faisceau d'anneaux régulier en un point* / sheaf of regular rings, sheaf of rings regular at a point],

($\mathbf{0}$, 4.1.4), 28

忠实平坦模 [*module fidèlement plat* / faithfully flat module],

($\mathbf{0}$, 6.4.1), 48

子概形 [*sous-schéma* / subscheme],

($\mathbf{I}$, 4.1.3), 118

— 闭子概形 [*sous-schéma fermé* / closed subscheme],

($\mathbf{I}$, 4.1.3), 118

— 浸入的伴生子概形 [*sous-schéma associé à une immersion* / subscheme associated to an immersion],

($\mathbf{I}$, 4.2.1), 120

— 理想层所定义的闭子概形 [*sous-schéma fermé défini par un faisceau d'idéaux* / closed subscheme defined by an ideal sheaf],

($\mathbf{I}$, 4.1.2), 118

子概形的概闭包　[*adhérence schématique d'un sous-schéma* / schematic closure of a sub-scheme],
　　　　(**I**, 9.5.11), 181

子模层的典范延拓　[*prolongement canonique d'un sous-Module* / canonical extension of a subsheaf of modules],
　　　　(**I**, 9.4.1), 176